普通高等教育"十三五"规划教材

高层建筑基础工程设计原理

胡志平　王启耀　主编
俞宗卫　主审

北京
冶金工业出版社
2017

内容简介

本书共分8章，系统介绍了地基模型及其参数的确定方法，阐述了十字交叉条形基础、筏形基础、箱形基础、桩基础、桩筏（箱）基础、基坑围护结构等常用高层建筑基础结构的特点及适用条件、设计原则与构造要求、设计内容及计算方法等。

本书从工程实践的角度，详细介绍了各种类型基础结构设计计算所需的基本理论和方法，参考了现行有关规范要求，并适当吸取了国内外比较成熟的有关理论和技术，概念清楚、层次分明、重点突出、理论联系实际。

本书既可作为高等学校土木工程专业高年级本科生的教材和研究生教学参考书，又可供从事土木工程（建筑工程、公路桥梁工程等）的研究和设计人员参考。

图书在版编目(CIP)数据

高层建筑基础工程设计原理/胡志平，王启耀主编.—北京：冶金工业出版社，2017.12

普通高等教育“十三五”规划教材

ISBN 978-7-5024-7611-3

Ⅰ.①高… Ⅱ.①胡… ②王… Ⅲ.①高层建筑—基础（工程）—建筑设计—高等学校—教材 Ⅳ.①TU972

中国版本图书馆CIP数据核字(2017)第240504号

出版人 谭学余

地　　址 北京市东城区嵩祝院北巷39号 邮编 100009 电话 (010)64027926

网　　址 www.cnmip.com.cn 电子信箱 yjcbs@cnmip.com.cn

责任编辑 杨 敏 美术编辑 吕欣童 版式设计 孙跃红

责任校对 卿文春 责任印制 牛晓波

ISBN 978-7-5024-7611-3

冶金工业出版社出版发行；各地新华书店经销；三河市双峰印刷装订有限公司印刷

2017年12月第1版，2017年12月第1次印刷

787mm×1092mm 1/16；19.25印张；469千字；298页

45.00元

冶金工业出版社 投稿电话 (010)64027932 投稿信箱 tougao@cnmip.com.cn

冶金工业出版社营销中心 电话 (010)64044283 传真 (010)64027893

冶金书店 地址 北京市东四西大街46号(100010) 电话 (010)65289081(兼传真)

冶金工业出版社天猫旗舰店 yjgycbs.tmall.com

前　言

目前，关于土力学与基础工程的本科生教材很多，有的教材只介绍土力学或者基础工程的内容，有的教材土力学和基础工程的内容都介绍，这满足了不同课程设置的需求。随着高层建筑的大力发展以及岩土工程设计理论的进步，考虑地基基础共同作用的基础工程设计与计算逐渐被工程界所接受。在多年的“高层建筑基础工程”课程讲授过程中，编者发现基础工程设计计算过程中经常要用到土的本构模型及有关参数，并且高层建筑地基基础共同作用比较显著，已有本科生教材中关于地基模型的介绍难以满足高年级本科生的教学需求；高层建筑基础工程设计计算涉及的内容和知识理论较多，如何在有限的学时内，让学生从工程实践的角度梳理和学习所需的基本理论和方法、基本内容和目前规范要求等，似乎难以找到一本相应的教材。因此，编者产生了编写一本专门针对高层建筑基础工程设计原理的教材的想法，经过三年多的努力，终于完成了本书的编写。

本书从高层建筑基础工程设计计算所需的地基模型有关理论着手，在各种类型基础的设计计算中，先介绍基础的特点和适用条件，设计内容和规范要求，然后详细介绍其计算方法、原理和步骤。这种编排便于从工程实践的角度来理解和学习高层建筑基础工程的计算和设计步骤，也利于学生理解其中的逻辑关系和掌握有关知识理论。

本书由长安大学胡志平、王启耀担任主编。具体编写分工为：第 1 章由胡志平、雷拓编写；第 2 章由胡志平、王启耀编写；第 3 章由田威、胡志平编写；第 4 章由孔德泉、胡志平编写；第 5 章由孔德泉编写；第 6 章由田威编写；第 7 章由张亚国、孔德泉编写；第 8 章由王启耀编写。研究生魏雪妮、石娜、江思义、夏香波等为本书的文字、公式输入和插图制作做了大量的工作，马建平、张雨禾、王强、王瑞等研究生为本书的校对、编排和整理做了许多工作，在此向他们表示衷心的感谢。

本书由长安大学俞宗卫教授主审，审稿中提出了许多宝贵意见，在此深表感谢。

本书是长安大学地下结构与工程研究所全体教师的集体创作，凝聚着前辈们长期在教学园地耕耘的成果，在策划和组织编写本书的过程中，得到了石坚、井彦林等教授的关心和帮助，本书参考了校内外许多专家、学者在教学、科研、设计和施工中积累的资料，在此一并表示诚挚的谢意。

本书的出版得到了长安大学教材建设基金的资助，在此表示感谢。

由于编者水平所限，书中不当之处，恳请读者不吝指正。

编 者

2017 年 5 月于古城西安

目　录

1 绪 论

1.1 高层建筑中基础工程的地位

1.1.1 高层建筑的表观特征与定义

高层建筑的表观特征是高、大、重、深，即高度高、层数多、体量大、基础埋置深，常有地下空间。

关于高层建筑的定义，世界各国并不一致。

美国——最初将 22~25m 以上或 7 层以上的建筑称为高层建筑；后来规定，凡层数在 40 层及高度在 152m 以下者为低高层建筑，高度介于 152~365m 者为高层建筑，超过 100 层及高度在 365m 以上者称为超高层建筑。

德国——经常将有人停留的最高一层的楼面距地面 22m 以上者为高层建筑。

法国——居住建筑 50m 以上，其他建筑 28m 以上者为高层建筑。

1972 年国际高层建筑会议（美国宾夕法尼亚州伯利克市），将高层建筑划分为以下四类：

第一类高层建筑：9~16 层（最高到 50m）；

第二类高层建筑：17~25 层（最高到 75m）；

第三类高层建筑：26~40 层（最高到 100m）；

第四类超高层建筑：40 层以上（或高度 100m 以上）。

在我国，原城乡建设部标准《钢筋混凝土高层建筑结构设计与施工规定》（JZ 102—1979），以及原国家建筑工程总局标准《高层建筑箱形基础设计与施工规程》（JGJ 6—1980）将高层建筑的起始点定为 8 层。后来，《高层民用建筑设计防火规范》（GBJ 45—1982）规定 10 层或 10 层以上的住宅（包括底层设置商业服务网点的住宅），以及高度超过 24m 的其他民用建筑为高层建筑。《钢筋混凝土高层建筑结构设计与施工规程》（JGJ 3—1991）规定 8 层和 8 层以上的民用建筑都称为高层建筑。我国现行行业标准《高层建筑混凝土结构技术规程》（JGJ 3—2010）规定 10 层及 10 层以上或房屋高度大于 28m 的住宅建筑和房屋高度大于 24m 的其他民用建筑为高层建筑。

我国《民用建筑设计通则》（GB 50352—2005）将住宅建筑依层数划分为：一层至三层为低层住宅，四层至六层为多层住宅，七层至九层为中高层住宅，十层及十层以上为高层住宅；住宅建筑之外的民用建筑高度不大于 24m 者为单层和多层建筑，大于 24m 者为高层建筑（不包括建筑高度大于 24m 的单层公共建筑）；建筑高度大于 100m 的民用建筑为超高层建筑。

《高层民用建筑设计防火规范》（GB 50045—1995）（2005 年版）把 10 层及 10 层以上

的居住建筑（包括首层设置商业服务网点的住宅）和建筑高度超过24m的公共建筑称为高层建筑。《建筑设计防火规范》（GB 50016—2014）规定建筑高度大于27m的住宅建筑和建筑高度大于24m的非单层厂房、仓库和其他民用建筑称为高层建筑。

高层建筑在英语中通常称为tall building（高楼），也称为high-rise building（高耸建筑）或skyscraper（摩天大厦），但这些名词的应用未见有明确的区别。至于超高层建筑（super-tall building），1995年美国高层建筑和城市环境协会第30届委员会组织世界各国的32位高层建筑知名专家集体撰写的一部巨著《高层建筑设计》（Architecture of Tall Buildings，Mc Graw-hill. Inc，1995）中提到，应是70层至80层以上的高层建筑，书中指出："高层建筑并不以其高度或楼层数为定义，重要的准则在于它的设计是否在某些方面受到'高度'（tallness）的影响。高层建筑是一种它的高度会强烈地影响其规划、设计、构造和使用的建筑，是一种它的高度会产生不同于某一时期、某一地区的'一般'建筑所具有的设计施工条件的建筑。"这段话是迄今各国专家对高层建筑的一个最具权威性的共识或界定。

1.1.2 高层建筑的起源与发展

著名的古代高层建筑有巴比伦空中花园（91.5m）、亚历山大港灯塔（152.5m）、河北定县料敌塔（82m）、应县木塔（66.7m）、大雁塔（37.68m）等，我国的塔台或佛塔是古代高层建筑的典型代表，其建筑形式和结构特点在古代高层建筑中具有相当高的水平。

现代高层建筑在18世纪后半叶产业革命后逐步发展起来。1801年，英国曼彻斯特棉纺厂建成了7层铸铁框架。1885年芝加哥建造了10层的家庭保险公司，高55m，它迄今被世界各国公认为世界上第一幢具有现代意义的高层建筑，也是世界上第一幢高层钢结构建筑。此后，混凝土的发明并成为一种新型建筑材料而进入高层建筑，随着钢结构设计方法的改进，高层建筑在结构与构造技术上日趋成熟，乃逐渐向更高层次发展。

据高层建筑与城市住宅委员会（Council on Tall Buildings and Urban Habitat，简称CT-BUH）网站（http：//www. ctbuh. org/）2017年1月发布的数据，全球已经建成的建筑高度大于250m的高层建筑有325座，建成年代如图1.1.1所示，各大洲分布状态如图1.1.2所示，全球著名高层建筑见表1.1.1。

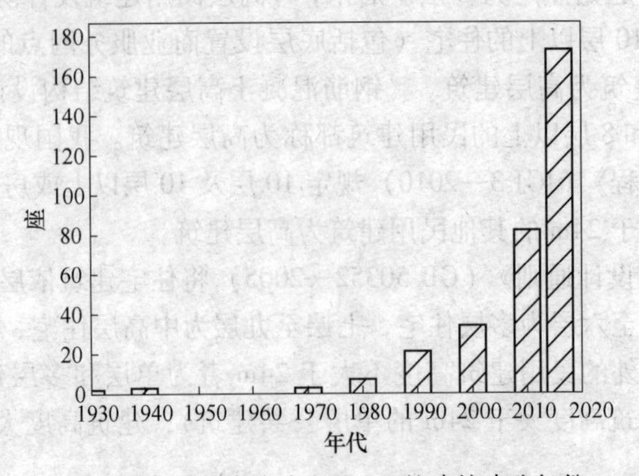

图1.1.1 全球高度大于250m的建筑建造年份

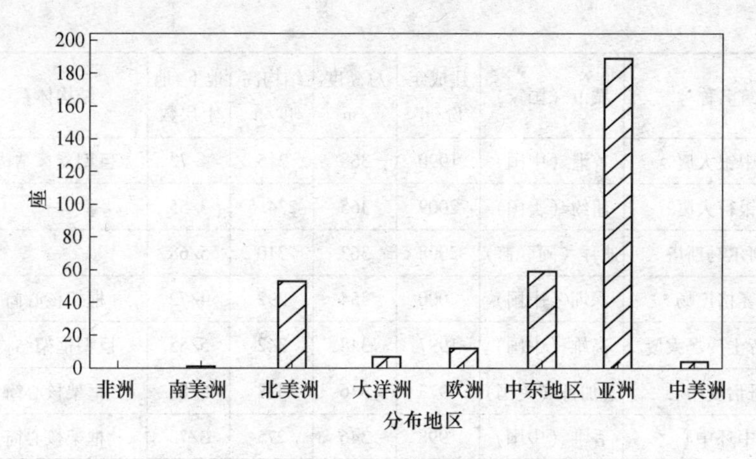

图 1.1.2 全球高度大于 250m 的建筑分布区域

表 1.1.1 全球已建成的著名高层建筑

序号	建筑名称	城市（国家）	建成年份/年	总高度/m	结构高度/m	地下/地上层数	结构体系	基础类型
1	哈利法塔	迪拜（阿联酋）	2010	828	585	1/162	扶壁束筒	桩筏基础
2	上海中心	上海（中国）	2015	632	580	5/121	巨型框架+核心筒+伸臂桁架	桩筏基础
3	麦加皇家钟塔	麦加（沙特）	2012	601	—	1/119	筒中筒结构	桩筏基础
4	新世界贸易中心一号大楼	纽约（美国）	2014	541.3	417	4/94	框筒束	桩筏基础
5	广州周大福金融中心	广州（中国）	2016	530	—	5/111	筒中筒结构	桩筏基础
6	台北 101 大厦	台北（中国）	2004	508	448	5/101	巨型框架结构	桩筏基础
7	上海环球金融中心	上海（中国）	2008	492	474	3/101	筒中筒结构	桩筏基础
8	香港环球贸易广场	香港（中国）	2010	484	—	6/108	框架核心筒	桩筏基础
9	吉隆坡石油双塔	吉隆坡（马来西亚）	1998	452	379	5/88	框架+核心筒+伸臂桁架	桩筏基础
10	南京紫峰大厦	南京（中国）	2010	450	389	3/89	筒中筒结构	桩筏基础
11	西尔斯大厦	芝加哥（美国）	1974	442	413	3/110	框筒束	箱形基础
12	川普国际大厦	芝加哥（美国）	2009	423	360	2/98	框架核心筒	桩筏基础
13	上海金茂大厦	上海（中国）	1999	421	383	3/88	框架核心筒	桩筏基础
14	国际金融中心二期	香港（中国）	2003	412	387.5	6/88	框架核心筒	桩筏基础
15	广州中信广场	广州（中国）	1996	391	323	2/80	筒中筒结构	扩展式基础
16	深圳地王大厦	深圳（中国）	1996	384	325	3/69	框架+核心筒+伸臂桁架	桩筏基础
17	纽约帝国大厦	纽约（美国）	1931	381	373.1	1/102	框架核心筒	桩箱基础
18	香港中环广场大厦	香港（中国）	1992	374	309	3/78	筒中筒结构	桩箱基础

续表 1.1.1

序号	建筑名称	城市（国家）	建成年份/年	总高度/m	结构高度/m	地下/地上层数	结构体系	基础类型
19	香港中银大厦	香港（中国）	1990	368	315	4/72	巨型支撑结构	桩箱基础
20	美国银行大厦	纽约（美国）	2009	365	234.5	3/55	—	桩基础
21	迪拜阿尔马斯塔	迪拜（阿联酋）	2008	363	310	5/68	—	桩基础
22	深圳赛格广场	深圳（中国）	2000	354	292	4/72	框架核心筒	桩筏基础
23	高雄东帝士广场大厦	高雄（中国）	1997	348	342	5/85	巨型框架结构	箱形基础
24	芝加哥怡安中心	芝加哥（美国）	1973	346	328	5/83	框架核心筒	箱形基础
25	香港中环中心	香港（中国）	1998	346	275	3/73	框架核心筒	桩筏基础

注：表中“—”表示未查到相关数据。

2008 年以来，全球经济一定程度上受到了金融危机的影响，但似乎并没有影响高层建筑的迅猛发展。据高层建筑与城市住宅委员会（CTBUH）于 2017 年 1 月发布的数据，目前全球有 541 座高度超过 200m 的在建高层建筑将于 2020 年之前建成，其分布区域如图 1.1.3 所示。

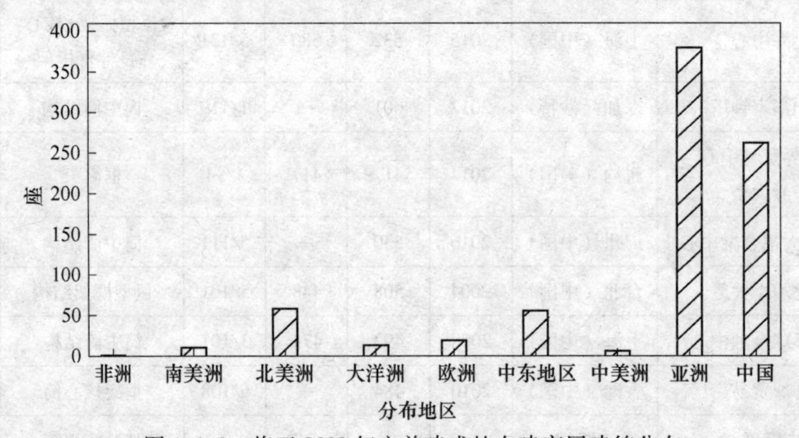

图 1.1.3 将于 2020 年之前建成的在建高层建筑分布

中国大陆第一座高层建筑是建于 1923 年的上海字林西报大楼，随后于 1934 年建成的上海国际饭店，高 82.5m，为解放前的最高楼。后来，建于 1968 年的广州宾馆，高 87.6m，建筑高度首次超过上海国际饭店；建于 1976 年的广州白云宾馆，高 112m，建筑高度首次超过 100m；建于 1990 年的北京京广中心，高 208m，建筑高度首次超过 200m；建于 1996 年的广州中信广场，高 391m，建筑高度首次超过 300m；建于 1998 年的上海金茂大厦，高 421m，建筑高度首次超过 400m；建于 2015 年的上海中心，高 632m，建筑高度首次超过 600m。我国已建成的著名高层建筑见表 1.1.2。

据高层建筑与城市住宅委员会（CTBUH）于 2017 年 1 月发布的数据，目前中国大陆有 262 座高度超过 200m 的在建高层建筑将于 2023 年之前建成，主要分布城市如图 1.1.4 所示。

表 1.1.2　我国已建成的著名高层建筑

序号	建筑名称	城市	建成年份/年	总高度/m	结构高度/m	地下/地上层数	结构体系	基础类型
1	上海中心	上海	2015	632	580	5/121	巨型框架+核心筒+伸臂桁架	桩筏基础
2	广州周大福金融中心	广州	2016	530	—	5/111	筒中筒结构	桩筏基础
3	上海环球金融中心	上海	2008	492	474	3/101	筒中筒结构	桩筏基础
4	上海金茂大厦	上海	1999	421	383	3/88	框架核心筒	桩筏基础
5	上海字林西报大楼	上海	1923	40.2		1/8	框架结构	—
6	上海国际饭店	上海	1934	83.8	82	2/22	框架结构	筏形基础
7	台北 101 大厦	台北	2004	508	448	5/101	巨型框架结构	桩筏基础
8	高雄东帝士广场大厦	高雄	1997	348	342	5/85	巨型框架结构	箱形基础
9	北京京广中心	北京	1990	208	196	3/53	框架-剪力墙	桩筏基础
10	香港中环广场大厦	香港	1992	374	309	3/78	筒中筒结构	桩箱基础
11	国际金融中心二期	香港	2003	412	387.5	6/88	框架核心筒	桩筏基础
12	香港中银大厦	香港	1990	368	315	4/72	大型立体支撑	桩箱基础
13	香港中环中心	香港	1998	346	275	3/73	框架核心筒	桩筏基础
14	深圳地王大厦	深圳	1996	384	325	3/69	框架+核心筒+伸臂桁架	桩筏基础
15	深圳赛格广场	深圳	2000	354	292	4/72	框架核心筒	桩筏基础
16	广州中信广场	广州	1996	391	323	2/80	筒中筒结构	扩展式基础
17	天津 117 大厦	天津	2016	597	584	4/117	巨型桁架筒+核心筒	桩筏基础
18	浙江财富金融中心	杭州	2011	258	212	3/52	框架核心筒	桩筏基础
19	南京紫峰大厦	南京	2010	450	389	3/89	筒中筒结构	桩筏基础
20	陕西信息大厦	西安	2006	228	175.4	3/52	筒中筒结构	桩筏基础
21	成都西部国际金融中心	成都	2015	241	234.9	5/56	框架核心筒	筏形基础
22	重庆环球金融中心	重庆	2015	338.9	310.3	6/72	框架核心筒	筏形基础
23	郑州绿地中心	郑州	2014	280	244.7	3/56	框架核心筒	桩筏基础
24	沈阳市府恒隆广场大厦	沈阳	2015	350.6	294.0	4/68	框架核心筒	筏形基础
25	青岛中银大厦	青岛	1998	249	—	4/54	筒中筒结构	箱形基础

注：表中建筑为无规则排序，“—”表示未查到相关数据。

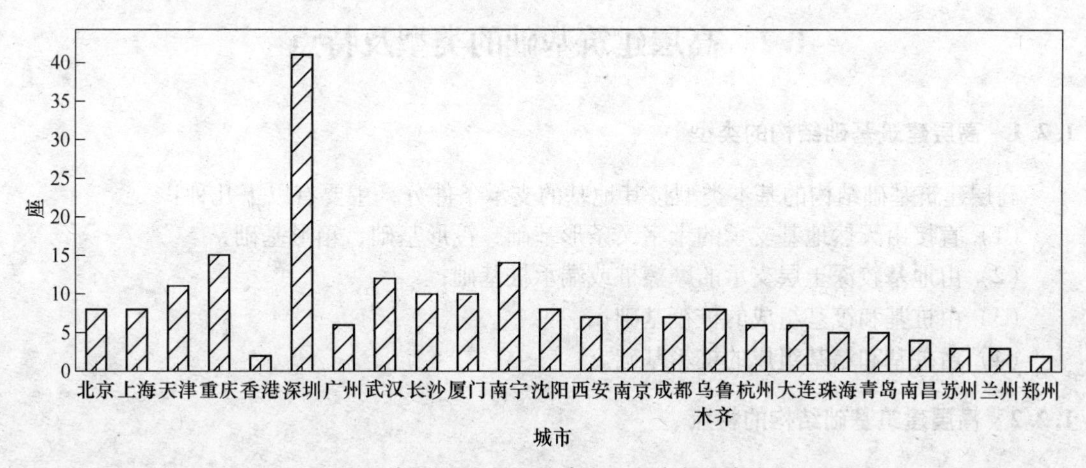

图 1.1.4　我国将于 2023 年之前建成的在建高层建筑分布城市

从图1.1.1~图1.1.3可以看出，高层建筑发展最迅猛的时期就在近20年，建造的中心已从北美洲逐渐转移到亚洲和中东地区，这也是近30年全球经济最具活力的地区。在亚洲，高层建筑在一定程度上也是经济实力和社会发展水平的体现。

1.1.3 基础工程在高层建筑中的地位

俗话说“万丈高楼平地起”，可见基础工程的安全和耐久性对建筑物的重要性。由于高层建筑基础工程的特点，使其具有区别于多层建筑和低层建筑基础的独特地位。

（1）基础工程造价占高层建筑工程总造价的20%~30%，甚至更多。据统计，高层建筑中基础工程（包括地下室和基坑工程）的造价占到总造价的20%~30%。在软土地区或对周围环境影响大的场地，因大力加强基坑支护结构和采取特殊施工措施来减小对周边环境的影响，致使基础工程造价更高。

（2）基础工程施工工期占高层建筑工程总工期的30%~40%，甚至更长。据统计，高层建筑基础工程施工工期占项目总工期的30%~40%，甚至更长。高层建筑基础施工要引起足够重视，特别是深基坑开挖至基坑回填阶段，既要重视周围环境、建筑物、地下管线的变形，还要高度重视支护结构本身的受力和变形。深基坑开挖引起场地应力场的改变非常复杂，且这种应力场的改变随时间和空间的变化具有较高的模糊性，开挖前可能难以准确判断，致使所采取的工程措施常常具有一定的风险。2009年6月27日，上海莲花河畔景苑7号楼整体倒塌——上海“楼脆脆”事件，就是一例典型的基坑开挖处理不当导致的重大事故。

高层建筑基础工程对整个建筑物的安全和寿命有举足轻重的影响，国内外已不乏高层建筑因其基础处理不当，而造成整个建筑物突然倾覆的实例，或因建筑物存在基础隐患，建成后濒临倾覆，不得不断然予以整体爆毁或拆除的实例，其他因各种基础工程事故而造成不同程度的损失和严重教训者，亦时有所闻。因此，对高层建筑基础工程的设计施工尤须慎重对待，不能掉以轻心。

综上所述，高层建筑中基础工程的地位可概括成两句话：基础工程的设计与施工是高层建筑正常使用与稳定安全的根本，其造价与工期对高层建筑总造价与总工期有举足轻重的影响。

1.2 高层建筑基础的类型及特点

1.2.1 高层建筑基础结构的类型

高层建筑基础结构的基本类型按其地基的支承条件分，主要有以下几种：

（1）直接由天然地基支承的十字叉条形基础、筏形基础、箱形基础；

（2）由地基较深土层支承的摩擦桩或端承桩基础；

（3）由桩基和筏基组成的桩筏基础；

（4）由桩基和箱基组成的桩箱基础。

1.2.2 高层建筑基础结构的特点

通常，我们认为基础是将上部结构荷载传递到地基土中的一种承上启下的结构。然而，高层建筑目前通常采用多层地下室或地下结构（充分利用地下空间，也利于高层建筑的稳定性），基础或地下室施工需要采用专门的基坑支护结构和施工工艺。很显然，基础的传统概念已不能准确反映高层建筑基础工程实际所发挥的功能和作用，而逐步由构成地下室（或地下结构）的基础结构所取代。因此，高层建筑基础工程必然包括基础结构和基坑工程两大密切相关部分，这是高层建筑基础工程的基本特点。除此之外，高层建筑基础工程还有以下特点：

（1）承受的竖向和水平荷载大。高层建筑的基础结构和地基必须能提供较高的竖向和水平向承载力。高层建筑的重量随其层数增加而增加，其基础的竖向荷载大而集中。如以50层的钢筋混凝土结构为例，其基底总压力常可达1MN/m^2，而柱荷载常可达数10MN。与此同时，风荷载和地震作用引起的倾覆力矩随高度而成倍增长。因此，高层建筑要求其基础结构和地基必须具有相应的强度和刚度，以保证建筑物具有足够的稳定性，并使其沉降和倾斜控制在允许范围内。

（2）为了满足高层建筑的稳定性和利用地下空间的要求，基础埋置深度常常很大，由此带来了十分复杂的基坑工程问题。我国行业标准《高层建筑箱形与筏形基础技术规范》（JGJ 6—2011）规定：抗震设防区天然地基上的箱形和筏形基础，其埋深不宜小于建筑物高度的十五分之一。这就是说，一座百米高楼，其基础埋深至少应在6.6m以上。并且当桩与箱基底板或筏板连接，且其构造符合规定时，桩箱或桩筏基础的埋深（不计桩长）不宜小于建筑物高度的十八分之一，亦即百米高楼，基础埋深应在5.5m以上。另一方面，由于地下空间的开发利用日益受到重视，高层建筑基础的埋深有不断加深的趋势。

（3）环境影响大。高层建筑常建于城市建筑物和人口稠密之处，其基础长桩和深基坑施工对周围环境影响甚大。为了防止施工产生的噪声、振动和泥浆污水影响环境，为了防止沉桩挤土和人工降水危及邻近的建筑物、道路交通和地下管线设施以及居民的生活、工作和学习，必须采取有效的环保措施。这也成为现代高层建筑基础工程设计施工方案的一项重要内容。

（4）基础结构的大体积混凝土施工难度大。高层建筑基础结构构件截面积大、混凝土用量大、防水要求高，浇筑混凝土时如何组织施工以及对其温度裂缝、收缩裂缝进行预防和控制，是高层建筑基础工程的又一特别重要的课题。倘因措施不力而产生裂缝，则必危及基础结构和地下室的正常使用，或虽补救于一时，亦将影响其抗渗、抗侵蚀性能和工程使用寿命，务必引起高度重视。

1.3 高层建筑地基-基础间的共同作用

1.3.1 地基-基础共同作用的含义

从高层建筑结构荷载的传递路径来看，上部结构将荷载传递到基础，基础再将荷载传递到地基土中，在这个传递过程中，上部结构、基础、地基之间是共同作用的。比如，上部结构的底端和基础顶部接触处、基础底面和地基土接触处的变形是相等的，处于静力平衡状态，即上部结构底部支座变形等于基础顶部的挠曲变形，也等于该处地基土的沉降量；上部结构底端支座反力等于基础所受的荷载，基础在上部结构荷载和地基反力共同作用下处于静力平衡状态，地基土在基底附加应力作用下产生沉降变形，直至三者变形稳定。

1.3.2 高层建筑地基-基础共同作用的新内涵

因地基承载力和稳定性需要，高层建筑的基础埋置深度通常比较大，另外，常常因为地下空间的开发利用需求，使得高层建筑基础和地下室施工产生深大基坑。基坑或深基坑工程，除在较少情况下可采用放坡开挖外，一般应考虑以下各项内容：

基坑围护结构的设计与施工；围护结构的撑锚体系的设计与施工；控制或降低基坑内外地下水位的设计与施工；基坑内外土体加固的设计与施工；土方开挖设计与施工；施工监测与控制，环境保护及险情处理。

通常，高层建筑存在复杂的基坑工程问题，因此，基坑工程既是高层建筑基础工程的重要组成部分，又是岩土工程学科的一门独立的重要分支，并逐步形成一门学科——基坑工程学。这都是高层建筑地基-基础共同作用的新内涵。

1.4 高层建筑基础设计计算理论的发展

纵观高层建筑基础结构设计计算方法的演进，大体经历了三个阶段：

（1）采用结构力学的方法，将高层建筑整个静力平衡体系分割为上部结构、基础结构、地基三个部分，各自独立求解，不考虑三者之间共同作用的阶段。即传统设计方法：上部结构、基础结构独立计算法。

（2）仅考虑基础结构与地基位移连续与协调，并进行两者的共同作用分析的阶段。

（3）开始统一考虑上部结构、基础结构和地基共同作用的阶段。

2011 年，批准颁发的行业标准《高层建筑箱形与筏形基础技术规范》（JGJ 6—2011)，无疑是高层建筑基础结构设计施工技术发展中的又一重大成果，它为现阶段推动地基-基础共同作用理论的应用以及具体设计计算工作提供了可操作的方法和依据。

最近，国内外进一步提出了人为调整地基基础（包括地基土和桩基或两者联合的）刚度，以达到基础结构设计更为经济合理的概念。桩基高层建筑物，当采用大间距的摩擦桩或端承作用较小的端承摩擦桩时，如取用单桩极限承载力进行设计，则桩与土的荷载分担明确，这就有可能合理地布置桩基，人为地调整桩顶反力和基底土反力联合出现的反力分布，从而更有利于基础的合理工作，使设计更为经济合理。

《工程结构可靠性设计统一标准》（GB 50153—2008）总则中指出：

（1）房屋建筑、铁路、公路、港口、水利水电等各类工程结构设计的基本原则、基本要求和基本方法都要满足该标准的要求，使结构符合可持续发展的要求，并符合安全可靠、经济合理、技术先进、确保质量的要求。

（2）该标准适用于整个结构、组成结构的构件以及地基基础的设计，适用于结构施工阶段和使用阶段的设计，适用于既有结构的可靠性评定。

（3）工程结构设计宜采用以概率论为基础、以分项系数表达的极限状态设计方法；当缺乏统计资料时，工程结构设计可根据可靠的工程经验或必要的试验研究进行；也可采用容许应力或单一安全系数等经验方法进行。

应当指出，岩土工程设计目前还难以完全采用概率论为基础的极限状态设计方法，主要因为有关变量的概率统计分布难以获得。高层建筑地基、基础与上部结构共同作用的研究和工程应用，难度较大而前景广阔，许多问题仍需进一步研究探索和积累经验，高层建筑基础概率极限状态设计理论仍需大力推进。

思考题

1-1　高层建筑基础工程有什么特点，在高层建筑中有何地位？

1-2　高层建筑地基-基础共同作用的内涵是什么？

1-3　高层建筑基础设计理论发展的阶段有哪些？

地基模型及其参数的确定

2.1 概 述

当岩土体受到荷载（或作用）时，岩土体内部就会产生应力、应变，这种研究岩土体受到荷载（或作用）下的应力-应变关系称为地基模型，也称为岩土体的本构关系。广义地说，地基模型就是岩土体的应力、应变、应变速率、应力水平、应力历史、应力路径、加载速率、时间、温度等物理量之间的函数关系。

合理地选择地基模型及其参数，是分析高层建筑地基与基础之间共同作用的基础，也是高层建筑地基基础计算与设计中的一个重要问题。对地基基础结构进行计算分析时，需要建立某种理想化的地基计算模型，因为岩土体的物质构成，结构构造的复杂性，用一个普适的数学模型来描述岩土体的本构关系是非常困难的。选择地基模型时，要根据建筑物荷载的大小和性质、地基土类型和性质、上部结构体系类型、基础类型、地基承载力的大小、施工过程与时间效应等因素来综合选择。总之，所选择模型应尽可能地准确模拟上部结构和基础与地基共同作用下所表现出来的力学特征，同时还要便于采用已有的数学方法和计算手段进行分析。随着岩土体本构模型的研究进展，目前常见的地基模型有：线弹性地基模型、弹性非线性地基模型、弹塑性地基模型、粘弹塑性地基模型等等。线弹性地基模型主要有文克勒地基模型、弹性半空间地基模型和分层地基模型。因地基土力学性状的复杂性，各种模型都有一定局限性，计算结果的准确度很大程度上还取决于模型参数的准确度。本章重点介绍几种常见的地基模型及其参数的确定方法。

2.2 线性弹性地基模型及其参数的确定

线性弹性地基模型认为地基土在荷载作用下其应力-应变关系为直线，且应力释放时其应变完全恢复，是一种比较理想化的地基模型。基础结构实际介于绝对刚性和绝对柔性之间，基础底面的应力分布非常复杂，当基底反力较小，地基承载力较高时，地基土在基底反力作用下的应力-应变关系可以近似地采用线性弹性模型来分析。常见的三种线性弹性地基模型为文克勒地基模型、弹性半空间地基模型、分层地基模型。

2.2.1 文克勒（E. Winkler）地基模型

文克勒地基模型是一种简单的线性弹性地基模型，假定土介质表面每一点的压力与该点的竖向位移成正比，如式（2.2.1）所示：

$$p = k \cdot s \tag{2.2.1}$$

式中 p——土体表面某点单位面积上的压力，kN/m^2；

s——相应于某点的竖向位移，m；

k——基床系数，kN/m^3。

文克勒假设的实质是将地基看成许多互不联系的弹簧，弹簧的刚度即地基的基床系数 k。图 2.2.1 表示几种不同荷载和不同基础刚度的文克勒地基的变形情况。可见，假设基底反力为直线分布时的计算方法与文克勒地基上承载绝对刚性基础的情况相对应，如图 2.2.1(c) 所示。

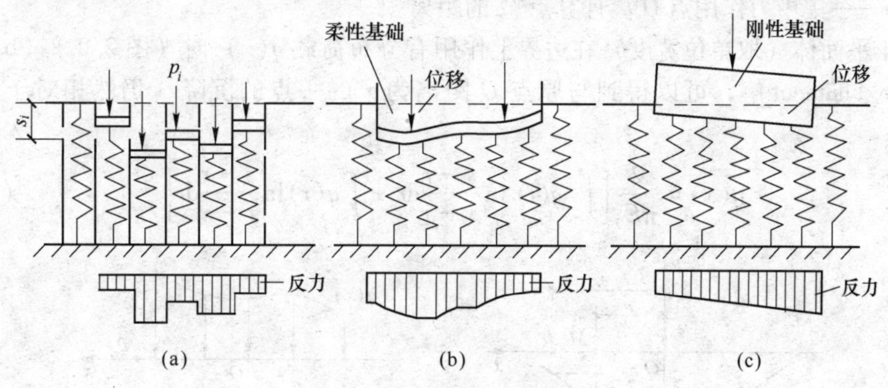

图 2.2.1 文克勒地基模型

(a) 侧面无摩擦的土柱弹簧体系；(b) 柔性基础下的弹簧地基模型；(c) 刚性基础下的弹簧地基模型

文克勒地基模型有两个缺点：

(1) 忽略了地基土的抗剪强度，即地基中不存在剪应力。按这一模型，地基变形只发生在基底范围内，基底范围以外没有地基变形，这与实际情况不符，使用不当会造成不良后果。

(2) 在相同压力作用下，地基的基床系数 k 不是常数，它不仅与土的性质、类别有关，还与基础底面面积的大小、形状及基础埋置深度和作用时间等因素有关。但是，该模型比较简单、易行，很多学者研究和工程实践表明，只要基床系数 k 值选择得当，仍然可以得到比较满意的计算结果，故国内外仍较多地应用于地基梁、板和桩的计算分析。

综合分析有关资料，可以得到文克勒地基模型的适用范围如下：

(1) 浅基础；

(2) 高压缩性软土地基、薄的破碎岩层或不均匀土层；

(3) 抗剪强度很低的半液态土（如淤泥、淤泥质土等）地基；

(4) 地基压缩层很薄且存在下伏硬土层。

2.2.2 弹性半空间地基模型

鉴于文克勒地基模型的缺点，后来有学者提出了弹性半空间地基模型，即认为地基是均质、各向同性的弹性半无限体，按弹性理论分析地基反力与地基变形之间的关系，土的力学性质由变形模量 E_0、压缩模量 E_s、弹性模量 E 和泊松比 μ_s 来表征。

2.2.2.1 平面问题

弹性力学的平面问题分为平面应力问题和平面应变问题。对于平面应力问题，当半平面体边界上受法向集中力 P 作用时（图 2.2.2 (a)），Flaiment 得到了边界上任意点 M(距

原点 O 的距离为 r）相对于参考点 B（距坐标原点 O 的距离为 s）的相对沉降为

$$\eta = \frac{2P}{\pi E_0}\ln\frac{s}{r} \tag{2.2.2}$$

式中 P——集中力（作用于坐标原点 O）；

E_0——弹性体的变形模量，计算地基变形时，可以采用压缩模量 E_s、弹性模量 E；

s——集中力作用点 O 离参考点 B 的距离；

r——集中力作用点 O 离计算点 M 的距离。

当半平面体（取单位宽度）在边界上作用有分布荷载 $q(x)$ 时（图 2.2.2（b）），则由上述的 Flaiment 解，可以得到与原点 O 距离为 x 的一点的沉降（仍然相对于参考点 B）为

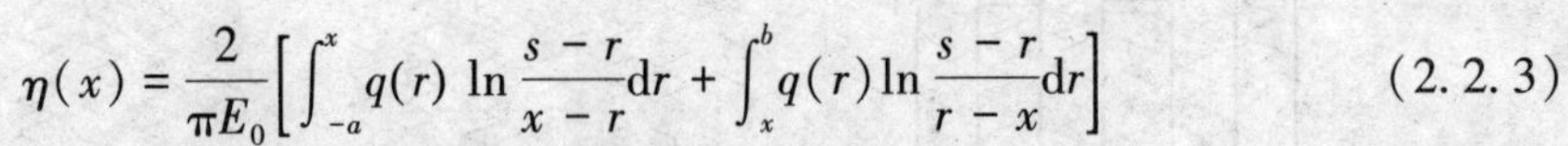

$$\eta(x) = \frac{2}{\pi E_0}\left[\int_{-a}^{x} q(r)\ln\frac{s-r}{x-r}\mathrm{d}r + \int_{x}^{b} q(r)\ln\frac{s-r}{r-x}\mathrm{d}r\right] \tag{2.2.3}$$

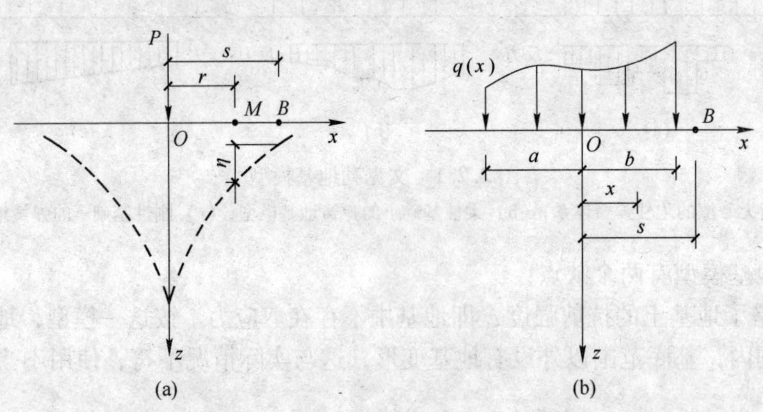

图 2.2.2　半平面体边界上受集中力和分布力

对于平面应变问题，只需将以上式（2.2.2）、式（2.2.3）中的 E_0 以 $\frac{E_0}{1-\mu_s^2}$ 代替即可。

2.2.2.2　半空间问题

当弹性半空间表面作用一集中力 P 时（图 2.2.3（a）），由 Boussinesq 解答，可以得到弹性半空间体表面任一点 M 处的竖向位移 $\omega(x, y)$ 为

$$\omega(x, y) = \frac{1-\mu_s^2}{\pi E_0}\cdot\frac{P}{r} \tag{2.2.4}$$

式中，$r=\sqrt{x^2+y^2}$ 为半空间表面 M 点与荷载作用点 O 的距离。由式（2.2.4）可以看出，当 $r\to\infty$ 时，地表面竖向位移为零。

当作用于地表某区域 Ω 上的荷载为分布荷载 $q(x, y)$ 时（见图 2.2.3（b）），地表面的竖向位移 $\omega(x, y)$ 可由式（2.2.5）沿 Ω 积分得到，即

$$\omega(x, y) = \frac{1-\mu_s^2}{\pi E_0}\iint_{\Omega}\frac{q(\xi, \eta)\mathrm{d}\xi\mathrm{d}\eta}{\sqrt{(x-\xi)^2+(y-\eta)^2}} \tag{2.2.5}$$

ξ 和 η 为区域 Ω 内任意点沿 x 和 y 方向的坐标。如果考虑界面摩擦，对水平位移也有类似的解答。

从式（2.2.5）可以看出，如果作用于弹性半空间表面的荷载为有限面积荷载时，可用积分法求得其应力与位移表达式。事实上，这些积分常常是困难的，当受荷载面积复杂或受荷不均匀时，就更难直接积分，有时甚至积分不出来，在这种情况下一般采用数值方法。

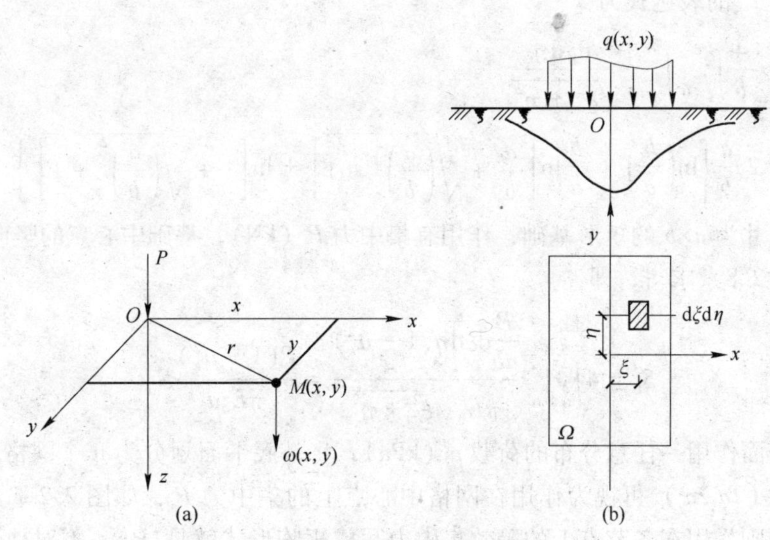

图 2.2.3　弹性半空间表面受集中力和分布力

设矩形荷载面积 $a \times b$ 上作用均布荷载 p（kPa），E_0、μ_s 分别为地基土的变形模量和泊松比。将坐标轴的原点置于矩形面积的中心点 j，如图 2.2.4 所示，利用式（2.2.5）对整个矩形面积积分，可以求得在 x 轴上点 i 的竖向变形为

$$S_{ij} = 2p\int_{\xi=x-\frac{a}{2}}^{\xi=x+\frac{a}{2}}\int_{\eta=0}^{\eta=\frac{b}{2}} \frac{1-\mu_s^2}{\pi E_0\sqrt{\xi^2+\eta^2}}\mathrm{d}\xi\mathrm{d}\eta = \frac{p(1-\mu_s^2)}{\pi E_0}bF_{ij} \tag{2.2.6}$$

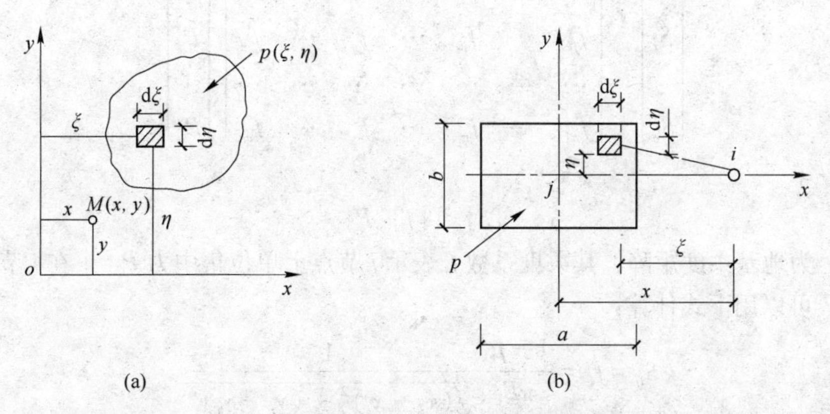

图 2.2.4　弹性半空间表面的位移计算

（a）任意分布荷载；（b）矩形分布荷载

其中系数 F_{ij} 的表达式为

$$F_{ij} = \frac{2}{b}\int_{\xi=x-\frac{a}{2}}^{\xi=x+\frac{a}{2}}\int_{\eta=0}^{\eta=\frac{b}{2}} \frac{\mathrm{d}\xi\mathrm{d}\eta}{\sqrt{\xi^2+\eta^2}} \tag{2.2.7}$$

当 i 点位于矩形荷载面积中点 j 时，其竖向变形为

$$S_{ii}=4p\int_{\xi=0}^{\xi=\frac{a}{2}}\int_{\eta=0}^{\eta=\frac{b}{2}}\frac{1-\mu_s^2}{\pi E_0\sqrt{\xi^2+\eta^2}}\mathrm{d}\xi\mathrm{d}\eta=\frac{p(1-\mu_s^2)}{\pi E_0}bF_{ii} \tag{2.2.8}$$

其中系数 F_{ii} 的表达式为

$$\begin{aligned}F_{ii}&=\frac{4}{b}\int_{\xi=0}^{\xi=\frac{a}{2}}\int_{\eta=0}^{\eta=\frac{b}{2}}\frac{\mathrm{d}\xi\mathrm{d}\eta}{\sqrt{\xi^2+\eta^2}}\\&=2\frac{a}{b}\left\{\ln\left(\frac{b}{a}\right)+\frac{b}{a}\ln\left[\frac{a}{b}+\sqrt{\left(\frac{a}{b}\right)^2+1}\right]+\ln\left[1+\sqrt{\left(\frac{a}{b}\right)^2+1}\right]\right\}\end{aligned} \tag{2.2.9}$$

对底面尺寸为 $a\times b$ 的矩形基础，作用有集中力 P（kN），基础中心点的竖向位移 S_0 可以借鉴式（2.2.8）求得，即

$$S_0=4\int_0^{\frac{a}{2}}\int_0^{\frac{b}{2}}\frac{\frac{P}{ab}\mathrm{d}\xi\mathrm{d}\eta(1-\mu_s^2)}{\pi E_0\sqrt{\xi^2+\eta^2}}=\frac{P(1-\mu_s^2)}{\pi E_0 a}F_{ii} \tag{2.2.10}$$

设地基表面作用一任意分布的荷载 p（kPa），将基底平面划分为 n 个网格，分布于网格上的荷载 p（$2a_i2a_j$）可视为作用在网格中心点上的集中力 P_j，如图 2.2.5 所示，以中心点为节点，则作用在各节点上的等效集中力写成矩阵形式就是$\{P\}$，P_j 对地基表面任一点 i 所引起的变形为 S_{ij}，各节点上的变形写成矩阵形式为$\{S\}$，则各节点上的地基变形可表示为

$$\begin{Bmatrix}S_1\\ \vdots\\ S_i\\ \vdots\\ S_j\\ \vdots\\ S_n\end{Bmatrix}=\begin{bmatrix}f_{11}&\cdots&f_{1i}&\cdots&f_{1j}&\cdots&f_{1n}\\ \cdots&\cdots&\cdots&\cdots&\cdots&\cdots&\cdots\\ f_{i1}&\cdots&f_{ii}&\cdots&f_{ij}&\cdots&f_{in}\\ \cdots&\cdots&\cdots&\cdots&\cdots&\cdots&\cdots\\ f_{j1}&\cdots&f_{ji}&\cdots&f_{jj}&\cdots&f_{jn}\\ \cdots&\cdots&\cdots&\cdots&\cdots&\cdots&\cdots\\ f_{n1}&\cdots&f_{ni}&\cdots&f_{nj}&\cdots&f_{nn}\end{bmatrix}\begin{Bmatrix}P_1\\ \vdots\\ P_i\\ \vdots\\ P_j\\ \vdots\\ P_n\end{Bmatrix} \tag{2.2.11}$$

即

$$\{S\}=[f]\{P\} \tag{2.2.12}$$

式中，$[f]$ 为地基柔度矩阵，其柔度系数 f_{ij} 表示 j 节点上单位集中力 $P_j=1$ 在 i 节点引起的竖向变形，可以用下式计算：

$$S_{ij}=f_{ij}=\frac{1-\mu_s^2}{\pi E_0}\frac{1}{\sqrt{(x_i-x_j)^2+(y_i-y_j)^2}} \tag{2.2.13}$$

柔度系数 f_{ij} 也可以用下式计算：

$$f_{ij}=\begin{cases}\dfrac{1-\mu_s^2}{\pi E_0 a}F_{ii},\ i=j\\[2ex] \dfrac{1-\mu_s^2}{\pi E_0 r}F_{ij},\ i\neq j\end{cases} \tag{2.2.14}$$

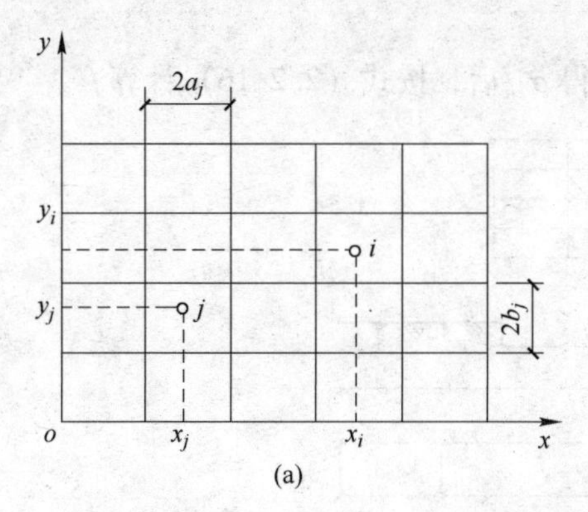

(a)

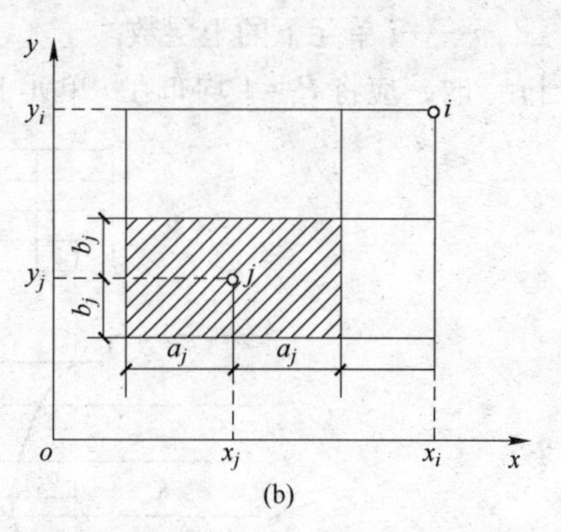

(b)

图 2.2.5 弹性半空间地基模型地表变形计算

（a）地基网格的划分；（b）网格中点坐标

弹性半空间地基模型考虑了压力的扩散作用，比文克勒地基模型在理论上要合理一些。但该模型的扩散能力往往超过了地基的实际情况，计算所得的位移量和地表位移范围比实测结果大。一般认为造成这一问题的原因是实际地基压缩层的厚度是有限的，而且其变形模量 E_0 随深度是变化的。此外，这种模型所需的土的变形模量 E_0 和泊松比 μ_s 不容易测定也是一个缺点。实践表明，按弹性半空间地基模型计算得到的基础沉降和基础结构内力都偏大。

2.2.3 分层地基模型

我国《地基基础设计规范》（GB 50007—2011）规定基础最终沉降量采用地基有限压缩层内的分层总和法来计算。地基土具有天然土层分层的特点，并考虑到土的压缩特性以及地基的压缩层深度有限，近几十年来，在土与基础的共同作用分析中广泛应用了分层地基模型，或称为有限压缩地基模型。该模型在分析时用弹性理论的方法计算地基中的应力，而地基的变形则采用土力学（或地基基础设计规范）中的分层总和法，使其结果更符合实际。

根据土力学的基本理论，用分层总和法计算基础沉降时，一般的表达式为

$$S = \sum_{i=1}^{m} \frac{\overline{\sigma}_{zi} \Delta H_i}{E_{si}} \tag{2.2.15}$$

式中 $\overline{\sigma}_{zi}$——第 i 土层的平均附加压力，kN/m²；

ΔH_i——第 i 土层的厚度，m；

E_{si}——第 i 土层的压缩模量，kN/m²，或者用土的变形模量 E_{0i}；

m——压缩层深度范围内的土层数。

按分层地基模型分析时，可先将地基与基础的接触面划分成 n 个单元（见图 2.2.6），设基底 j 单元作用集中附加压力 $P_j = 1$，由弹性理论的 Boussinesq 公式可以求得由于 $P_j = 1$ 的作用在 i 单元中点下第 k 土层中点产生的附加应力 σ_{kij}，由式（2.2.15）可得 i 单元中点沉降计算的表达式为

$$f_{ij} = \sum_{k=1}^{m} \frac{\sigma_{kij} \cdot \Delta H_{ki}}{E_{ski}} \tag{2.2.16}$$

式中 ΔH_{ki}——i 单元下第 k 土层的厚度，m；

E_{ski}——i 单元下第 k 土层的压缩模量，kN/m²，或者用土的变形模量 E_{0ki}；

m——i 单元下的土层数。

当 $j=i$ 时，应将 $P_i=1$ 均布在 i 单元上，求得 σ_{kii}后，按式（2.2.16）计算 f_{ii}。

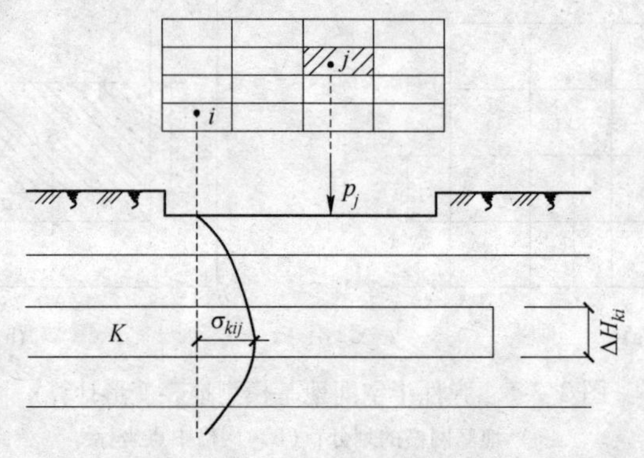

图 2.2.6　分层地基模型的计算

根据叠加原理，i 单元中点的沉降 S_i 为基底各单元压力分别在该单元引起的沉降之和，其表达式与式（2.2.12）同，即

$$S_i = \sum_{j=1}^{n} f_{ij} P_j \tag{2.2.17}$$

研究结果表明，分层地基模型的计算结果更符合实际，一般介于文克勒地基与弹性半空间地基之间，因而在工程中被广泛采用。

2.2.4　双参数地基模型

文克勒地基模型不能传递剪应力和变形，理论上存在较严重的缺陷。弹性半空间模型虽然在理论上较为完善，但计算上存在较大困难。为此，介于这二者之间的地基模型得到了发展，双参数地基模型就是其中一类，这类模型采用两个独立的参数来表征地基土的特性，从理论上改进了文克勒地基模型的缺陷，从数学处理上规避了弹性半空间地基模型计算困难的问题。

双参数地基模型有两种不同的形式：一种是在文克勒地基模型中的各弹簧之间增加约束，反映地基变形的连续性和剪力传递性能，这类模型的代表有费氏模型、巴氏模型和海藤义模型等；另一种从弹性连续介质模型开始并引入约束或简化位移与应力分布的某些假设，这类模型的代表有符拉索夫模型、瑞斯纳模型等。

2.2.4.1　费氏模型（Filonenko-Borodich）

该模型在文克勒地基中的弹簧上添加一具有拉力 T 的弹性薄膜，使得在荷载作用下土体的变形具有连续性，如图 2.2.7 所示。

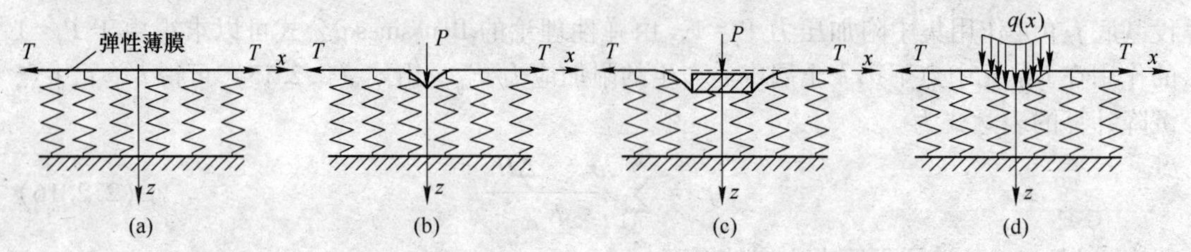

图 2.2.7　Filonenko-Borodich 双参数地基模型

（a）基本模型；（b）集中荷载；（c）刚性荷载；（d）均布柔性荷载

当作用均布荷载 $q(x, y)$ 时，对于三维问题（如矩形或圆形基础），土体表面的挠度方程为

$$q(x, y) = k\omega(x, y) - T\nabla^2\omega(x, y) \tag{2.2.18}$$

式中　∇^2——笛卡尔直角坐标下的拉普拉斯算子，$\nabla^2 = \dfrac{\partial^2}{\partial x^2} + \dfrac{\partial^2}{\partial y^2}$；

k——地基的基床系数；

T——地基的水平弹性常数；

$\omega(x, y)$——土体表面的竖向位移。

对于二维问题，上述方程简化为

$$q(x) = k\omega(x) - T\frac{\mathrm{d}^2\omega(x)}{\mathrm{d}x^2} \tag{2.2.19}$$

式中，各参数同式（2.2.18）。

2.2.4.2　巴氏模型（Pasternak）

Pasternak 假定在弹簧单元上存在一剪切层，这种剪切层只产生剪切变形而不可压缩，剪切层使各弹簧单元之间存在剪切的相互作用，如图 2.2.8 所示。

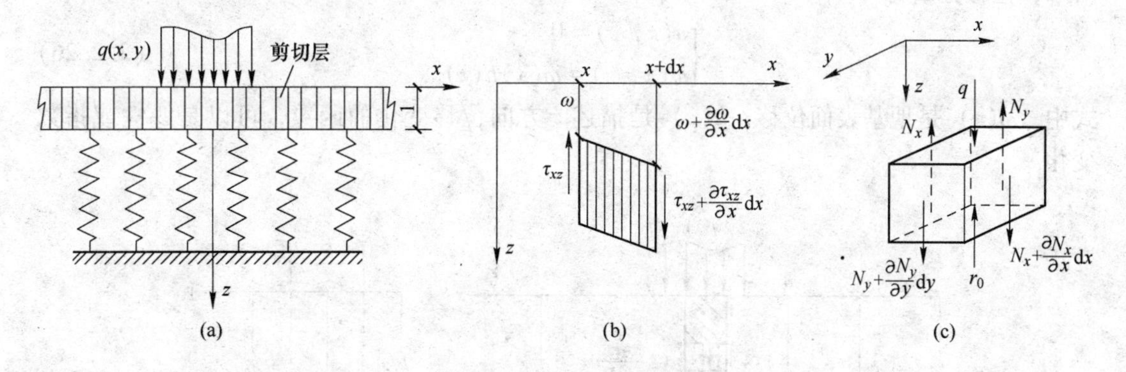

图 2.2.8　Pasternak 模型

（a）基本模型；（b）剪切层内的应力；（c）作用在剪切层上的力

设剪切层在 x、y 平面内为各向同性，其剪切模量 $G_x = G_y = G_p$，取微元体尺寸为 $\mathrm{d}x \times \mathrm{d}y \times 1$，则有

$$\begin{cases} \tau_{xz} = G_p\gamma_{xz} = G_p \dfrac{\partial\omega(x, y)}{\partial x} \\ \tau_{yz} = G_p\gamma_{yz} = G_p \dfrac{\partial\omega(x, y)}{\partial y} \end{cases} \tag{2.2.20}$$

剪切层微元体 $\mathrm{d}y$ 边长、$\mathrm{d}x$ 边长面上的总剪力分别为

$$\begin{cases} N_x = \mathrm{d}y \cdot \displaystyle\int_0^1 \tau_{xz}\mathrm{d}z = G_p \dfrac{\partial\omega(x, y)}{\partial x} \cdot \mathrm{d}y \\ N_y = \mathrm{d}x \cdot \displaystyle\int_0^1 \tau_{yz}\mathrm{d}z = G_p \dfrac{\partial\omega(x, y)}{\partial y} \cdot \mathrm{d}x \end{cases} \tag{2.2.21}$$

由微元体 $\mathrm{d}x \times \mathrm{d}y \times 1$ 在 z 方向的静力平衡条件得

$$\frac{\partial N_x}{\partial x}\mathrm{d}x + \frac{\partial N_y}{\partial y}\mathrm{d}y + q(x,\ y)\mathrm{d}x\mathrm{d}y - r_0(x,\ y)\mathrm{d}x\mathrm{d}y = 0 \tag{2.2.22}$$

将式（2.2.21）代入上式，有

$$G_{\mathrm{p}} \cdot \mathrm{d}y \frac{\partial^2 \omega(x,\ y)}{\partial x^2}\mathrm{d}x + G_{\mathrm{p}} \cdot \mathrm{d}x \frac{\partial^2 \omega(x,\ y)}{\partial y^2}\mathrm{d}y + q(x,\ y)\mathrm{d}x\mathrm{d}y - r_0(x,\ y)\mathrm{d}x\mathrm{d}y = 0 \tag{2.2.23}$$

即

$$G_{\mathrm{p}}\nabla^2\omega(x,\ y) + q(x,\ y) - r_0(x,\ y) = 0 \tag{2.2.24}$$

由文克勒地基可以得到地基反力 $r_0(x,\ y) = k \cdot \omega(x,\ y)$，代入式（2.2.24）有

$$q(x,\ y) = k \cdot \omega(x,\ y) - G_{\mathrm{p}}\nabla^2\omega(x,\ y) \tag{2.2.25}$$

比较式（2.2.25）和式（2.2.18）可知，当剪切层的剪切模量 $G_{\mathrm{p}} = T$ 时，两式完全相同，因此，可以认为 Filonenko-Borodich 模型和 Pasternak 模型非常相似。

2.2.4.3 符拉索夫模型

符拉索夫模型是通过引进一些能简化各向同性线弹性连续介质基本方程的位移约束而得出的。在这模型中，假设在 $x:z$ 平面内厚度为 H 的弹性层为平面应变状态，如图 2.2.9 所示，位移分量为

$$\begin{cases} u(x,\ z) = 0 \\ \omega(x,\ z) = \omega(x)h(z) \end{cases} \tag{2.2.26}$$

式中，$\omega(x)$ 是地基表面位移；$h(z)$ 是描述 z 方向位移变化的函数，可以是线性或指数变化。

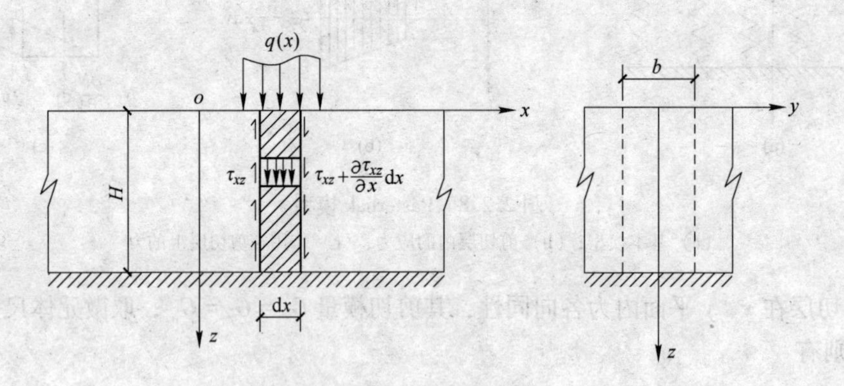

图 2.2.9 符拉索夫模型

如

$$\begin{cases} h(z) = 1 - \dfrac{z}{H} & \text{线性} \\ h(z) = \dfrac{\mathrm{sh}[\gamma(H - z)/L]}{\mathrm{sh}(\gamma H/L)} & \text{指数} \end{cases} \tag{2.2.27}$$

式中 γ——与地基有关的常数；

L——结构的某一特征尺寸。

利用变分法分析，可证明外荷载 $q(x)$ 与位移 $\omega(x)$ 之间的关系为

$$q(x)=k\omega(x)-2t\frac{\mathrm{d}^2\omega(x)}{\mathrm{d}x^2} \tag{2.2.28}$$

式中，t 称为荷载传递率，它是作用力对相邻单元可传递性的一种度量。

$$\begin{cases} k=\dfrac{E_0}{1-\mu_0^2}\displaystyle\int_0^H\left(\frac{\mathrm{d}h}{\mathrm{d}z}\right)^2\mathrm{d}z \\ 2t=\dfrac{E_0}{2(1+\mu_0)}\displaystyle\int_0^H h^2\mathrm{d}z \end{cases} \tag{2.2.29}$$

并且有

$$\begin{cases} E_0=\dfrac{E_s}{1-\mu_s^2} \\ \mu_0=\dfrac{\mu_s}{1-\mu_s} \end{cases} \tag{2.2.30}$$

式中 E_s——土的压缩模量；

E_0——土的变形模量；

μ_s——土的泊松比。

将式（2.2.28）、式（2.2.18）和式（2.2.25）比较后得出：剪切模量 G_p、荷载传递率 t、薄膜张力 T 以及弹簧常数 k 都与土的压缩模量 E_s 和泊松比 μ_s 有关。这也可以理解为是对地基基床系数 k 的一种物理解释。

在集中力 P 作用下，弹性层位移 $\omega(x,z)$ 的一般方程可用下式表示

$$\omega(x,z)=\frac{P}{4ta}h(0)h(z)\mathrm{e}^{-ax} \tag{2.2.31}$$

如果 $h(z)$ 沿深度呈线性变化，则式（2.2.31）可简化为

$$\omega(x,z)=\frac{3(1-\mu_0^2)}{[6(1-\mu_0)]^{1/2}}\frac{P}{E_0}\mathrm{e}^{-ax}\left(1-\frac{z}{H}\right) \tag{2.2.32}$$

式中，$a=(k/2t)^{1/2}$。若 $h(z)$ 沿深度呈指数变化，则式（2.2.31）可写成

$$\omega(x,z)=\frac{3(1-\mu_0^2)}{[6(1-\mu_0)]^{1/2}}\frac{1}{\psi_t\psi_a}\frac{P}{E_0}\mathrm{e}^{-ax}\frac{\mathrm{sh}[\gamma(H-z)/L]}{\mathrm{sh}(\gamma H/L)} \tag{2.2.33}$$

式中

$$\begin{cases} \psi_a=\left(\dfrac{\psi_k}{\psi_t}\right)^{1/2} \\ a=\dfrac{1}{H}\dfrac{[6(1-\mu_0)]^{1/2}}{1-\mu_0}\psi_a \\ \psi_k=\dfrac{\gamma H}{2L}\dfrac{\mathrm{sh}(\gamma H/L)\mathrm{ch}(\gamma H/L)+\gamma H/L}{\mathrm{sh}^2(\gamma H/L)} \\ \psi_t=\dfrac{3L}{2\gamma H}\dfrac{\mathrm{sh}(\gamma H/L)\mathrm{ch}(\gamma H/L)-\gamma H/L}{\mathrm{sh}^2(\gamma H/L)} \end{cases} \tag{2.2.34}$$

符拉索夫模型在数学上比较简单，在应用中很灵活，但式中 H 的确定缺乏足够的根据，并且在实际计算中 H 对分析结果影响很大。

海滕义（Hetenyi）在各弹簧单元中加入弹性板或弹性梁建立了各弹簧之间的联系，其挠曲微分方程为

三维问题

$$q(x,\ y)=k\omega(x,\ y)-D\nabla^4\omega(x,\ y) \tag{2.2.35}$$

二维问题

$$q(x)=k\omega(x)-D\frac{\mathrm{d}^4\omega(x)}{\mathrm{d}x^4} \tag{2.2.36}$$

式中 D——板的挠曲刚度，$D=\dfrac{Eh^3}{12\ (1-\mu^2)}$；

h——板的厚度；

μ——板材料的泊松比。

由式（2.2.18）、式（2.2.25）、式（2.2.28）、式（2.2.35）、式（2.2.36）可以看出，当 T、G_p、$2t$、D 趋于0时，各式均退化为式（2.2.1），即文克勒地基模型。

2.2.5 模型参数的确定

2.2.5.1 基床系数的确定

根据文克勒假定，基床系数 k 是地面发生单位下沉所需施加的应力。它的大小除了与土的类别有关以外，还与基础底面的形状与大小、基础的埋置深度和刚度及荷载作用时间等因素有关。试验表明：在相同压力作用下，k 随基础宽度的增加而减小；在基底压力和基底面积相同的情况下，矩形基础下土的 k 依次小于方形基础和圆形基础；对于同一基础，土的 k 随基础埋置深度的增加而增大，随荷载作用时间的增长而减小。因此，基床系数 k 不是一个常量，确定起来比较复杂，一般可采用现场载荷板试验、室内三轴压缩试验或室内固结试验成果获得。当没有实测数据时，不同地基土的基床系数 k 可参考表2.2.2。

A 按静载荷试验结果确定

静载荷试验是一种原位试验，常用以确定土的变形模量、地基承载力等。试验时用千斤顶或其他重物对载荷板分级施加荷载，测出各级荷载 p 作用下载荷板的稳定沉降量 s，然后绘制荷载-沉降曲线（p-s 曲线），如图2.2.10所示。通常采用面积为 0.25m^2 或 0.5m^2 的载荷板来承载，在 p-s 曲线的近似直线段，取 p_1、p_2，得相应的沉降量 s_1、s_2，按下式计算地基的基床系数 k 值。

$$k_1=\frac{p_2-p_1}{s_2-s_1} \tag{2.2.37}$$

因载荷试验时载荷板宽度较小，一般不能用 k_1 作为实际工程的基床系数进行计算（如果载荷板宽度 $b_1\geqslant 707\text{mm}$，由其载荷试验 p-s 曲线来求得地基抗力系数 k_1 可以直接用来计算），因此，地基抗力系数 k 应考虑基础底面面积的因素予以折减。

太沙基经研究后指出，k 随基础宽度 b 的增加而减小，可以按下式修正：

对于无黏性土

$$k=k_1\left(\frac{b+0.305}{2b}\right)^2 \tag{2.2.38}$$

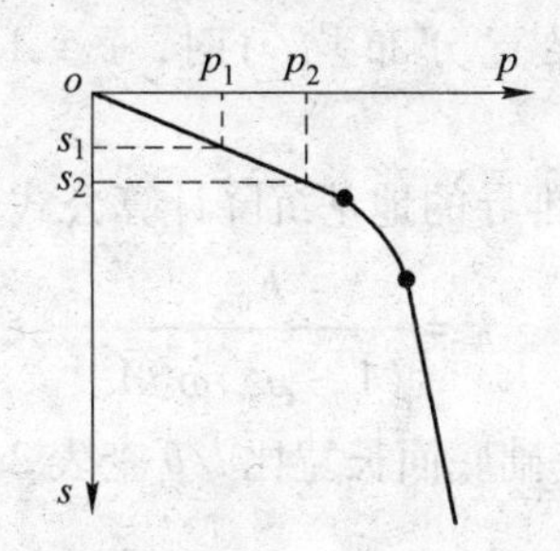

图 2.2.10 载荷试验的 p-s 曲线

对于黏性土

$$k = k_1\left(\frac{0.305}{b}\right) \tag{2.2.39}$$

式中 k_1——宽度为 $b_1=305\text{mm}$ 的长方形载荷板或正方形载荷板的基床系数；

b——基础的宽度。

太沙基还指出，只有当基底压力小于地基极限承载力的一半时，式（2.2.39）才有效。对于矩形基础，当基础的长宽比 $m=\dfrac{l}{b}$ 时

$$k = k_1\left(\frac{m+0.5}{1.5m}\right) \tag{2.2.40}$$

式中 k_1——正方形载荷板的基床系数。

对于条形基础

$$k = 0.67k_1 \tag{2.2.41}$$

B 由变形模量 E_0 和泊松比 μ_s 换算（在西欧国家常用）

（1）Vesic（1963 年）考虑到基础的刚度，提出采用下式计算：

$$k = \frac{0.65E_0}{b(1-\mu_s^2)}\left(\frac{E_0b^4}{EI}\right)^{\frac{1}{12}} \tag{2.2.42}$$

式中 E——基础材料的弹性模量；

I——基础截面的惯性矩；

E_0，μ_s——地基土的变形模量和泊松比；

b——基础的宽度。

式（2.2.42）中的 $0.65\left(\dfrac{E_0b^4}{EI}\right)^{\frac{1}{12}}$ 约在 0.9～1.5 之间，平均值可采用 1.2，因此式（2.2.42）可简化为

$$k = 1.2\frac{E_0}{(1-\mu_s^2)b} \tag{2.2.43}$$

（2）Biot（1937 年）对无限长梁受集中力下的文克勒地基和弹性半空间地基上梁的最大弯矩进行比较，得到下式：

$$k = \frac{1.23E_0}{b(1-\mu_s^2)}\left[\frac{E_0b^4}{16c(1-\mu_s^2)EI}\right]^{0.11} \tag{2.2.44}$$

式中 c——系数，当压力沿梁宽分布均匀时，$c=1$；当挠度沿梁宽度分布均匀时，$c=1\sim1.13$。

(3) 国内曾提出由弹性力学推导的地基沉降计算公式转化为基床系数的表达式：

$$k=\frac{E_0}{(1-\mu_s^2)\omega\sqrt{A}} \tag{2.2.45}$$

式中 ω——沉降影响系数，由基础底面长宽比 l/b 查表2.2.1确定；

A——基础底面面积，m^2。

表2.2.1 地基沉降影响系数 ω

l/b	1.0	1.5	2.0	3.0	4.0	5.0	10.0	圆形
ω	0.88	1.08	1.22	1.44	1.61	1.72	2.10	0.79

C 按压缩试验资料确定

Yong（1963年）建议由压缩试验结果按下式计算 k 值

$$k=\frac{1}{m_V H} \tag{2.2.46}$$

式中 m_V——体积压缩系数，$m_V=\frac{a}{1+e_1}=\frac{1}{E_s}$；

a——土的压缩系数，kPa^{-1}；

e_1——土的天然孔隙比；

E_s——土的压缩模量，kPa，也可考虑采用变形模量 E_0；

H——压缩层厚度，$H=(0.5\sim1.0)\ b$，b 为基础宽度。

D 按经验确定

(1) 按基础平均沉降 s_m 反算

根据分层总和法算得在基底压力 p 下基础平均沉降 s_m，可以按下式反算基床系数 k

$$k=\frac{p}{s_m} \tag{2.2.47}$$

(2) 对薄压缩层地基（压缩层厚度 $H\leqslant\frac{b}{2}$，b 为基础宽度），可以按下式反算基床系数 k

$$k=\frac{E_s}{H} \tag{2.2.48}$$

$$\begin{cases} k=\dfrac{E_0}{(1-\mu^2)H} & \text{（压缩层只有一个方向变形）} \\ k=\dfrac{E_0}{(1+\mu)(1-2\mu)H} & \text{（压缩层两个方向不允许自由变形）} \end{cases} \tag{2.2.49}$$

式中 E_s，E_0——薄压缩层的平均压缩模量和变形模量。

(3) 用无侧限抗压强度 q_u 折算

$$k=(3\sim5)q_u \tag{2.2.50}$$

（4）查表法

对于基床系数的确定，国内外的学者和工程技术人员根据试验资料和工程实践都积累了不少经验，当基底面积大于 $10m^2$ 时，基床系数 k 的经验值如表 2.2.2 所示。对于非黏性土，按级配和含黏土与淤泥情况可做稍细致的区分，见表 2.2.3，但应注意表中数据未考虑埋深的影响。

表 2.2.2 基床系数 k 的经验值

地基土种类与特征		$k/10^4 kN \cdot m^{-3}$	地基土种类与特征	$k/10^4 kN \cdot m^{-3}$
淤泥质、有机质土或新填土		0.1~0.5	黄土及黄土性粉质黏土	4.0~5.0
软弱土		0.5~1.0	紧密砾石	5.0~10.0
黏土及粉质黏土	软塑	1.0~2.0	硬黏土或人工夯实粉质黏土	10.0~20.0
	可塑	2.0~4.0	软质岩石和中、强风化的坚硬岩石	20.0~100.0
	硬塑	4.0~10.0	完好的坚硬岩石	100.0~1500.0
松 砂		1.0~1.5	砖	400.0~500.0
中密砂或松散砾石		1.5~2.5	块石砌体	500.0~600.0
密砂或中密砾石		2.5~4.0	混凝土与钢筋混凝土	800.0~1500.0

表 2.2.3 砾石和砂的基床系数

地基土种类	特 征	$k/10^4 kN \cdot m^{-3}$	
		密 实	松 散
砾 石	级配良好的	15.0~20.0	5.0~10.0
	级配差的	10.0~20.0	5.0~10.0
	含黏土的	8.0~15.0	
	含淤泥的	5.0~15.0	
砂 土	级配良好的	6.0~15.0	1.0~3.0
	级配差的	5.0~8.0	1.0~3.0
	含黏土的	6.0~15.0	
	含淤泥的	3.0~8.0	

2.2.5.2 土的变形模量的确定

土的变形模量 E_0 是指土体在无侧限条件下应力与应变之比，其中的应变包含土的弹性应变和塑性应变两部分。因此，变形模量 E_0 要比弹性模量 E 小，通常在土与基础的共同作用分析中用变形模量 E_0。其可按以下几种方法确定。

A 由压缩模量 E_s 估算

压缩模量 E_s 是在完全侧限条件下竖向应力 σ_z 与竖向应变 ε_z 之比，即

$$E_s = \frac{\sigma_z}{\varepsilon_z} \tag{2.2.51}$$

由胡克定律可知，弹性体受各应力分量 σ_x、σ_y 和 σ_z 作用时，相应的应变分量为

$$\begin{cases}\varepsilon_x = \dfrac{1}{E_0}[\sigma_x - \mu_s(\sigma_y + \sigma_z)] \\ \varepsilon_y = \dfrac{1}{E_0}[\sigma_y - \mu_s(\sigma_x + \sigma_z)] \\ \varepsilon_z = \dfrac{1}{E_0}[\sigma_z - \mu_s(\sigma_x + \sigma_y)]\end{cases} \tag{2.2.52}$$

由于压缩试验是在完全侧限条件下进行的，故 $\varepsilon_x = \varepsilon_y = 0$，且水平向应力相等 $\sigma_x = \sigma_y$，代入式（2.2.52）后得

$$\sigma_x = \sigma_y = \frac{\mu_s}{1 - \mu_s}\sigma_z \tag{2.2.53}$$

将上式和式（2.2.52）的第三式代入式（2.2.51），可得变形模量 E_0 的表达式如下：

$$E_0 = \frac{(1 + \mu_s)(1 - 2\mu_s)}{1 - \mu_s} \cdot E_s = \beta E_s \tag{2.2.54}$$

式中，$\beta = \dfrac{(1+\mu_s)(1-2\mu_s)}{1-\mu_s}$。

由压缩模量 E_s 换算变形模量 E_0 的方法简单易行，因为压缩试验是土工试验中的常规试验，比较容易得到。但按式（2.2.54）计算的结果不够准确，一般较现场压载试验所得到的变形模量低，这是因为室内压缩试验的试样原始结构可能遭到破坏，压缩试验也不能完全模拟地基土在天然状态下的受压情况所致。根据统计资料，对于软土，E_0 与 βE_s 值比较接近，对于较硬的土，E_0 可能是 βE_s 值的 2~8 倍，土愈坚硬，倍数愈大。

B　由现场荷载试验确定

在进行现场荷载试验时，可以得到单位面积压力 p 和相应的沉降关系 s 曲线，在 p-s 曲线上的直线段求取任一压力 p 和相应的沉降 s，按下式计算变形模量：

$$E_0 = \omega(1 - \mu_s^2)\sqrt{A}\,\frac{p}{s} \tag{2.2.55}$$

式中　ω——与基础尺寸、形状和刚度有关的系数，可查表 2.2.1；

μ_s——土的泊松比；

A——荷载板面积。

如在深钻孔中做荷载试验，应乘以 0.7 修正系数。

C　变形模量的经验数值

变形模量 E_0 的经验数值参考表 2.2.4。

表 2.2.4　变形模量的参考值

土　类	$E_0/10^2\mathrm{kN\cdot m^{-2}}$	
砾石	650~450	
砾粗砂（不论湿度）	480（密实的）	310（中密的）

续表 2.2.4

土类		$E_0/10^2\text{kN}\cdot\text{m}^{-2}$	
中砂（不论湿度）		420（密实的）	310（中密的）
细砂	稍湿的	360（密实的）	250（密实的）
	很湿的和饱和的	310（密实的）	190（密实的）
粉砂	稍湿的	210（密实的）	175（中密的）
	很湿的	175（密实的）	140（中密的）
	饱和的	140（密实的）	90（中密的）
粉土	稍湿的	160（密实的）	125（中密的）
	很湿的	125（密实的）	90（中密的）
	饱和的	90（密实的）	50（中密的）
粉质黏土	坚硬状态	390～160	
	塑性状态	160～40	
黏土	坚硬状态	590～160	
	塑性状态	160～40	

注：引自参考文献［34］。

D　按静力触探试验确定

静力触探是一种原位的勘探方法和测试技术。测试时利用压力装置将探头压入试验的土中，以电阻应变仪量测土的贯入阻力，对于单桥探头可以测出比贯入阻力 p_a，将 p_a 与现场荷载试验测得的变形模量 E_0 建立相关关系，经过大量试验统计分析，可以得出适用于该地区某种土的经验公式，例如，湖北综合勘察设计院曾得出适用于一般黏性土的经验公式为

$$E_0 = 6.37p_a + 0.88 \tag{2.2.56}$$

因此，这种方法有一定的地区性，需要大量试验和经验的积累。

E　按标准贯入试验确定

标准贯入试验是动力触探的方法之一。试验时用质量为 63.5kg，自由落距为 760mm 的落锤将外径为 51mm，内径 30mm，长 500mm 的贯入器打入土中，贯入器入土 300mm 的锤击数经杆长修正后得标准贯入击数 N，经过大量的试验统计分析，建立 N 与 E_0 的相关关系，例如，原冶金工业部武汉勘察公司做了 97 组对比试验，得到下列经验公式：

一般黏性土（$N\leqslant 13.76$）：

$$E_0 = 16.9N + 31 \tag{2.2.57}$$

老黏性土（$N>13.76$）：

$$E_0 = 49.3N - 415 \tag{2.2.58}$$

这种方法同样也有一定的地区性，其优点是使用起来比较方便。

F 多层地基的变形模量

如果地基受压层范围内有几层性质完全不同的土层，其平均变形模量可用下式计算：

$$E_0 = \frac{\sum H_i \bar{\sigma}_{zi}}{\sum \frac{H_i \bar{\sigma}_{zi}}{E_{0i}}} \tag{2.2.59}$$

式中 H_i——i 土层厚度，m；

E_{0i}——i 土层的变形模量，kPa；

$\bar{\sigma}_{zi}$——i 土层的平均附加应力，kPa。

以上介绍的各种确定变形模量的方法，在实际工程中，应根据条件按各种方法综合分析确定。

2.2.5.3 土的泊松比的确定

土的泊松比 μ_s 定义为土的侧向应变 ε_x 与竖向应变 ε_z 之比，即

$$\mu_s = \frac{\varepsilon_x}{\varepsilon_z} \tag{2.2.60}$$

土的泊松比可以由三轴试验确定，但试验结果表明，由三轴试验确定的泊松比随偏应变力的大小和范围有所不同，试验方法对泊松比也有很大影响，目前还很难准确测定，实用上可以按以下方法估计。

设施加于土样上的垂直有效应力为 σ_z，随之而产生的侧向有效应力 $\sigma_x = \sigma_y$，则侧向应变为

$$\varepsilon_x = \varepsilon_y = \frac{\sigma_x}{E_0} - \mu_s \frac{\sigma_y}{E_0} - \mu_s \frac{\sigma_z}{E_0} \tag{2.2.61}$$

土的静止侧压力系数 K_0 是指土体在无侧向变形（$\varepsilon_x = \varepsilon_y = 0$）条件下，侧向有效应力与竖向有效应力之比，即

$$K_0 = \frac{\sigma_x}{\sigma_z} \tag{2.2.62}$$

将式（2.2.62）代入式（2.2.61）后得

$$\frac{\sigma_z}{E_0}(K_0 - \mu_s K_0 - \mu_s) = 0 \tag{2.2.63}$$

于是得 μ_s 的表达式如下

$$\mu_s = \frac{K_0}{1 + K_0} \tag{2.2.64}$$

式中，土的静止测压力系数 K_0 可按经验方法确定，杰克（Jaky，1944 年）根据大量试验研究，建议按下式计算：

$$K_0 = 1 - \sin\varphi' \tag{2.2.65}$$

式中，φ'为土的有效内摩擦角。上式适用于砂性土，也适用于正常压密黏性土。

土泊松比的典型值参考表 2.2.5。

表 2.2.5 土的泊松比的典型值

土 类	μ_0
砂：	
密实砂	0.3~0.4
疏松砂	0.2~0.35
细砂（e=0.4~0.7）	0.25
粗砂（e=0.4~0.7）	0.15
岩石：	0.1~0.4
玄武岩、花岗岩、石灰岩、片麻岩、页岩	随岩性、密度、随破碎程度而定，通常为 0.15~0.25
黏土：	
湿黏土	0.1~0.3
砂质黏土	0.2~0.35
淤泥	0.30~0.35
饱和的黏土或淤泥	0.45~0.50
冰冻的漂石黏土（湿的）	0.20~0.40
黄土	0.1~0.30
冰	0.36
混凝土	0.15~0.25

注：引自参考文献［34］。

2.3 非线性弹性地基模型及其参数的确定

2.3.1 双曲线应力-应变关系

地基土在荷载作用下的应力-应变关系通常呈非线性，而不是线性关系，如图 2.3.1 所示。1963 年，康纳（Kondner）根据大量土的三轴试验的应力-应变关系曲线，提出可以用双曲线拟合出一般土的三轴试验 $(\sigma_1-\sigma_3)-\varepsilon_a$ 曲线，即

$$\sigma_1 - \sigma_3 = \frac{\varepsilon_a}{a + b\varepsilon_a} \tag{2.3.1}$$

式中，a、b 为试验常数。对于常规三轴压缩试验，$\varepsilon_a=\varepsilon_1$。

后来，邓肯等人根据这个关系，并利用摩尔-库仑强度理论导出了弹性非线性地基模型的切线变形模量公式，提出了一种目前被广泛应用的增量弹性模型，一般被称为邓肯-张模型（Duncan and Chang）。

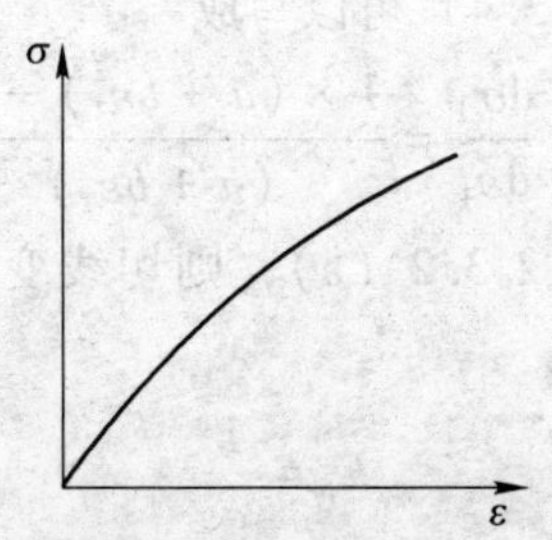

图 2.3.1 非线性弹性地基模型的应力-应变关系

2.3.2 切线变形模量 E_t

在常规三轴压缩（$\sigma_2=\sigma_3$、$\varepsilon_a=\varepsilon_1$）试验中，土的应力-应变关系呈双曲线型，如图 2.3.2(a) 所示，式（2.3.1）也可以写成

$$\sigma_1 - \sigma_3 = \frac{\varepsilon_1}{a + b\varepsilon_1} \tag{2.3.2}$$

式中 σ_1-σ_3——偏压力（σ_1 和 σ_3 分别为土中某点的最大和最小主应力，常规三轴试验中为轴向压力）；

ε_1——常规三轴试验中的轴向主应变；

σ_3——周围压力，常规三轴试验中通常先在土样三个方向施加的压力称为 σ_3；

a，b——均为试验参数，对于确定的周围压力 σ_3，其值为常数。

将常规三轴压缩试验的结果按照 $\dfrac{\varepsilon_1}{\sigma_1-\sigma_3}$ 与 ε_1 的关系进行整理，则二者近似成直线关系，如图 2.3.2（b）所示，该直线方程为

$$\frac{\varepsilon_1}{\sigma_1 - \sigma_3} = a + b\varepsilon_1 \tag{2.3.3}$$

式中 a，b——分别为直线的截距和斜率，如图 2.3.2(b) 所示。

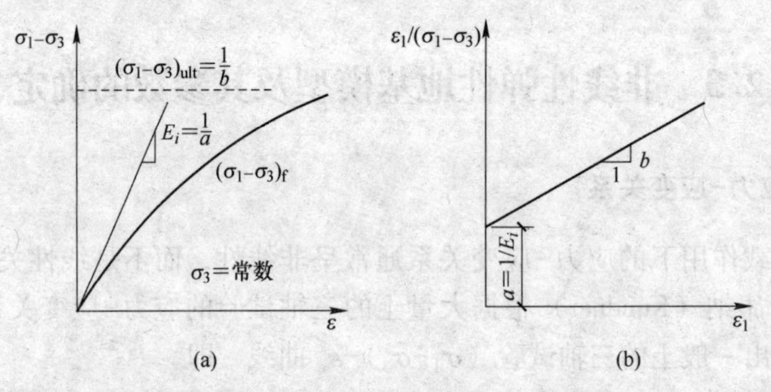

图 2.3.2 土的双曲线型应力-应变关系

由图 2.3.2(a)，根据切线模量 E_t 的定义，可以得到

$$E_t = \frac{d(\sigma_1 - \sigma_3)}{d\varepsilon_1} \tag{2.3.4}$$

在常规三轴压缩试验过程中，保持围压不变，即 $\sigma_3=\sigma_2=c$，也就是有 $d\sigma_3=d\sigma_2=0$，根据式（2.3.2）的表达，式（2.3.4）可以写成

$$E_t = \frac{d(\sigma_1 - \sigma_3)}{d\varepsilon_1} = \frac{d\sigma_1}{d\varepsilon_1} = \frac{1 \times (a + b\varepsilon_1) - \varepsilon_1 b}{(a + b\varepsilon_1)^2} = \frac{a}{(a + b\varepsilon_1)^2} \tag{2.3.5}$$

在试验的起点，$\varepsilon_1=0$，如图 2.3.2（a），则切线变形模量 E_t 为起始切线变形模量 E_i，则

$$E_i = \frac{1}{a} \tag{2.3.6}$$

式（2.3.6）表明，试验参数 a 的物理意义是起始切线变形模量 E_i 的倒数。

在式（2.3.2）中，当 $\varepsilon_1 \to \infty$ 时，有

$$(\sigma_1-\sigma_3)_{ult}=\frac{1}{b} \tag{2.3.7}$$

式（2.3.7）表明，试验参数 b 的物理意义是双曲线应力-应变关系的渐近线所对应的极限偏差应力（$\sigma_1-\sigma_3$）$_{ult}$ 的倒数。

由图 2.3.2(b）的直线很容易确定 a、b 值，从而得到在 σ_3 作用下的 E_i 和（$\sigma_1-\sigma_3$）$_{ult}$。

在土的常规三轴压缩试验过程中，如果应力-应变曲线近似于双曲线关系，通常是根据一定的轴向应变值（比如 $\varepsilon_1=15\%$）来确定土破坏时的主应力差（$\sigma_1-\sigma_3$）$_f$，而不可能在试验中使 ε_1 无限大，求得（$\sigma_1-\sigma_3$）$_{ult}$；对于应力-应变曲线有峰值点的情况，取土破坏时的主应力差（$\sigma_1-\sigma_3$）$_f$ =（$\sigma_1-\sigma_3$）$_{峰}$，这样，总有（$\sigma_1-\sigma_3$）$_f$ <（$\sigma_1-\sigma_3$）$_{ult}$。定义破坏比 R_f 为

$$R_f=\frac{(\sigma_1-\sigma_3)_f}{(\sigma_1-\sigma_3)_{ult}} \tag{2.3.8}$$

所以，由式（2.3.7）有

$$b=\frac{1}{(\sigma_1-\sigma_3)_{ult}}=\frac{R_f}{(\sigma_1-\sigma_3)_f} \tag{2.3.9}$$

对于各种不同的土，R_f 的值在 0.75~1.0 之间，基本上与侧压力无关。

将式（2.3.9）、式（2.3.6）代入式（2.3.2），可得

$$\sigma_1-\sigma_3=\frac{\varepsilon_1}{\dfrac{1}{E_i}+\dfrac{\varepsilon_1 R_f}{(\sigma_1-\sigma_3)_f}} \tag{2.3.10}$$

将式（2.3.9）、式（2.3.6）代入式（2.3.5），可得

$$E_t=\frac{1}{E_i}\frac{1}{\left[\dfrac{1}{E_i}+\dfrac{R_f\varepsilon_1}{(\sigma_1-\sigma_3)_f}\right]^2} \tag{2.3.11}$$

式（2.3.11）中，用应变 ε_1 表示切线变形模量 E_t，使用时不够方便，可以用应力（$\sigma_1-\sigma_3$）来表示 E_t，从式（2.3.3）可以得到

$$\varepsilon_1=\frac{a(\sigma_1-\sigma_3)}{1-b(\sigma_1-\sigma_3)} \tag{2.3.12}$$

将式（2.3.12）代入式（2.3.11），可得

$$E_t=\frac{1}{a\left[\dfrac{1}{1-b(\sigma_1-\sigma_3)}\right]^2}=E_i\left[1-R_f\frac{\sigma_1-\sigma_3}{(\sigma_1-\sigma_3)_f}\right]^2 \tag{2.3.13}$$

根据摩尔-库仑强度准则，有

$$(\sigma_1-\sigma_3)_f=\frac{2c\cos\varphi+2\sigma_3\sin\varphi}{1-\sin\varphi} \tag{2.3.14}$$

据研究，认为 $\lg\left(\dfrac{E_i}{p_a}\right)$ 与 $\lg\left(\dfrac{\sigma_3}{p_a}\right)$ 近似成线性关系，如图 2.3.3 所示。

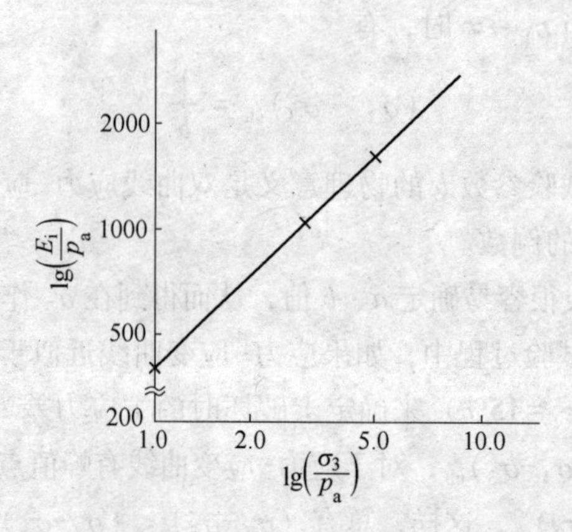

图 2.3.3 中密砂土 $\lg\left(\frac{E_i}{p_a}\right)$ 与 $\lg\left(\frac{\sigma_3}{p_a}\right)$ 之间的试验关系

所以有

$$\lg\left(\frac{E_i}{p_a}\right) = \lg K + n\lg\left(\frac{\sigma_3}{p_a}\right) \tag{2.3.15}$$

即

$$E_i = K \cdot p_a\left(\frac{\sigma_3}{p_a}\right)^n \tag{2.3.16}$$

式中 p_a——大气压（$p_a = 101.4\text{kPa}$），量纲与 σ_3 相同；

K，n——试验常数，即图 2.3.3 中直线的截距和斜率。

将式（2.3.16）代入式（2.3.13），有

$$E_t = K \cdot p_a\left(\frac{\sigma_3}{p_a}\right)^n\left[1 - \frac{R_f(1 - \sin\varphi)(\sigma_1 - \sigma_3)}{2c\cos\varphi + 2\sigma_3\sin\varphi}\right]^2 \tag{2.3.17}$$

式中 φ，c——分别为土的内摩擦角、内聚力；

R_f，K，n——试验常数，由三轴试验确定。

2.3.3 切线泊松比 $\boldsymbol{\mu}_t$

邓肯等人根据一些三轴压缩试验资料，假定在常规三轴压缩试验中轴向应变 ε_1 与侧向应变 $-\varepsilon_3$ 之间也存在双曲线关系，如图 2.3.4(a) 所示。

所以有

$$\varepsilon_1 = \frac{-\varepsilon_3}{f + D(-\varepsilon_3)} \tag{2.3.18}$$

同理，将常规三轴压缩试验的结果按照 $\frac{-\varepsilon_3}{\varepsilon_1}$ 与 $-\varepsilon_3$ 的关系进行整理，则二者近似成直线关系，如图 2.3.4(b) 所示，该直线方程为

$$\frac{-\varepsilon_3}{\varepsilon_1} = f + D(-\varepsilon_3) = f - D\varepsilon_3 \tag{2.3.19}$$

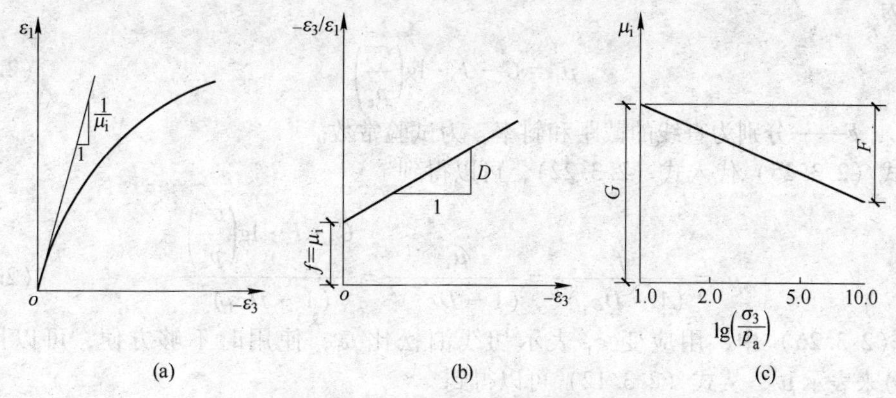

图 2.3.4 切线泊松比的有关参数

(a) ε_1 与$-\varepsilon_3$ 之间的双曲线；(b) $\frac{-\varepsilon_3}{\varepsilon_1}$与$-\varepsilon_3$ 之间的线性关系；(c) μ_i 与 $\lg\left(\frac{\sigma_3}{p_a}\right)$ 之间的线性关系

由图 2.3.4(a)，根据切线泊松比 μ_t 的定义，可以得到

$$\mu_t = \frac{d(-\varepsilon_3)}{d\varepsilon_1} = \frac{-d\varepsilon_3}{d\varepsilon_1} \tag{2.3.20}$$

由式（2.3.18）可以得到

$$-\varepsilon_3 = \frac{f\varepsilon_1}{1 - D\varepsilon_1} \tag{2.3.21}$$

由式（2.3.21）、式（2.3.20）可以改写为

$$\mu_t = \frac{d(-\varepsilon_3)}{d\varepsilon_1} = \frac{-d\varepsilon_3}{d\varepsilon_1} = \frac{f(1-D\varepsilon_1) - f\varepsilon_1(-D)}{(1-D\varepsilon_1)^2} = \frac{f}{(1-D\varepsilon_1)^2} \tag{2.3.22}$$

在试验的起点，$-\varepsilon_3=0$，如图 2.3.4(a) 所示，则切线泊松比$\frac{1}{\mu_t}$为起始切线泊松比$\frac{1}{\mu_i}$，由式（2.3.19）有

$$\left(\frac{-\varepsilon_3}{\varepsilon_1}\right)_{-\varepsilon_3\to 0} = f = \mu_i \tag{2.3.23}$$

式（2.3.23）表明，试验参数 f 的物理意义是起始切线泊松比 μ_i。

在式（2.3.18）中，当$-\varepsilon_3\to\infty$ 时，D 为 ε_1-$-\varepsilon_3$ 关系曲线的渐近线的倒数，如图 2.3.4（a）所示。即

$$D = \left(\frac{1}{\varepsilon_1}\right)_{-\varepsilon_3\to\infty} \tag{2.3.24}$$

式（2.3.24）表明，试验参数 D 的物理意义是 ε_1-$-\varepsilon_3$ 关系曲线的渐近线的倒数；D 也是$\frac{-\varepsilon_3}{\varepsilon_1}$-$-\varepsilon_3$ 直线的斜率。由图 2.3.4(b) 的直线很容易确定截距 f 和斜率 D 的值，从而得到在 σ_3 作用下的起始切线泊松比 μ_i。

试验表明，土的初始泊松比 μ_i 与试验时的围压 σ_3 有关，将不同围压 σ_3 下的初始泊松比 μ_i 作 μ_i-$\lg\left(\frac{\sigma_3}{p_a}\right)$ 关系曲线，如图 2.3.4(c) 所示，可以发现两者之间成线性关系，可

以表达为

$$\mu_i = G - F \cdot \lg\left(\frac{\sigma_3}{p_a}\right) \tag{2.3.25}$$

式中 G，F——分别为直线的截距和斜率，为试验常数。

将式（2.3.25）代入式（2.3.22），可以得到

$$\mu_t = \frac{f}{(1 - D\varepsilon_1)^2} = \frac{\mu_i}{(1 - D\varepsilon_1)^2} = \frac{G - F \cdot \lg\left(\frac{\sigma_3}{p_a}\right)}{(1 - D\varepsilon_1)^2} \tag{2.3.26}$$

式（2.3.26）中，用应变 ε_1 表示切线泊松比 μ_t，使用时不够方便，可以用应力 $(\sigma_1-\sigma_3)$来表示 μ_t，从式（2.3.12）可以得到

$$\varepsilon_1 = \frac{a(\sigma_1 - \sigma_3)}{1 - b(\sigma_1 - \sigma_3)} = \frac{\frac{1}{E_i}(\sigma_1 - \sigma_3)}{1 - \frac{\frac{R_f(\sigma_1 - \sigma_3)}{2c\cos\varphi + 2\sigma_3\sin\varphi}}{1 - \sin\varphi}} = \frac{1}{K \cdot p_a\left(\frac{\sigma_3}{p_a}\right)^n} \frac{\sigma_1 - \sigma_3}{1 - \frac{\frac{R_f(\sigma_1 - \sigma_3)}{2c\cos\varphi + 2\sigma_3\sin\varphi}}{1 - \sin\varphi}} \tag{2.3.27}$$

将式（2.3.27）代入式（2.3.26），可以得到

$$\mu_t = \frac{G - F \cdot \lg\left(\frac{\sigma_3}{p_a}\right)}{(1 - D\varepsilon_1)^2} = \frac{G - F \cdot \lg\left(\frac{\sigma_3}{p_a}\right)}{\left[1 - \frac{D}{K \cdot p_a\left(\frac{\sigma_3}{p_a}\right)^n} \cdot \frac{\sigma_1 - \sigma_3}{1 - \frac{R_f(\sigma_1 - \sigma_3)(1 - \sin\varphi)}{2c\cos\varphi + 2\sigma_3\sin\varphi}}\right]^2} \tag{2.3.28}$$

式中，G、F、D 为三个土材料的试验常数，用于切线泊松比 μ_t 的计算。加上切线变形模量 E_t 的 φ、c、R_f、K、n 五个试验常数，所以，邓肯-张模型共有 8 个试验常数。

2.3.4 模型参数的确定

邓肯-张模型是基于常规三轴压缩试验得到的，8 个模型参数可以通过以下方法获得（见表 2.3.1）：

表 2.3.1 邓肯-张模型参数的确定方法

常规三轴压缩试验（某 σ_3）		不同 σ_3 下的常规三轴压缩试验	
试验成果曲线	获得参数	试验成果曲线	获得参数
$\frac{\varepsilon_1}{\sigma_1-\sigma_3}$-$\varepsilon_1$ 直线，即 $\frac{\varepsilon_1}{\sigma_1-\sigma_3}=a+b\varepsilon_1$	$a=\frac{1}{E_i}$	$\lg\left(\frac{E_i}{p_a}\right)$-$\lg\left(\frac{\sigma_3}{p_a}\right)$ 直线，即 $\lg\left(\frac{E_i}{p_a}\right)=\lg K+n\lg\left(\frac{\sigma_3}{p_a}\right)$	K n
	$b=\frac{1}{(\sigma_1-\sigma_3)_{ult}}$	摩尔-库仑强度曲线，即 $(\sigma_1-\sigma_3)_f$-ε_1 曲线 $\tau_f=c+\sigma\tan\varphi$	$R_f=\frac{(\sigma_1-\sigma_3)_f}{(\sigma_1-\sigma_3)_{ult}}$ c、φ

续表 2.3.1

常规三轴压缩试验（某 σ_3）		不同 σ_3 下的常规三轴压缩试验	
试验成果曲线	获得参数	试验成果曲线	获得参数
$\frac{-\varepsilon_3}{\varepsilon_1}$-$-\varepsilon_3$ 直线，即 $\frac{-\varepsilon_3}{\varepsilon_1}=f-D\varepsilon_3$	$f=\mu_i$	$\mu_i-\lg\left(\frac{\sigma_3}{p_a}\right)$ 直线，即 $\mu_i=G-F\cdot\lg\left(\frac{\sigma_3}{p_a}\right)$	G F
	$D=\left(\frac{1}{\varepsilon_1}\right)_{-\varepsilon_3\to\infty}$		D

邓肯-张模型有以下优点：其双曲线形可以反映土的非线性变形性质，并且在一定程度上反映土变形的弹塑性；基于广义胡克定律的弹性理论基础很容易为工程界所接受；模型参数及材料常数不多且物理意义明确，通过常规三轴压缩试验就可以确定，模型参数和材料常数适应性比较广；能用于建筑与地基基础共同作用的研究，并获得与实际相符的结果。所以该模型为工程界所熟悉，并得到广泛应用，成为土的最为普及的本构模型之一。

但是，该模型是建立在增量广义胡克定律基础上的变模量的弹性模型，在计算中要采用增量法，该模型的主要缺点是不能考虑应力路径和剪胀性的影响。除了常规三轴压缩试验以外，其他试验中的（$\sigma_1-\sigma_3$）与 ε_1 之间的曲线可以用双曲线来描述，但其斜率却不一定就是切线变形模量 E_t，要根据广义胡克定律来推导。比如 σ_3 为常数的平面应变试验，$\frac{d(\sigma_1-\sigma_3)}{d\varepsilon_1}=\frac{E_t}{1-\mu_t^2}$而不是切线变形模量 E_t，等等。

2.4　弹塑性地基模型及其参数的确定

2.4.1　剑桥模型

英国剑桥大学 Roscoe 教授和他的同事（1958~1963 年）在正常固结黏土和超固结黏土试样的排水和不排水三轴试验的基础上，发展了 Rendulic（1937 年）提出的饱和黏土有效应力和孔隙比成唯一关系的概念，提出了完全状态边界面的概念。他们假定土体是加工硬化材料，服从相关联流动规则，根据能量方程，建立了剑桥模型（Cam-clay 模型）。该模型从理论上阐明了土体弹塑性变形的特性，是一个具有代表性的弹塑性模型，标志着土的本构理论发展进入了弹塑性研究阶段。

2.4.1.1　正常固结黏土的临界状态线和 Roscoe 面

在饱和重塑正常固结黏土中，应力状态与土的体积状态（或含水量、孔隙比）之间存在唯一关系，这早已为许多试验资料所证实。如果将 6 个相同的正常固结重塑饱和黏土试样分成三组，每组试样分别在 p_{01}、p_{02}、p_{03}的静水压力下固结，然后各组试样分别进行排水和不排水的常规三轴压缩试样，最后都达到破坏。试验的有效应力路径、试样的比体积与平均有效应力的关系曲线如图 2.4.1 所示。

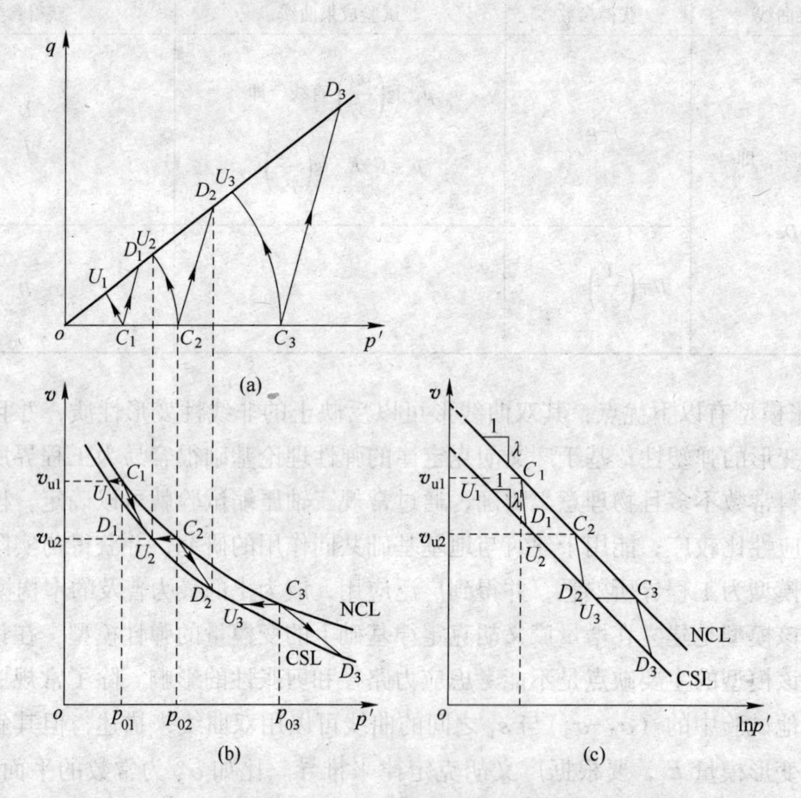

图 2.4.1　正常固结黏土的三轴试验结果：固结曲线与临界状态线

(a) p'-q 关系曲线；(b) v-p'关系曲线；(c) v-$\ln p'$关系曲线

在三轴应力状态下，定义：

平均有效主应力 $$p'=\frac{1}{3}\ (\sigma_1'+2\sigma_3')$$

广义剪应力 $$q=q'=\sigma_1'-\sigma_3'$$

比体积 $v=1+e$(e 为孔隙比)

在图 2.4.1(a) 中，三组试样的固结过程的应力路径分别为 $o\rightarrow C_1$、$o\rightarrow C_2$、$o\rightarrow C_3$；3 个排水三轴压缩试验的应力路径分别为 $C_1\rightarrow D_1$、$C_2\rightarrow D_2$、$C_3\rightarrow D_3$；3 个不排水三轴压缩试验的应力路径分别为 $C_1\rightarrow U_1$、$C_2\rightarrow U_2$、$C_3\rightarrow U_3$。这三组试验结果表明：6 个试验的有效应力路径终点都位于同一条直线上（破坏线，也就是临界状态线在 $p'oq$ 坐标下的投影）；排水试验中会发生体积压缩；不排水试验中无体积变化；在各向等压固结过程中，土样体积沿着正常固结曲线（NCL 线）变化；在破坏时，它们分别达到 U_1、D_1、U_2、D_2、U_3、D_3 各点。

在图 2.4.1(c) 中，正常固结线 NCL 上土的孔隙比 e 或比体积 v($v=1+e$) 与有效应力的关系可用下式表示：

$$v = N - \lambda \ln p' \tag{2.4.1}$$

式中　N——正常固结线 NCL 在 $p' = 1.0\text{kPa}$ 时的比体积 v；

λ——NCL 线在 $v o \ln p'$ 平面中的斜率。

因此，式（2.4.1）可以写成

$$p' = \exp\left(\frac{N - v}{\lambda}\right) \tag{2.4.2}$$

正常固结黏土排水和不排水三轴试验（CD 试验和 CU 试验）表明：它们有一条共同的破坏轨迹，与排水条件无关（Parry，1960 年，见图 2.4.2）。破坏轨迹在 $p'oq$ 平面上是一条过原点的直线；在 $v o \ln p'$ 平面上也是直线，且与正常固结线 NCL 平行，分别如图 2.4.1(a)、(c) 和图 2.4.2 所示。破坏轨迹线可以用下式表示：

$$q_{cs} = M p'_{cs} \tag{2.4.3}$$

$$v_{cs} = \Gamma - \lambda \ln p'_{cs} \tag{2.4.4}$$

式中　M——$p'oq$ 平面上临界状态线 CSL 的斜率，试验常数；

Γ——临界状态线 CSL 在 $p'_{cs} = 1.0\text{kPa}$ 时土体的比体积，试验常数；

λ——$v o \ln p'$ 平面上临界状态线 CSL 的斜率，试验常数。

下角 cs 表示临界状态。

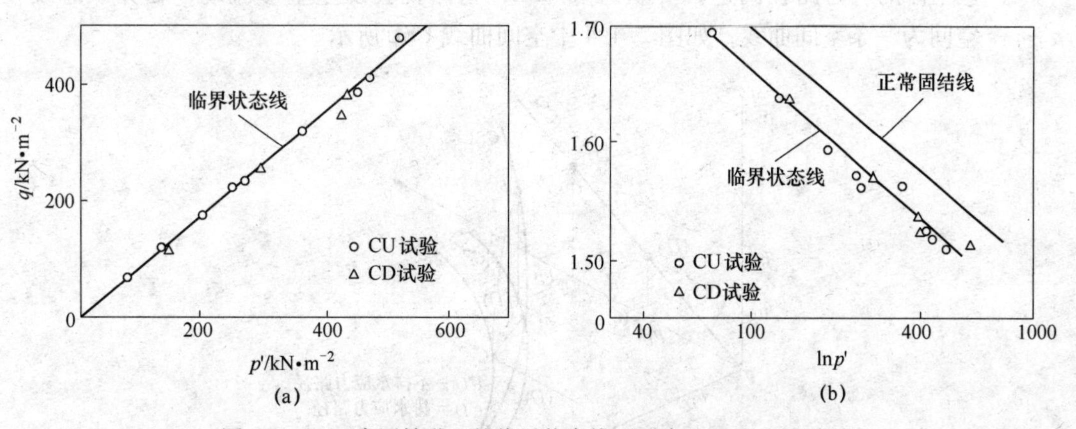

图 2.4.2　正常固结黏土的临界状态线（引自 Parry，1960 年）

（a）$p'oq$ 平面；（b）$v o \ln p'$ 平面

由式（2.4.3）、式（2.4.4），可以得到

$$p'_{cs} = \exp\left(\frac{\Gamma - v_{cs}}{\lambda}\right) \tag{2.4.5}$$

$$q_{cs} = M \exp\left(\frac{\Gamma - v_{cs}}{\lambda}\right) \tag{2.4.6}$$

对于正常固结土的各向等压固结试验，当卸载时，试样将发生回弹，如图 2.4.3 所示。

卸载时的体积变化与 p' 直接的关系可表示为

$$v = v_{\kappa} - \kappa \ln p' \tag{2.4.7}$$

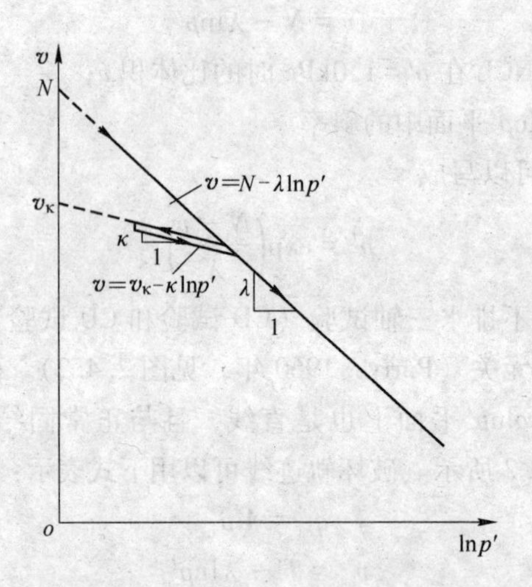

图 2.4.3 固结压缩与回弹

式中 v_κ——卸载至 $p'=1\text{kPa}$ 时的比体积；

κ——卸载回弹曲线在 $v\text{o}\ln p'$ 坐标系下的直线斜率。

一旦土体的应力路径到达临界状态线 CSL，土体就会发生塑形流动，临界状态线在 p'-q-v 空间为一条空间曲线，如图 2.4.4 中空间曲线 CSL 所示。

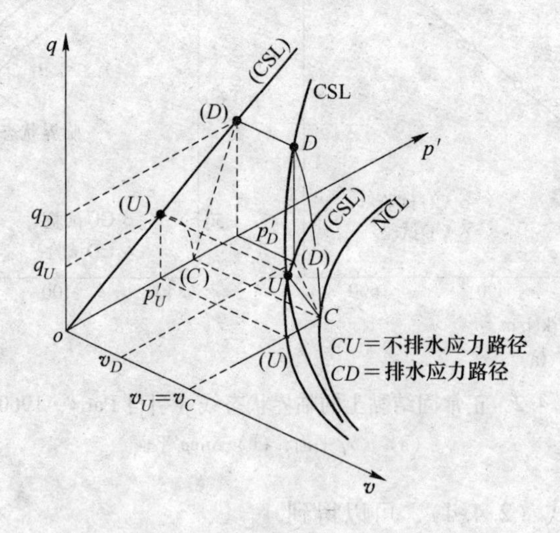

图 2.4.4 p'-q-v 三维空间中的临界状态线

图 2.4.5 中，AB 为一个 CD 试验在 p'-q-v 空间的应力路径。在 $p'oq$ 平面相应的应力路径为 A_1B_1，其斜率为 3 $\left(\text{斜率}=\dfrac{\mathrm{d}q}{\mathrm{d}p'}=\dfrac{\mathrm{d}(\sigma_1-\sigma_3)}{\mathrm{d}\left(\dfrac{\sigma'_1+2\sigma'_3}{3}\right)}=\dfrac{\mathrm{d}\sigma'_1-\mathrm{d}\sigma'_3}{\mathrm{d}\left(\dfrac{\sigma'_1}{3}\right)+\mathrm{d}(2\sigma'_3/3)}=\dfrac{\mathrm{d}\sigma'_1+0}{\mathrm{d}\left(\dfrac{\sigma'_1}{3}\right)+0}=3\right)$。不难看出，在 p'-q-v 空间的 CD 试验的应力路径一定落在平行于 v 轴，而且通过 $p'oq$ 平面上斜率为 3 的直线 A_1B_1 的 AA_1B_1C 平面上。该类平面常称为“排水平面”。不同固结应力的 CD 试验的应力路径均起自正常固结线，结束于临界状态线。

CU 试验在 $p'-q-v$ 空间的应力路径，如图 2.4.6 中曲线 AB 所示。CU 试验剪切过程中土体处于不排水状态，土体比体积不变，因此一定落在比体积等于常数的“不排水平面”上。不同固结应力的 CU 试验的应力路径均起自正常固结线，结束于临界状态线。

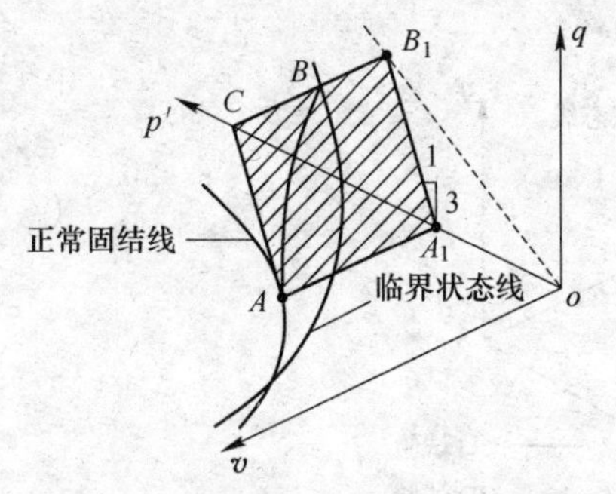

图 2.4.5　正常固结黏土 CD 试验的应力路径　　图 2.4.6　正常固结黏土 CU 试验的应力路径

固结压力不同的正常固结排水三轴试验应力路径族在 $p'-q-v$ 空间形成一个曲面。同样，固结压力不同的正常固结不排水三轴试验应力路径族在 $p'-q-v$ 空间也形成一个曲面。两个曲面都处在正常固结线和临界状态线之间。

Rendulic（1936 年）分析了许多三轴试验的结果，首先提出饱和黏土有效应力和孔隙比成唯一关系的概念。Henkel（1960 年）把饱和 Weald 黏土的固结排水三轴试验得到的等含水量线与固结不排水三轴试验得到的应力路径（也是等含水量线）画在一起，发现其形状是一致的，如图 2.4.7 所示。等含水量线也就是等比体积线，这样的图称为 Rendulic 图。

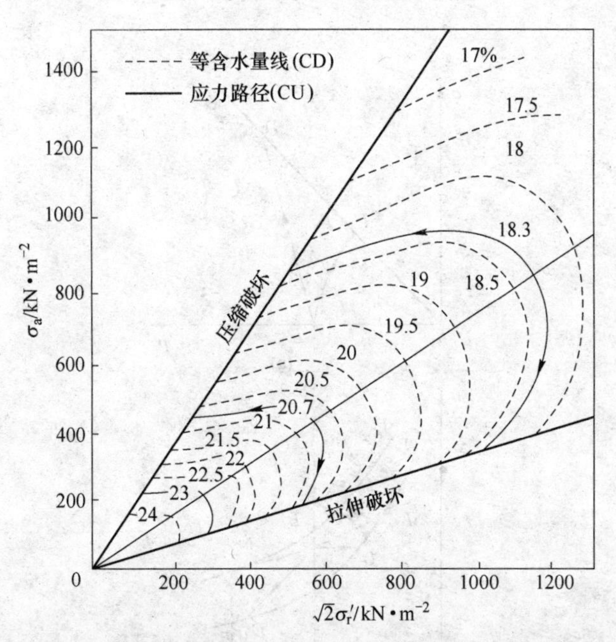

图 2.4.7　正常固结黏土 CD 试验和 CU 试验的等含水量线
（Weald 土，引自 Henkel，1960）

由 Rendulic 有效应力和孔隙比关系图可知，饱和黏土的有效应力与孔隙比之间存在唯一关系。也就是说，对于所有的正常固结排水和不排水三轴试验来说，应力与比体积之间有唯一的关系，与排水条件无关。因此，由 CD 试验应力路径族形成的曲面和由 CU 试验应力路径族形成的曲面应是同一个曲面。换句话说，所有正常固结三轴试验的应力路径都在这个面上。这个曲面，称为 Roscoe 面（见图 2.4.8）。以下讨论 Roscoe 状态边界面的方程。

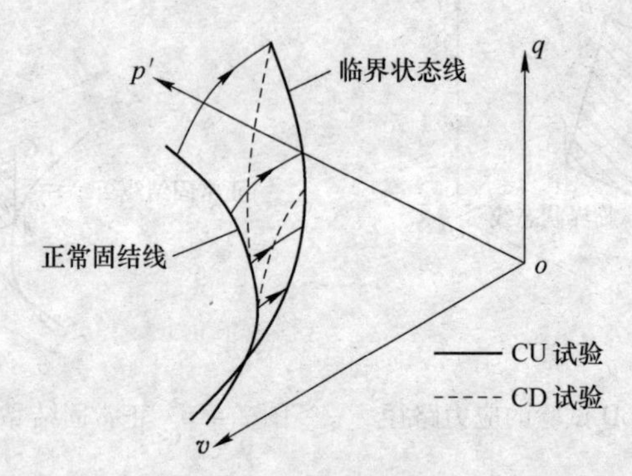

图 2.4.8 正常固结黏土的临界状态面——Roscoe 面

2.4.1.2 超固结土和完全的物态边界面

轻超固结土是在一定固结压力 p'_m 下卸载回弹形成的，在图 2.4.9(b) 中可用 L 点表示。L 点位于正常固结线 NCL 和临界状态线 CSL 之间，也就是说它回弹后的体积比在同固结压力 p'_0 下对应的临界状态下的体积大一些。它在不排水加载条件下应力路径从 L 到 U，在排水加载条件下应力路径从 L 到 D。U 和 D 都在正常固结土的临界状态线 CSL 上。

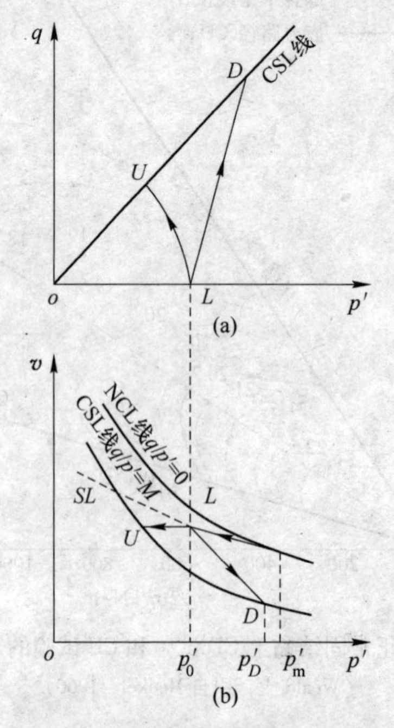

图 2.4.9 轻超固结土的临界状态图
(a) $p'oq$ 平面有效应力路径；(b) vo$\ln p'$ 平面状态路径

强超固结土是在各向等压固结压力 p'_m 下卸荷回弹到 H 点，而 H 点是在正常固结土的临界状态线之外。在不排水加载条件下应力路径从 H 到达 UH，体积不变，点 UH 位于临界状态线 CSL 以上，如图 2.4.10(a) 所示。当不排水加载条件下试样加载破坏或屈服以后，其有效应力路径沿着直线 TS 继续移动，试样发生更大的变形，同时产生负超静孔压力，最终在 CSL 上到达 S 点。这时只有发生滑裂面以后土才可能达到临界状态线 CSL。超固结程度越大，土达到临界状态所需要的应变越大。

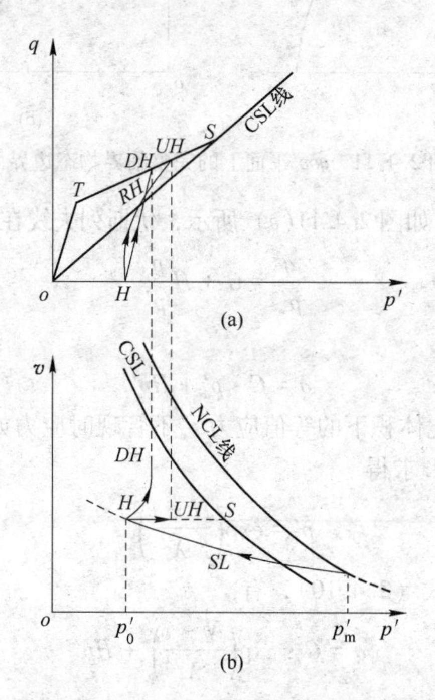

图 2.4.10　重超固结土的临界状态

(a) $p'oq$ 平面有效应力路径；(b) $v\ln p'$ 平面状态路径

在排水试验条件下，重超固结土将发生剪胀，土达到屈服后体积不断增加，其应力路径为 $H\rightarrow DH$，其中 DH 也是 TS 线上的破坏点。试样达到峰值强度以后，由于体积增加会导致应力下降到残余应力 RH 点。RH 可能在 CSL 线上，也可能在 CSL 线以上，由于出现了滑动面试样会弱化或软化。图 2.4.10(a) 中的直线 TS 代表了物态边界面的一部分，它控制了重超固结土的破坏或屈服，被称为伏斯列夫（Hvorslev）线。物态边界面的第三部分是从原点 o 到点 T 之间的部分，可用零拉应力表示，即 $\sigma'_3=0$ 条件，亦即单轴压缩排水试验的应力路径，如图 2.4.11(a) 所示。这样就在 $p'oq$ 平面上形成了一个完全的物态边界面的截面，由 oT、TS、SC 三部分组成。其中，正常固结土和轻超固结土由罗斯柯（Roscoe）面控制（SC）；重超固结土由伏斯列夫面（TS）及零拉应力面（OT）控制。黏土的各种状态均不可能超出这三部分组成的物态边界面。

（1）oT 段表示零拉应力线，其方程为

$$q = 3p' \tag{2.4.8}$$

（2）如图 2.4.11(a) 所示，TS 是伏斯列夫面的投影，伏斯列夫面的特点是：试样破坏时抗剪强度为破坏时的平均正应力 p' 和比体积 v 的函数，等值应力 p'_e(各向等压压缩试验的

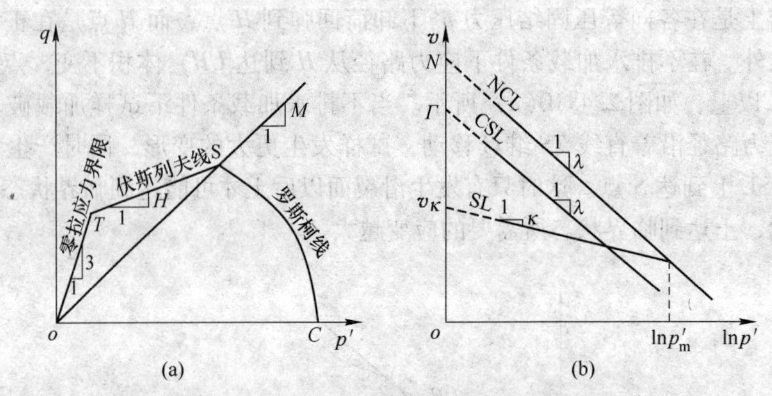

图 2.4.11 qop'平面上的完整临界物态边界面

应力）直接取决于比体积，如图 2.4.11(a) 所示，伏斯列夫线在 qop'平面上的方程为

$$\frac{q}{p'_e} = G + H\frac{p'}{p'_e} \tag{2.4.9}$$

即

$$q = G \cdot p'_e + Hp' \tag{2.4.10}$$

正常固结线上，任何比体积下的等值应力 p'_e不管现时应力如何，都是使用试样的现时比体积 v 由正常固结线 NCL 求得

$$p'_e = \exp\left(\frac{N - v}{\lambda}\right) \tag{2.4.11}$$

将式（2.4.11）代入式（2.4.10），有

$$q = G \cdot \exp\left(\frac{N - v}{\lambda}\right) + Hp' \tag{2.4.12}$$

S 点处于 CSL 线上，所以有 S 点的坐标（p'_f、q_f、v_f）满足临界状态线方程要求

$$q_f = M \cdot p'_f \tag{2.4.13}$$

$$v_f = \Gamma - \lambda \ln p'_f \tag{2.4.14}$$

同时，S 点又位于伏斯列夫线上，所以 S 点的坐标（p'_f、q_f、v_f）满足伏斯列夫线方程式（2.4.12）

$$q_f = G \cdot \exp\left(\frac{N - v_f}{\lambda}\right) + H \cdot p'_f = G \cdot \exp\left(\frac{N - \Gamma + \lambda \ln p'_f}{\lambda}\right) + H \cdot p'_f \tag{2.4.15}$$

将式（2.4.13）减去式（2.4.15），有

$$G = (M - H)\exp\left(\frac{\Gamma - N}{\lambda}\right) \tag{2.4.16}$$

将式（2.4.16）代入式（2.4.12），得到伏斯列夫面的方程为

$$q = (M - H)\exp\left(\frac{\Gamma - N}{\lambda}\right) \cdot \exp\left(\frac{N - v}{\lambda}\right) + Hp' = (M - H)\exp\left(\frac{\Gamma - v}{\lambda}\right) + Hp' \tag{2.4.17}$$

（3）SC 段为比体积 v 为常数的罗斯柯面的投影，其方程为

$$q = \frac{Mp'}{\lambda - \kappa}(\Gamma + \lambda - \kappa - v - \lambda \ln p') \tag{2.4.18}$$

在 p'-q-v 三维空间中的完全物态边界面如图 2.4.12 所示。其中，SS 是临界状态线；NN 是正常固结线；$vvTT$ 是零拉应力边界面；$TTSS$ 是伏斯列夫面；$SSNN$ 是罗斯柯面。

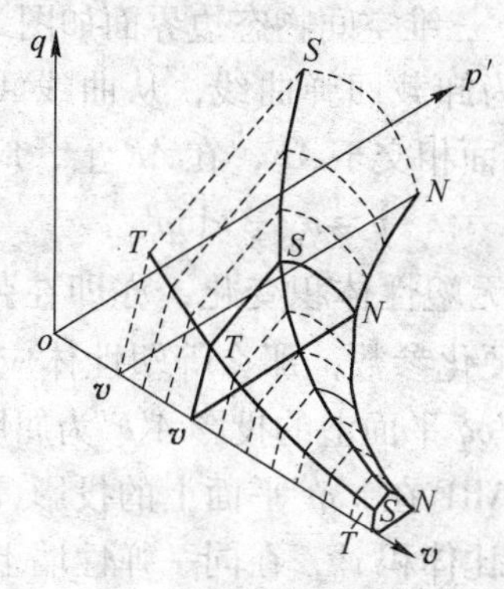

图 2.4.12　p'-q-v 三维空间中的完全物态边界面

正常固结土和超固结土的形状是不同的。正常固结土状态总是位于罗斯柯面上；而超固结土的状态路径则在此面之外，并且随着超固结程度的提高而逐渐远离罗斯柯面，如图 2.4.13 所示。

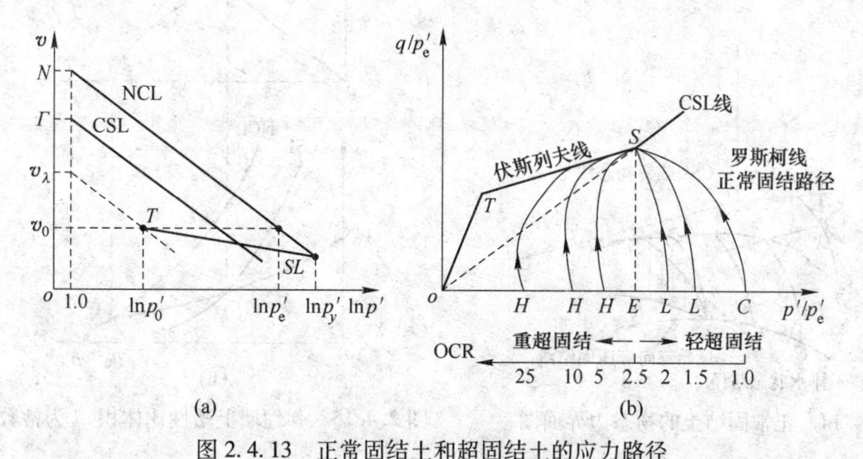

图 2.4.13　正常固结土和超固结土的应力路径

（a）各向等压加载与卸载试验；（b）不同超固结比的 p'_e规一化有效应力路径

在图 2.4.13(a) 中，点 T 位于回弹线 SL 上，它对应于 v_0 和 $\ln p'_0$，而 v_0 在 NCL 线上对应于 $\ln p'_e$，p'_e为点 T 的等值应力（各向等压试验时的压力）。在 SL 线上，不同的点对应于不同的 v_0、p'_0、p'_e，也表示了不同的超固结比。在图 2.4.13(b) 中，表示了 n 种不同超固结比土样在三轴固结不排水试验中被等值应力 p'_e(各向等压试验时的压力) 规一化的有效应力路径。对应正常固结土，其有效应力路径是沿着罗斯柯面运动到达 CSL 线，与 CSL 线交于 S 点，对于 $p'_0<p'_e$情况属于超固结土，如果应力路径在 E 与 C 之间，则属于轻超固结土，其应力路径为 L-S，从下面达到 CSL 线。对于重超固结土，试样比临界状态更密实，其不排水有效应力路径在原点 O 和 E 之间，其应力路径向上稍微弯曲，并从反向达到伏斯列夫线 TS，然后随着应变的增加沿伏斯列夫线变化。

在重超固结土的排水三轴试样中，当其状态路径达到伏斯列夫面时，剪应力达到峰值，并伴随着试样剪胀，然后发生应变软化，在经过很大应变以后，伴随剪切面产生的应力达到残余应力，状态接近于临界状态线 CSL。

正常固结黏土和轻超固结黏土也被称为“湿黏土”，这类土在卸载时会发生可恢复的体应变，正常固结黏土的 p'-q-v 三维空间物态边界面如图 2.4.14 所示。CA 为正常固结土的各向等压固结曲线 NCL，AR 为卸载回弹曲线，从曲线 AR 各点作垂线形成一竖直的曲面，称为弹性墙，它与物态边界面相交于 AF，在 AR 上，应力与比体积间的关系为

$$v = v_\kappa - \kappa \ln p' \tag{2.4.19}$$

在 AR 线上，荷载变化时，无塑性体积变化，亦即在弹性墙上，塑性体应变 ε_V^p 为常数。如果选择塑性体应变 ε_V^p 为硬化参数，那么等塑性体应变面就是屈服面，等塑性体应变线 AF 就是屈服轨迹。AF 在 $p'oq$ 平面上的投影 $A'F'$ 为屈服面在 $p'oq$ 平面上的屈服轨迹。图 2.4.15(b) 表示的是弹性墙 ARF 在 $p'ov$ 平面上的投影，可见其回弹曲线是唯一的，且回弹曲线与 v 轴截距代表其塑性比体积 v_0^p，在同一弹性墙上，或同一屈服轨迹上，弹性墙的塑性比体积 $v^p = v_0^p$，为常数，也就是塑性体应变增量 $d\varepsilon_V^p = 0$。

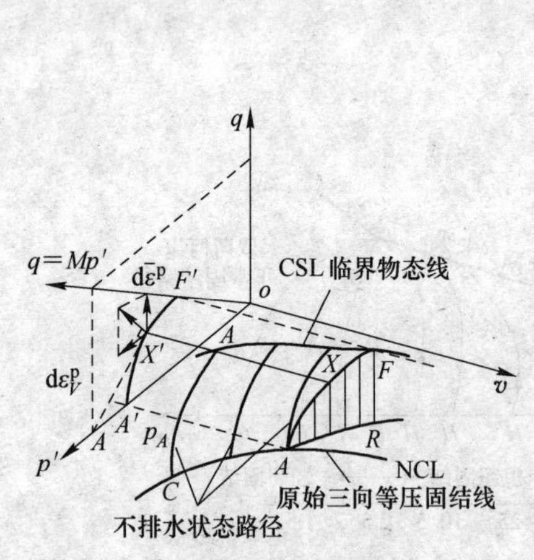

图 2.4.14　正常固结土的物态边界面图

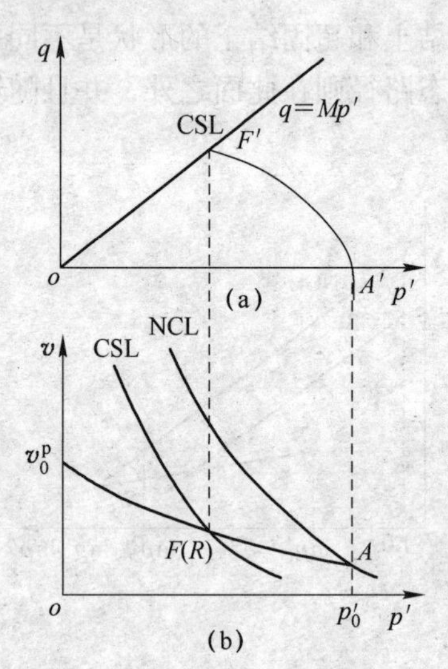

图 2.4.15　弹性墙上塑性比体积 v^p 为常数

2.4.1.3　能量方程

单位体积土体在平均正应力 p'和广义剪应力 q（八面体应力）状态下，加载时有应力增量 dp'和 dq，土体产生体应变增量 $d\varepsilon_V$ 和剪应变增量 $d\varepsilon_s$，则其变形能增量 dE 为

$$dE = p' d\varepsilon_V + q d\varepsilon_s \tag{2.4.20}$$

体应变 $d\varepsilon_V$ 和剪应变 $d\varepsilon_s$ 分别由弹性变形和塑性应变两部分组成，其表达式为

$$d\varepsilon_V = d\varepsilon_V^e + d\varepsilon_V^p \tag{2.4.21}$$

$$d\varepsilon_s = d\varepsilon_s^e + d\varepsilon_s^p \tag{2.4.22}$$

则变形能增量可分为可恢复的弹性变形能增量和不可恢复的塑性变形能增量（耗散功或塑性功），即

$$dE = dW_e + dW_p \tag{2.4.23}$$

弹性变形能增量 dW_e 和塑性变形能增量 dW_p 分别记为

$$dW_e = p' d\varepsilon_V^e + q d\varepsilon_s^e \tag{2.4.24}$$

$$dW_p = p'd\varepsilon_V^p + qd\varepsilon_s^p \tag{2.4.25}$$

对于塑性变形能，Roscoe 作了如下两条假定：

（1）假定一切剪应变都是不可恢复的，即剪切变形中的弹性部分 $d\varepsilon_s^e$ 等于零，也就是说：

$$d\varepsilon_s = d\varepsilon_s^p \tag{2.4.26}$$

则弹性变形能增量为

$$dW_e = p'd\varepsilon_V^e + qd\varepsilon_s^e = p'd\varepsilon_V^e \tag{2.4.27}$$

弹性体应变增量 $d\varepsilon_V^e$ 由回弹曲线求解，回弹曲线在 vo$\ln p'$坐标系下方程为

$$v = v_k - \kappa \ln p' \tag{2.4.28}$$

式中，v_k、κ 为土的试验常数。所以，有弹性比体积增量 dv^e 为

$$dv^e = -\kappa \frac{dp'}{p'} \tag{2.4.29}$$

由式（2.4.29）有

$$d\varepsilon_V^e = \frac{-dv^e}{1+e} = \frac{\kappa}{1+e}\frac{dp'}{p'} \tag{2.4.30}$$

结合式（2.4.27）和式（2.4.30），得弹性变形能增量为

$$dW_e = d\varepsilon_V^e p' = \frac{\kappa}{1+e}dp' \tag{2.4.31}$$

（2）假定评价有效应力 p'（球应力）不产生塑性体应变 $d\varepsilon_V^p$，即 $d\varepsilon_V^p=0$，因此有塑性变形能增量

$$dW_p = p'd\varepsilon_V^p + qd\varepsilon_s^p = qd\varepsilon_s^p \tag{2.4.32}$$

因塑性变形阶段，土体达到屈服，应力路径位于屈服轨迹上，在 $p'oq$ 平面上，屈服轨迹方程为

$$q = Mp' \tag{2.4.33}$$

由式（2.4.26）、式（2.4.32）、式（2.4.33）可得

$$dW_p = qd\varepsilon_s^p = Mp'd\varepsilon_s^p = Mp'd\varepsilon_s \tag{2.4.34}$$

因此，总的变形能为

$$dE = dW_e + dW_p = \frac{\kappa}{1+e}dp' + Mp'd\varepsilon_s \tag{2.4.35}$$

2.4.1.4　流动法则（正交定律）

塑性理论中，流动法则就是用以确定塑性应变增量 $d\varepsilon^p$ 的方向或塑性应变增量张量的各个分量 $d\varepsilon_V^p$、$d\varepsilon_s^p$ 间的比例关系。塑性理论规定塑性应变增量的方向是由应力空间的塑性势面 g 决定：在应力空间中，各应力状态点的塑性应变增量方向必须与通过该点的塑性势面相垂直，所以流动法则也叫正交定律。这一规则的实质是假设在应力空间中一点的塑性应变增量的方向是唯一，即只与该点的应力状态有关，与施加的应力增量的方向无关。

通常，塑性应变增量可以用下式表示：

$$d\varepsilon_{ij}^p = d\lambda \frac{\partial g}{\partial \sigma_{ij}} \tag{2.4.36}$$

式中　ε_{ij}^p——塑性应变张量；

$d\lambda$——塑性因子，是个标量；

σ_{ij}——应力张量。

塑性势函数 g 与屈服函数 f 一样，也是应力状态的函数，可以表示为

$$g(\sigma_{ij},\ H)=0 \tag{2.4.37}$$

式中，H 为硬化参数，一般是塑性应变的函数。

由式（2.4.20）和能量方程式（2.4.35）两式相减，有

$$p'd\varepsilon_V-\frac{\kappa}{1+e}dp'+(q-Mp')d\varepsilon_s=0 \tag{2.4.38}$$

即

$$p'd\varepsilon_V-\frac{\kappa}{1+e}dp'=(Mp'-q)d\varepsilon_s \tag{2.4.39}$$

将式（2.4.30）、式（2.4.21）、式（2.4.26）代入式（2.4.39），有

$$p'(d\varepsilon_V^p)=(Mp'-q)d\varepsilon_s=(Mp'-q)d\varepsilon_s^p \tag{2.4.40}$$

即

$$\frac{d\varepsilon_V^p}{d\varepsilon_s^p}=M-\frac{q}{p'} \tag{2.4.41}$$

式（2.4.41）也可以写成

$$\frac{q}{p'}=M-\frac{d\varepsilon_V^p}{d\varepsilon_s^p} \tag{2.4.42}$$

式（2.4.42）中负号是由于$-d\varepsilon_v$ 代表膨胀引起，这也是剑桥模型的假设之一。$\frac{d\varepsilon_V^p}{d\varepsilon_s^p}$实际上表示了塑性应变增量在 $p'oq$ 平面上的方向，与这一方向正交的轨迹就是在这个平面上土的屈服轨迹（相适应流动法则），如图 2.4.14 所示。

2.4.1.5 加工硬化定律

加工硬化定律是计算一个给定的应力增量 $d\sigma_{ij}$ 引起的塑性应变增量 $d\varepsilon_{ij}^p$ 大小的准则，就是式（2.4.36）中塑性因子 $d\lambda$ 可以通过硬化定律确定。

硬化参数 H 一般为塑性应变的函数，即

$$H=H(\varepsilon_{ij}^p) \tag{2.4.43}$$

硬化参数 H 有一定的物理意义，在不同本构模型中它常被假设为塑性变形功 $W_p=\int\sigma_{ij}d\varepsilon_{ij}^p$、塑性八面体剪应变 ε_s^p、塑性体应变 ε_V^p 或 ε_s^p 与 ε_V^p 组合的函数。塑性应变实质上反映了土中颗粒间相对位置变化和颗粒破碎的量，即土的状态和组构发生变化的情况。土受力以后，其状态和组构不再与初始状态相同，其变形特性也发生变化。可以认为硬化参数 $H(\varepsilon_{ij}^p)$ 实际是一种土的状态与组构变化的内在尺度，从宏观上影响土的应力应变关系。一般情况下，增量弹塑性模型中塑性因子 $d\lambda$ 可根据屈服准则、流动法则和硬化参数定律来推导。

2.4.1.6 剑桥模型的屈服面在 $p'oq$ 平面上的轨迹方程

屈服准则就是指岩土材料发生塑性变形时应力满足的条件。可以用以判断弹塑性材料被施加一应力增量后是加载还是卸载，或是中性变载，也是判断是否发生塑性变形的准

则。加载时弹性应变增量 $\mathrm{d}\boldsymbol{\varepsilon}^{\mathrm{e}}$ 和塑性应变增量 $\mathrm{d}\boldsymbol{\varepsilon}^{\mathrm{p}}$ 都会发生；卸载时仅产生弹性应变增量 $\mathrm{d}\boldsymbol{\varepsilon}^{\mathrm{e}}$。

屈服准则可以用应力张量的函数来标示，即

$$f(\boldsymbol{\sigma}_{ij},\ H)=0 \tag{2.4.44}$$

式中 f——屈服函数；

$\boldsymbol{\sigma}_{ij}$——应力张量；

H——硬化参数，一般是塑性应变 $\boldsymbol{\varepsilon}_{ij}^{\mathrm{p}}$的函数。

对于加工硬化材料，用屈服函数判断加卸载的方法如下：

（1）$f=0$ 时，表示应力状态在屈服面上，$\dfrac{\partial f(\boldsymbol{\sigma}_{ij},\ H)}{\partial \boldsymbol{\sigma}_{ij}}\mathrm{d}\boldsymbol{\sigma}_{ij}>0$ 为加载，$\mathrm{d}\boldsymbol{\varepsilon}^{\mathrm{e}}$ 和 $\mathrm{d}\boldsymbol{\varepsilon}^{\mathrm{p}}$ 同时发生；$\dfrac{\partial f(\boldsymbol{\sigma}_{ij},\ H)}{\partial \boldsymbol{\sigma}_{ij}}\mathrm{d}\boldsymbol{\sigma}_{ij}=0$ 为中性变载，只发生弹性变形 $\mathrm{d}\boldsymbol{\varepsilon}^{\mathrm{e}}$；$\dfrac{\partial f(\boldsymbol{\sigma}_{ij},\ H)}{\partial \boldsymbol{\sigma}_{ij}}\mathrm{d}\boldsymbol{\sigma}_{ij}<0$ 为卸载，只发生弹性变形 $\mathrm{d}\varepsilon^{\mathrm{e}}$。

（2）$f<0$ 则表示应力状态在现有屈服面之内，微小的应力变化只产生弹性应变。

对于各向同性土体材料，屈服函数可以表示为

$$f(p',\ q,\ H)=0 \tag{2.4.45}$$

剑桥模型屈服面在 $p'-q-v$ 空间即为 Roscoe 状态边界面。在剑桥模型中，假设土体是加工硬化材料，并服从相关联的流动规则。因此，可以假定其塑性势面和屈服面是重合的。在图 2.4.16 中，应力平面和应变平面重合，曲线 AB 为屈服轨迹，$\mathrm{d}\boldsymbol{\varepsilon}^{\mathrm{p}}$（$QR$）为屈服时塑性应变增量，$\mathrm{d}\boldsymbol{\varepsilon}_V^{\mathrm{p}}$ 为塑性体应变增量分量，$\mathrm{d}\varepsilon_{\mathrm{s}}^{\mathrm{p}}$ 为塑性剪应变增量分量。

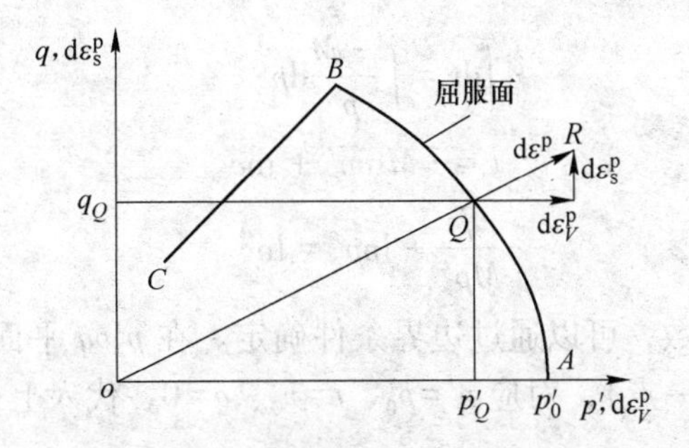

图 2.4.16 屈服时塑性应变增量方向

由屈服函数式（2.4.45）可知

$$\mathrm{d}f=\frac{\partial f}{\partial p'}\mathrm{d}p'+\frac{\partial f}{\partial q}\mathrm{d}q+\frac{\partial f}{\partial H}\mathrm{d}H=0 \tag{2.4.46}$$

因为同一屈服面上塑性应变 $\boldsymbol{\varepsilon}_{ij}^{\mathrm{p}}$保持不变，即硬化参数 $H(\boldsymbol{\varepsilon}_{ij}^{\mathrm{p}})$ 为常数，所以 $\mathrm{d}H=0$，则有

$$\mathrm{d}f=\frac{\partial f}{\partial p'}\mathrm{d}p'+\frac{\partial f}{\partial q}\mathrm{d}q=0 \tag{2.4.47}$$

由相适应的流动法则（正交法则）有

$$\mathrm{d}\boldsymbol{\varepsilon}_V^{\mathrm{p}}=\mathrm{d}\lambda\ \frac{\partial g}{\partial p'}=\mathrm{d}\lambda\ \frac{\partial f}{\partial p'} \tag{2.4.48}$$

$$d\varepsilon_s^p = d\lambda \frac{\partial g}{\partial q} = d\lambda \frac{\partial f}{\partial q} \tag{2.4.49}$$

将以上两式代入（2.4.47），则得到

$$dp' d\varepsilon_V^p + dq d\varepsilon_s^p = 0 \tag{2.4.50}$$

由式（2.4.41）可以得到

$$\frac{d\varepsilon_V^p}{d\varepsilon_s^p} = M - \frac{q}{p'} = \frac{-dq}{dp'} \tag{2.4.51}$$

即

$$\frac{dq}{dp'} - \frac{q}{p'} + M = 0 \tag{2.4.52}$$

此常微分方程可以采用分离变量法进行求解。

令 $t = \frac{q}{p'}$，则 $q = tp'$，有

$$dq = p' dt + t dp' \tag{2.4.53}$$

$$\frac{dq}{dp'} = \frac{dt}{dp'} p' + t \tag{2.4.54}$$

由式（2.4.52），有 $\frac{dq}{dp'} = t - M$，代入式（2.4.54）有

$$dt = \frac{-M}{p'} dp' \tag{2.4.55}$$

积分得到

$$\begin{aligned} \int dt &= \int \frac{-M}{p'} dp' \\ t &= -M\ln p' + \ln c \\ \frac{q}{Mp'} &+ \ln p' = \ln c \end{aligned} \tag{2.4.56}$$

式中，$\ln c$ 为一个积分常数，可以通过边界条件确定。在 $p'oq$ 平面上，各向等压固结试验点（正常固结线 NCL 上一点），对应 $p' = p'_0$、$v = v_0$、$q = 0$，代入上式，可以得到积分常数

$$c = p'_0 \tag{2.4.57}$$

因此，可得到正常固结土在 $p'oq$ 平面上的屈服轨迹方程为

$$f = \frac{q}{p'} - M\ln \frac{p'_0}{p'} = 0 \tag{2.4.58}$$

同理，如果屈服轨迹通过临界状态线（CSL）上一点（$p' = p'_{cs}$、$v = v_{cs}$、$q = q_{cs}$），可以得到积分常数为 $\ln c = \frac{q_{cs}}{Mp'_{cs}} + \ln p'_{cs}$。

即可得到正常固结土在 $p'oq$ 平面上的屈服轨迹方程的另一种表达方式

$$f = \frac{q}{Mp'} + \ln p' - \frac{q_{cs}}{Mp'_{cs}} - \ln p'_{cs} = \frac{q}{Mp'} - 1 + \ln p' - \ln p'_{cs} = 0 \tag{2.4.59}$$

化简上式，得到

$$f = \frac{q}{p'} - M\ln\frac{p'_{cs}}{p'} - M = 0 \tag{2.4.60}$$

2.4.1.7 物态边界面的方程

屈服轨迹沿着正常固结线或沿着临界状态线移动所形成的曲面就是屈服面，也就是Roscoe 状态边界面。在归一化应力平面上，剑桥模型的屈服面如图 2.4.15（a）所示。

我们已经知道，Roscoe 面处在正常固结线和临界状态线之间。已知屈服面轨迹方程，可结合正常固结线或临界状态线得到 Roscoe 状态边界面方程。剑桥模型假定在同一屈服轨迹上塑形体积应变 ε_V^p=常数，也就是

$$d\varepsilon_V^p = 0 \tag{2.4.61}$$

即

$$dv^p = 0 \tag{2.4.62}$$

体应变增量等于弹性体应变增量和塑性体应变增量之和，可用比体积增量表示为

$$dv = dv^p + dv^e \tag{2.4.63}$$

结合式（2.4.30）和式（2.4.63），得

$$dv + \frac{\kappa}{p'}dp' = 0 \tag{2.4.64}$$

对上式积分得

$$v = v_\kappa - \kappa\ln p' \tag{2.4.65}$$

这说明屈服轨迹在 v-$\ln p'$平面上的投影，必须落在一根各向等压固结回弹曲线上。

设屈服面与临界状态线上一个共同点 $B(p'_{cs},\ q_{cs},\ v_{cs})$，它一定落在一根各向等压固结回弹曲线上，由式（2.4.65），得

$$v_\kappa = v + \kappa\ln p' = v_{cs} + \kappa\ln p'_{cs} \tag{2.4.66}$$

B 点在临界状态线，由式（2.4.4）、式（2.4.3）应满足

$$v_{cs} = \Gamma - \lambda\ln p'_{cs} \tag{2.4.67}$$

$$q_{cs} = Mp'_{cs} \tag{2.4.68}$$

结合式（2.4.60）、式（2.4.66）和式（2.4.67），可以消去 v_{cs} 和 p'_{cs}，得到 Roscoe 状态边界面的方程，也就是剑桥模型屈服面的方程：

$$q = \frac{Mp'}{\lambda - \kappa}(\Gamma + \lambda - \kappa - v - \lambda\ln p') \tag{2.4.69}$$

同理，考虑屈服面与正常固结线 NCL 上一个共同点 A（$p'=p'_0$、$v=v_0$、$q=0$），也可得到屈服面方程。A 点也一定落在一根各向等压固结回弹曲线上，即满足

$$v_\kappa = v + \kappa\ln p' = v_0 + \kappa\ln p'_0 \tag{2.4.70}$$

A 点在正常固结线上，满足

$$v_0 = N - \lambda\ln p'_0 \tag{2.4.71}$$

结合式（2.4.58）、式（2.4.70）和式（2.4.71），可以消去 v_0 和 p'_0，得到另一形式的屈服面方程：

$$q = \frac{Mp'}{\lambda - \kappa}(N - v - \lambda\ln p') \tag{2.4.72}$$

式（2.4.69）和式（2.4.72）表示同一个屈服面，两式应相等。几个反映土的性质的参

数应满足

$$N - \Gamma = \lambda - \kappa \tag{2.4.73}$$

在主应力空间，剑桥模型的屈服面形式如图 2.4.17 所示。屈服面形状为弹头状。屈服面像一顶帽子，习惯称这类模型为帽子模型（Cap model）。

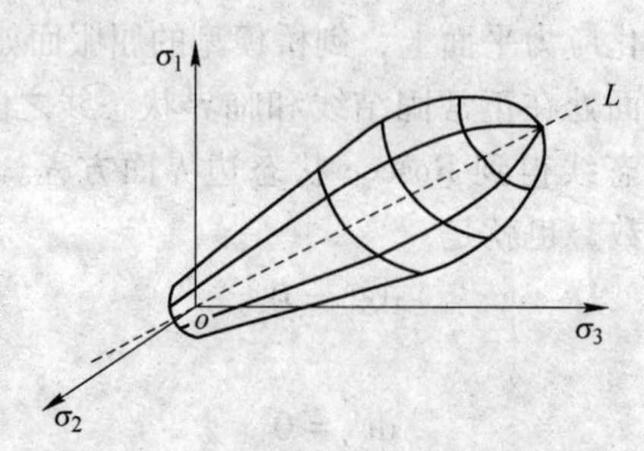

图 2.4.17 剑桥模型—“帽子模型”

2.4.1.8 剑桥模型正常固结土的增量应力应变关系

由式（2.4.72）可以得到

$$v = N - \frac{q(\lambda - \kappa)}{Mp'} - \lambda \ln p' \tag{2.4.74}$$

对上式（2.4.74）求微分，有

$$\mathrm{d}v = -\left[\frac{\lambda - \kappa}{Mp'}\left(\mathrm{d}q - \frac{q}{p'}\mathrm{d}p'\right) + \frac{\lambda}{p'}\mathrm{d}p'\right] \tag{2.4.75}$$

因为 $\mathrm{d}\varepsilon_V = -\frac{\mathrm{d}v}{1+e}$，所以有

$$\mathrm{d}\varepsilon_V = \frac{1}{1+e}\left[\frac{\lambda - \kappa}{Mp'}\left(\mathrm{d}q - \frac{q}{p'}\mathrm{d}p'\right) + \frac{\lambda}{p'}\mathrm{d}p'\right] \tag{2.4.76}$$

设应力比 $\eta = \frac{q}{p'}$，所以有

$$\mathrm{d}\eta = \frac{\mathrm{d}q}{p'} - \frac{q\mathrm{d}p'}{p'^2} = \frac{\mathrm{d}q}{p'} - \frac{\eta \mathrm{d}p'}{p'} \tag{2.4.77}$$

将式（2.4.77）代入式（2.4.76），得到

$$\mathrm{d}\varepsilon_V = \frac{1}{1+e}\left(\frac{\lambda - \kappa}{M}\mathrm{d}\eta + \frac{\lambda}{p'}\mathrm{d}p'\right) \tag{2.4.78}$$

因为能量方程

$$\mathrm{d}E = \mathrm{d}W^e + \mathrm{d}W^p = \frac{\kappa}{1+e}\mathrm{d}p' + Mp'\mathrm{d}\varepsilon_s = p'\mathrm{d}\varepsilon_V + q\mathrm{d}\varepsilon_s \tag{2.4.79}$$

将式（2.4.79）代入式（2.4.78），得到

$$\mathrm{d}\varepsilon_s = \frac{\lambda - \kappa}{(1+e)Mp'}\left(\frac{\mathrm{d}q}{M - \eta} + \mathrm{d}p'\right) = \frac{\lambda - \kappa}{1+e}\frac{p'\mathrm{d}\eta + M\mathrm{d}p'}{Mp'(M - \eta)} \tag{2.4.80}$$

$$\frac{\kappa}{1+e}\mathrm{d}p' + Mp'\mathrm{d}\varepsilon_s = p'\mathrm{d}\varepsilon_V + q\mathrm{d}\varepsilon_s$$

$$Mp'\mathrm{d}\varepsilon_s - q\mathrm{d}\varepsilon_s = p'\mathrm{d}\varepsilon_V - \frac{\kappa}{1+e}\mathrm{d}p'$$

$$(Mp' - q)\mathrm{d}\varepsilon_s = \frac{p'}{1+e}\left(\frac{\lambda - \kappa}{M}\mathrm{d}\eta + \frac{\lambda}{p'}\mathrm{d}p'\right) - \frac{\kappa}{1+e}\mathrm{d}p'$$

$$(Mp' - q)\mathrm{d}\varepsilon_s = \frac{p'(\lambda - \kappa)}{(1+e)M}\mathrm{d}\eta + \frac{\lambda}{1+e}\mathrm{d}p' - \frac{\kappa}{1+e}\mathrm{d}p'$$

$$(Mp' - q)\mathrm{d}\varepsilon_s = \frac{p'(\lambda - \kappa)}{(1+e)M}\mathrm{d}\eta + \frac{\lambda - \kappa}{1+e}\mathrm{d}p'$$

$$(Mp' - q)\mathrm{d}\varepsilon_s = \frac{\lambda - \kappa}{(1+e)Mp'}(p'^2\mathrm{d}\eta + Mp'\mathrm{d}p')$$

$$(Mp' - q)\mathrm{d}\varepsilon_s = \frac{\lambda - \kappa}{(1+e)Mp'}\left[p'^2\left(\frac{\mathrm{d}q}{p'} - \frac{q\mathrm{d}p'}{p'^2}\right) + Mp'\mathrm{d}p'\right]$$

$$(Mp' - q)\mathrm{d}\varepsilon_s = \frac{\lambda - \kappa}{(1+e)Mp'}(p'\mathrm{d}q - q\mathrm{d}p' + Mp'\mathrm{d}p')$$

$$\mathrm{d}\varepsilon_s = \frac{\lambda - \kappa}{(1+e)Mp'}\left(\frac{p'\mathrm{d}q - q\mathrm{d}p' + Mp'\mathrm{d}p'}{Mp' - q}\right)$$

$$\mathrm{d}\varepsilon_s = \frac{\lambda - \kappa}{(1+e)Mp'}\left(\frac{\mathrm{d}q}{M - \eta} + \mathrm{d}p'\right)$$

从式（2.4.80）可知，可以从已知的应力增量 $\mathrm{d}p'$ 和 $\mathrm{d}q$ 求得相应的应变增量 $\mathrm{d}\varepsilon_V$ 和 $\mathrm{d}\varepsilon_s$。

可见，在确定剑桥模型的屈服面和应力应变关系时，只需要确定三个试验常数：各向等压固结参数 λ、回弹参数 κ 和破坏常数 M。λ 和 κ 可通过各向等压固结试验确定；M 可通过常规三轴压缩试验确定。

2.4.2　修正剑桥模型

正常固结土在各向等压试验施加应力增量 $\mathrm{d}p'>0$、且 $\mathrm{d}q=0$ 时，会产生塑性剪应变增量及总剪应变增量，但是，根据式（2.4.41）则得到塑性剪应变增量 $\mathrm{d}\varepsilon_s^p=\mathrm{d}\varepsilon_V^p/M=0$，因为剑桥模型假定球应力增量 $\mathrm{d}p'>0$ 不产生塑性体应变，因此，剑桥模型的第二条假设明显不合理。后来，Roscoe 和 Burland（1968 年）对剑桥模型作了两点重要的修正：一是对剑桥模型的弹头形屈服面形状作了修正，认为屈服面在 $p'oq$ 平面上应为椭圆；二是认为在状态边界面内，当剪应力增加时，虽不产生塑形体积变形，但产生塑性剪切变形，修正了剑桥模型认为在状态边界内土体变形是完全弹性的观点，修正后的模型称为修正剑桥模型。

Burland（1965 年）研究了剑桥模型屈服面与临界状态线交点 A 点和与正常固结交点 B 点的变形情况（见图 2.4.18）。在 A 点，土体处于塑性流动状态，土体体积不变，$\mathrm{d}\varepsilon_V^p=0$，而 $q=Mp'$。代入下述塑性功增量方程：

$$\mathrm{d}W_p = p'\mathrm{d}\varepsilon_V^p + q\mathrm{d}\varepsilon_s^p \tag{2.4.81}$$

可得

$$(\mathrm{d}W_p)_{q=Mp'} = p'M\mathrm{d}\varepsilon_s^p \tag{2.4.82}$$

在 B 点，$q=0$，$\mathrm{d}\varepsilon_s^p=0$。代入式（2.4.81），得

$$(\mathrm{d}W_p)_{q=0} = p'\mathrm{d}\varepsilon_V^p \tag{2.4.83}$$

Burland 假定：满足式（2.4.82）和式（2.4.83）的能量方程的一般表达式如下

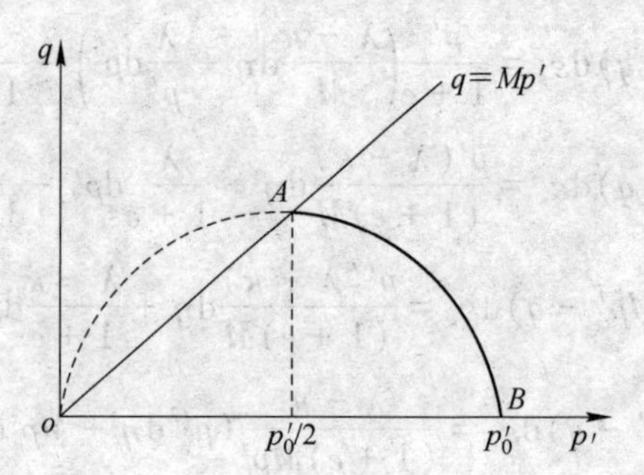

图 2.4.18　修正剑桥模型的屈服面

$$dW_p = p'[(d\varepsilon_V^p)^2 + (Md\varepsilon_s^p)^2]^{\frac{1}{2}} \tag{2.4.84}$$

结合式（2.4.81）和式（2.4.84），得

$$\frac{d\varepsilon_s^p}{d\varepsilon_V^p} = \frac{2p'q}{M^2p'^2 - q^2} \tag{2.4.85}$$

由流动规则式（2.4.51），式（2.4.85）可改写为：

$$\frac{dq}{dp'} = \frac{\left(\frac{q}{p'}\right)^2 - M^2}{2\left(\frac{q}{p'}\right)} \tag{2.4.86}$$

积分上式，根据边界条件，可得

$$p'\left[\frac{\left(\frac{q}{p'}\right)^2 + M^2}{M^2}\right] = p'_0 \tag{2.4.87}$$

上式可改写为

$$\left(\frac{p' - \frac{p'_0}{2}}{\frac{p'_0}{2}}\right)^2 + \left(\frac{\frac{q}{Mp'_0}}{2}\right)^2 = 1 \tag{2.4.88}$$

上式在 $p'oq$ 平面为椭圆方程，顶点在 $q = Mp'$ 线上，椭圆中心为$\left(\frac{p'_0}{2}, 0\right)$（见图 2.4.18）。

与实测结果比较，由剑桥模型计算得到的应变值，一般偏大，由修正剑桥模型得到的计算应变值，一般也偏大，但总的情况，修正剑桥模型比剑桥模型好一些。

剑桥模型不合理地认为在状态边界面内土体变形是完全弹性的，Roscoe 和 Burland（1968 年）对他们自己提出的观点作了如下修正：在状态边界面上，当剪应力增加时，不产生塑性体积变形，但产生塑性剪切变形；在状态边界面内存在一个新的屈服面，在 $p'oq$ 平面上如图 2.4.19 中 $X'E'_1$所示。整体屈服面由修正剑桥模型屈服面 $X'A'_1$和新屈服面$X'E'_1$组成。

GX'为屈服面 $X'A'_1$过 X'点的切线。屈服面 $X'E'_1$和屈服面 $X'A'_1$在 $p'oq$ 平面上把应力区分成四个部分。由 $X'A'_1$和 $X'E'_1$包围的区域为弹性区，应力点在该区土体只发生弹性

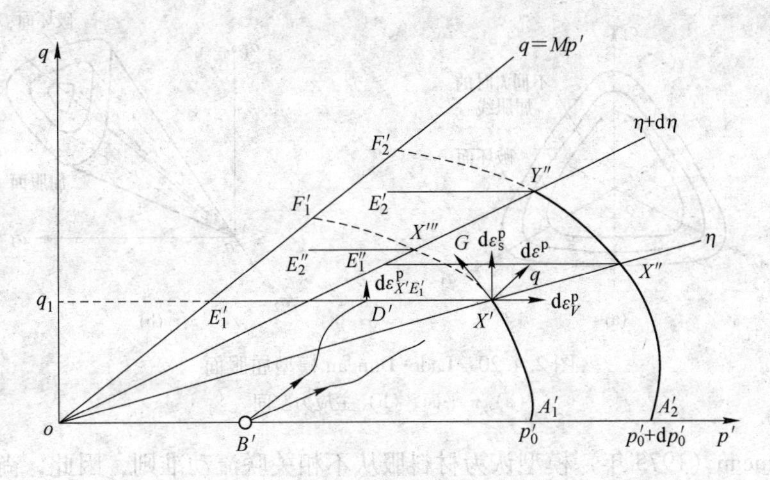

图 2.4.19　状态边界面内的新屈服面

变形。由 $X'A_1'$和 $X'X''$包围形成的区域，土体屈服时，塑形应变计算同修正剑桥模型。由 $X'E_1'$和切线 GX'围成的区域其塑形剪切变形增量为 $d\varepsilon^{p}_{sX'E_1'}$。由切线 GX'和 $X'X''$围成的区域中塑性变形为三部分之和，塑性剪切变形增量 $d\varepsilon^{p}_{sX'E_1'}$、$d\varepsilon^{p}_{sX'A_1'}$和塑性体积变形增量 $d\varepsilon^{p}_{vX'A_1'}$。

在屈服面内，当剪应力增加，应力状态接触到新屈服面 $X'E_1'$时，如图中应力路径 $B'D'$，在加载条件下，土体的塑性剪切变形可表示为：

$$d\varepsilon^{p}_{sX'E_1'} = \left(\frac{d\varepsilon^{p}_{s}}{d\eta}\right)_{V_p} d\eta \tag{2.4.89}$$

式中，下标 V_p 表示塑性体积变形不变。通过试验测定 $(\varepsilon^{p}_{s})_{V_p}$ 与 η 的关系，由式（2.4.89）可以得到塑性剪切应变 $d\varepsilon^{p}_{sX'E_1'}$值。

2.4.3　Lade-Duncan（1975 年）模型

Lade-Duncan（1975 年）模型把土体视为加工硬化材料，采用 Lade 屈服准则，并认为材料服从不相关联流动准则，硬化规律采用塑性功硬化规律。该模型在应力空间中屈服面形状是开口曲边棱锥面。后来，Lade（1977 年，1979 年）对 1975 年提出的模型进行修正和完善，在开口曲边棱锥面上加了一个球形屈服面，成了又一种帽子模型。这里只限于介绍 Lade-Duncan（1975 年）模型的基本概念，对 Lade（1977 年，1979 年）提出的修正模型不作介绍。

Lade（1972 年）根据对砂土的真三轴试验，提出 Lade 屈服条件，其表达式为

$$f(I_1,\ I_3,\ k) = I_1^3 - kI_3 = 0 \tag{2.4.90}$$

式中　I_1，I_3——分别为应力张量第一不变量和第三不变量；

k——材料参数，是应力水平的函数，当土体破坏时，$k=k_f$，k_f 是材料常数。

Lade 屈服准则在 π 平面上和主应力空间的屈服面形状分别如图 2.4.20(a)、(b) 所示。随着塑性变形的发展和土体中应力的增大，屈服面扩大，该模型中破坏面是极限状态的屈服面。

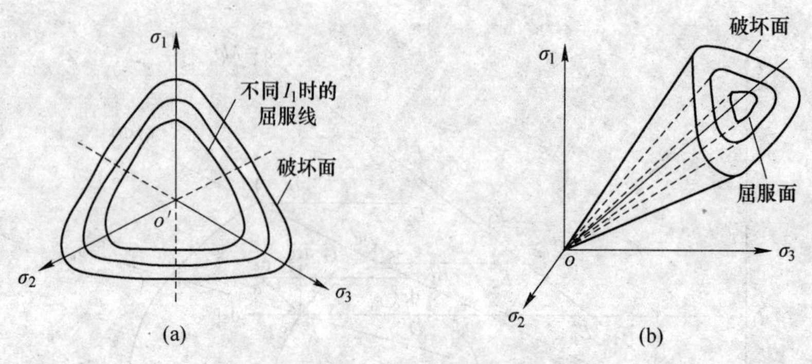

图 2.4.20　Lade-Duncan 模型屈服面

（a）π 平面；（b）主应力空间

Lade-Duncan（1975 年）模型认为材料服从不相关联流动准则，因此，尚需确定塑性势函数。该模型认为塑性势函数 g 与屈服函数 f 具有相同的形式，其表达式为

$$g(I_1,\ I_3,\ k_1) = I_1^3 - k_1 I_3 = 0 \tag{2.4.91}$$

式中　k_1——势函数参数，可由试验确定。

在三轴试验中，根据流动规则式（2.4.36），可得到

$$\mathrm{d}\varepsilon_3^{\mathrm{p}} = \mathrm{d}\lambda\,\frac{\partial g}{\partial \sigma_3} = \mathrm{d}\lambda(3I_1^2 - k_1\sigma_1\sigma_3) = \mathrm{d}\lambda(3I_1^2 - k_1\sigma_1\sigma_2) \tag{2.4.92}$$

$$\mathrm{d}\varepsilon_1^{p} = \mathrm{d}\lambda\,\frac{\partial g}{\partial \sigma_1} = \mathrm{d}\lambda(3I_1^2 - k_1\sigma_3^2) = \mathrm{d}\lambda(3I_1^2 - k_1\sigma_2\sigma_3) \tag{2.4.93}$$

定义塑性泊松比 μ^{p} 为

$$-\mu^{\mathrm{p}} = \frac{\mathrm{d}\varepsilon_3^{\mathrm{p}}}{\mathrm{d}\varepsilon_1^{\mathrm{p}}} \tag{2.4.94}$$

将式（2.4.92）和式（2.4.93）代入式（2.4.94），解出 k_1，得

$$k_1 = \frac{3I_1^2(1 + \mu^{\mathrm{p}})}{\sigma_3(\sigma_1 + \mu^{\mathrm{p}}\sigma_3)} \tag{2.4.95}$$

由上式（2.4.95）可看出 k_1 值随着加载过程变化。在计算得到 k_1 后，可根据式（2.4.90）计算相应的 k 值。试验资料表明，塑性势函数参数 k_1 和屈服函数参数 k 存在下列关系：

$$k_1 = Ak + 27(1 - A) \tag{2.4.96}$$

式中，A 为常数，由试验测定。

至此，已确定塑性势函数和屈服函数。该模型采用塑性功硬化规律，即

$$k = H(W^{\mathrm{p}}) = H\left(\int \sigma_{ij}\mathrm{d}\varepsilon_{ij}^{\mathrm{p}}\right) \tag{2.4.97}$$

实验表明：当 k 值处在大于 27 的某一范围内，塑性功很小，可以忽略不计；当 k 超过某一值 k_{t} 时，k-k_{t} 值与塑性功 W^{p} 可近似地表示为双曲线关系，其表达式为

$$k - k_{\mathrm{t}} = \frac{W^{\mathrm{p}}}{a + bW^{\mathrm{p}}} \tag{2.4.98}$$

式中　a，b——双曲线参数，可由试验测定。

$\frac{1}{a}$为双曲线的初始切线斜率，$\frac{1}{b}$为双曲线极限值（见图 2.4.21）。

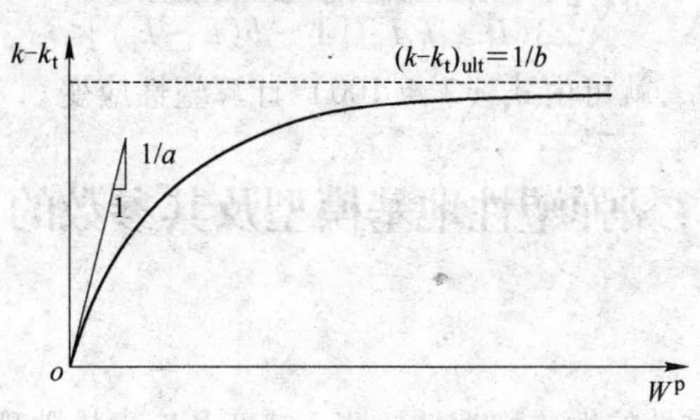

图 2.4.21　$k-k_t$ 与塑性功 W^p 关系曲线

Lade-Duncan（1975 年）模型认为：在加载时，总应变等于弹性应变和塑性应变之和；在卸载时，不产生塑性应变，卸载过程的总应变等于弹性应变。

弹性应变采用广义胡克定律的增量公式计算。其弹性模量表达式为

$$E = k_{ur} p_a \left(\frac{\sigma_3}{p_a}\right)^n \tag{2.4.99}$$

式中　p_a——大气压或单位压力值，kN/m^2；

n——材料常数；

k_{ur}——卸载再加载时土体的模量；n 和 k_{ur} 可由试验测定。对砂土的泊松比，该模型建议取用 $\mu=0.2$。

关于塑性应变，由流动规则可得下述表达式：

$$\mathrm{d}\varepsilon_{ij}^p = \mathrm{d}\lambda \frac{\partial g}{\partial \sigma_{ij}} \tag{2.4.100}$$

式中，$\mathrm{d}\lambda$ 为比例常数。可以通过以下方法确定 $\mathrm{d}\lambda$。

微分式（2.4.97），得

$$\mathrm{d}k = H'\mathrm{d}W^p = H'(p'\mathrm{d}\varepsilon_V^p + q\mathrm{d}\varepsilon_s^p) \tag{2.4.101}$$

将式（2.4.100）代入式（2.4.101），化简可得

$$\mathrm{d}k = H'\mathrm{d}\lambda\left(p'\frac{\partial g}{\partial p'} + q\frac{\partial g}{\partial q}\right) \tag{2.4.102}$$

塑性势函数 g 为三阶齐次方程，利用欧拉定理，得

$$p'\frac{\partial g}{\partial p'} + q\frac{\partial g}{\partial q} = ng = 3g \tag{2.4.103}$$

将式（2.4.103）代入式（2.4.102），可得

$$\mathrm{d}k = 3gH'\mathrm{d}\lambda \tag{2.4.104}$$

结合式（2.4.100）和式（2.4.104），可得

$$\mathrm{d}\lambda = \frac{\mathrm{d}W^p}{3g} \tag{2.4.105}$$

微分式（2.4.98），经整理可得

$$\mathrm{d}W^p = \frac{a\mathrm{d}k}{[1 - b(k - k_t)]^2} \tag{2.4.106}$$

结合式（2.4.91）、式（2.4.105）和式（2.4.106），可得

$$d\lambda = \frac{a dk}{3(I_1^3 - k_1 I_3)[1 - b(k - k_t)]^2} \tag{2.4.107}$$

确定比例系数 dλ 后，就可由式（2.4.100）计算塑性应变。

2.5 黏弹塑性地基模型及其参数的确定

2.5.1 黏弹性模型

既具有弹性又具有黏性的性质称为黏弹性，蠕变和应力松弛现象是人们熟悉的也是特别受重视的黏弹性性质。黏弹性性质的特点是在本构方程中除了有应力和应变项外，还包括有它们对时间导数的项。对线性黏弹性材料，其本构方程的一般表达式为

$$a_0\sigma + a_1\dot{\sigma} + \cdots + a_m \overset{(m)}{\sigma} = b_0\varepsilon + b_1\dot{\varepsilon} + \cdots + b_n \overset{(n)}{\varepsilon} \tag{2.5.1}$$

式中　a_i，b_i——与材料性质有关的参数。

下面介绍几种简单的黏弹性模型。

2.5.1.1　Maxwell 模型

Maxwell 模型又称松弛模型。它是由线性弹簧和牛顿黏壶串联组成，如图 2.5.1(a) 所示。在串联条件下，作用在两元件上的应力相同，而总的应变应为两个元件应变之和，即

$$\varepsilon = \varepsilon' + \varepsilon'' \tag{2.5.2}$$

或

$$\dot{\varepsilon} = \dot{\varepsilon}' + \dot{\varepsilon}'' \tag{2.5.3}$$

式中　ε'，ε''——分别为线性弹簧和黏壶应变；

$\dot{\varepsilon}'$，$\dot{\varepsilon}''$——分别为线性弹簧和黏壶应变率。

考虑到线性弹簧有 $\dot{\varepsilon}' = \frac{\dot{\sigma}}{E}$ 和牛顿黏壶有 $\dot{\varepsilon}'' = \frac{\sigma}{\varphi}$，所以式（2.5.3）可改写为

$$\dot{\varepsilon} = \frac{\dot{\sigma}}{E} + \frac{\sigma}{\varphi} \tag{2.5.4}$$

写成如式（2.5.1）的标准形式，即

$$\sigma + n\dot{\sigma} = \varphi\dot{\varepsilon} \tag{2.5.5}$$

式中，n 为松弛时间，$n = \frac{\varphi}{E}$，量纲为时间。

式（2.5.5）称为 Maxwell 方程。

若物体获得初始应变以后总应变保持不变（见图 2.5.1（b）），即 $\dot{\varepsilon} = 0$，式（2.5.5）成为

$$\sigma + n\dot{\sigma} = 0 \tag{2.5.6}$$

积分上式，得

$$\sigma = C e^{-\frac{t}{n}} \tag{2.5.7}$$

式中，C 为积分常数。

应用初始条件，$t=0$，$\sigma=\sigma_0$，代入式（2.5.7）解出 C，再代入式（2.5.7），得

$$\sigma = \sigma_0 e^{-\frac{t}{n}} \tag{2.5.8}$$

式（2.5.8）表示，Maxwell 模型在保持总应变不变的条件下，发生应力随时间衰减的松弛现象，如图 2.5.1(c) 所示。

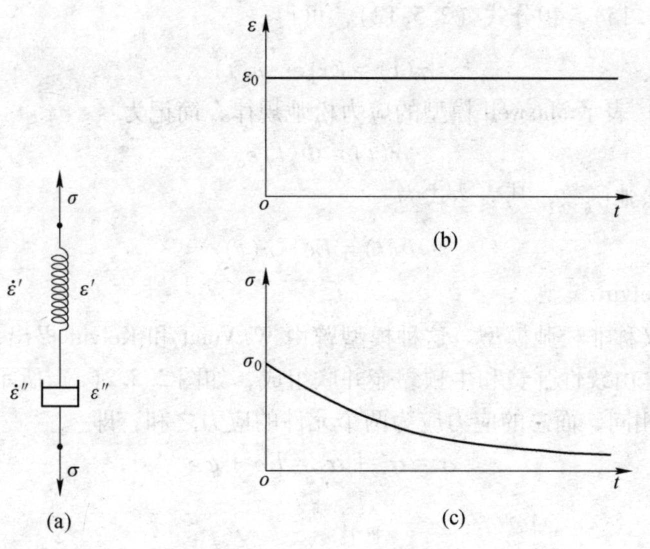

图 2.5.1　Maxwell 模型

若物体获得初始应力 σ_0 以后，保持应力不变，即 $\dot{\sigma}=0$，则式（2.5.5）称为

$$\sigma_0 = \varphi\dot{\varepsilon} \tag{2.5.9}$$

式（2.5.9）表示材料应变率为常数，即应变随时间成比例的增长，因此变形随时间无限地发展。

下面讨论松弛试验的情况。在松弛试验中，首先对试件施加应变 ε_0，然后保持应变为定值，进而测量作为时间函数的应力值，确定松弛规律。松弛试验中应变可记为：

$$\varepsilon = \varepsilon_0 u(t) \tag{2.5.10}$$

式中　$u(t)$ ——单位阶梯函数。

单位阶梯函数定义为

$$u(t-t_1) = \begin{cases} 0 & 当\ t < t_1 \\ 1 & 当\ t > t_1 \end{cases} \tag{2.5.11}$$

在松弛试验中 $t_1=0$，$u(t-t_1)$ 可表示为 $u(t)$。

将式（2.5.10）代入式（2.5.5），得

$$\dot{\sigma}+\frac{\sigma}{n}=E\varepsilon_0\delta(t) \tag{2.5.12}$$

式中　$\delta(t)$ ——脉冲 δ 函数，$\delta(t)=\frac{\mathrm{d}}{\mathrm{d}t}[u(t)]$。

脉冲 δ 函数定义为

$$\delta(t) = \begin{cases} 0 & 当\ t \neq 0 \\ +\infty & 当\ t = 0 \end{cases} \tag{2.5.13}$$

$$\int_{-\infty}^{\infty}\delta(t)\,\mathrm{d}t = 1 \tag{2.5.14}$$

脉冲δ函数具有下述性质，对于任何连续函数$f(t)$，当$t > t_1$时，有

$$\int_{-\infty}^{t} f(\tau)\delta(\tau - t_1)\,\mathrm{d}\tau = f(t_1)u(t - t_1) \tag{2.5.15}$$

利用式（2.5.15），积分式（2.5.12），可得

$$\sigma(t) = E\varepsilon_0 \mathrm{e}^{-\frac{t}{n}} u(t) \tag{2.5.16}$$

式（2.5.16）表示 Maxwell 模型的应力松弛规律，简记为：

$$\sigma(t) = \Phi(t)\varepsilon_0 \tag{2.5.17}$$

式中，$\Phi(t)$ 为松弛函数，其表达式为：

$$\Phi(t) = E\mathrm{e}^{-\frac{t}{n}} u(t) \tag{2.5.18}$$

2.5.1.2 Kelvin 模型

Kelvin 模型又称非松弛模型。这种模型曾由 W. Voigt 和 Kelvin 提出，故又称为 Voigt-Kelvin 模型。它是由线性弹簧和牛顿黏壶并联组成，如图 2.5.2(a) 所示。在并联条件下，两个元件的应变相同，而总的应力应为两个元件的应力之和，即

$$\sigma = \sigma' + \sigma'' = E\varepsilon + \varphi\dot{\varepsilon} \tag{2.5.19}$$

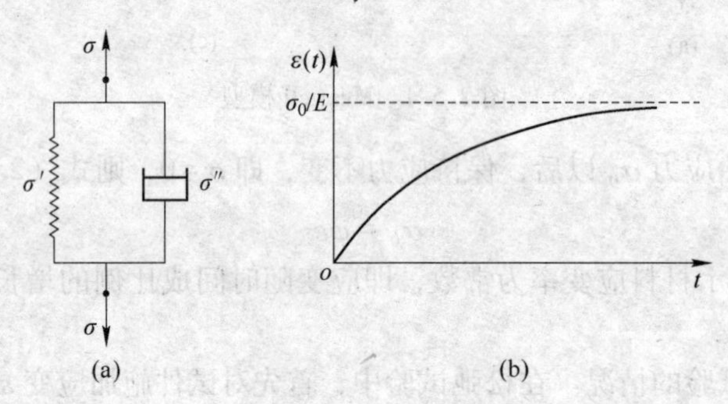

图 2.5.2 Kelvin 模型

若在$t=0$时，瞬时地加上应力$\sigma=\sigma_0$，并保持不变，则由式（2.5.19）可得

$$\varphi\dot{\varepsilon} + E\varepsilon = \sigma_0 \tag{2.5.20}$$

积分上式，得

$$\varepsilon = \frac{\sigma_0}{E}(1 - \mathrm{e}^{-\lambda t}) \tag{2.5.21}$$

式中　λ——衰减系数，$\lambda=\frac{1}{n}=\frac{E}{\varphi}$；

n——滞后时间。

由式（2.5.21）可知，当$t\to\infty$，应变趋于一个稳定值$\frac{\sigma_0}{E}$。

若物体获得初始弹性应变ε_0之后保持应变不变，即$\dot{\varepsilon}=0$。由式（2.5.19）得

$$\sigma = E\varepsilon_0 = 常量 \tag{2.5.22}$$

上式表明在这种情况下应力不衰减。

下面讨论蠕变试验的情况。在蠕变试验中，首先对试件施加应力 σ_0，然后保持应力为定值来量取作为时间函数的应变值。若取瞬时加载的时刻为 $t=0$，则加载过程可表示为

$$\sigma = \sigma_0 u(t) \tag{2.5.23}$$

式中　$u(t)$——单位阶梯函数。

将式（2.5.23）代入式（2.5.19），得

$$\dot{\varepsilon} + \lambda\varepsilon = \frac{\sigma_0}{\varphi}u(t) \tag{2.5.24}$$

单位阶梯函数有如下性质

$$\int_{-\infty}^{t} f(\tau)u(\tau - t_1)\mathrm{d}\tau = u(t - t_1)\int_{t_1}^{t} f(\tau)\mathrm{d}\tau \tag{2.5.25}$$

此处 τ 为积分变量。积分式（2.5.24），得

$$\varepsilon(t) = \frac{\sigma_0}{E}(1 - \mathrm{e}^{-\lambda t})u(t) \tag{2.5.26}$$

式中，$\lambda = \frac{1}{n} = \frac{E}{\varphi}$。

式（2.5.26）表示 Kelvin 模型的蠕变规律，可简记为

$$\varepsilon(t) = \sigma\Psi(t) \tag{2.5.27}$$

式中，$\Psi(t)$ 为蠕变函数，蠕变函数的表达式为

$$\Psi(t) = \frac{1}{E}(1 - \mathrm{e}^{-\lambda t})u(t) \tag{2.5.28}$$

2.5.1.3　三元件黏弹性模型

图 2.5.3(a) 表示一个三元件黏弹性模型。它是由线性弹簧和 Kelvin 模型串联组成，包括二个线性弹簧和一个牛顿黏壶，共三个元件，故称三元件黏弹性模型。用 ε'' 表示 Kelvin 模型的应变，ε' 表示与 Kelvin 模型串联的线性弹簧的应变，σ' 表示 Kelvin 模型中线性弹簧的应力，σ'' 表示牛顿黏壶中的应力，σ 和 ε 分别表示总应力和总应变。分析各元件的应力或应变相互间关系，不难得到下列各式：

$$\varepsilon = \varepsilon' + \varepsilon'' \tag{2.5.29}$$

$$\sigma = \sigma' + \sigma'' \tag{2.5.30}$$

$$\sigma = E'\varepsilon' \tag{2.5.31}$$

$$\sigma' = E''\varepsilon'' \tag{2.5.32}$$

$$\sigma'' = \varphi\dot{\varepsilon}'' \tag{2.5.33}$$

式中　E'——与 Kelvin 模型串联的线性弹簧的弹性模量；

E''——Kelvin 模型中线性弹簧的弹性模量；

φ——牛顿黏壶的粘滞系数。

结合式（2.5.29）~式（2.5.33）各式，消去组成元件中的应力和应变，得

$$(E' + E'')\sigma + \varphi\dot{\sigma} = E'E''\varepsilon + E'\varphi\dot{\varepsilon} \tag{2.5.34}$$

式（2.5.34）还可改写为

$$n\dot{\sigma} + \sigma = nH\dot{\varepsilon} + E\varepsilon \tag{2.5.35}$$

式中

$$n = \frac{\varphi}{E' + E''} \tag{2.5.36}$$

$$H = E' \tag{2.5.37}$$

$$E = \frac{E'E''}{E' + E''} \tag{2.5.38}$$

若物体作用有初始应力σ，且保持不变，即$\dot{\sigma}=0$，且在$t=0$时，$\varepsilon=\frac{\sigma}{H}$。于是，由式(2.5.35)可求得应变的变化规律为

$$\varepsilon = \frac{\sigma}{H} + \frac{H-E}{HE}\sigma\left(1 - e^{-\frac{Et}{Hn}}\right) \tag{2.5.39}$$

上式表示的应变随时间的变化规律如图2.5.3(b)所示。图中应变起始值为$\frac{\sigma}{H}$，最终值为$\frac{\sigma}{E}$，其应变速率由起始时的最大值逐渐趋于零。

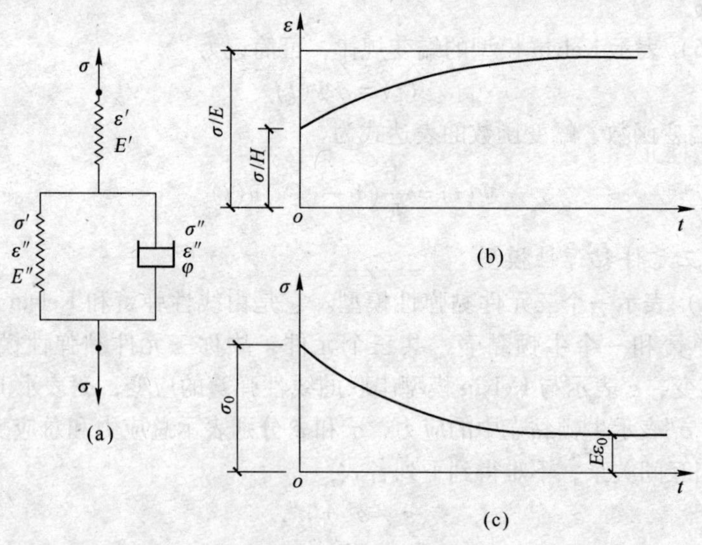

图2.5.3 三元件弹性模型

若物体获得初始弹性应变后总应变ε_0保持不变，即$\varepsilon=\varepsilon_0$，$\dot{\varepsilon}=0$，且在$t=0$时，$\sigma=H\varepsilon_0$。于是，由式(2.5.35)可求得应力随时间的变化规律为

$$\sigma = E\varepsilon_0 + (H-E)\varepsilon_0 e^{-\frac{t}{n}} \tag{2.5.40}$$

上式表示的应力变化规律如图2.5.3(c)所示，由图可以看到，物体中的应力从最初的$H\varepsilon_0$衰减到最终值$E\varepsilon_0$。

若物体初始时作用有应力$\sigma=\sigma_0$，以后随时间变化作用有应力$\sigma=\sigma(t)$。根据叠加原理，由式(2.5.39)可以得到在时刻t时物体的变形，

$$\varepsilon = \frac{\sigma_0}{H} + \frac{H-E}{HE}\sigma_0\left(1 - e^{-\frac{Et}{Hn}}\right) + \int_0^t \left[\frac{1}{H} + \frac{H-E}{HE}\left(1 - e^{\frac{-E(t-\tau)}{Hn}}\right)\right]\frac{d\sigma}{d\tau}d\tau \tag{2.5.41}$$

对上式右端进行分部积分，得

$$\varepsilon = \frac{\sigma_0}{H} + \frac{H - E}{H^2 n}\int_0^t \sigma(t)\, e^{\frac{-E(t-\tau)}{Hn}}\, d\tau \tag{2.5.42}$$

记

$$\frac{H - E}{H^2 n} e^{\frac{-E(t-\tau)}{Hn}} = K(t - \tau) \tag{2.5.43}$$

则式（2.5.42）可改写为

$$\varepsilon = \frac{\sigma(t)}{H} + \int_0^t \sigma(\tau) K(t - \tau)\, d\tau \tag{2.5.44}$$

式（2.5.44）通常称为线性遗传方程。式中 H 称为瞬时弹性模量，$K(t-\tau)$ 称为遗传函数，它表示在 τ 时刻作用的应力对时刻 t 的变形的影响。

三元件黏弹性模型除了上述介绍的基本形式外，还有其他组成方式的三元件黏弹性模型。如由 Maxwell 模型与一个黏壶并联组成，或由一个黏壶与 Kelvin 模型串联组成。在此不再赘述。

2.5.2 黏塑性模型

既具有黏性又具有塑性性质称为黏塑性。黏塑性体在荷载作用下，当应力达到某一临界值时，屈服和流动现象发生，其变形速率与物体的黏性有关。材料的黏塑性可由黏性元件（黏壶）和塑性元件（摩擦件）组合来描述。

Bingham 模型是由理想刚塑性模型和牛顿黏壶并联而成，如图 2.5.4(a) 所示。显然，Bingham 模型只有当应力达到屈服极限时，才开始变形。在此之前表现为刚性，屈服以后，呈现出黏塑性性质。其本构关系为：

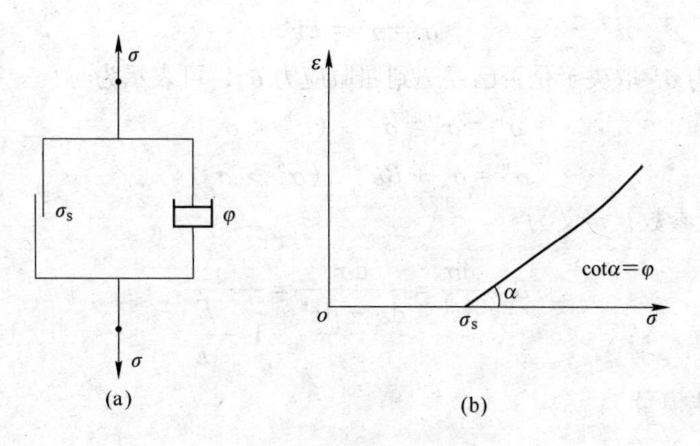

图 2.5.4 Bingham 模型

$$\sigma = \sigma_s + \varphi\dot{\varepsilon} \tag{2.5.45}$$

当 $\sigma<\sigma_s$ 时，$\dot{\varepsilon}=0$，物体不发生变形。当 $\sigma\geqslant\sigma_s$ 时，由式（2.5.45）可得

$$\dot{\varepsilon} = \frac{\sigma - \sigma_s}{\varphi} \tag{2.5.46}$$

对 Bingham 模型，应力 $\sigma<\sigma_s$ 时，应变为零。如应力 $\sigma>\sigma_s$ 时，应力可由式（2.5.45）确定，而应变无限地增大。

2.5.3 黏弹塑性模型

黏弹塑性是包含了弹性、黏性和塑性三方面性质。黏弹塑性可以由弹簧、黏壶和摩擦元件的各种组合来描述。下面简略介绍一个三元件黏弹塑性模型。

图 2.5.5 表示一个三元件黏弹塑性，由线性弹簧、牛顿黏壶和一个摩擦件组成。首先考虑线性强化情况，然后再分析理想黏弹塑性情况。对这一模型，总的应变为

$$\varepsilon = \varepsilon^{e} + \varepsilon^{vp} \tag{2.5.47}$$

式中 ε^{e}——弹性应变；

ε^{vp}——黏塑性应变。

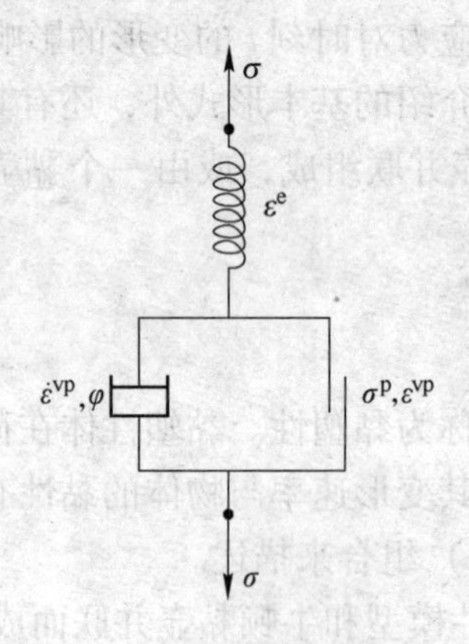

图 2.5.5 三元件黏弹塑性模型

弹簧中应力与总的应力相等，即

$$\sigma = \sigma^{e} = E\varepsilon^{e} \tag{2.5.48}$$

摩擦件中应力 σ^{p} 取决于是否已经达到屈服应力 σ_{s}，可表示为

$$\sigma^{p} = \sigma^{e} = \sigma \quad (\sigma^{p} < \sigma_{s}) \tag{2.5.49}$$

$$\sigma^{p} = \sigma_{s} + B\varepsilon^{vp} \quad (\sigma^{p} > \sigma_{s}) \tag{2.5.50}$$

式中 B——强化参数，定义为：

$$B = \frac{d\sigma}{d\varepsilon^{p}} = \frac{d\sigma}{d\varepsilon - d\varepsilon^{e}} = \frac{E_{t}}{1 - \dfrac{E_{t}}{E}} \tag{2.5.51}$$

式中 E_{t}——切线模量。

当 $\sigma^{p} > \sigma_{s}$ 时，还有

$$\sigma^{p} = \sigma - \sigma^{v} = \sigma - \varphi\frac{\partial\varepsilon^{vp}}{\partial t} \tag{2.5.52}$$

结合式（2.5.50）和式（2.5.52），得

$$BE\varepsilon + \varphi E\frac{\partial\varepsilon}{\partial t} = B\sigma + E(\sigma - \sigma_{s}) + \varphi\frac{\partial\sigma}{\partial t} \tag{2.5.53}$$

记 $\alpha = \dfrac{1}{\varphi}$，称为介质流动参数，则式（2.5.53）可改写为

$$\dot{\varepsilon}=\frac{\dot{\sigma}}{E}+\alpha[\sigma-(\sigma_{s}+B\varepsilon^{vp})] \tag{2.5.54}$$

因此，黏塑性应变率为：

$$\dot{\varepsilon}^{vp}=\alpha[\sigma-(\sigma_{s}+B\varepsilon^{vp})] \tag{2.5.55}$$

式（2.5.55）表明，黏塑性应变率是由超过稳态屈服应力的那部分应力值（称为“过应力”）所决定的。

若作用于模型的应力为常值 σ_A 时，即 $\frac{\partial\sigma}{\partial t}=0$，式（2.5.53）可改写为

$$\alpha B\varepsilon+\frac{\partial\varepsilon}{\partial t}=\frac{\alpha B}{E}\sigma_{A}+\alpha(\sigma_{A}-\sigma_{s}) \tag{2.5.56}$$

式（2.5.56）的解为：

$$\varepsilon=\frac{\sigma_{A}}{E}+\frac{\sigma_{A}-\sigma_{s}}{B}[1-\exp(-B\alpha t)] \tag{2.5.57}$$

对于理想黏塑性材料，$B=0$。利用洛必达法则，式（2.5.57）可改写为

$$\varepsilon=\frac{\sigma_{A}}{E}+(\sigma_{A}-\sigma_{s})\alpha t \tag{2.5.58}$$

对于更复杂的黏弹塑性模型，读者可参阅有关专著，这里不再赘述。

思 考 题

2-1　线弹性地基模型有哪些类型，其参数怎么确定？

2-2　常规三轴压缩试验中的轴向应力 $\sigma_1-\sigma_3$ 与轴向应变 ε_1 之间的关系可以用双曲线来描述，平面应变试验中，如果取平面应变方向主应力为 σ_2（即平面外法向为 σ_2 的作用方向），在试验中，保持 σ_3 不变（即 $\sigma_3=C$ 的平面应变试验），不断增加大主应力 σ_1 直至破坏，得到轴向应力 $\sigma_1-\sigma_3$ 与轴向应变 ε_1 之间的关系也是双曲线，这时 $\frac{d(\sigma_1-\sigma_3)}{d\varepsilon_1}$ 是否就是邓肯-张模型中的切线模量 E_t？

2-3　什么是物态边界面，什么是临界状态线？在 p、q、$v=1+e$ 三维坐标系绘出正常固结黏土的物态边界面和临界状态线。

2-4　正常固结黏土在 $p'oq'$ 平面上的屈服轨迹是否为土的固结不排水有效应力路径的投影，为什么？

2-5　说明什么是伏斯列夫（Hvorslev）面，它适用于什么状态的黏性土？

2-6　说明剑桥弹塑性模型的试验基础和基本假设。该模型的三个参数：M、λ、κ 分别表示什么意义？

2-7　剑桥模型和修正剑桥模型在 $p'oq'$ 平面上的屈服轨迹可以分别表示为 $f=\frac{q'}{p'}-M\ln\frac{p_0'}{p'}=0$ 和 $f=\frac{p'}{p_0'}-\frac{M^2}{M^2+\eta^2}=0$，绘制出它们在 $p'oq'$ 平面上的形状，说明造成两种屈服轨迹区别的原因。

2-8　试推导剑桥模型的增量应力应变关系：$d\varepsilon_V$、$d\bar{\varepsilon}$ 与 dp'、dq' 之间的关系，修正剑桥模型的应力应变关系：$d\varepsilon_V$、$d\bar{\varepsilon}$ 与 dp'、dq' 之间的关系。

3 柱下条形基础

3.1 概　　述

通常，基础类型的选择是根据地基承载力要求从经济角度来展开的，即柱下应首先考虑设置独立基础。但是，当柱荷载较大、柱荷载差异过大、地基承载力低或地基土质变化较大时，采用独立基础无法满足设计要求，这时可以考虑采用柱下条形基础、筏形基础、箱形基础等。

3.1.1 柱下条形基础的功能及适用条件

柱下条形基础一般由基础梁（又称为肋梁）和翼缘板构成，常将同一方向（或同一轴线）上若干柱子的基础连成一体而成。这种基础因为设置了基础梁而使基础的抗弯刚度较大，因而具有调整不均匀沉降的能力，并能将所承受的集中柱荷载较均匀地分布到整个基底面积上。

柱下条形基础主要用于柱距较小的框架结构，也可用于排架结构，它可以是单向设置的，也可以是十字交叉形的。柱下条形基础承受柱子传下的集中荷载，其基底反力的分布受基础和上部结构刚度的影响，是非线性的。柱下条形基础的内力应通过计算确定，当条形基础截面高度很大时，例如达到柱距的1/3~1/2时，具有极大的刚度和调整地基变形的能力。

当地基较为软弱、柱荷载或地基压缩性分布不均匀，以至于采用扩展基础可能产生较大的不均匀沉降时，或者因为地基承载力较低导致各柱下基础底面连成一体时，都可以考虑采用柱下条形基础。

3.1.2 柱下条形基础的类型

根据条形基础的设置和形状，柱下条形基础分为单向条形基础和十字交叉条形基础。

单向条形基础指沿房屋的单向柱列布置，一般沿纵向柱列布置，这是因为房屋纵向柱列的跨数多、跨距小的缘故，也因为沉陷挠曲主要发生在纵向。为了加强各单向条形基础之间的协调和联系，通常在单向条形基础之间设置联系梁，仅发挥联系、协调作用，不承担地基荷载。当单向条形基础不能满足地基承载力的要求，或者由于调整地基变形的需要，可以在纵向和横向柱列均布置条形基础，形成十字交叉条形基础，如图3.1.1所示。

图 3.1.1　柱下条形基础

(a) 单向条形基础；(b) 十字交叉条形基础

3.2　柱下条形基础的设计内容与构造要求

柱下条形基础的截面形状一般为倒 T 形，由翼缘板和肋梁组成（见图 3.2.1）。

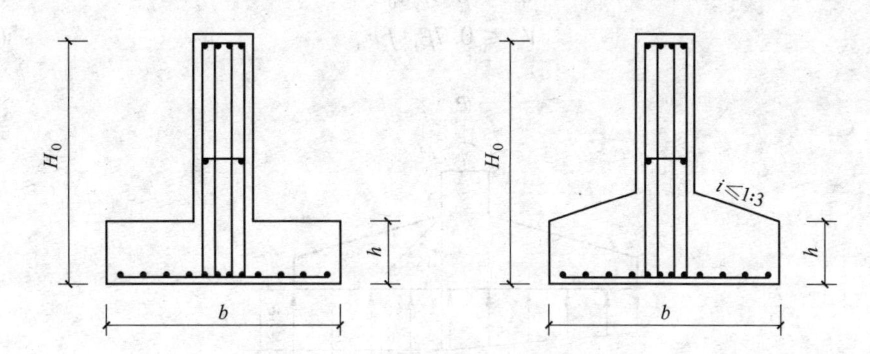

图 3.2.1　柱下条形基础的截面形式

b—基础底面宽度；h—翼缘板厚度；H_0—肋梁高度

3.2.1　柱下条形基础的设计内容

根据现行国家标准《建筑地基基础设计规范》（GB 50007—2011）的规定，柱下条形基础的设计内容包括以下几个方面：

（1）选择基础类型、平面布置方案；

（2）选择地基持力层，确定基础埋置深度；

（3）确定地基承载力特征值；

（4）确定基础底面尺寸；

（5）地基变形验算；

（6）基础结构设计；

（7）基础结构耐久性设计。

在本章内容中，重点讨论基础结构设计和耐久性设计的有关内容和要求，其他内容属于地基计算和设计的范围，可以参考有关规范和教材。

柱下条形基础结构设计主要涉及两个部分的内容：翼缘板和基础肋梁。

（1）翼缘板。翼缘板结构设计包括：翼缘板的受弯承载力和受剪承载力计算，翼缘板配筋由受弯承载力计算确定，翼缘板根部高度由受剪承载力计算确定，假定条形基础受力如图 3. 2. 2 所示，翼缘板控制截面的弯矩设计值和剪力设计值按下列公式计算：

沿基础宽度 L 方向的净反力：

$$p_{\substack{\max\\ \min}} = \frac{G + \sum P}{bL}\left(1 \pm \frac{6e_L}{L}\right) \tag{3.2.1}$$

翼板按悬臂结构计算控制截面（根部）弯矩设计值和剪力设计值：

$$M = \left(\frac{p_{j1}}{3} + \frac{p_{j2}}{2}\right) l_1^2 \tag{3.2.2}$$

$$V_s = \left(\frac{p_{j1}}{2} + p_{j2}\right) l_1 \tag{3.2.3}$$

受弯承载力和受剪承载力可以按下式进行验算：

$$M \leqslant 0.9 f_y h_0 A_s \tag{3.2.4}$$

$$V_s \leqslant 0.7 \beta_{hs} f_t h_0 \tag{3.2.5}$$

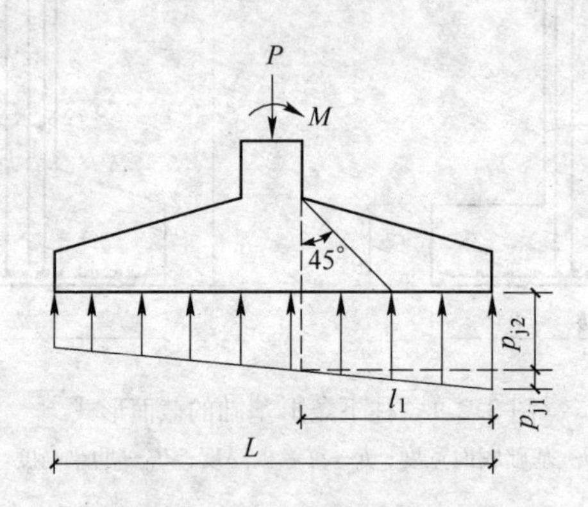

图 3. 2. 2　条形基础横截面受力简图

（2）基础肋梁。基础肋梁结构设计包括：肋梁受弯、受剪承载力验算，柱节点处肋梁的受冲切和局部受压受扭承载力计算。关键在于计算肋梁各控制截面处的弯矩、剪力、冲切破坏力和扭矩设计值，然后按照现行国家标准《混凝土结构设计规范》（GB 50010—2010）有关内容进行计算，肋梁的内力计算详见本章以下各节。

3. 2. 2　构造要求

根据现行国家标准《建筑地基基础设计规范》（GB 50007—2011）的有关规定，柱下条形基础的构造，应符合下列规定：

3. 2. 2. 1　几何尺寸

（1）肋梁高度 H_0 宜取柱距的 1/8～1/4；肋梁端部宜向外伸出悬臂，悬臂长度一般为第一跨跨距的 1/4～1/3。悬臂的存在有利于降低第一跨的弯矩，减少配筋，也可以用悬臂调整基础形心；现浇柱与条形基础梁的交接处，基础梁的平面尺寸应大于柱的平面尺寸，且柱的边缘至基础梁边缘的距离不得小于 50mm，现浇柱与肋梁的交接处，应按图 3. 2. 3 的形式处理。

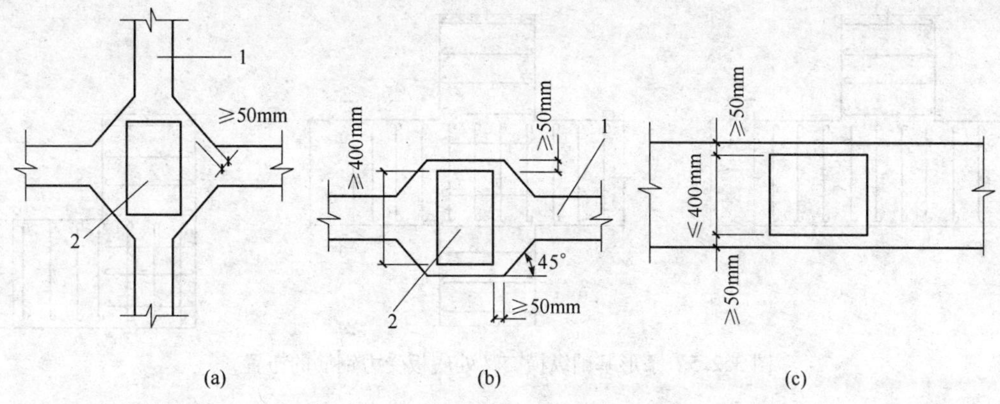

图 3.2.3　条形基础与柱的交接处构造

（2）翼板厚度 h 不应小于 200mm。当翼板厚度大于 250mm 时，宜用变厚度翼板，其顶面坡度宜小于或等于 1∶3。

（3）垫层厚度不宜小于 70mm。

3.2.2.2　钢筋

（1）翼缘板横向受力钢筋最小配筋率不应小于 0.15%，受力钢筋的最小直径不应小于 10mm，间距不应大于 200mm，也不应小于 100mm；纵向分布钢筋的直径不应小于 8mm，间距不应大于 300mm，每延米分布钢筋的面积不应小于受力钢筋面积的 15%；当有垫层时钢筋保护层厚度不应小于 40mm，无垫层时不应小于 70mm。

（2）当基础宽度大于或等于 2.5m 时，翼板横向受力钢筋的长度可取宽度的 0.9 倍，并交错布置，如图 3.2.4 所示。

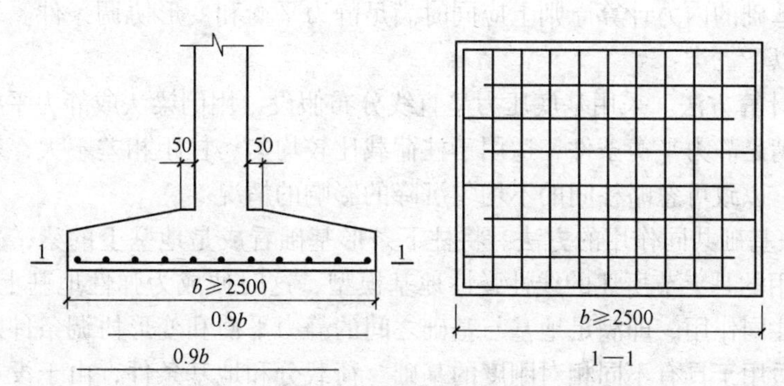

图 3.2.4　柱下条形基础翼板横向受力钢筋布置

（3）钢筋混凝土条形基础底板在 T 形及十字形交接处，底板横向受力钢筋仅沿一个主要受力方向通长布置；另一方向的横向受力钢筋可布置到主要受力方向底板宽度 1/4 处。在拐角处底板横向受力钢筋应沿两个方向布置，如图 3.2.5 所示。

（4）肋梁顶面和底面的纵向受力钢筋除应满足计算要求外，顶部钢筋应按计算配筋全部贯通，底部通长钢筋不应少于底部受力钢筋截面总面积的 1/3。这是考虑使基础拉、压区的配筋量较为适中，并考虑了基础可能受到的整体弯曲影响。考虑柱下条形基础可能承受扭矩，肋梁内的箍筋应做成封闭式。当梁高大于 700mm 时，应在梁的两侧放置直径不小于 10mm 的腰筋，并应符合《混凝土结构设计规范》的有关要求。

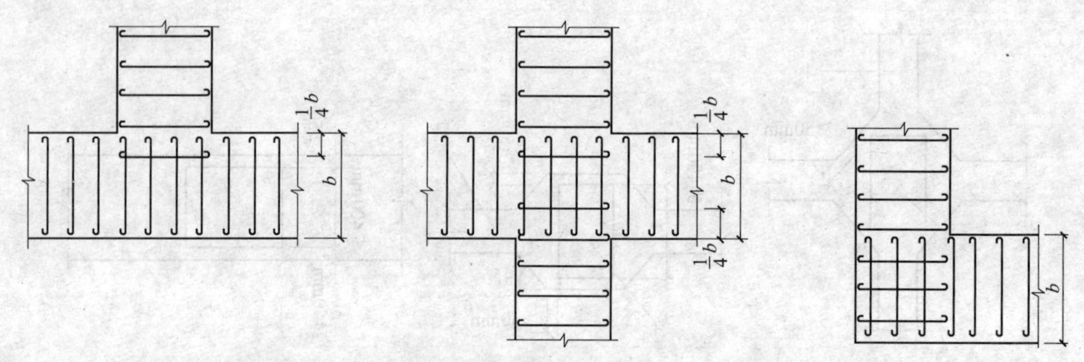

图 3.2.5 条形基础纵横交叉处底板受力钢筋的布置

3.2.2.3 混凝土强度等级

柱下条形基础混凝土强度等级不低于 C20，垫层混凝土强度等级不宜低于 C10，且应满足现行国家标准《混凝土结构耐久性设计规范》（GB/T 50476—2008）的有关规定。

3.3 柱下条形基础内力的简化计算

柱下条形基础内力的分布与上部结构刚度、柱底位移和地基反力分布等有关。地基反力分布又与地基土的物理力学性质、地基土的均匀性、基础刚度、上部结构刚度等密切相关，要准确确定基础结构内力的分布不是一件容易的事情，这涉及地基、基础和上部结构三者之间的相互作用，因此，工程实践中常常采用满足工程精度要求的简化方法来进行计算。

柱下条形基础的内力计算原则上应同时满足静力平衡和变形协调条件。目前提出的计算方法主要有以下三类：

（1）简化计算方法。采用基底压力呈直线分布假设，用倒梁法或静力平衡法计算，简化计算方法仅满足静力平衡条件，适用于柱荷载比较均匀、柱距相差不大，基础对地基的相对刚度较大，以致可忽略柱间的不均匀沉降的影响的情况。

（2）地基-基础共同作用的方法。将柱下条形基础看成是地基上的梁，采用合适的地基模型（最常用的是上节所述的线性弹性地基模型，这时便成为弹性地基上的梁），考虑地基与基础的共同作用，即满足地基与基础之间的静力平衡和变形协调条件，建立方程求解。这类方法适用于具有不同相对刚度的基础、荷载分和地基条件，由于没有考虑上部结构刚度的影响，计算结果一般偏于安全。

（3）地基-基础-上部结构共同作用的方法。这种方法最符合条形基础的实际工作状态，但计算过程相当复杂，工作量很大，通常将上部结构适当予以简化以考虑其刚度的影响。例如，等效刚度法、空间子结构法、弹性杆法、加权残数法等，目前在设计中应用尚不多。

3.3.1 静力平衡法

静力平衡法是用基础梁各截面的静力平衡条件来求解肋梁内力的一种方法。因为基础自重不会引起基础的内力，所以基础内力分析时采用基底净反力，而不是基底反力。

当上部结构刚度和条形基础的刚度很大，柱荷载和柱距各不相同，柱距较小，地基土较均匀时，可以近似用静力平衡法来计算基础梁的内力。如图 3.3.1 所示。

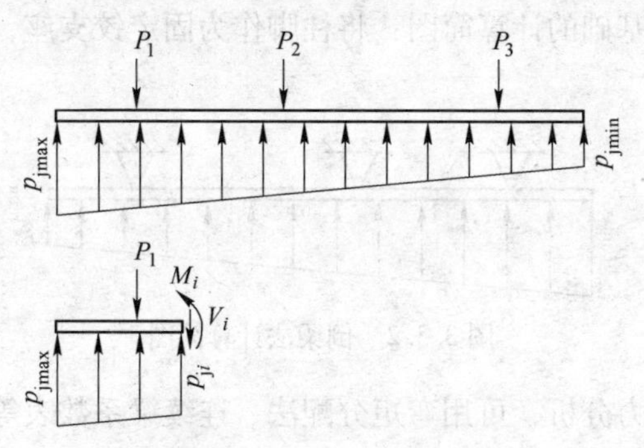

图 3.3.1 静力平衡法示意

3.3.2 倒梁法

倒梁法是假定柱下条形基础的基底反力（净反力）呈直线分布，以柱底作为固定铰支座，基底净反力作为荷载，将基础梁视作倒置的多跨连续梁计算其内力的一种方法。

倒梁法适用于基础或上部结构刚度较大，柱距不大且接近等间距，相邻柱荷载相差不大的工况，在这种工况下，倒梁法计算得到的内力比较接近实际。该方法以柱底为基础梁的固定铰支座，这就要求柱子之间不存在差异沉降，即假定上部结构是刚性的，这是采用倒梁法分析基础梁内力的理论基础。这种假定在地基和荷载都比较均匀、上部结构刚度较大时才能成立。此外，要求梁截面高度大于 1/6 柱距，以符合地基反力呈直线分布的刚度要求。

一种判断基础刚度是否较大的方法如式（3.3.1）所示，满足式（3.3.1），可以认为基础是刚性的：

$$\lambda l \leqslant 1.75 \tag{3.3.1}$$

式中 l——条形基础的柱距；

λ——文克勒地基上梁的特征参数，$\lambda = \sqrt[4]{\frac{kb}{4EI}}$；

k——地基抗力系数；

b——基础梁宽；

EI——基础梁截面抗弯刚度。

倒梁法的计算步骤如下：

（1）按柱的平面布置和构造要求确定条形基础长度 L，根据地基承载力特征值确定基础的底面积 A，以及基础底面宽度 $b=A/L$ 和截面抵抗矩 $W=bL^2/6$。

（2）按直线分布假设，计算基底净反力 p_j：

$$\left\{\begin{matrix} p_{jmax} \\ p_{jmin} \end{matrix}\right. = \frac{\sum F_i}{A} \pm \frac{\sum M_i}{W} \tag{3.3.2}$$

式中 $\sum F_i$，$\sum M_i$——分别为上部结构作用在条形基础顶部的竖向荷载（不包括基础和回填土的重力）设计值总和，外荷载对条形基础基底形心的力矩设计值总和。

当为中心荷载时，

$$p_{\mathrm{jmax}} = p_{\mathrm{jmin}} = p_{\mathrm{j}} \tag{3.3.3}$$

（3）确定柱下条形基础的计算简图：将柱脚作为固定铰支座，倒置的多跨连续梁，如图 3.3.2 所示，

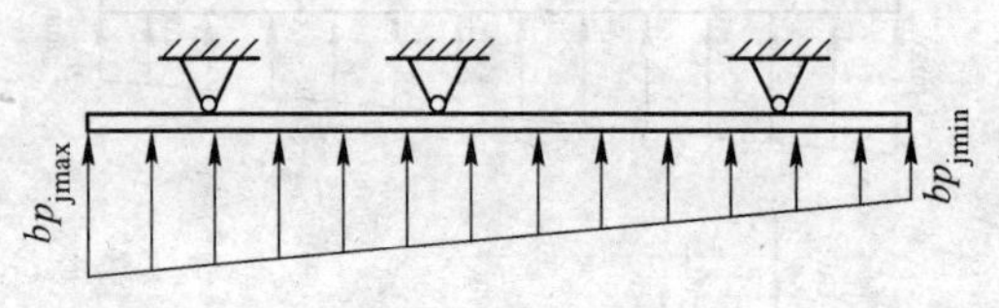

图 3.3.2　倒梁法计算简图

（4）进行连续梁内力分析，可用弯矩分配法、连续梁系数表等方法，计算各截面弯矩和剪力、支座反力。

倒梁法分析得到的支座反力 R_i 与柱荷载 P_i 一般不相等，这可以理解为上部结构的刚度对基础整体挠曲的抑制和调整作用，反映了倒梁法计算得到的支座反力和基底压力不平衡的缺点。为此提出了"基底反力局部调整法"，即将不平衡力（柱荷载与支座反力的差值）均匀分布在支座附近的局部范围（一般取 1/3 的柱跨）上再进行连续梁分析，如此逐次调整直到不平衡力基本消除，然后将各次结果叠加，从而得到梁的最终内力分布和最终支座反力（基本与柱荷载相等）。

（5）调整支座反力 R_i 与柱荷载 P_i 的不平衡力，逐次调整 $\Delta P_i = P_i - R_i$，将不平衡力 ΔP_i 均匀分布在相邻两跨各 1/3 跨度范围内的基梁上，边跨支座 $\Delta p_1 = \dfrac{\Delta p_1}{l_0 + l_1/3}$、中间跨支座 $\Delta p_i = \dfrac{\Delta p_i}{l_{i-1} + l_i/3}$，如图 3.3.3 所示。

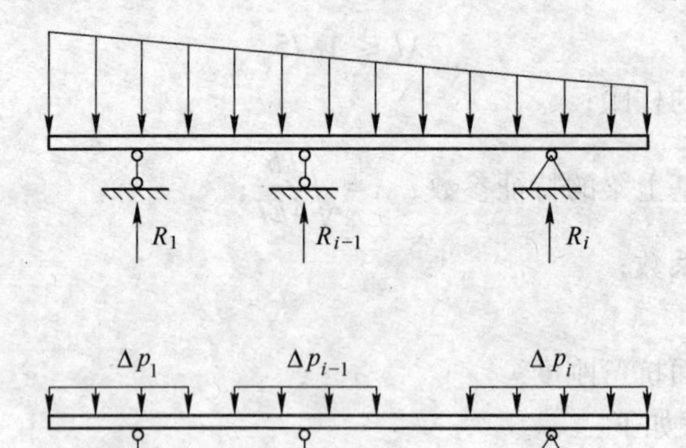

图 3.3.3　倒梁法支座不平衡力的调整

（6）继续求解多跨连续梁的内力和支座反力，并重复步骤（5），直至不平衡力在允许精度范围内，一般不超过 $20\%P_i$。

（7）将逐次计算结果叠加，得到最终基础梁的内力和支座反力。

（8）翼缘板的内力和截面设计见式（3.2.2）~式（3.2.5）。

倒梁法只进行了基础的局部弯曲计算，而未考虑基础的整体弯曲。实际上在荷载分布

和地基都比较均匀的情况下，地基往往发生正向挠曲，在上部结构和基础刚度的作用下，边柱和角柱的荷载会增加，内柱则相应卸荷，于是条形基础端部的基底反力要大于按直线分布假设计算得到的基底反力值。为此，较简单的做法是将两边跨的跨中和支座钢筋按计算量再增加15%~20%。

当柱荷载分布和地基较不均匀时，支座会产生不等的沉陷，较难估计其影响趋势。此时可采用所谓“经验系数法”，即修正连续梁的弯矩系数，使跨中弯矩与支座弯矩之和大于 $ql^2/8$，从而保证了安全，但基础配筋量也相应增加。经验系数有不同的取值，一般支座采用（1/10~1/14）ql^2，跨中则采用（1/10~1/16）ql^2。表3.3.1是几种不同的经验系数取值对倒梁法截面弯矩计算结果的比较，在对总配筋量有较大影响的中间支座和中间跨，采用经验系数法比连续梁系数法增加配筋约15%~30%。

表3.3.1　不同方法计算的截面弯矩比较

序号	计算方法	跨中与支座弯矩之和	各法的截面弯矩系数比值			
			第一内支座	中间支座	第一跨跨中	中间跨跨中
1	连续梁系数，悬臂弯矩不传递	1/8	1	1	1	1
2	1/12　1/12　1/12 1/10　1/10　1/10	1/5.45	0.95	1.27	1.06	1.80
3	1/12　1/16　1/16 1/11　1/11　1/11	1/6.5	0.87	1.15	1.06	1.36
4	1/10　1/10　1/10 1/10　1/10　1/10	1/5	0.95	1.27	1.28	2.17

［**例题3-1**］某框架结构建筑物的某柱列如图3.3.4所示，欲设计单向条形基础，试用梁法计算基础内力。假定地基土为均匀黏性土，承载力标准值为110kPa，修正系数 $\eta_b=0.3$、$\eta_d=1.6$，土的天然重度 $\gamma=18kN/m^3$。

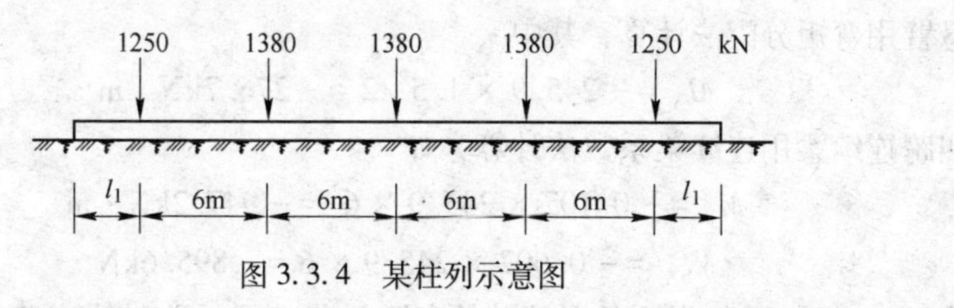

图3.3.4　某柱列示意图

解：（1）确定条形尺寸。

荷载合力 $\sum F=2\times1250+3\times1380=6640kN$

选择基础埋深为1.5m，则地基承载力设计值为 $f=110+1.6\times18\times(1.5-0.5)=138.8kPa$

由于荷载对称、地基均匀，两端伸出等长度悬臂，取悬臂长度 l_2 为柱跨的1/4，为

1.5m，则条形基础长度为27m。由地基承载力得到条形基础宽度 B 为：

$$B=\frac{6640}{27\times(138.8-20\times1.5)}=2.26\text{m}$$

取 $B=2.4$m，由于 $B<3$m，不需要修正承载力和基础宽度。

(2) 用倒梁法计算条形基础内力（见图3.3.5）。

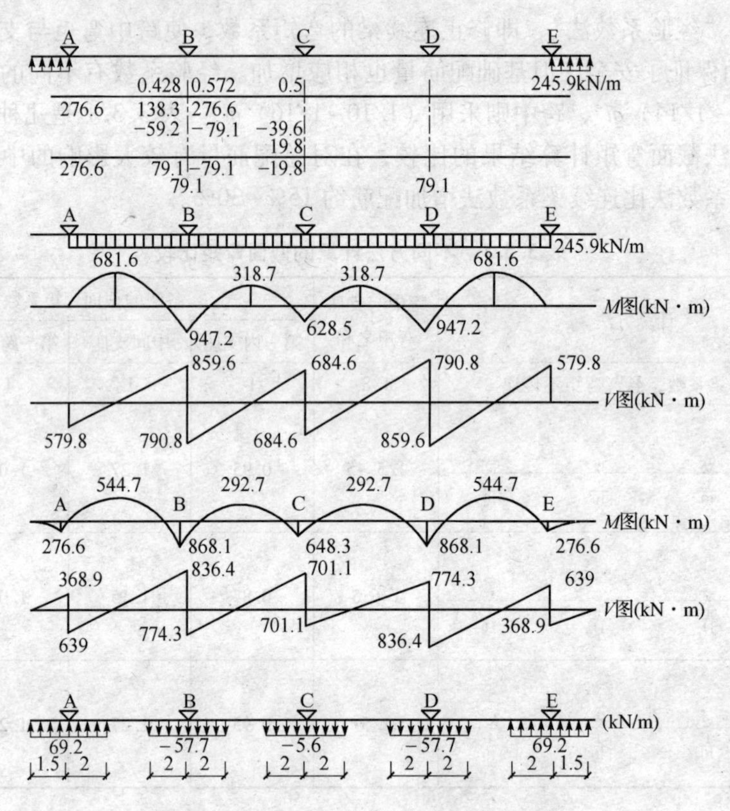

图3.3.5 例3-1计算过程和结果示意图

1）净基底线反力为

$$q_{\text{n}}=p_{\text{n}}B=6640/27=245.9\text{kN/m}$$

2）悬臂用弯矩分配法计算，其中

$$M_{\text{A}}=-245.9\times1.5^2/2=-276.7\text{kN}\cdot\text{m}$$

3）四跨连续梁用连续梁系数法计算，如

$$M_{\text{B}}=-0.107\times245.9\times6^2=-947.2\text{kN}\cdot\text{m}$$

$$V_{\text{B左}}=-0.607\times245.9\times6=-895.6\text{kN}$$

4）将2）与3）叠加得到条形基础的弯矩和剪力图，此时假定跨中弯矩最大值在3）计算的 $V=0$ 处。

5）考虑不平衡力的调整。

以上分析得到支座反力为 $R_{\text{A}}=R_{\text{E}}=368.9+639=1007.9$kN，$R_{\text{B}}=R_{\text{D}}=1610.7$kN，$R_{\text{C}}=1402.2$kN，与相应的柱荷载不等，可以按图3.3.5再进行连续梁分析，在支座附近的局部范围内加上均布线荷载，其值为

$$q_{nA}=q_{nE}=\frac{1250-1007.9}{1.5+2}=69.2\text{kN/m}$$

$$q_{nB}=q_{nD}=\frac{1390-1610.7}{2+2}=-57.7\text{kN/m}$$

$$q_{nC}=\frac{1380-1402.2}{4}=-5.6\text{kN/m}$$

6）将5）的分析结果叠加到4）上去得到调整后的条形基础内力图，如果还有较大的不平衡力，可以再按5）的方法调整。

（3）翼板内力分析。

取1m板段分析。考虑条形基础梁宽为500mm，则有

基底净反力 $p_n=\dfrac{6640}{27\times2.4}=102.5\text{kPa}$，

最大弯矩 $M_{max}=\dfrac{1}{2}\times102.5\times\left(\dfrac{2.4-0.5}{2}\right)^2=46.5\text{kN}\cdot\text{m}$，

最大剪力 $V_{max}=102.5\times\dfrac{2.4-0.5}{2}=97.4\text{kN/m}$。

（4）按第（2）和第（3）步的分析结果，并考虑条形基础的构造要求进行基础截面设计（略）。

3.4　基于文克勒地基梁的内力计算

当柱下条形基础不符合简化计算条件时，可采用地基-基础共同作用的方法——地基上梁的计算方法。如果选择文克勒地基计算模型，即为文克勒地基上的梁，可用解析法和数值方法求解。

3.4.1　地基梁挠曲微分方程及其通解

设地基梁在分布荷载 $q(x)$、集中荷载 F、M 与基底反力 $p(x)$ 的共同作用下发生挠曲，如图3.4.1所示。

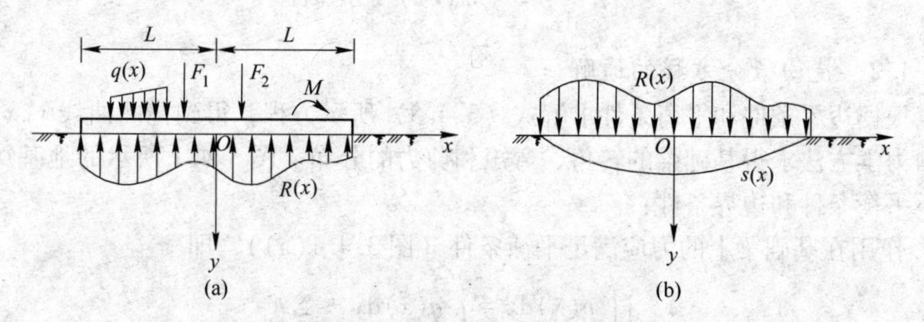

图3.4.1　地基上的梁的计算

（a）地基上梁的计算简图；（b）基底压力下的地基变形

3.4.1.1　文克勒地基梁的挠曲微分方程

建立地基梁挠曲变形的坐标系和微元段的受力，如图3.4.2所示。

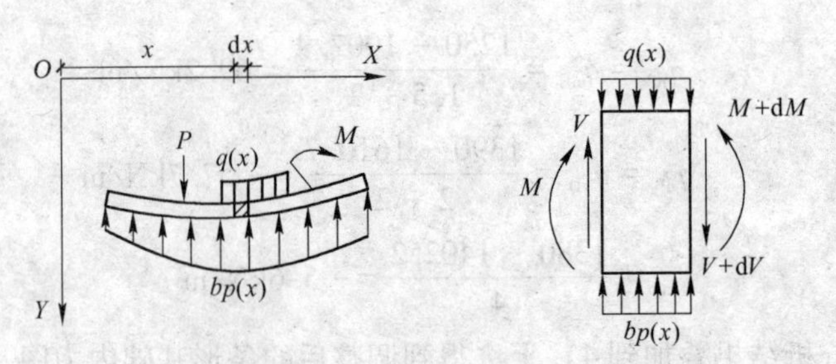

图 3.4.2 地基梁微元段的受力

由地基梁 dx 微段单元的静力平衡条件可以得到

$$V-(V+\mathrm{d}V)+bp(x)\mathrm{d}x-q(x)\mathrm{d}x=0 \tag{3.4.1}$$

所以有

$$\frac{\mathrm{d}V}{\mathrm{d}x}=bp(x)-q(x) \tag{3.4.2}$$

材料力学中基于小变形假定的挠曲线微分方程为

$$\begin{cases}E_{\mathrm{b}}I_{\mathrm{b}}\dfrac{\mathrm{d}^2y}{\mathrm{d}x^2}=-M\\ \dfrac{\mathrm{d}^2M}{\mathrm{d}x^2}=\dfrac{\mathrm{d}V}{\mathrm{d}x}\end{cases} \tag{3.4.3}$$

将式（3.4.3）代入式（3.4.2），有

$$E_{\mathrm{b}}I_{\mathrm{b}}\frac{\mathrm{d}^4y}{\mathrm{d}x^4}=-bp(x)+q(x) \tag{3.4.4}$$

式中 $E_{\mathrm{b}}I_{\mathrm{b}}$——梁的截面抗弯刚度；

b——基础底面宽度；

$p(x)$——基底反力，由地基模型及地基变形 $s(x)$ 共同决定（见图 3.4.1(b)）。

通常，认为基础梁的挠度 $y(x)$ 和地基的变形 $s(x)$ 是协调的，即 $y(x)=s(x)$。

由文克勒地基模型可得地基反力 $p(x)=ky(x)$，得到文克勒地基上梁的挠曲微分方程为

$$E_{\mathrm{b}}I_{\mathrm{b}}\frac{\mathrm{d}^4y}{\mathrm{d}x^4}=-bky(x)+q(x) \tag{3.4.5}$$

3.4.1.2 挠曲微分方程的通解

可以根据边界条件和平衡条件求解式（3.4.5）所示方程，得到挠曲曲线 $y(x)$，然后利用材料力学方法求得基础梁的转角、弯矩和剪力的分布。图 3.4.1 所示的地基梁挠曲问题有以下平衡条件和边界条件：

（1）作用在基础梁上的力应满足平衡条件（图 3.4.1(a)），即

$$\begin{cases}\int_{-l}^{l}p(x)\mathrm{d}x=\int_{-l}^{l}q(x)\mathrm{d}x+\Sigma F\\ \int_{-l}^{l}p(x)x\mathrm{d}x=\int_{-l}^{l}q(x)x\mathrm{d}x+\Sigma M\end{cases} \tag{3.4.6}$$

式中 ΣF，ΣM——作用在基础梁上的竖向集中力之和、除分布荷载外所有外力对原点的力矩之和。

（2）梁的边界条件应该得到满足。例如，对两端均为自由端的梁，应满足

$$\begin{cases} V\big|_{x=\pm l}=0 \quad 或 \quad \left.\dfrac{d^3y}{dx^3}\right|_{x=\pm l}=0 \\ M\big|_{x=\pm l}=0 \quad 或 \quad \left.\dfrac{d^2y}{dx^2}\right|_{x=\pm l}=0 \end{cases} \tag{3.4.7}$$

文克勒地基梁的挠曲微分方程（式（3.4.5））中的基本未知数为梁的挠度 $y(x)$，式（3.4.5）为四阶常系数非齐次微分方程，所以，先求其齐次微分方程的通解，再由边界条件求定解。

首先考虑无荷载时的齐次方程，即 $q(x)=0$，式（3.4.5）变成

$$E_bI_b\frac{d^4y}{dx^4}=-bky(x) \tag{3.4.8}$$

式（3.4.8）为常系数线性齐次方程，令 $y(x)=e^{mx}$，代入式（3.4.8），有

$$E_bI_bm^4=-bk \tag{3.4.9}$$

令 $\lambda=\sqrt[4]{\dfrac{kb}{4E_bI_b}}$，则式（3.4.9）变成

$$m^4+\lambda^4=0 \tag{3.4.10}$$

λ 称为文克勒地基梁的弹性特征，又称柔度指标，综合了梁的挠曲刚度、文克勒地基刚度，反映了梁对地基相对刚度的大小；$1/\lambda$ 称为梁的弹性特征长度，λ 越小（$1/\lambda$ 越大），梁相对地基的刚度就越大。λL 为柔度指数，反映相对刚度对梁结构内力的影响。

通常，按 λL 值的大小，将梁分为以下三种：

$$\begin{cases} \lambda L \leqslant \dfrac{\pi}{4} & 短梁（刚性梁） \\ \dfrac{\pi}{4} < \lambda L \leqslant \pi & 有限长梁（有限刚度梁） \\ \lambda L \geqslant \pi & 无限长梁（柔性梁） \end{cases}$$

特征方程式（3.4.10）的四个根为

$$m_1=-m_3=\lambda(1+i)^3$$

$$m_2=-m_4=\lambda(-1+i)$$

因此，由欧拉方程可以得到方程式（3.4.8）的通解为

$$y(x)=e^{\lambda x}(C_1\cos\lambda x+C_2\sin\lambda x)+e^{-\lambda x}(C_3\cos\lambda x+C_4\sin\lambda x) \tag{3.4.11}$$

式中 $C_1 \sim C_4$——待定常数，可根据梁的边界条件确定。

将（3.4.11）式不断微分，则有

$$\begin{aligned}\frac{1}{\lambda}\frac{dy}{dx}=\frac{\varphi(x)}{\lambda} &=e^{\lambda x}[C_1(\cos\lambda x-\sin\lambda x)+C_2(\cos\lambda x+\sin\lambda x)]+e^{-\lambda x}[C_3(\cos\lambda x-\sin\lambda x)- \\ &\quad C_4(\cos\lambda x+\sin\lambda x)]\end{aligned} \tag{3.4.12}$$

$$\frac{1}{2\lambda^2}\frac{d^2y}{dx^2}=\frac{1}{2\lambda^2}\frac{-M}{E_bI_b}=-e^{\lambda x}(C_1\sin\lambda x-C_2\cos\lambda x)+e^{-\lambda x}(C_3\sin\lambda x-C_4\cos\lambda x) \tag{3.4.13}$$

$$\frac{1}{2\lambda^3}\frac{\mathrm{d}^3y}{\mathrm{d}x^3}=\frac{1}{2\lambda^3}\frac{-V}{E_\mathrm{b}I_\mathrm{b}}$$
$$=-\mathrm{e}^{\lambda x}[C_1(\cos\lambda x+\sin\lambda x)-C_2(\cos\lambda x-\sin\lambda x)]+$$
$$\mathrm{e}^{-\lambda x}[C_3(\cos\lambda x-\sin\lambda x)+C_4(\cos\lambda x+\sin\lambda x)] \tag{3.4.14}$$

由式（3.4.11）~式（3.4.14）可以分别得到梁各截面处的挠度、转角、弯矩和剪力。

3.4.2 地基梁的特解

3.4.2.1 无限长梁受集中荷载

设无限长梁受集中力的作用，如图 3.4.3 所示。

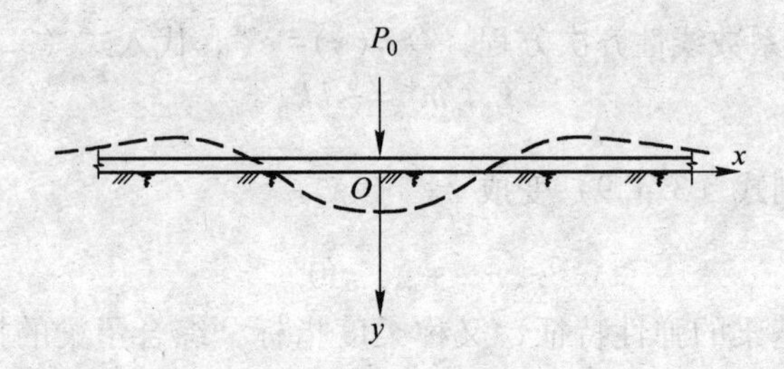

图 3.4.3 无限长梁受集中力作用

取集中力 P_0 的作用点为坐标原点，向右为正方向，向下为 y 正方向，梁的变形是对称的，所以有以下边界条件（设剪力 V 向上为正，弯矩 M 顺时针方向为正）：

$$\begin{cases} x\to\infty \quad y(x)=0 & \text{代入式(3.4.11) 有：} C_1=C_2=0 \\ x=0 \quad \dfrac{\mathrm{d}y}{\mathrm{d}x}=\varphi(x)=0 & \text{代入式(3.4.12) 有：} C_3=C_4=0 \\ x=0 \quad V=\dfrac{-P_0}{2} & \text{代入式(3.4.14) 有：} C=\dfrac{P_0\lambda}{2kb} \end{cases} \tag{3.4.15}$$

将式（3.4.15）代入式（3.4.11）~式（3.4.14），有

$$\begin{cases} x>0 \text{ 的情况，基础梁的右端} & x<0 \text{ 的情况，基础梁的左端} \\ y(x)=\dfrac{P_0\lambda}{2kb}\mathrm{e}^{-\lambda x}(\cos\lambda x+\sin\lambda x)=\dfrac{P_0\lambda}{2kb}F_1(\lambda x) & \text{正对称} \\ \varphi(x)=-\dfrac{P_0\lambda^2}{kb}\mathrm{e}^{-\lambda x}\sin\lambda x=-\dfrac{P_0\lambda^2}{kb}F_2(\lambda x) & \text{反对称} \\ M(x)=\dfrac{P_0}{4\lambda}\mathrm{e}^{-\lambda x}(\cos\lambda x-\sin\lambda x)=\dfrac{P_0}{4\lambda}F_3(\lambda x) & \text{正对称} \\ V(x)=-\dfrac{P_0}{2}\mathrm{e}^{-\lambda x}\cos\lambda x=-\dfrac{P_0}{2}F_4(\lambda x) & \text{反对称} \end{cases} \tag{3.4.16}$$

$y(x)$ 随 x 的增加迅速衰减，在 $x\geqslant\pi/\lambda$ 时仅为 $x=0$ 处挠度的 4.3%，所以，按无限长梁计算。内力分布如图 3.4.4 所示。

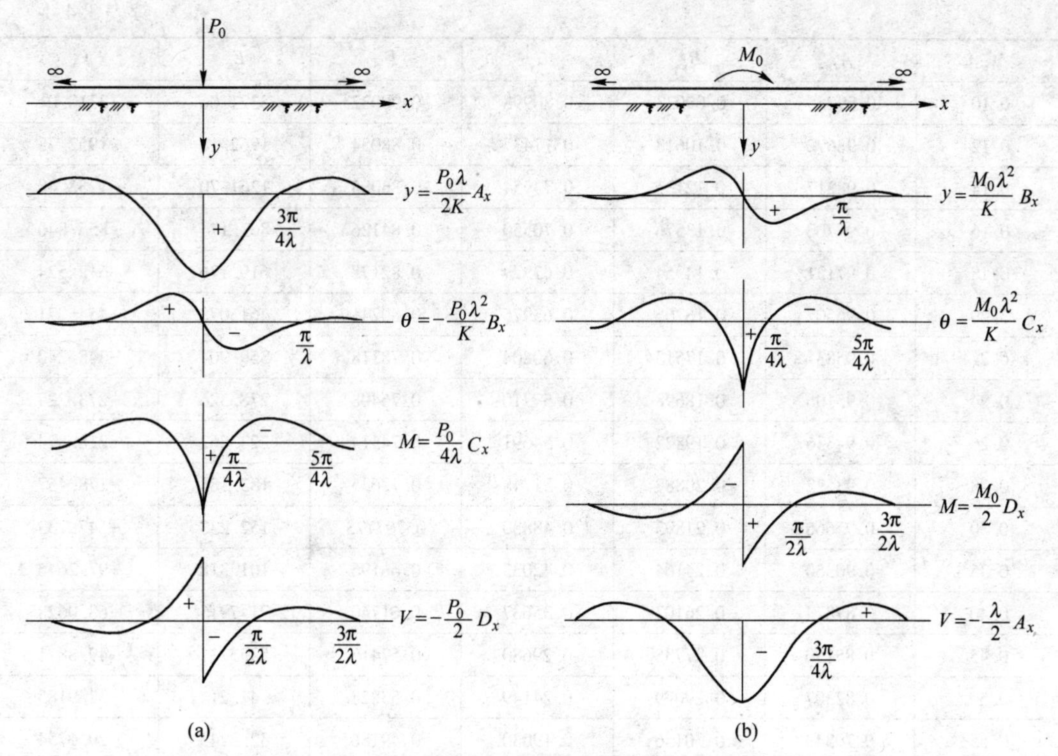

图 3.4.4 无限长梁受集中荷载的内力和变形

（a）受集中力；（b）受集中荷载

为了使用方便，将式（3.4.16）中的函数 $F_1(\lambda x)$、$F_2(\lambda x)$、$F_3(\lambda x)$、$F_4(\lambda x)$ 定义成系数 A_x、B_x、C_x、D_x，绘制成表格供查询，见表 3.4.1。

$$
\begin{cases}
A_x = e^{-\lambda x}(\cos\lambda x + \sin\lambda x) = F_1(\lambda x) \\
B_x = e^{-\lambda x}\sin\lambda x = F_2(\lambda x) \\
C_x = e^{-\lambda x}(\cos\lambda x - \sin\lambda x) = F_3(\lambda x) \\
D_x = e^{-\lambda x}\cos\lambda x = F_4(\lambda x)
\end{cases}
\tag{3.4.17}
$$

系数 A_x、B_x、C_x、D_x 仅与 λx 相关，注意：式（3.4.17）是对梁的右部分（$x>0$）求得的；当 $x<0$ 时，由于结构和荷载都是对称的，所以梁的挠度和弯矩对称，转角和剪力反对称（式（3.4.16）），在计算 A_x、B_x、C_x、D_x 时用对称性来求解，特别要注意各系数的正负号。

表 3.4.1 系数 A_x、B_x、C_x、D_x、E_x、F_x 表

λx	A_x	B_x	C_x	D_x	E_x	F_x
0	1	0	1	1	∞	-∞
0.02	0.99961	0.01960	0.96040	0.98000	382156	-382105
0.04	0.99844	0.03842	0.92160	0.96002	48802.6	-48776.6
0.06	0.99654	0.05647	0.88360	0.94007	14851.3	-14738.0
0.08	0.99393	0.07377	0.84639	0.92016	6354.30	-6340.76

续表 3.4.1

λx	A_x	B_x	C_x	D_x	E_x	F_x
0.10	0.99065	0.09033	0.80998	0.90032	3321.06	−3310.01
0.12	0.98672	0.10618	0.77437	0.88054	1962.18	−1952.78
0.14	0.98217	0.12131	0.73954	0.86085	1261.70	−1253.48
0.16	0.97702	0.13576	0.70550	0.84126	863.174	−855.840
0.18	0.97131	0.14954	0.67224	0.82178	619.176	−612.524
0.20	0.96507	0.16266	0.63975	0.80241	461.078	−454.971
0.22	0.95831	0.17513	0.60804	0.78318	359.904	−348.240
0.24	0.95106	0.18698	0.57710	0.76408	278.526	−273.229
0.26	0.94336	0.19822	0.54691	0.74514	223.862	−218.874
0.28	0.93522	0.20887	0.51748	0.72635	183.183	−178.457
0.30	0.92666	0.21893	0.48880	0.707773	152.233	−147.733
0.35	0.90360	0.24164	0.42033	0.66196	101.318	−97.2646
0.40	0.87844	0.26103	0.35637	0.61740	71.7915	−68.0628
0.45	0.85150	0.27735	0.29680	0.57415	53.3711	−49.8871
0.50	0.82307	0.29079	0.24149	0.53228	∗41.2142	−37.9185
0.55	0.79343	0.30156	0.19030	0.49186	32.8243	−29.6754
0.60	0.76284	0.30988	0.14307	0.45295	26.8201	−23.7865
0.65	0.73153	0.31594	0.09966	0.41559	22.3922	−19.4496
0.70	0.69972	0.31991	0.05990	0.37981	19.0435	−16.1724
0.75	0.66761	0.32198	0.02364	0.34563	16.4562	−13.6709
π/4	0.64479	0.32240	0	0.32240	14.9672	−12.1834
0.80	0.63538	0.32233	−0.00928	0.31305	14.4202	−11.6477
0.85	0.60320	0.32111	−0.03902	0.28209	12.7924	−10.0518
0.90	0.57120	0.31848	−0.06574	0.25273	11.4729	−8.75491
0.95	0.53954	0.31458	−0.08962	0.22496	10.3905	−7.68704
1.00	0.50833	0.30956	−0.11079	0.19877	9.49305	−6.79724
1.05	0.47766	0.30354	−0.12943	0.17412	8.74207	−6.04782
1.10	0.47765	0.29666	−0.14567	0.15099	8.10850	−5.41038
1.15	0.41836	0.28901	−0.15967	0.12934	7.57013	−4.86335
1.20	0.38986	0.28072	−0.17158	0.10914	7.10976	−4.39002
1.25	0.36223	0.27189	−0.18155	0.09034	6.71390	−3.97735
1.30	0.33550	0.26260	−0.18970	0.07290	6.37185	−3.61500
1.35	0.30972	0.25295	−0.19617	0.05678	6.07508	−3.29477
1.40	0.28492	0.24301	−0.20110	0.04191	5.1664	−3.01003
1.45	0.26113	0.23266	−0.20459	0.02827	5.59088	−2.75541
1.50	0.23835	0.22257	−0.20679	0.01578	5.39317	−2.52652

续表 3.4.1

λx	A_x	B_x	C_x	D_x	E_x	F_x
1.55	0.21662	0.21220	−0.20779	0.00441	5.21965	−2.31974
π/2	0.20788	0.20788	−0.20788	0	5.15382	−2.23953
1.60	0.19592	0.20181	−0..20771	−0.00590	5.06711	−2.13210
1.65	0.17625	0.19144	−0.20664	−0.01520	4.93283	−1.96109
1.70	0.15762	0.18116	−0.20470	−0.02354	4.81454	−1.80464
1.75	0.14002	0.17099	−0.20197	−0.03097	4.71026	−1.66098
1.80	0.12342	0.16098	−0.19853	−0.03756	4.61834	−1.52865
1.85	0.10782	0.15115	−0.19448	−0.04333	4.53732	−1.40638
1.90	0.09318	0.14154	−0.18989	−0.04835	4.46565	−1.29312
1.95	0.07950	0.13217	−0.18483	−0.05267	4.40314	−1.18795
2.00	0.06674	0.12306	−0.17938	−0.05632	4.34792	−1.09008
2.05	0.05488	0.00423	−0.17359	−0.05936	4.29946	−0.99885
2.10	0.04388	0.10571	−0.16753	−0.06182	4.25700	−0.91368
2.15	0.03373	0.09749	−0.16124	−0.06376	4.21988	−0.83407
2.20	0.02438	0.08958	−0.15479	−0.06521	4.18751	−0.75959
2.25	0.01580	0.08200	−0.14821	−0.06621	4.15936	−0.68987
2.30	0.00796	0.07476	−0.14156	−0.06680	4.13935	−0.62457
2.35	0.00084	0.06785	−0.13487	−0.06702	4.11387	−0.56340
3π/4	0	0.06702	−0.13404	−0.06702	4.11147	−0.55610
2.40	−0.00562	0.06128	−0.12817	−0.06689	4.09573	−0.50611
2.45	−0.01143	0.05503	−0.12150	−0.06647	4.08019	−0.45248
2.50	−0.01663	0.04913	−0.11489	−0.06576	4.06692	−0.40229
2.55	−0.02127	0.04354	−0.10836	−0.06481	4.05568	−0.35537
2.60	−0.02536	0.03829	−0.10193	−0.06364	4.04618	−0.31156
2.65	−0.02894	0.03335	−0.09563	−0.06228	4.03821	−0.27070
2.70	−0.03204	0.02872	−0.08948	−0.06076	4.03157	−0.23264
2.75	−0.03469	0.02440	−0.08348	−0.05909	4.02608	−0.19729
2.80	−0.03693	0.02037	−0.07767	−0.05730	4.02157	−0.16445
2.85	−0.03877	0.01663	−0.07203	−0.05540	4.01790	−0.13408
2.90	−0.04026	0.01316	−0.06659	−0.05343	4.01495	−0.10603
2.95	−0.04142	0.00997	−0.06134	−0.05138	4.01259	−0.08020
3.00	−0.04226	0.00703	−0.05631	−0.04929	4.01047	−0.05650
3.10	−0.04314	0.00187	−0.04688	−0.04501	4.00819	−0.01505
π	−0.04321	0	−0.04321	−0.04321	4.00748	0
3.20	−0.04307	−0.00238	−0.03831	−0.04069	4.00575	0.01910
3.40	−0.04079	−0.00853	−0.02374	−0.03227	4.00563	0.06840

续表 3.4.1

λx	A_x	B_x	C_x	D_x	E_x	F_x
3.60	-0.03659	-0.01209	-0.01241	-0.02450	4.00533	0.09693
3.80	-0.03138	-0.01369	-0.00400	-0.01769	4.00501	0.10969
4.00	-0.02583	-0.01386	-0.00189	-0.01197	4.00442	0.11105
4.20	-0.02042	-0.01307	0.00572	-0.00735	4.00364	0.10468
4.40	-0.01546	-0.01168	0.00791	-0.00377	4.00279	0.09354
4.60	-0.01112	-0.00999	0.00886	-0.00113	4.00200	0.07996
3π/2	-0.00898	-0.00898	0.00898	0	4.00161	0.07190
4.80	-0.00748	-0.00820	0.00892	0.00072	4.00134	0.06561
5.00	-0.00455	-0.00646	0.00837	0.00191	4.00085	0.05170
5.50	0.00001	-0.00288	0.00578	0.00290	4.00020	0.02307
6.00	0.00169	-0.00069	0.00307	0.00060	4.00003	0.00554
2π	0.00187	0	0.00187	0.00187	4.00001	0
6.50	0.00179	0.00032	0.00114	0.00147	4.00001	-0.00259
7.00	0.00129	0.00060	0.00009	0.00069	4.00001	-0.00479
9π/4	0.00120	0.00060	0	0.00060	4.00001	-0.00482
7.50	0.00071	0.00052	-0.00033	0.00019	4.00001	-0.00415
5π/2	0.00039	0.00039	-0.00039	0	4.00000	-0.00311
8.00	0.00028	0.00033	-0.00038	-0.00005	4.00000	-0.00266

3.4.2.2 无限长梁受集中力偶

设无限长梁受集中力偶 M_0 的作用，如图 3.4.5 所示。

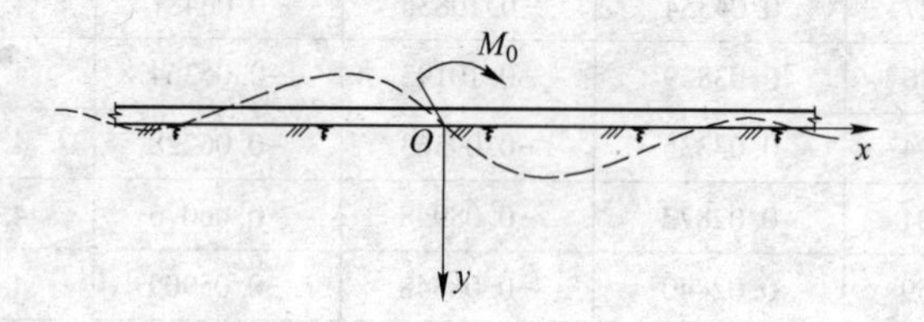

图 3.4.5 无限长梁受集中力偶的作用

取集中力偶 M_0 的作用点为坐标原点，向右为正方向，向下为 y 正方向，对于 $x>0$ 的右端，边界条件为（设剪力 V 向上为正，弯矩 M 顺时针方向为正）：

$$\begin{cases} x \to \infty & y(x)=0 & \text{代入式(3.4.11)有：} C_1 = C_2 = 0 \\ x = 0 & y(x) = 0 & \text{代入式(3.4.14)有：} C_3 = 0 \\ x = 0 & M = -E_b I_b \dfrac{d^2 y}{dx^2} = \dfrac{M_0}{2} & \text{代入式(3.4.13)有：} C_4 = \dfrac{M_0 \lambda^2}{kb} \end{cases} \tag{3.4.18}$$

将式（3.4.18）代入式（3.4.11）~式（3.4.14），有

$$
\begin{cases}
x>0\text{ 的情况，基础梁的右端} & x<0\text{ 的情况，基础梁的左端} \\
y(x)=\dfrac{M_0\lambda^2}{kb}\mathrm{e}^{-\lambda x}\sin\lambda x=\dfrac{M_0\lambda^2}{kb}F_2(\lambda x) & \text{反对称} \\
\varphi(x)=\dfrac{M_0\lambda^2}{kb}\mathrm{e}^{-\lambda x}(\cos\lambda x-\sin\lambda x)=\dfrac{M_0\lambda^3}{kb}F_3(\lambda x) & \text{正对称} \\
M(x)=\dfrac{M_0}{2}\mathrm{e}^{-\lambda x}\cos\lambda x=\dfrac{M_0}{2}F_4(\lambda x) & \text{反对称} \\
V(x)=-\dfrac{M_0\lambda}{2}\mathrm{e}^{-\lambda x}(\cos\lambda x+\sin\lambda x)=-\dfrac{M_0\lambda}{2}F_1(\lambda x) & \text{正对称}
\end{cases}
\tag{3.4.19}
$$

3.4.2.3　受若干集中荷载的无限长梁

无限长梁在多个集中荷载共同作用下的内力和变形求解，可以采用单个集中荷载下的计算式（式（3.4.16）、式（3.4.19））和叠加法进行求解。应当注意：对某个集中荷载下的目标点求解时，应将该集中荷载作用点作为坐标原点、右端为 $x>0$、向下为 $y>0$ 建立坐标系（也就是说集中荷载作用点不同，就要建立不同的坐标系），并考虑目标点与坐标原点的相对位置关系，由对称性来得到目标点的内力和变形。

[例题 3-2]　如图 3.4.6 所示，在无限长梁 A、B 两点分别作用 $P_A=P_B=1000\text{kN}$、$M_A=60\text{kN}\cdot\text{m}$、$M_B=-60\text{kN}\cdot\text{m}$，已知梁的刚度 $E_cI=4.5\times10^3\text{MPa}\cdot\text{m}^4$、梁宽 $b=3.0\text{m}$，地基基床系数 $k=3.8\text{MN/m}^3$，A、B 两点间距离为 8m，求 AB 跨中点 O 的弯矩和剪力。

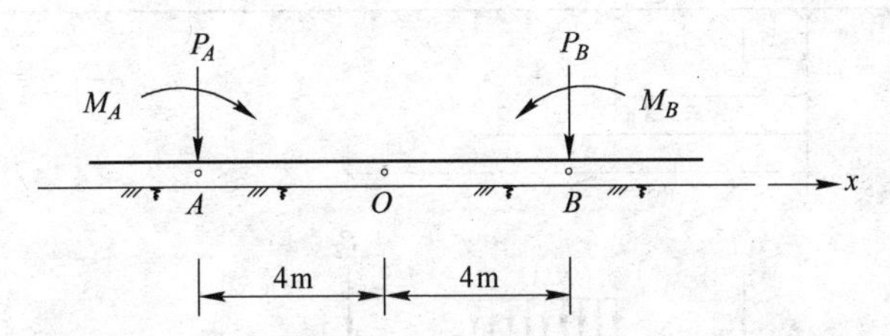

图 3.4.6　文克勒地基上无限长梁多个荷载下的内力

解：（1）$\lambda=\sqrt[4]{\dfrac{bk}{4E_cI}}=\sqrt[4]{\dfrac{3.8\times3.0}{4\times4.5\times10^3}}=0.1586\text{m}^{-1}$ 。

（2）分别取 A、B 点为坐标原点，则有：

$$x=\pm4\text{m},\ |x|=4\text{m},\ \lambda|x|=0.1586\times4=0.6344$$

查表 3.4.1 得 $A_x=0.7413$，$C_x=0.1132$，$D_x=0.4272$。

（3）求 M_O：

由集中力产生 $M_{OP}=\dfrac{P_A}{4\lambda}C_x+\dfrac{P_B}{4\lambda}C_x=2\times\dfrac{1000}{4\times0.1586}\times0.1132=356.9\text{kN}\cdot\text{m}$

由集中力偶产生 $M_{OM}=-\dfrac{M_A}{2}D_x+\dfrac{M_B}{2}D_x=\left(-\dfrac{60}{2}-\dfrac{60}{2}\right)\times0.4272=-25.6\text{kN}\cdot\text{m}$

故 $M_O=356.9-25.6=331.3\text{kN}\cdot\text{m}$。

（4）求 V_O：

由集中力产生 $V_{OP}=\frac{P_A}{2}D_x-\frac{P_B}{2}D_x=\left(\frac{1000}{2}-\frac{1000}{2}\right)\times 0.4272=0$

由集中力偶产生 $V_{OM}=-\frac{\lambda M_A}{2}A_x-\frac{\lambda M_B}{2}A_x=-\frac{0.1586\times 0.7413}{2}\times(60-60)=0$

故 $V_O=V_{OP}+V_{OM}=0$。

3.4.2.4 用影响线法计算任意荷载下的梁

可以用内力影响线或位移影响线求任意荷载下梁的内力或位移。例如，求图 3.4.7 所示无限长梁 A 点的弯矩值的步骤为：

（1）取 A 点为坐标原点；

（2）把 x 坐标转化为 λx 坐标；

（3）按 $M=\frac{1}{4\lambda}C_x$ 作出当 A 点作用单位集中力时梁的弯矩图，作为弯矩影响线。

（4）则 A 点的弯矩为

$$M_A=P_1M_{A1}+P_2M_{A2}+\int_{\lambda x_3}^{\lambda x_4}\frac{q}{\lambda}M_{Aq}\mathrm{d}(\lambda x)=\sum_{i=1}^{2}P_iM_{Ai}+\frac{q}{\lambda}\omega \tag{3.4.20}$$

式中 ω 等于从 λx_3 至 λx_4 段弯矩影响线包围的面积，即图 3.4.7 中的阴影面积。其余符号意义在图中注明，本方法应用了结构力学中的互等定律。

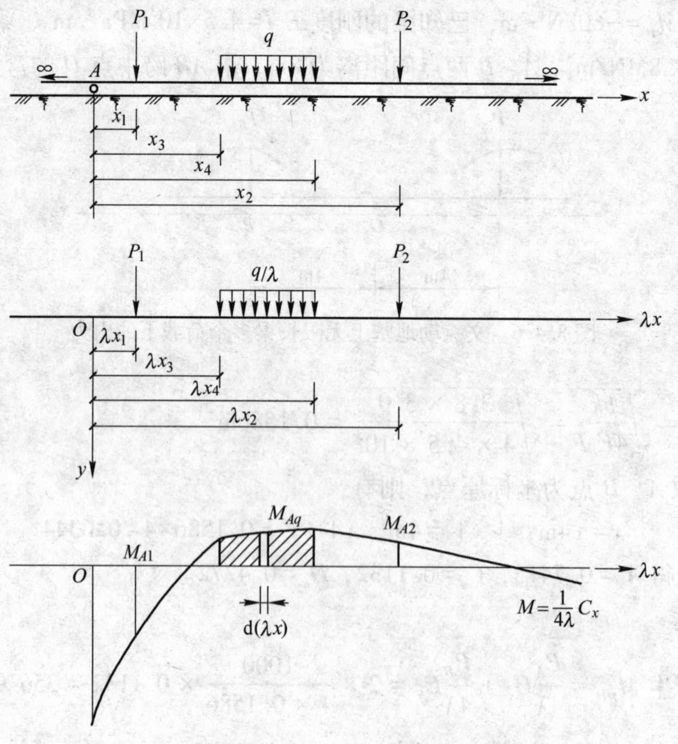

图 3.4.7 用弯矩影响线求无限长梁任一点的弯矩

3.4.2.5 半无限长梁受集中力

设半无限长梁受集中力的作用，如图 3.4.8 所示。

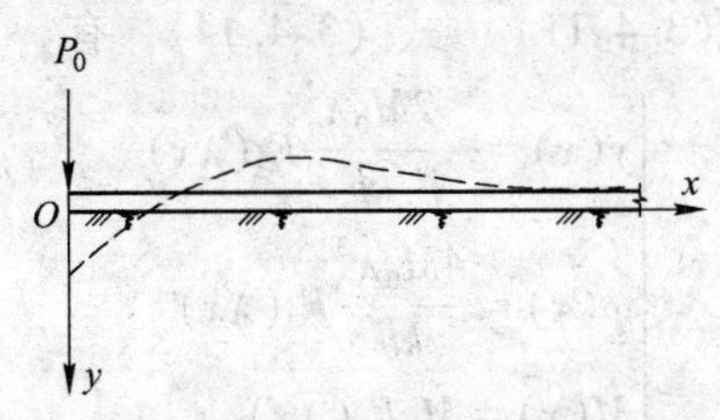

图 3.4.8 半无限长梁受集中力的作用

取集中力 P_0 的作用点为坐标原点，向右为正方向，向下为 y 正方向，对于 $x>0$ 的右端，边界条件为（设剪力 V 向上为正，弯矩 M 顺时针方向为正）

$$\begin{cases} x \to \infty \quad y(x) = 0 & \text{代入式(3.4.11)有：} C_1 = C_2 = 0 \\ x = 0 \quad M = -E_b I_b \dfrac{d^2 y}{dx^2} = 0 & \text{代入式(3.4.13)有：} C_4 = 0 \\ x = 0 \quad V = -E_b I_b \dfrac{d^3 y}{dx^3} = -P_0 & \text{代入式(3.4.14)有：} C_3 = \dfrac{2P_0\lambda}{kb} \end{cases} \tag{3.4.21}$$

将式（3.4.21）代入式（3.4.11）~式（3.4.14），有

$$\begin{cases} y(x) = \dfrac{2P_0\lambda}{kb} F_4(\lambda x) \\ \varphi(x) = -\dfrac{2P_0\lambda^2}{kb} F_1(\lambda x) \\ M(x) = -\dfrac{P_0}{\lambda} F_2(\lambda x) \\ V(x) = -P_0 F_3(\lambda x) \end{cases} \tag{3.4.22}$$

3.4.2.6 半无限长梁受集中力偶

设半无限长梁受集中力偶，如图 3.4.9 所示。

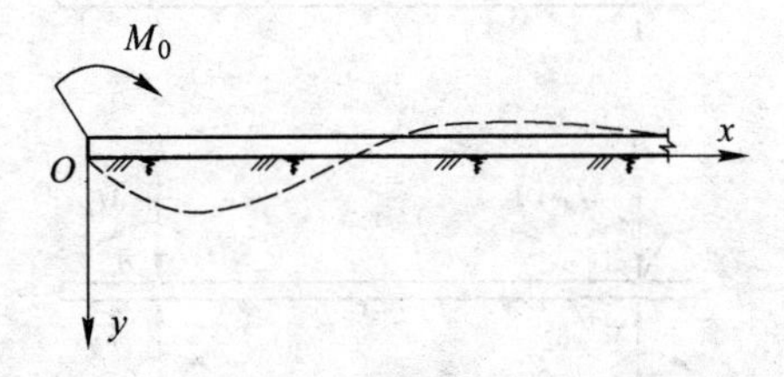

图 3.4.9 半无限长梁受集中力偶的作用

取集中力偶 M_0 的作用点为坐标原点，向右为正方向，向下为 y 正方向，对于 $x>0$ 的右端，边界条件为（设剪力 V 向上为正，弯矩 M 顺时针方向为正）

$$\begin{cases} x \to \infty \quad y(x) = 0 & \text{代入式（3.4.11）有：} C_1 = C_2 = 0 \\ x = 0 \quad M = -E_b I_b \dfrac{d^2 y}{dx^2} = M_0 & \text{代入式（3.4.13）有：} C_3 = -C_4 = C \\ x = 0 \quad V = -E_b I_b \dfrac{d^3 y}{dx^3} = 0 & \text{代入式（3.4.14）有：} C_3 = -\dfrac{2M_0\lambda^2}{kb} \end{cases} \tag{3.4.23}$$

将式（3.4.23）代入式（3.4.11）~式（3.4.14），有

$$
\begin{cases}
y(x) = -\dfrac{2M_0\lambda^2}{kb}F_3(\lambda x) \\
\varphi(x) = \dfrac{4M_0\lambda^3}{kb}F_4(\lambda x) \\
M(x) = M_0F_1(\lambda x) \\
V(x) = -2M_0\lambda F_2(\lambda x)
\end{cases}
\tag{3.4.24}
$$

3.4.2.7 有限长梁

有限长梁的求解比较繁琐，基本思路是：

（1）将有限长梁 A、B 两端无限延长成无限长梁，先计算出 p_0、M_0 共同作用在无限长梁上，对应于 A、B 两点的内力 M_{A0}、V_{A0}、M_{B0}、V_{B0}；

（2）施加虚拟荷载 M_A、P_A、M_B、P_B 于无限长梁 A、B 两点，在 4 个虚拟荷载共同作用下，求得无限长梁 A、B 两点的内力为 $-M_{A0}$、$-V_{A0}$、$-M_{B0}$、$-V_{B0}$，由此可以解出施加的虚拟荷载 M_A、P_A、M_B、P_B；由此可知：虚拟荷载和原始荷载共同作用下，满足无限长梁 A、B 两点的内力（弯矩和剪力）为零，即满足有限长梁梁端自由这一条件。

（3）最后，将原始荷载 p_0、M_0，虚拟荷载 M_A、P_A、M_B、P_B 作用在无限长梁上，分别算出无限长梁 A、B 两点之间各点的内力，将各荷载作用下同一点的内力求和，即为有限长梁在集中力 p_0、M_0 作用下梁的内力。计算简图如图 3.4.10 所示。

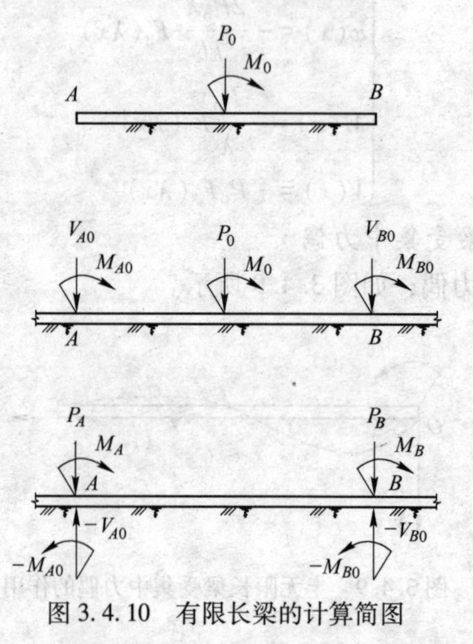

图 3.4.10 有限长梁的计算简图

由式（3.4.16），可得无限长梁集中力作用下的弯矩和剪力公式如式（3.4.25）所示：

$$
\begin{cases}
M(x) = \dfrac{P_0}{4\lambda}e^{-\lambda x}(\cos\lambda x - \sin\lambda x) = \dfrac{P_0}{4\lambda}F_3(\lambda x) \\
V(x) = -\dfrac{P_0}{2}e^{-\lambda x}\cos\lambda x = -\dfrac{P_0}{2}F_4(\lambda x)
\end{cases}
\tag{3.4.25}
$$

由式（3.4.19），可得无限长梁集中力偶作用下的弯矩和剪力公式如式（3.4.26）所示：

$$\begin{cases} M(x) = \dfrac{M_0}{2}e^{-\lambda x}\cos\lambda x = \dfrac{M_0}{2}F_4(\lambda x) \\ V(x) = -\dfrac{M_0\lambda}{2}e^{-\lambda x}(\cos\lambda x + \sin\lambda x) = -\dfrac{M_0\lambda}{2}F_1(\lambda x) \end{cases} \tag{3.4.26}$$

根据式（3.4.25）、式（3.4.26）及对称性关系，可以得到：

1）虚拟力 P_A、P_B 在无限长梁 A 点引起的弯矩分别为$\dfrac{P_A}{4\lambda}F_3(\lambda 0)$、$\dfrac{P_B}{4\lambda}F_3(\lambda l)$，在无限长梁 B 点引起的弯矩分别为$\dfrac{P_A}{4\lambda}F_3(\lambda l)$、$\dfrac{P_B}{4\lambda}F_3(\lambda 0)$，在无限长梁 A 点引起的剪力分别为$\dfrac{-P_A}{2}F_4(\lambda 0)$、$\dfrac{P_B}{2}F_4(\lambda l)$，在无限长梁 B 点引起的剪力分别为$\dfrac{-P_A}{2}F_4(\lambda l)$、$\dfrac{-P_B}{2}F_4(\lambda 0)$。

2）虚拟力 M_A、M_B 在无限长梁 A 点引起弯矩分别为$\dfrac{M_A}{2}F_4(\lambda 0)$、$\dfrac{-M_B}{2}F_4(\lambda l)$，在无限长梁 B 点引起弯矩分别为$\dfrac{M_A}{2}F_4(\lambda l)$、$\dfrac{M_B}{2}F_4(\lambda 0)$，在无限长梁 A 点引起的剪力分别为$\dfrac{-M_A\lambda}{2}F_1(\lambda 0)$、$\dfrac{-M_B\lambda}{2}F_1(\lambda l)$，在无限长梁 B 点引起的剪力分别为$\dfrac{-M_A\lambda}{2}F_1(\lambda l)$、$\dfrac{-M_B\lambda}{2}F_1(\lambda 0)$。

为了满足有限长梁 A、B 梁端弯矩、剪力为零的条件，即在虚拟荷载 M_A、P_A、M_B、P_B 共同作用下，无限长梁对应于 A、B 两点的弯矩和剪力分别为$-M_{A0}$、$-V_{A0}$、$-M_{B0}$、$-V_{B0}$，则有

$$\begin{cases} \dfrac{P_A}{4\lambda}F_3(\lambda 0) + \dfrac{P_B}{4\lambda}F_3(\lambda l) + \dfrac{M_A}{2}F_4(\lambda 0) + \dfrac{-M_B}{2}F_4(\lambda l) = -M_{A0} \\ \dfrac{P_A}{4\lambda}F_3(\lambda l) + \dfrac{P_B}{4\lambda}F_3(\lambda 0) + \dfrac{M_A}{2}F_4(\lambda l) + \dfrac{M_B}{2}F_4(\lambda 0) = -M_{B0} \\ \dfrac{-P_A}{2}F_4(\lambda 0) + \dfrac{P_B}{2}F_4(\lambda l) + \dfrac{-M_A\lambda}{2}F_1(\lambda 0) + \dfrac{-M_B\lambda}{2}F_1(\lambda l) = -V_{A0} \\ \dfrac{-P_A}{2}F_4(\lambda l) + \dfrac{-P_B}{2}F_4(\lambda 0) + \dfrac{-M_A\lambda}{2}F_1(\lambda l) + \dfrac{-M_B\lambda}{2}F_1(\lambda 0) = -V_{B0} \end{cases} \tag{3.4.27}$$

式（3.4.27）可以写成矩阵形式

$$\begin{bmatrix} \dfrac{F_3(\lambda 0)}{4\lambda} & \dfrac{F_3(\lambda l)}{4\lambda} & \dfrac{F_4(\lambda 0)}{2} & \dfrac{-F_4(\lambda l)}{2} \\ \dfrac{F_3(\lambda l)}{4\lambda} & \dfrac{F_3(\lambda 0)}{4\lambda} & \dfrac{F_4(\lambda l)}{2} & \dfrac{F_4(\lambda 0)}{2} \\ \dfrac{-F_4(\lambda 0)}{2} & \dfrac{F_4(\lambda l)}{2} & \dfrac{-\lambda F_1(\lambda 0)}{2} & \dfrac{-\lambda F_1(\lambda l)}{2} \\ \dfrac{-F_4(\lambda l)}{2} & \dfrac{-F_4(\lambda 0)}{2} & \dfrac{-\lambda F_1(\lambda l)}{2} & \dfrac{-\lambda F_1(\lambda 0)}{2} \end{bmatrix} \cdot \begin{Bmatrix} P_A \\ P_B \\ M_A \\ M_B \end{Bmatrix} = \begin{Bmatrix} -M_{A0} \\ -M_{B0} \\ -V_{A0} \\ -V_{B0} \end{Bmatrix} \tag{3.4.28}$$

解以上方程组，即可得到虚拟荷载 M_A、P_A、M_B、P_B。

为了方便使用，将 $x=0$，l 代入下式，

$$\begin{cases} A_x = e^{-\lambda x}(\cos\lambda x + \sin\lambda x) = F_1(\lambda x) \\ C_x = e^{-\lambda x}(\cos\lambda x - \sin\lambda x) = F_3(\lambda x) \\ D_x = e^{-\lambda x}\cos\lambda x = F_4(\lambda x) \end{cases} \tag{3.4.29}$$

可以得到虚拟荷载 M_A、P_A、M_B、P_B 分别为

$$\begin{cases} P_A = \lambda(E_l - F_lA_l)M_{A0} + (E_l + F_lD_l)V_{A0} + \lambda(F_l - E_lA_l)M_{B0} - (F_l + E_lD_l)V_{B0} \\ M_A = -(E_l - F_lD_l)M_{A0} - (E_l + F_lC_l)\dfrac{V_{A0}}{2\lambda} - (F_l - E_lD_l)M_{B0} + (F_l + E_lC_l)\dfrac{V_{B0}}{2\lambda} \\ P_B = \lambda(F_l - E_lA_l)M_{A0} + (F_l + E_lD_l)V_{A0} + \lambda(E_l - F_lA_l)M_{B0} - (E_l + F_lD_l)V_{B0} \\ M_B = (F_l - E_lD_l)M_{A0} + (F_l + E_lC_l)\dfrac{V_{A0}}{2\lambda} + (E_l - F_lD_l)M_{B0} - (E_l + F_lC_l)\dfrac{V_{B0}}{2\lambda} \end{cases} \tag{3.4.30}$$

式中，A_l，C_l，D_l，E_l，F_l 分别为当 $x=l$ 时系数 A_x、C_x、D_x、E_x、F_x 的值。E_x、F_x 值也可由表 3.4.1 查得。

式（3.4.30）中，

$$\begin{cases} E_x = \dfrac{2e^{\lambda x}\operatorname{sh}\lambda x}{\operatorname{sh}^2\lambda x - \sin^2\lambda x} \\ F_x = \dfrac{2e^{\lambda x}\sin\lambda x}{\sin^2\lambda x - \operatorname{sh}^2\lambda x} \end{cases} \tag{3.4.31}$$

式中 $\operatorname{sh}\lambda x$——双曲正弦函数，$\operatorname{sh}\lambda x = \dfrac{e^{\lambda x} - e^{-\lambda x}}{2}$。

由式（3.4.28）或式（3.4.30）计算出虚拟荷载 P_A、M_A、P_B、M_B 后，再按无限长梁上作用荷载 P_0、M_0、M_A、P_A、M_B、P_B，求梁任意截面上的挠度、转角、弯矩和剪力值。

3.4.3 计算实例

[例题 3-3] 如图，一钢筋混凝土条形基础，其抗弯刚度 $EI=4.3\times10^9\text{N}\cdot\text{m}^2$，基床系数 $k=5\text{MN/m}^3$，梁长 $L=18\text{m}$，基础底板宽度 $b=2.4\text{m}$。地基土的压缩模量 $E_s=5.8\text{MPa}$，其中，$P_A=600\text{kN}$，$P_B=1200\text{kN}$，$P_C=600\text{kN}$，$M_A=-100\text{kN}$，$M_B=210\text{kN}$，$M_C=250\text{kN}$，试计算图中 B 点的内力。

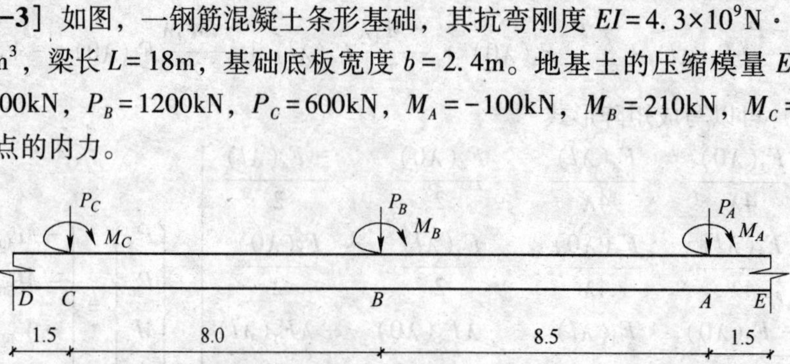

解：柔度系数 $\lambda = \sqrt[4]{\dfrac{kb}{4E_bI_b}} = \sqrt[4]{\dfrac{5\times10^6\times2.4}{4\times4.3\times10^9}} = 0.163\text{m}^{-1}$

$$\frac{\pi}{4} < \lambda L = 0.163 \times 18 = 2.934 < \pi$$

所以，按有限长梁计算。

（1）按无限长梁计算 D、E 两点在荷载作用下的内力。

D 点在外荷载作用下的内力计算

外荷载		x/m	λ	$\lvert\lambda x\rvert$	A_x	C_x	D_x	V /kN	M /kN·m	总 V /kN	总 M /kN·m
P_A/kN	600	−16.5	0.163	2.6895		−0.0908	−0.0611	−18.33	−83.56	227.27	−14.35
P_B/kN	1200	−8		1.3040		−0.1902	0.0716	42.96	−350.06		
P_C/kN	600	−1.5		0.2445		0.5703	0.7598	227.94	524.82		
M_A/kN·m	−100	−16.5		2.6895	−0.0314		−0.0611	−0.26	−3.06		
M_B/kN·m	210	−8		1.3040	0.3334		0.0716	−5.71	−7.52		
M_C/kN·m	250	−1.5		0.2445	0.9493		0.7598	−19.34	−94.98		

E 点在外荷载作用下的内力计算

外荷载		x/m	λ	$\lvert\lambda x\rvert$	A_x	C_x	D_x	V /kN	M /kN·m	总 V /kN	总 M /kN·m
P_A/kN	600	1.5	0.163	0.2445		0.5703	0.7598	−227.94	524.82	−197.49	13.26
P_B/kN	1200	10		1.6300		−0.2071	−0.0115	6.90	−381.17		
P_C/kN	600	16.5		2.6895		−0.0908	−0.0611	18.33	−83.56		
M_A/kN·m	−100	1.5		0.2445	0.9493		0.7598	7.74	−37.99		
M_B/kN·m	210	10		1.6300	0.1843		−0.0115	−3.15	−1.21		
M_C/kN·m	250	16.5		2.6895	−0.0314		−0.0611	0.64	−7.64		

由表中可以看出，D、E 两点的内力为

$V_{DO} = 227.27\text{kN}$，$M_{DO} = -14.35\text{kN·m}$，$V_{EO} = -197.49\text{kN}$，$M_{EO} = 13.26\text{kN·m}$

（2）施加虚拟荷载 M_D、P_D、M_E、P_E 于无限长梁 D、E 两点，在 4 个虚拟荷载共同作用下，求得无限长梁 D、E 两点的内力为 $-M_{DO}$、$-V_{DO}$、$-M_{EO}$、$-V_{EO}$

$$\frac{P_D}{4\lambda}F_3(0\lambda) + \frac{P_E}{4\lambda}F_3(18\lambda) + \frac{M_D}{2}F_4(0\lambda) - \frac{M_E}{2}F_4(18\lambda) = -M_{DO}$$

$$\frac{P_D}{4\lambda}F_3(18\lambda) + \frac{P_E}{4\lambda}F_3(0\lambda) + \frac{M_D}{2}F_4(18\lambda) + \frac{M_E}{2}F_4(0\lambda) = -M_{EO}$$

$$-\frac{P_D}{2}F_4(0\lambda) + \frac{P_E}{2}F_4(18\lambda) - \frac{M_D\lambda}{2}F_1(0\lambda) - \frac{M_E\lambda}{2}F_1(18\lambda) = -V_{DO}$$

$$-\frac{P_D}{2}F_4(18\lambda)-\frac{P_E}{2}F_4(0\lambda)-\frac{M_D\lambda}{2}F_1(18\lambda)-\frac{M_E\lambda}{2}F_1(0\lambda)=-V_{EO}$$

其中，

$\lambda=0.163$，$F_1(0\lambda)=F_3(0\lambda)=F_4(0\lambda)=1$，$F_1(18\lambda)=-0.0410$，$F_3(18\lambda)=-0.0630$，$F_4(18\lambda)=-0.0520$

解得

$P_D=1087.82\text{kN}$，$P_E=-723.77\text{kN}$，$M_D=-3563.20\text{kN}\cdot\text{m}$，$M_E=2218.78\text{kN}\cdot\text{m}$

（3）将原始荷载和虚拟荷载作用在无限长梁上，算出无限长梁 B 点的内力，将各荷载作用下 B 点的内力求和，即为有限长梁在图示外荷载作用下梁的内力。

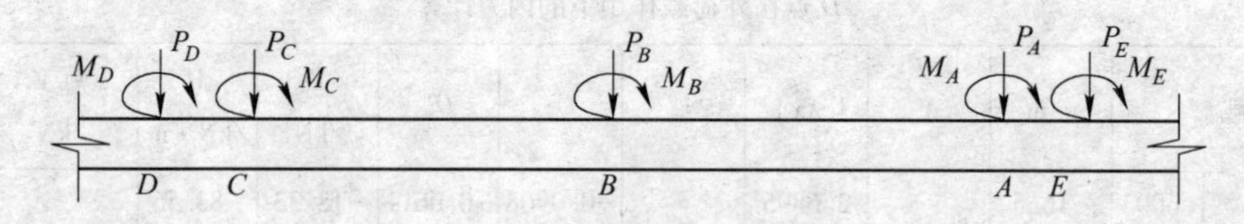

外荷载		x/m	λ	|λx|	A_x	C_x	D_x	M/kN·m		V/kN	
								$P\cdot C_x/4\lambda$	$M\cdot D_x/2$	$-P/2\cdot D_x$	$-M\cdot\lambda\cdot A_x/2$
P_A	600	8	0.163	1.30	0.3334	−0.1903	0.0716	−175.10		−21.47	
P_B	1200	8		1.30	0.3334	−0.1903	0.0716	−350.20		−42.94	
P_C	600	6.5		1.06	0.4719	−0.1327	0.1696	−122.11		−50.88	
P_D	1087.82	6.5		1.06	0.4719	−0.1327	0.1696	−221.39		−92.25	
P_E	−723.77	0		0	1.0000	1.0000	1.0000	−1110.07		361.88	
M_A	−100	0		0	1.0000	1.0000	1.0000		50.00		8.15
M_B	210	−8.5		1.39	0.2920	−0.1998	0.0461		−4.84		−5.00
M_C	250	−8.5		1.39	0.2920	−0.1998	0.0461		−5.76		−5.95
M_D	−3563.2	−10		1.63	0.1840	−0.2072	−0.0116		−20.65		53.43
M_E	2218.78	−10		1.63	0.1840	−0.2072	−0.0116		12.86		−33.27
M	1143.59 kN·m						$V_{总}$	−568.74kN			

所以，B 点处的 $M=1143.59\text{kN}\cdot\text{m}$，$V=-568.74\text{kN}$。

3.5 十字交叉条形基础的内力计算

十字交叉条形基础主要涉及两个方向上基础梁所承担的柱荷载的分配，荷载分配完成后，即可按单向条形基础计算基础肋梁的内力和变形。

3.5.1 荷载分配的原则

图 3.5.1 所示为十字交叉条形基础，在 x、y 两个方向上都设有基础梁，柱荷载作用点是基础的节点。两个方向上的梁是浇筑在一起的，在节点上既应满足力的平衡条件，也

应满足变形协调条件，这就是荷载分配应遵循的原则。此外，当考虑某一节点的荷载分配时，应顾及其他节点荷载的影响。

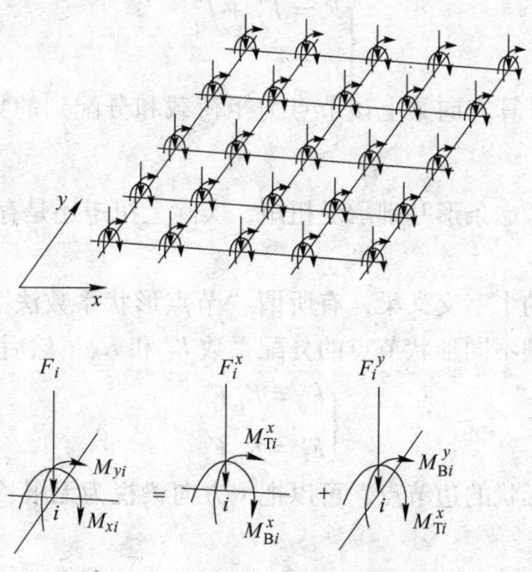

图 3.5.1　十字交叉条形基础的荷载分配

对任一节点 i，根据以上原则可列出六个方程：

$$\begin{cases} F_i = F_i^x + F_i^y \\ M_{xi} = M_{Bi}^x + M_{Ti}^y \\ M_{yi} = M_{Ti}^x + M_{Bi}^y \\ y_i^x = y_i^y \\ \theta_{Bi}^x = \theta_{Ti}^y \\ \theta_{Ti}^x = \theta_{Bi}^y \end{cases} \tag{3.5.1}$$

式中　F，M——作用在节点上的集中力和力矩；

y，θ——梁节点的挠度和转角，角标中的 x、y 表示柱传下的力矩荷载方向，B、T 则表示弯曲和扭转，上标中的 x、y 表示划分后的单向梁方向。

上述六个方程中有六个未知量：F_i^x、F_i^y、M_{Bi}^x、M_{Ti}^y、M_{Ti}^x、M_{Bi}^y，而挠度和转角不是独立的未知量，例如 x 方向梁 i 节点的挠度 y_i^x 为：

$$y_i^x = \sum_{j=1}^{n} \delta_{ij}^x F_j^x + \sum_{j=1}^{n} \overline{\delta_{ij}^x} M_{Bj}^x + \sum_{j=1}^{n} \delta_{ij}^{x*} M_{Tj}^x \tag{3.5.2}$$

式中　δ_{ij}^x，$\overline{\delta_{ij}^x}$，δ_{ij}^{x*}——分别为 $F_j^x = 1$、$M_{Bj}^x = 1$、$M_{Tj}^x = 1$ 时，x 方向梁 i 节点的挠度。

当十字交叉条形基础有 n 个节点时，共有 $6n$ 个未知量，也可列出 $6n$ 个方程，是可以求解的，但计算太繁杂。实用上常常作一些简化假定减少计算工作量。

3.5.2　荷载分配的简化方法

在实用荷载分配方法中，通常不考虑节点转角的协调变形，即节点的力矩荷载不分配，而由作用方向上的梁承担，这相当于把原浇筑在一起的两个方向上的梁看成是上下搁置的。此外，当梁相对较柔时（例如柱距 $l>2/\lambda$），在考虑竖向变形协调时不计及相邻节点荷载的影响。于是对于任一节点，只要按下列两个简单的方程分配竖向集中力即可：

$$\begin{cases} F_i = F_i^x + F_i^y \\ y_i^x = y_i^y \end{cases} \tag{3.5.3}$$

其中，挠度 y 仅是计算方向梁上该节点力矩荷载和分配到的集中荷载的函数，例如，$y_i^x = \delta_{ii}^x F_i^x + \overline{\delta_{ii}^x} M_i$。

以上分配方法中不考虑条形基础承受扭矩，实际上扭矩还是存在的，因此在构造配筋时应满足抗扭要求。

对于文克勒地基上的十字交叉梁，有所谓“节点形状系数法”，即按上述原则并利用文克勒地基上梁的解得到不同形状节点的分配系数 K_{ix} 和 K_{iy}，然后有

$$\begin{cases} F_i^x = K_{ix} F_i \\ F_i^y = K_{iy} F_i \end{cases} \tag{3.5.4}$$

例如图 3.5.2 所示形状的边节点，可以把 x 方向梁视为无限长梁，而把 y 方向梁视为半无限长梁，则有：

$$\begin{cases} y_i^x = \dfrac{F_i^x \lambda_x}{2kb_x} F_1(\lambda x) = \dfrac{F_i^x \lambda_x}{2kb_x} A_x = \dfrac{F_i^x}{2kb_x S_x} \\ y_i^y = \dfrac{2F_i^y \lambda_y}{kb_y} F_4(\lambda y) = \dfrac{2F_i^y \lambda_y}{kb_y} D_y = \dfrac{2F_i^y}{kb_y S_y} \end{cases} \tag{3.5.5}$$

式中，当 $\lambda_x=0$ 时，$A_x=1$；$\lambda_y=0$ 时，$D_y=1$；$S_x=1/\lambda_x$；$S_y=1/\lambda_y$。

式（3.5.3）变成：

$$\begin{cases} F_i = F_i^x + F_i^y \\ \dfrac{F_i^x}{2kb_x S_x} = \dfrac{2F_i^y}{kb_y S_y} \end{cases} \tag{3.5.6}$$

联立方程式（3.5.4）、式（3.5.6），得

$$\begin{cases} K_{ix} = \dfrac{4b_x S_x}{4b_x S_x + b_y S_y} \\ K_{iy} = \dfrac{b_y S_y}{4b_x S_x + b_y S_y} \end{cases} \tag{3.5.7}$$

式中 b——基础梁底面宽度；

S——基础梁的特征长度（$S=1/\lambda$）。

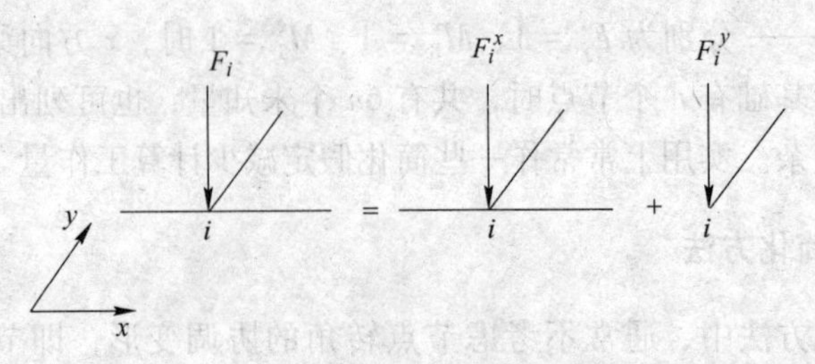

图 3.5.2 边节点的形状系数分配

表3.5.1列出了十字交叉条形基础三种形状的节点的节点形状系数计算式，边节点和角节点还常常会带上悬臂，此时的节点形状系数可参照有关文献。

表3.5.1　节点形状系数计算式

节点名称	节点形状	K_{ix}	K_{iy}
中节点	i	$\dfrac{b_xS_x}{b_xS_x+b_yS_y}$	$\dfrac{b_yS_y}{b_xS_x+b_yS_y}$
边节点	i	$\dfrac{4b_xS_x}{4b_xS_x+b_yS_y}$	$\dfrac{4b_yS_y}{4b_xS_x+b_yS_y}$
角节点	i	$\dfrac{b_xS_x}{b_xS_x+b_yS_y}$	$\dfrac{b_yS_y}{b_xS_x+b_yS_y}$

通常，将柱节点分为边柱节点、内柱节点、角柱节点三类，各类型节点柱荷载的分配如下：

（1）边柱节点（x 方向为无限长梁；y 方向为半无限长梁）：

$$\begin{cases} F_i^x = \dfrac{4b_xS_x}{4b_xS_x + b_yS_y}F_i \\ F_i^y = \dfrac{b_yS_y}{4b_xS_x + b_yS_y}F_i \end{cases} \tag{3.5.8}$$

式中，$S_x = \dfrac{1}{\lambda_x} = \sqrt[4]{\dfrac{4EI}{kb_x}}$，$S_y = \dfrac{1}{\lambda_y} = \sqrt[4]{\dfrac{4EI}{kb_y}}$。

对于边柱有悬臂伸出的情况，悬臂长度 $l_y = (0.1 \sim 0.75)S_y$，假定 y 方向外伸，则有

$$\begin{cases} F_i^x = \dfrac{\alpha b_xS_x}{\alpha b_xS_x + b_yS_y}F_i \\ F_i^y = \dfrac{b_yS_y}{\alpha b_xS_x + b_yS_y}F_i \end{cases} \tag{3.5.9}$$

式中，α 由 $\dfrac{l_y}{S_y}$ 之比查表3.5.2。

（2）内柱节点：

$$\begin{cases} F_i^x = \dfrac{b_xS_x}{b_xS_x + b_yS_y}F_i \\ F_i^y = \dfrac{b_yS_y}{b_xS_x + b_yS_y}F_i \end{cases} \tag{3.5.10}$$

式中，$S_x=\frac{1}{\lambda_x}=\sqrt[4]{\frac{4EI}{kb_x}}$，$S_y=\frac{1}{\lambda_y}=\sqrt[4]{\frac{4EI}{kb_y}}$。

表 3.5.2　系数 α，β 与 l_x/S_x，l_y/S_y 之间的关系

$\frac{l_x}{S_x}$，$\frac{l_y}{S_y}$	0	0.1	0.2	0.3	0.4	0.5	0.6	0.62	0.64
α	4.00	3.28	2.70	2.24	1.89	1.62	1.43	1.41	1.38
β	1.00	1.22	1.48	1.79	2.12	2.46	2.80	2.84	2.91
$\frac{l_x}{S_x}$，$\frac{l_y}{S_y}$	0.65	0.66	0.67	0.68	0.69	0.70	0.71	0.73	0.75
α	1.36	1.35	1.34	1.32	1.31	1.30	1.29	1.26	1.24
β	2.94	2.97	3.00	3.03	3.06	3.08	3.10	3.18	3.23

（3）角柱节点：

1）双向均不外伸时，计算方法同内柱节点；

2）双向均外伸，且$\frac{l_x}{l_y}=\frac{S_x}{S_y}$时，荷载分配同内柱节点；

3）若只有一个方向外伸（x 方向外伸）时：

$$\begin{cases} F_i^x=\dfrac{\beta b_x S_x}{\beta b_x S_x+b_y S_y}F_i \\ F_i^y=\dfrac{b_y S_y}{\beta b_x S_x+b_y S_y}F_i \end{cases} \tag{3.5.11}$$

式中，β 由$\frac{l_x}{S_x}$之比查表 3.5.2。

实用上还有更粗略的分配方法，例如，简单地按交汇于某节点的两个方向上梁的线刚度比来分配该节点的竖向荷载，这样的分配并未考虑两个方向上梁的变形协调。有时当一个方向上的梁的截面远小于另一个方向上的梁截面时，不再进行荷载分配，而将全部荷载作用在截面大的梁上进行单向条形基础计算，不过另一方向的梁必须满足构造要求。

3.5.3　荷载分配后的修正

节点荷载分配完毕后，纵、横两个方向上的梁独立进行计算。但在柱节点下的那块面积在纵、横向梁计算时都被用到，即重复利用了节点面积。节点面积往往占交叉条形基础全部面积的 20%~30%，重复利用使计算结果误差较大，且偏于不安全。

荷载修正的思路实际上是将节点荷载也适当放大，以保持基底压力不因重复利用节点面积而减小。设实际基底面积为 $\sum A$，其中节点面积为 $\sum a$，则修正前基底压力为 $p'=\frac{\sum F}{\sum A+\sum a}$，修正后的实际基底压力为 $p=\frac{\sum F}{\sum A}$，令修正系数 m 为

$$m=\frac{p}{p'}=\frac{\sum A+\sum a}{\sum A}=1+\frac{\sum a}{\sum A}>1 \tag{3.5.12}$$

为使基底压力保持 p 值，应将荷载放大 m 倍，即为 $m\sum F$，而

$$m\sum F=\left(1+\frac{\sum a}{\sum A}\right)\sum F=\sum F+p\sum a=\sum F+mp'\sum a \tag{3.5.13}$$

假定任一节点荷载都按此处理，则 i 节点的荷载 F_i 应放大为

$$mF_i=F_i+ma_ip_i' \tag{3.5.14}$$

令 $\Delta F_i=ma_ip_i'$，其中 a_i 为第 i 节点的面积。

节点荷载修正量 ΔF_i 也按 F_i 的分配比例分配到纵、横两个方向的梁上：

$$\begin{cases}\Delta F_i^x=\dfrac{F_i^x}{F_i}\Delta F_i\\[2ex]\Delta F_i^y=\dfrac{F_i^y}{F_i}\Delta F_i\end{cases} \tag{3.5.15}$$

修正后的荷载为

$$\begin{cases}F_{i修}^x=F_i^x+\Delta F_i^x\\F_{i修}^y=F_i^y+\Delta F_i^y\end{cases} \tag{3.5.16}$$

综上所述，得到文克勒地基上十字交叉条形基础的荷载修正步骤为：

（1）分别计算基底总面积 $\sum A$、各节点面积 a_i 和节点总面积 $\sum a$；

（2）近似求得基底压力 p'：

$$p'=\frac{\sum F}{\sum A+\sum a} \tag{3.5.17}$$

（3）计算修正系数 m 和各节点荷载增量 ΔF_i：

$$m=1+\frac{\sum a}{\sum A} \tag{3.5.18}$$

$$\Delta F_i=ma_ip_i' \tag{3.5.19}$$

（4）将 $F_i+\Delta F_i$ 分配到纵、横向梁上：

$$\begin{cases}F_i^x=K_{ix}(F_i+\Delta F_i)\\F_i^y=K_{iy}(F_i+\Delta F_i)\end{cases} \tag{3.5.20}$$

（5）分别将 F_i^x 和 F_i^y 作用在 x、y 方向的梁上，进行文克勒地基梁的分析。

3.5.4 计算实例

[例题 3-4] 某工程为两跨钢筋混凝土框架结构，其基础平面布置图如图 3.5.3 所示。其中，作用于 2 轴上的集中力及力偶见下表。基础底宽 $B=2.4\text{m}$，基础沿 x，y 方向向外悬挑 1.5m。基床系数 $K=5\text{MN/m}^3$，$EI=4.3\times10^9\text{N}\cdot\text{m}^2$。试计算②轴线上荷载分布。

节　点	A2	B2	C2
F/kN	2050	2400	1800
M_y/kN·m	300	210	250

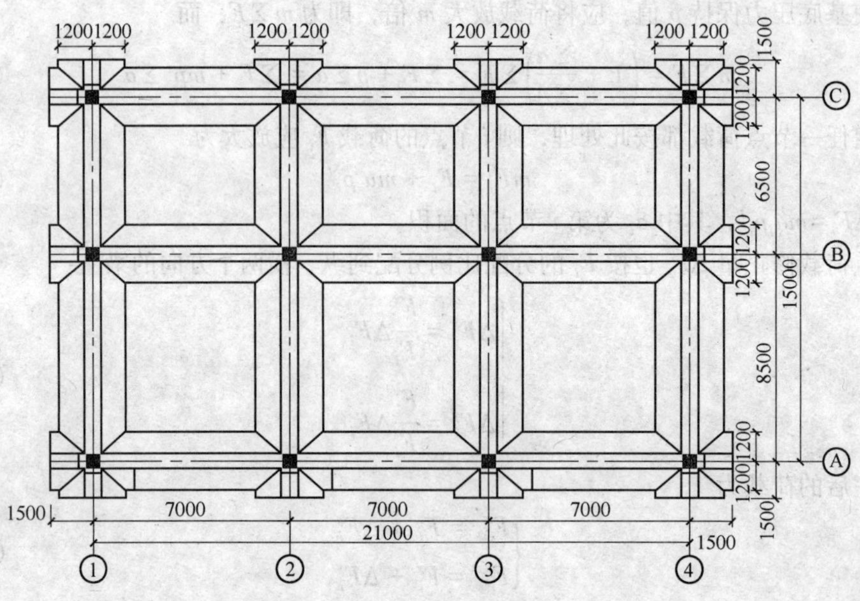

图 3.5.3　基础平面布置图（1：100）

解：（1）计算节点荷载修正量

$$\sum A + \sum a = 2.4 \times (21 + 1.5 \times 2) \times 3 + 2.4 \times (15 + 1.5 \times 2) \times 4 = 345.6\text{m}^2$$

$$a_i = 2.4 \times 2.4 = 5.76\text{m}^2$$

$$\sum a = 5.76 \times 12 = 69.12\text{m}^2$$

$$\sum A = 345.6 - 69.12 = 276.48\text{m}^2$$

$$p' = \frac{\sum F}{\sum A + \sum a} = \frac{(2050 + 2400 + 1800) \times 4}{345.6} = 72.34\text{Pa}$$

$$m = 1 + \frac{\sum a}{\sum A} = 1 + \frac{69.12}{276.48} = 1.25$$

$$\Delta F_{A2} = \Delta F_{B2} = \Delta F_{C2} = m a_i p'_i = 1.25 \times 5.76 \times 72.34 = 520.85\text{kN}$$

（2）计算边柱荷载分配

$$S_x = S_y = \sqrt[4]{\frac{4EI}{kb_y}} = \sqrt[4]{\frac{4 \times 4.3 \times 10^9}{5 \times 10^6 \times 2.4}} = 6.153\text{m}$$

$\frac{l_y}{S_y} = \frac{1.5}{6.153} = 0.244$，查表 3.5.2 得 $\alpha = 2.4976$。

$$K^x_{A2} = K^x_{C2} = \frac{\alpha b_x S_x}{\alpha b_x S_x + b_y S_y} = \frac{2.4976 \times 1.5 \times 6.153}{2.4976 \times 1.5 \times 6.153 + 1.5 \times 6.153} = 0.71$$

$$K^y_{A2} = K^y_{C2} = \frac{b_y S_y}{\alpha b_x S_x + b_y S_y} = \frac{1.5 \times 6.153}{2.4976 \times 1.5 \times 6.153 + 1.5 \times 6.153} = 0.29$$

$$F^x_{A2} = K^x_{A2}(F_{A2} + \Delta F_{A2}) = 0.71 \times (2050 + 520.85) = 1825.30\text{kN}$$

$$F^y_{A2} = K^y_{A2}(F_{A2} + \Delta F_{A2}) = 0.29 \times (2050 + 520.85) = 745.55\text{kN}$$

$$F^x_{C2} = K^x_{C2}(F_{C2} + \Delta F_{C2}) = 0.71 \times (1800 + 520.85) = 1647.80\text{kN}$$

$$F^y_{C2} = K^y_{C2}(F_{C2} + \Delta F_{C2}) = 0.29 \times (1800 + 520.85) = 673.05\text{kN}$$

（3）计算中柱荷载分配

$$S_x = S_y = \sqrt[4]{\frac{4EI}{kb_y}} = \sqrt[4]{\frac{4 \times 4.3 \times 10^9}{5 \times 10^6 \times 2.4}} = 6.153\text{m}$$

$$K_{B2}^x = \frac{b_x S_x}{b_x S_x + b_y S_y} = \frac{1.5 \times 6.153}{1.5 \times 6.153 + 1.5 \times 6.153} = 0.50$$

$$K_{B2}^y = \frac{b_y S_y}{b_x S_x + b_y S_y} = \frac{1.5 \times 6.153}{1.5 \times 6.153 + 1.5 \times 6.153} = 0.50$$

$$F_{B2}^x = K_{B2}^x (F_{B2} + \Delta F_{B2}) = 0.50 \times (2400 + 520.85) = 1460.43\text{kN}$$

$$F_{B2}^y = K_{B2}^y (F_{B2} + \Delta F_{B2}) = 0.50 \times (2400 + 520.85) = 1460.43\text{kN}$$

荷载分配以后，十字交叉梁内力计算就按照单向条形基础内力计算，参考 3.4.3 节例题计算。

思考题

3-1　柱下条形基础的类型有哪些，其适用条件怎样？

3-2　柱下条形基础的设计内容有哪些？

3-3　静力平衡法和倒梁法的适用条件及计算步骤是什么？

3-4　什么是刚性梁、有限长梁和无限长梁，文克勒地基有限长梁的计算步骤是什么？

3-5　十字交叉条形基础柱荷载分配的原则是什么，荷载分配的简化方法有哪些？

3-6　十字交叉条形基础柱荷载分配后为何要进行修正？

4 筏形基础

4.1 概 述

在高层建筑中，上部结构的荷载一般较大，当地基承载力较低，采用条形基础不能满足要求时，可以将基础底面扩大成支撑整个建筑结构的成片的钢筋混凝土板，即筏形基础（又称筏板基础或片筏基础）。在软土地区的高层建筑中，筏形基础是一种常见的基础类型，对于超高层建筑，也常常将筏形基础与桩基础相结合来使用，收到了良好的效果。

4.1.1 筏形基础的特点及适用条件

筏形基础是一种常见的浅基础类型。《高层建筑箱形与筏形基础技术规范》（JGJ 6—2011）定义筏形基础为“柱下或墙下连续的平板式或梁板式钢筋混凝土基础”，从这个定义来看，筏形基础的范围要比箱形基础大得多，使用上也灵活得多。

4.1.1.1 特点

国内外有关资料分析表明，天然地基基础方案是高层建筑最为经济的基础方案。在国外经济发达国家，高层建筑在选择地基方案时，往往首选天然地基基础方案，这时最广泛使用的基础类型就是筏形基础。筏形基础能够成为高层建筑常用的基础形式，是因为它具有以下一些特点：

（1）能充分发挥地基承载力；

（2）基础沉降量比较小，调整地基不均匀沉降的能力比较强；

（3）具有良好的抗震性能；

（4）可以充分利用地下空间；

（5）施工方便；

（6）在一定条件下是经济的。

4.1.1.2 适用条件

高层建筑与多层建筑一样，有多种可供选择的基础方案，从中选择安全可靠、经济合理的最优方案，常常需要考虑许多因素。影响基础类型选择的因素主要有：上部结构体系、柱距及荷载大小、地基土质条件、建筑功能要求、地下空间利用、材料及施工条件、工期及经济性和地区习惯等。是否使用筏形基础，要经过多方对比和考虑，但筏形基础的适用性是非常广的。

4.1.2 筏形基础的类型

筏形基础较常用的形式如图 4.1.1 所示。

筏形基础分为平板式筏基和梁板式筏基两大类。当柱荷载不大、柱距较小且等距时，

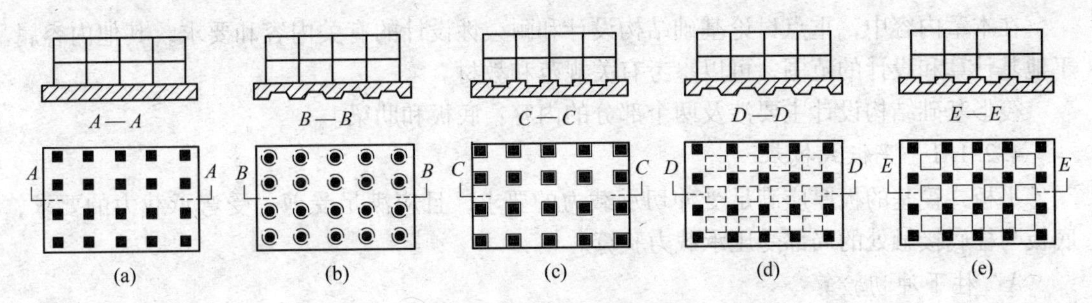

图 4.1.1 筏形基础常用类型

（a）平板式；（b）柱下板底加墩式；（c）柱下板面加墩式；

（d）梁板式（板底设梁）；（e）梁板式（板顶设梁）

筏形基础常做成一块等厚度的钢筋混凝土板，称为平板式筏基（见图 4.1.1(a)）。工程实践中，当柱荷载较大时，常在柱脚板底或板面设置柱墩（见图 4.1.1(b)、图 4.1.1(c)），用来提高筏板的抗冲切承载力。平板式筏基应用较广泛，具有施工简单的优点，且有利于地下室空间的利用；其缺点是柱荷载很大时，常因设置柱墩而导致筏板厚度不均匀。板底加墩式有利于地下室的利用，板面加墩式则方便施工。板底加墩式的基槽挖成如图 4.1.1(b) 所示的平滑圆弧形较好，可以避免钢筋或钢筋网弯曲。框架-核心筒结构和筒中筒结构宜采用平板式筏形基础。

当柱荷载很大且不均匀，柱距较大或柱距差异较大时，筏板将产生较大的弯曲应力。这时通过增加板厚来减小弯曲应力变得非常不经济，因此，常常沿柱轴线纵、横向设置肋梁（见图 4.1.1(d)、图 4.1.1(e)），就成为梁板式筏基（或称为肋梁式筏基）。梁板式筏形基础是由短梁、长梁和筏板组成的双向板体系，与平板式筏基相比具有材耗低、刚度大的特点。板底设梁式有利于地下室空间的利用，但地基开槽施工麻烦，也破坏了地基的连续性，扰动了地基土，导致地基承载力降低。板顶设梁式易于施工，但不利于地下室空间的利用，在选择方案时应考虑综合因素。

4.2 筏形基础的设计内容与构造要求

4.2.1 筏形基础的设计内容

根据现行国家标准《建筑地基基础设计规范》（GB 50007—2011）和行业标准《高层建筑筏形与箱形基础技术规范》（JGJ 6—2011）的规定，筏形基础的设计内容包括以下几个方面：

（1）选择基础类型；

（2）选择地基持力层，确定基础埋置深度；

（3）确定地基承载力特征值；

（4）确定基础底面尺寸和平面布置；

（5）地基变形验算；

（6）基础结构设计；

（7）基础结构耐久性设计。

在本章内容中，重点讨论基础结构设计和耐久性设计的有关内容和要求，其他内容属于地基计算和设计的范围，可以参考有关规范和教材。

筏形基础结构设计主要涉及两个部分的内容：底板和肋梁。

4.2.1.1　平板式筏基

平板式筏基的板厚应满足受冲切承载力的要求，且应满足受剪、受弯承载力的要求，底板与柱底接触处的局部受压承载力验算。

A　柱下冲切验算

验算时应计入作用在冲切临界截面重心上的不平衡弯矩所产生的附加剪力。对基础的边柱和角柱进行冲切验算时，其冲切力应分别乘以 1.1 和 1.2 的增大系数。距柱边$\frac{h_0}{2}$处冲切临界截面（见图 4.2.1）的最大剪应力 $\tau_{\max}$ 应符合下列公式的规定：

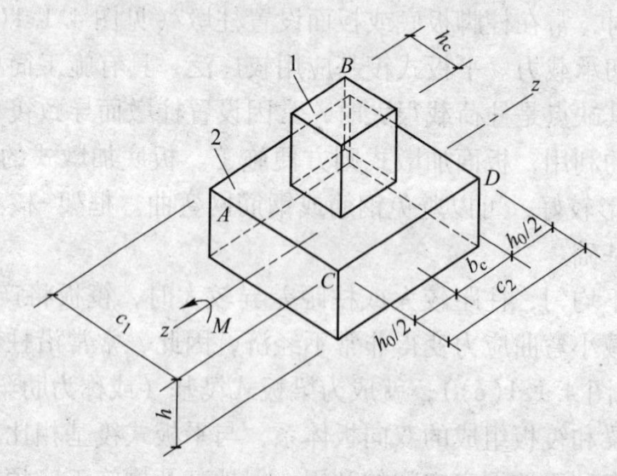

图 4.2.1　内柱冲切临界截面示意图

1—柱；2—筏板

$$\tau_{\max} = \frac{F_l}{u_m h_0} + \alpha_s \frac{M_{unb} c_{AB}}{I_s} \tag{4.2.1}$$

$$\tau_{\max} \leqslant 0.7(0.4 + 1.2/\beta_s)\beta_{hp} f_t \tag{4.2.2}$$

$$\alpha_s = 1 - \frac{1}{1 + \frac{2}{3}\sqrt{\frac{c_1}{c_2}}} \tag{4.2.3}$$

式中　F_l——相应于荷载效应基本组合时的冲切力，kN，对内柱取轴力设计值与筏板冲切破坏锥体内的基底净反力设计值之差；对基础的边柱和角柱，取轴力设计值与筏板冲切临界截面范围内的基底净反力设计值之差；计算基底净反力值时应扣除底板及其上填土的自重；

u_m——距柱边缘不小于 $h_0/2$ 处的冲切临界截面的最小周长，m，内柱、边柱、角柱详见式（4.2.4）、式（4.2.9）、式（4.2.15）；

h_0——筏板的有效高度，m；

M_{unb}——作用在冲切临界截面重心上的不平衡弯矩，kN · m；

c_{AB}——沿弯矩作用方向，冲切临界截面重心至冲切临界截面最大剪应力点的距离，m；

I_s——冲切临界截面对其重心的极惯性矩，m^4，内柱、边柱、角柱详见式（4.2.5）、式（4.2.10）、式（4.2.16）；

β_s——柱截面长边与短边的比值：当$\beta_s<2$时，β_s取2；当$\beta_s>4$时，β_s取4；

β_{hp}——受冲切承载力截面高度影响系数：当$h\leqslant 800$mm时，取$\beta_{hp}=1.0$；当$h\geqslant 2000$mm时，取$\beta_{hp}=0.9$；其间按线性内插法取值；

f_t——混凝土轴心抗拉强度设计值，kPa；

c_1——与弯矩作用方向一致的冲切临界截面的边长，m；

c_2——垂直于c_1的冲切临界截面的边长，m；

α_s——不平衡弯矩通过冲切临界截面上的偏心剪力传递的分配系数。

当柱荷载较大，等厚度筏板的受冲切承载力不能满足要求时，可在筏板上面增设柱墩或在筏板下局部增加板厚或采用抗冲切钢筋等提高受冲切承载能力。

冲切临界截面的最小周长u_m及冲切临界截面对其重心的极惯性矩I_s的计算方法：

（1）对于内柱（见图4.2.2）：

$$u_m = 2c_1 + 2c_2 \tag{4.2.4}$$

$$I_s = \frac{c_1 h_0^3}{6} + \frac{c_1^3 h_0}{6} + \frac{c_2 h_0 c_1^2}{2} \tag{4.2.5}$$

$$c_1 = h_c + h_0 \tag{4.2.6}$$

$$c_2 = b_c + h_0 \tag{4.2.7}$$

$$c_{AB} = c_1/2 \tag{4.2.8}$$

式中 h_c——与弯矩作用方向一致的柱截面的边长，m；

b_c——垂直于h_c的柱截面边长，m。

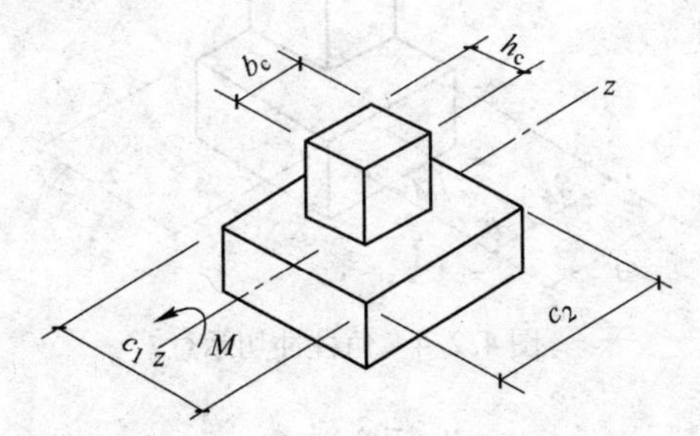

图4.2.2 内柱冲切示意图

（2）对于边柱（见图4.2.3）：

$$u_m = 2c_1 + c_2 \tag{4.2.9}$$

$$I_s = \frac{c_1 h_0^3}{6} + \frac{c_1^3 h_0}{6} + 2h_0 c_1\left(\frac{c_1}{2} - \overline{X}\right)^2 + c_2 h_0 \overline{X}^2 \tag{4.2.10}$$

$$c_1 = h_c + h_0/2 \tag{4.2.11}$$

$$c_2 = b_c + h_0 \tag{4.2.12}$$

$$c_{AB} = c_1 - \overline{X} \tag{4.2.13}$$

$$\overline{X} = \frac{c_1^2}{2c_1 + c_2} \tag{4.2.14}$$

式中　$\overline{X}$——冲切临界截面重心位置，m。

式（4.2.9）~式（4.2.14）适用于柱外侧齐筏板边缘的边柱。对外伸式筏板，边柱柱下筏板冲切临界截面的计算模式，应根据边柱外侧筏板的悬挑长度和柱子的边长确定。当边柱外侧的悬挑长度小于或等于（h_0+0.5b_c）时，冲切临界截面可计算至垂直于自由边的板端，计算 c_1 及 I_s 值时应计及边柱外侧的悬挑长度；当边柱外侧筏板的悬挑长度大于（h_0+0.5b_c）时，边柱柱下筏板冲切临界截面的计算模式同内柱。

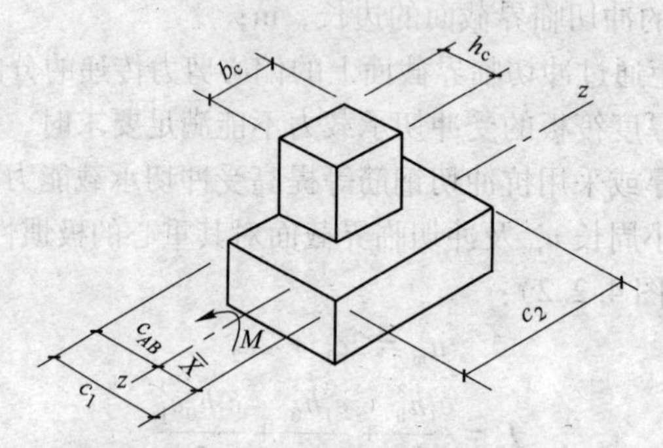

图 4.2.3　边柱冲切示意

（3）对于角柱（见图 4.2.4）：

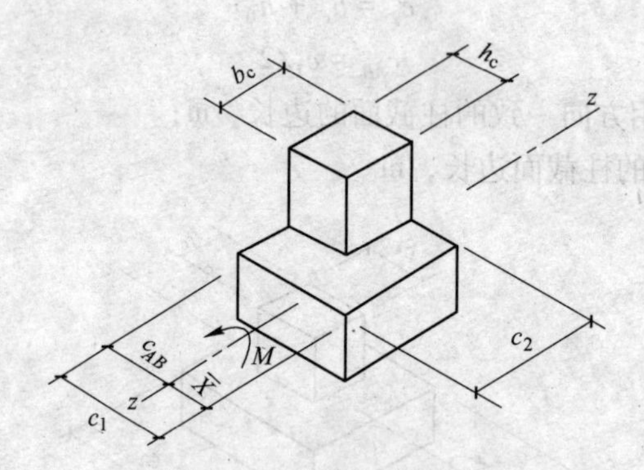

图 4.2.4　角柱冲切示意

$$u_m = c_1 + c_2 \tag{4.2.15}$$

$$I_s = \frac{c_1 h_0^3}{12} + \frac{c_1^3 h_0}{12} + c_1 h_0 \left(\frac{c_1}{2} - \overline{X}\right)^2 + c_2 h_0 \overline{X}^2 \tag{4.2.16}$$

$$c_1 = h_c + h_0/2 \tag{4.2.17}$$

$$c_2 = b_c + h_0/2 \tag{4.2.18}$$

$$c_{AB} = c_1 - \overline{X} \tag{4.2.19}$$

$$\overline{X} = \frac{c_1^2}{2c_1 + c_2} \tag{4.2.20}$$

式中　$\overline{X}$——冲切临界截面重心位置，m。

式（4.2.15）~式（4.2.20）适用于柱两相邻外侧齐筏板边缘的角柱。对外伸式筏板，角柱下筏板冲切临界截面的计算模式，应根据角柱外侧筏板的悬挑长度和柱子的边长确定。当角柱两相邻外侧筏板的悬挑长度分别小于或等于（$h_0+0.5b_c$）和（$h_0+0.5h_c$）时，冲切临界截面可计算至垂直于自由边的板端，计算 c_1、c_2 及 I_s 值应计及角柱外侧筏板的悬挑长度；当角柱两相邻外侧筏板的悬挑长度大于（$h_0+0.5b_c$）和（$h_0+0.5h_c$）时，角柱柱下筏板冲切临界截面的计算模式同内柱。

B　内筒冲切验算

平板式筏基在内筒（框架-核心筒结构和筒中筒结构）下的受冲切承载力应符合下式规定：

$$\frac{F_l}{u_m h_0} \leqslant 0.7\beta_{hp} f_t/\eta \tag{4.2.21}$$

式中　F_l——相应于荷载效应基本组合时的内筒所承受的轴力设计值与内筒下筏板冲切破坏锥体内的基底净反力设计值之差，kN。

u_m——距内筒外表面 $h_0/2$ 处冲切临界截面的周长，m（见图 4.2.5）；

h_0——距内筒外表面 $h_0/2$ 处筏板的截面有效高度，m；

η——内筒冲切临界截面周长影响系数，取 1.25。

当需要考虑内筒根部弯矩的影响时，距内筒外表面 $h_0/2$ 处冲切临界截面的最大剪应力 τ_{max} 可根据式（4.2.1）计算，此时最大剪应力 τ_{max} 应满足 $\tau_{max} \leqslant 0.7\beta_{hp} f_t/\eta$ 的要求。

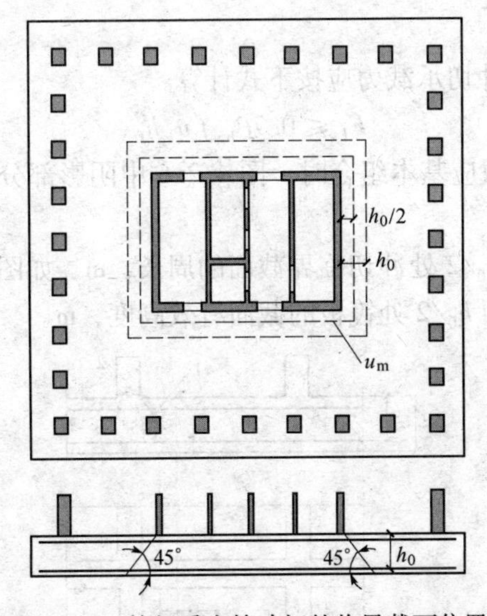

图 4.2.5　筏板受内筒冲切的临界截面位置

C　受剪承载力验算

平板式筏基除应符合受冲切承载力的规定外，尚应按下列公式验算距内筒和柱边缘 h_0 处截面的受剪承载力：

$$V_s \leqslant 0.7\beta_{hs} f_t b_w h_0 \tag{4.2.22}$$

$$\beta_{hs} = \left(\frac{800}{h_0}\right)^{1/4} \tag{4.2.23}$$

式中　V_s——距内筒或柱边缘 h_0 处，相应于荷载效应基本组合的基底平均净反力产生的筏板单位宽度剪力设计值，kN；

β_{hs}——受剪承载力截面高度影响系数：当 $h_0<800$mm 时，取 $h_0=800$mm；当 $h_0>2000$mm 时，取 $h_0=2000$mm；其间按内插法取值；

b_w——筏板计算截面单位宽度，m；

h_0——筏板的截面有效高度，m。

当筏板变厚度时，尚应验算变厚度处筏板的截面受剪承载力。

D　受弯承载力计算

平板式筏基的受弯承载力按照现行国家标准《混凝土结构设计规范》（GB 50010—2010）的有关规定执行。控制截面弯矩设计值的计算参考本章后面几节内容进行。

E　底板与柱底接触处的局部受压承载力验算

平板式筏基底板顶面应符合底层柱下局部受压承载力的要求。对抗震设防烈度为 9 度的高层建筑，验算柱下底板板顶局部受压承载力时，尚应满足现行国家标准《建筑抗震设计规范》（GB 50011—2010）的要求，考虑竖向地震作用对柱轴力的影响。

4.2.1.2　梁板式筏基

梁板式筏基的板厚应满足受冲切、受剪切承载力要求，且应满足正截面受弯承载力要求；肋梁应满足正截面受弯、柱边缘处或梁柱连接面八字角边缘处基础梁斜截面受剪承载力要求，柱底与肋梁接触处应满足局部受压承载力要求。

A　底板受冲切验算

梁板式筏基底板的受冲切承载力应按下式计算

$$F_l \leqslant 0.7\beta_{hp} f_t u_m h_0 \tag{4.2.24}$$

式中　F_l——相应于荷载效应基本组合时，图 4.2.6 中阴影部分面积上的基底平均净反力设计值，kN；

u_m——距基础梁边 $h_0/2$ 处冲切临界截面的周长，m，如图 4.2.6 所示；

h_0——距内筒外表面 $h_0/2$ 处筏板的截面有效高度，m。

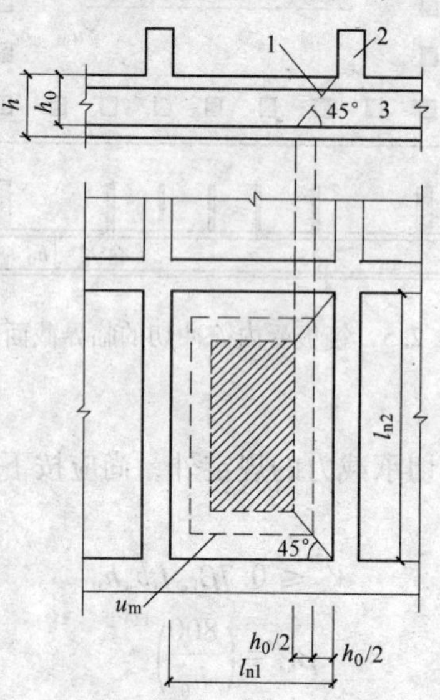

图 4.2.6　梁板式筏基底板的冲切计算示意

1—冲切破坏锥体的斜截面；2—梁；3—底板

当底板区格为矩形双向板时，底板冲切所需的厚度 h_0 应按式（4.2.25）进行计算，其底板厚度与最大双向板格的短边净跨之比不应小于1/14，且板厚不应小于400mm。

$$h_0 = \frac{(l_{n1} + l_{n2}) - \sqrt{(l_{n1} + l_{n2})^2 - \dfrac{4p_n l_{n1} l_{n2}}{p_n + 0.7\beta_{hp} f_t}}}{4} \tag{4.2.25}$$

式中 l_{n1}，l_{n2}——计算板格的短边和长边的净长度，m；

p_n——扣除底板及其上填土自重后，相应于荷载效应基本组合的基底平均净反力设计值，kPa，基底反力系数可按《高层建筑筏形与箱形基础技术规范》（JGJ 6—2011）附录E选用。

B 底板受剪切验算

双向底板斜截面受剪承载力按下式计算

$$V_s \leqslant 0.7\beta_{hs} f_t (l_{n2} - 2h_0) h_0 \tag{4.2.26}$$

式中，V_s 为距梁边缘 h_0 处，作用在图4.2.7中阴影部分面积上的基底平均净反力产生的剪力设计值，kN。

当底板板格为单向板时，其斜截面受剪承载力按条形基础底板受剪承载力进行验算（本书第2章式（2.2.5））。

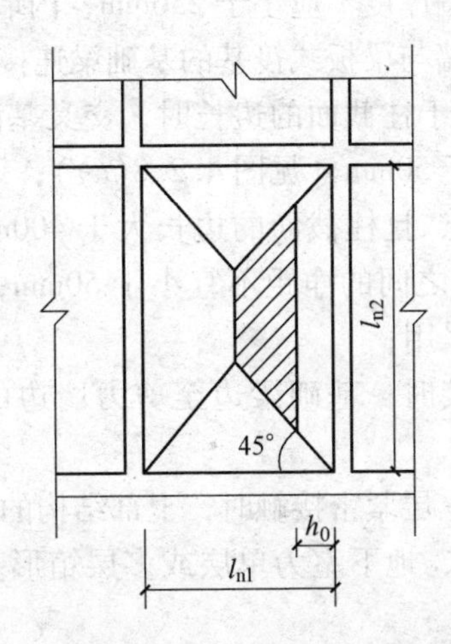

图4.2.7 梁板式筏基底板受剪切计算示意

C 底板受弯验算

梁板式筏基正截面受弯承载力计算按照现行国家标准《混凝土结构设计规范》（GB 50010—2010）进行，控制截面弯矩设计值的计算按照本章后面几节进行。

D 肋梁的受弯、受剪承载力计算

梁板式筏基肋梁的控制截面弯矩和剪力设计值的计算，按照本章后面几节的方法进行，算出弯矩和剪力设计值后，按照现行国家标准《混凝土结构设计规范》（GB 50010—2010）中有关正截面受弯、斜截面受剪承载力计算方法进行。

E 肋梁顶部与柱脚连接处的局部受压承载力验算

梁板式筏基梁顶面应符合底层柱下局部受压承载力的要求。对抗震设防烈度为9度的高层建筑，验算柱下基础梁局部受压承载力时，尚应满足现行国家标准《建筑抗震设计规范》（GB 50011—2010）的要求，考虑竖向地震作用对柱轴力的影响。

4.2.2 构造要求

根据现行国家标准《建筑地基基础设计规范》（GB 50007—2011）和行业标准《高层建筑箱形与筏形基础技术规范》（JGJ 6—2011）的有关规定，筏形基础的构造，应符合下列规定。

4.2.2.1 几何尺寸

（1）筏形基础的基底平面形心宜与结构竖向永久荷载重心重合，当不能重合时，在荷载效应准永久组合下，偏心距 e 宜符合下式规定：

$$e \leqslant 0.1\frac{W}{A} \tag{4.2.27}$$

式中 W——与偏心距方向一致的基础底面边缘抵抗矩，m^3；

A——基础底面积，m^2。

（2）梁板式筏基底板的厚度应符合受弯、受冲切和受剪承载力的要求，且不应小于400mm；板厚与最大双向板格的短边净跨之比不应小于1/14；梁的高跨比不宜小于1/6。

（3）筏形基础地下室的外墙厚度不应小于250mm，内墙厚度不宜小于200mm。

（4）地下室底层柱、剪力墙与梁板式筏基的基础梁连接的构造应符合下列规定：

1）当交叉基础梁的宽度小于柱截面的边长时，交叉基础梁连接处宜设置八字角，柱角和八字角之间的净距不宜小于50mm（见图4.2.8(a)）；

2）当单向基础梁与柱连接、且柱截面的边长大于400mm时，可按图4.2.8(b)、图4.2.8(c)采用，柱角和八字角之间的净距不宜小于50mm；当柱截面的边长小于或等于400mm时，可按图4.2.8(d)采用；

3）当基础梁与剪力墙连接时，基础梁边至剪力墙边的距离不宜小于50mm（见图4.2.8(e)）。

（5）地下室的四周外墙与土层紧密接触时，上部结构的嵌固部位按下列规定确定：

1）上部结构为剪力墙结构，地下室为单层或多层箱形基础地下室，地下一层结构顶板可作为上部结构的嵌固部位。

2）上部结构为框架、框架-剪力墙或框架-核心筒结构时：

① 地下室为单层箱形基础，箱形基础的顶板可作为上部结构的嵌固部位（见图4.2.9(a)）；

② 对采用筏形基础的单层或多层地下室以及采用箱形基础的多层地下室，当地下一层的结构侧向刚度 K_B 大于或等于与其相连的上部结构底层楼层侧向刚度 K_F 的1.5倍时，地下一层结构顶板可作为上部结构的嵌固部位（见图4.2.9(b)、(c)）。

③ 对于大底盘整体筏形基础，当地下室内、外墙与主体结构墙体之间的距离符合表4.2.1要求时，地下一层的结构侧向刚度可计入该范围内的地下室内、外墙刚度，但此范围内的侧向刚度不能重复使用于相邻塔楼。当 $K_B<1.5K_F$ 时，建筑物的嵌固部位可设在筏形基础或箱形基础的顶部，结构整体计算分析时宜考虑基底土和基侧土的阻抗，可在地下室与周围土层之间设置适当的弹簧和阻尼器来模拟。

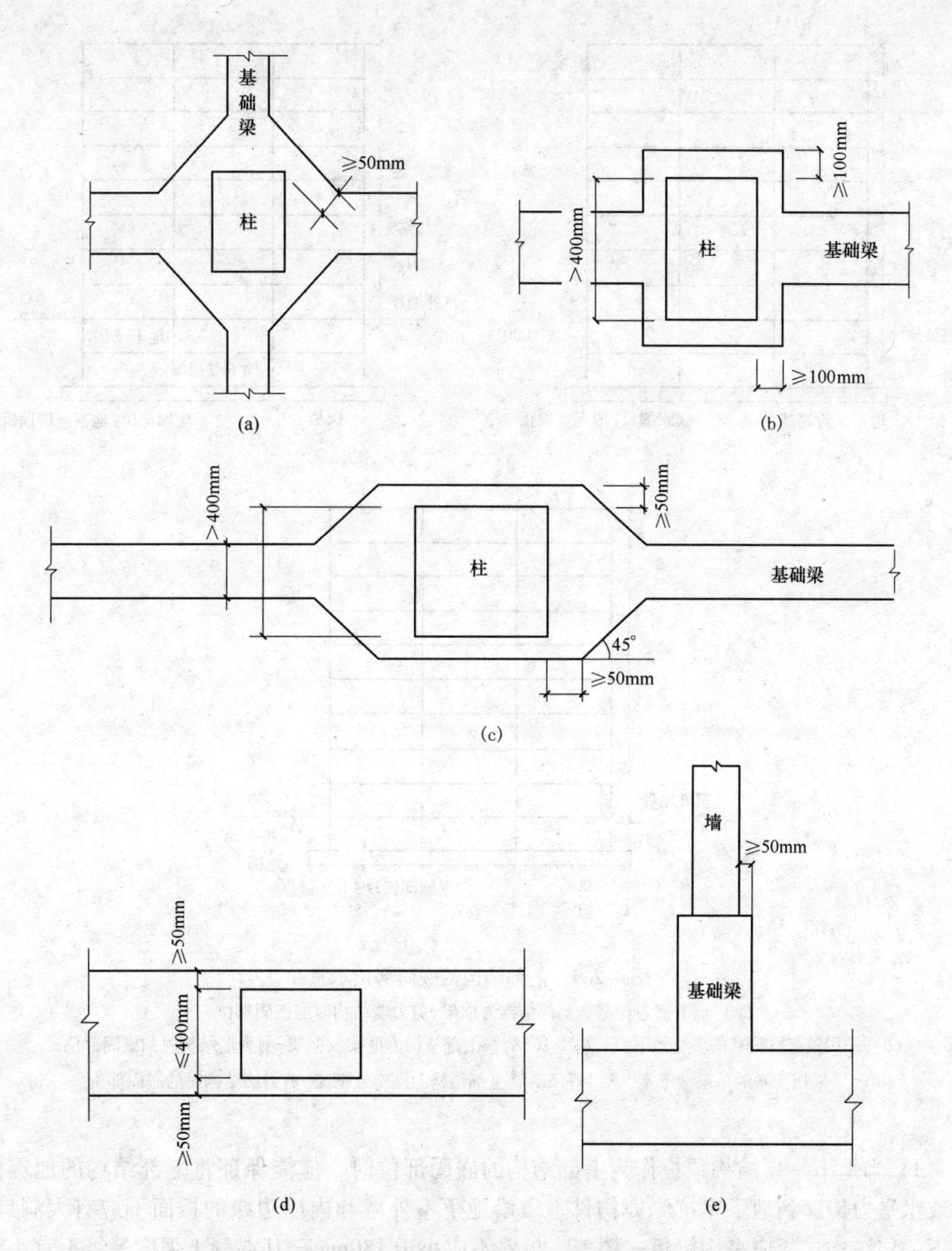

图 4.2.8　地下室底层柱和剪力墙与梁板式筏基的基础梁连接构造

表 4.2.1　地下室墙与主体结构墙之间的最大间距 *d*

非抗震设计	抗震设防烈度		
	6 度，7 度	8 度	9 度
$d \leqslant 50\text{m}$	$d \leqslant 40\text{m}$	$d \leqslant 30\text{m}$	$d \leqslant 20\text{m}$

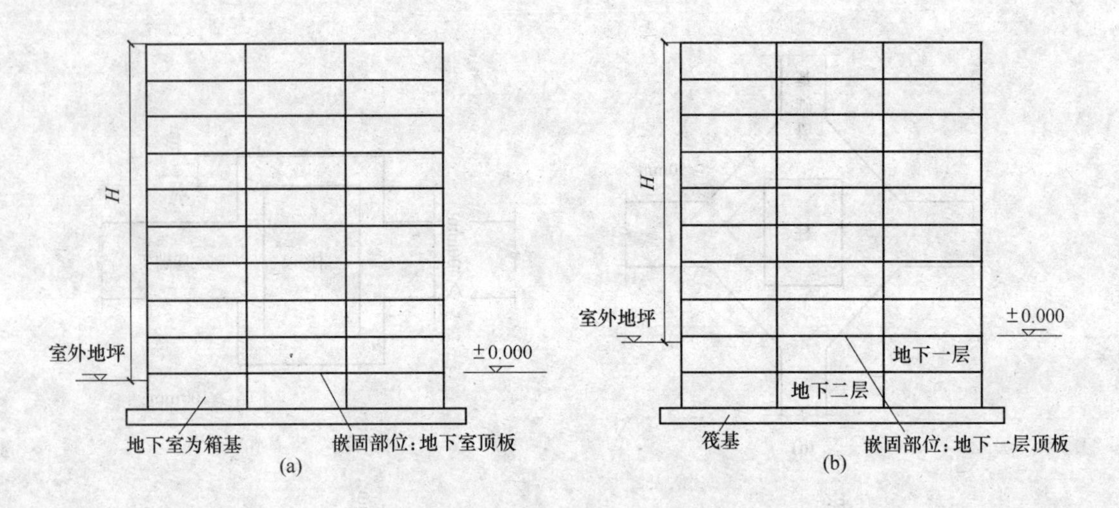

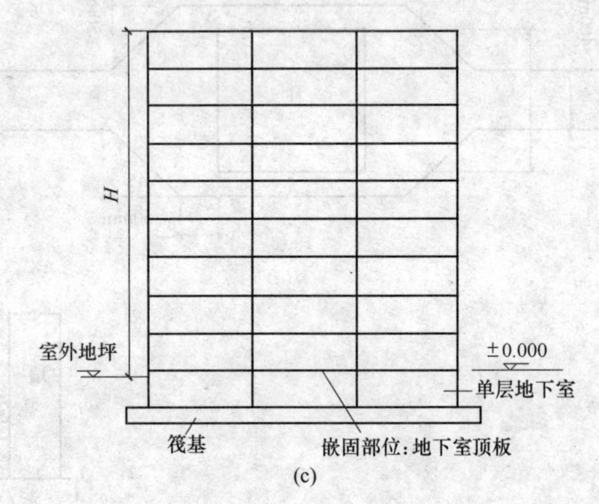

图 4.2.9 上部结构的嵌固部位示意

（a）地下室为箱基、上部结构为框架-剪力墙结构时的嵌固部位；

（b）采用筏基或箱基的多层地下室，$K_B \geqslant 1.5K_F$，上部结构为框架或框架-剪力墙结构时的嵌固部位；

（c）采用筏基的单层地下室，$K_B \geqslant 1.5K_F$，上部结构为框架或框架-剪力墙结构时的嵌固部位

3）当地下一层结构顶板作为上部结构的嵌固部位时，应能保证将上部结构的地震作用或水平力传递到地下室抗侧力构件上，沿地下室外墙和内墙边缘的板面不应有大洞口；地下一层结构顶板应采用梁板式楼盖，板厚不应小于 180mm，其混凝土强度等级不宜小于C30；楼面应采用双层双向配筋，且每层每个方向的配筋率不宜小于 0.25%。

4）地下室的抗震等级、构件的截面设计以及抗震构造措施应符合现行国家标准《建筑抗震设计规范》（GB 50011）的有关规定，剪力墙底部加强部位的高度应从地下室顶板算起；当结构嵌固在基础顶面时，剪力墙底部加强部位的范围亦应从地面算起，并将底部加强部位延伸至基础顶面。

4.2.2.2 钢筋

（1）筏形基础地下室的墙体内应设置双面钢筋，钢筋不宜采用光圆钢筋。钢筋配置量

除应满足承载力要求外，尚应考虑变形、抗裂及外墙防渗等要求。水平钢筋的直径不应小于12mm，竖向钢筋的直径不应小于10mm，间距不应大于200mm。当筏板的厚度大于2000mm时，宜在板厚中间部位设置直径不小于12mm、间距不大于300mm的双向钢筋。

（2）当梁板式筏基的基底净反力按直线分布计算时，其基础梁的内力可按连续梁分析，边跨的跨中弯矩以及第一内支座的弯矩值宜乘以1.2的增大系数。考虑到整体弯曲的影响，梁板式筏基的底板和基础梁的配筋除应满足计算要求外，基础梁和底板的顶部跨中钢筋应按实际配筋全部连通，纵横方向的底部支座钢筋尚应有1/3贯通全跨。底板上下贯通钢筋的配筋率均不应小于0.15%。

（3）当平板式筏基的基底净反力按直线分布计算时，可按柱下板带和跨中板带分别进行内力分析，并应符合下列要求：

1）柱下板带中在柱宽及其两侧各0.5倍板厚且不大于1/4板跨的有效宽度范围内，其钢筋配置量不应小于柱下板带钢筋的一半，且应能承受部分不平衡弯矩$\alpha_m M_{unb}$，M_{unb}为作用在冲切临界截面重心上的部分不平衡弯矩，α_m可按下式计算：

$$\alpha_m = 1 - \alpha_s \quad (4.2.28)$$

式中　α_m——不平衡弯矩通过弯曲传递的分配系数；

α_s——按式（4.2.3）计算。

2）考虑到整体弯曲的影响，筏板的柱下板带和跨中板带的底部钢筋应有1/3贯通全跨，顶部钢筋应按实际配筋全部连通，上下贯通钢筋的配筋率均不应小于0.15%。

3）有抗震设防要求、平板式筏基的顶面作为上部结构的嵌固端、计算柱下板带截面组合弯矩设计值时，柱根内力应考虑乘以与其抗震等级相应的增大系数。

4.2.2.3　混凝土强度等级

（1）基础混凝土应符合耐久性要求，筏形基础和桩箱、桩筏基础的混凝土强度等级不应低于C30；箱形基础的混凝土强度等级不应低于C25。

（2）当采用防水混凝土时，防水混凝土的抗渗等级应按表4.2.2选用；对重要建筑，宜采用自防水并设置架空排水层。

表4.2.2　防水混凝土抗渗等级

埋置深度 d/m	设计抗渗等级	埋置深度 d/m	设计抗渗等级
$d<10$	P6	$20\leqslant d<30$	P10
$10\leqslant d<20$	P8	$30\leqslant d$	P12

当地基土比较均匀、地基压缩层范围内无软弱土层或可液化土层、上部结构刚度较好，柱网和荷载较均匀、相邻柱荷载及柱间距的变化不超过20%，且平板式筏基板的厚跨比或梁板式筏基梁的高跨比不小于1/6时，筏形基础可仅考虑底板局部弯曲作用。计算筏形基础的内力时，基底净反力可按直线分布，应扣除底板及其上填土的自重。当不符合上述要求时，筏基内力可按弹性地基梁板等理论进行分析。计算分析时应根据土层情况和地区经验选用地基模型和参数。

对有抗震设防要求的结构，嵌固端处的框架结构底层柱截面组合弯矩设计值应按现行国家标准《建筑抗震设计规范》（GB 50011—2010）的规定乘以与其抗震等级相对应的增大系数。

筏形基础地下室施工完成后，应及时进行基坑回填。回填土应按设计要求选料。回填时应清除基坑内的杂物，在相对的两侧或四周同时进行并分层夯实，回填土的压实系数不应小于0.94。

当四周与土体紧密接触带地下室外墙的整体式筏形基础建于Ⅲ、Ⅳ类场地时，按刚性地基假定计算的基底水平地震剪力和倾覆力矩可根据结构刚度、埋置深度、场地类别、土质情况、抗震设防烈度以及工程经验折减。

4.3 筏形基础内力的简化计算

4.3.1 刚性板条法

4.3.1.1 适用条件

刚性板条法是平板式筏形基础的一种简化计算方法，适用于上部结构刚度大、柱荷载比较均匀（相邻柱荷载变化不超过20%）、柱距比较一致且小于1.75/λ的情况。

$$\lambda = \sqrt[4]{(k_s b)/(4E_h J)} \tag{4.3.1}$$

式中 k_s——地基土的基床系数；

b——基础板条宽度，即相邻柱间的中心距；

J——宽度等于b的板条的截面惯性矩。

4.3.1.2 假定条件

当平板式筏形基础符合上述条件时可被认为是完全刚性的，此时可采用刚性板条法计算平板式筏形基础底板的内力。将筏板划分为如图4.3.1所示的互相垂直的板带，各板带的分界线就是相邻柱间的中心线；假定各板带为互不影响的独立基础梁，即忽略板带之间的剪力，可采用静力平衡法（第2章第2.3节）计算各板带的内力。

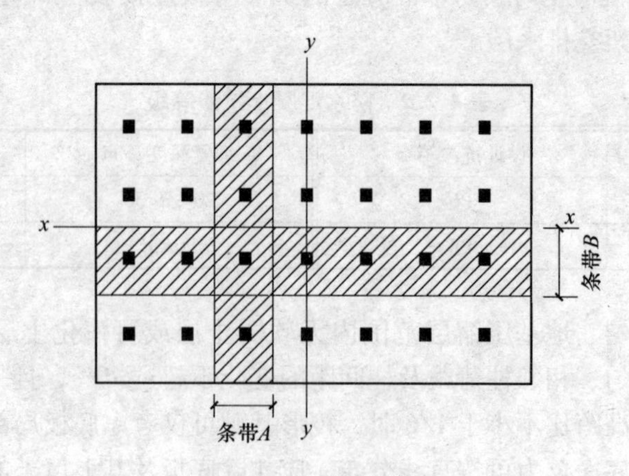

图4.3.1 刚性板条法

4.3.1.3 计算步骤

刚性板条法的具体计算步骤如下：

（1）求平板式筏板的形心，建立xoy坐标系如图4.3.2所示。

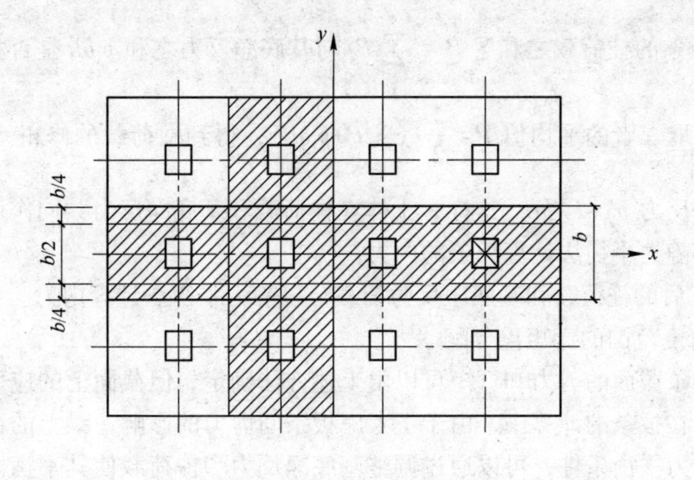

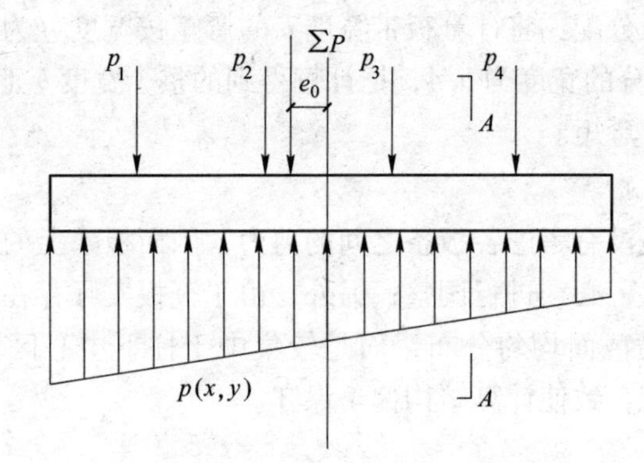

图 4.3.2 刚性板条法的计算简图

（2）求筏板基底净反力 $p(x, y)$ 的分布

$$p(x,\ y) = \frac{\sum P}{A} \pm \sum P \frac{e_x x}{I_y} \pm \sum P \frac{e_y y}{I_x} \tag{4.3.2}$$

$$p_{\min}^{\max} = \frac{\sum P}{A} \pm \sum P \frac{e_x}{W_y} \pm \sum P \frac{e_y}{W_x} \tag{4.3.3}$$

式中 $\sum P$——筏形基础底板上的总荷载，求筏形基础内力时不计板结构及回填土的自重，故 $p(x, y)$ 为基底净反力；

I_x，I_y——分别为筏形基础底面对 x 轴、y 轴的惯性矩；

W_x，W_y——分别为筏形基础底面对 x 轴、y 轴的抵抗矩。

（3）在求出基底净反力 $p(x, y)$ 的分布后（不考虑整体弯曲，但在端部第一、第二跨范围内将基底净反力增加 10%~20%），可按互相垂直的两个方向作整体分析。

（4）取某板条（图 4.3.2 中 x 方向的板条）为研究对象，计算该板条上的柱荷载之和 $\sum P = \sum_{i=1}^{4} P_i$。

（5）计算该板条的基底净反力平均值及基底净反力之和：取板条长度为 L、宽度为 b，按基底净反力分布形式（见式（4.3.2）及图 4.3.2），则可求得该板条的基底净反力平均值 $\bar{p}_j$、净反力之和为 $\bar{p}_j bL$。

(6) 判别板条的柱荷载之和$\sum P=\sum_{i=1}^{4}P_i$与基底净反力之和$\overline{p}_j bL$是否相等?

如果不等，取二者的平均值$\overline{P}=\frac{1}{2}(\sum P+\overline{p}_j bL)$，得到柱荷载的修正系数$\alpha=\frac{\overline{P}}{\sum P}$；修正后基底平均净反力$\overline{p}'_j=\overline{P}/bL$。这样，土体在柱荷载和基底净反力共同作用下就处于静力平衡，就可以按静力平衡法计算板条的内力。

(7) 按修正后的柱荷载和基底净反力荷载，以静力平衡法计算内力。

(8) 板条宽度范围的弯矩重分配。

虽然整个板条截面的剪力和弯矩可以由上述方法确定，但截面上的应力分布是一个高度超静定问题。在板条的计算中，由于不考虑板条间剪力的影响，梁上的荷载和基底净反力往往不满足静力平衡条件，可以通过调整基底净反力和柱荷载使其平衡。横截面上的弯矩应按以下方法进行重新分配：将计算板带宽度b的弯矩按宽度分为三部分，中间部分的宽度为$b/2$，两个边缘部分的宽度为$b/4$，把计算得到的整个宽度b上的2/3弯矩作用于中间部分，边缘各承担1/6弯矩。

4.3.1.4　缺陷与不足

刚性板条法的缺陷是没有考虑各板条之间的剪力，因而板条上的柱荷载与基底净反力常常不满足静力平衡条件，必须进行调整；另外，由于筏板实际存在的空间作用，各板条横截面上的弯矩并非沿横截面均匀分布，而是较集中于柱下中心区域；柱荷载也没有在纵、横向板条上进行分配，致使计算结构偏于保守。

4.3.2　倒楼盖法

现行行业标准《高层建筑筏形与箱形基础技术规范》(JGJ 6—2011) 规定：当地基土比较均匀、地基压缩层范围内无软弱土层或可液化土层，上部结构刚度较好，柱网和荷载较均匀、相邻柱荷载及柱间距的变化不超过20%，且平板式筏基板的厚跨比或梁板式筏基梁的高跨比不小于1/6时，筏形基础可仅考虑底板局部弯曲作用，计算筏形基础的内力时，基底反力可按直线分布，并扣除底板及其上填土的自重。

倒楼盖法是以柱子或剪力墙为固定铰支座、基底净反力为荷载，将筏形基础视为倒置的楼盖，按普通钢筋混凝土楼盖来计算的一种方法。该方法只考虑筏板承担局部弯曲引起的内力，不考虑塑性内力重分布，适用于上部结构刚度大、基础刚度小的情况。

(1) 无梁楼盖。对于框架结构下的平板式筏形基础，基础板就可按无梁楼盖计算。平板在纵横两个方向划分为柱上板带和跨中板带，并近似地取基底净反力为板带上的荷载(见图4.3.2)，其内力分析和配筋计算与无梁楼盖相同。

(2) 肋梁楼盖。对于框架结构下的梁板式筏形基础，在按倒楼盖法计算时，其计算简图与柱网的分布和肋梁的布置有关。如柱网接近方形，梁仅沿柱网布置(见图4.3.3(a))，则基础板为连续双向板，梁为连续梁。如基础板在柱网间增设了肋梁(见图4.3.3(b))，基础板应视区格大小按双向板或单向板进行计算，梁和肋均按连续梁计算。

当基础梁跨度相差不大时，可将梁上荷载按沿板角45°线所划分的范围，分别由横梁和纵梁承担，然后按多跨连续梁分别计算。

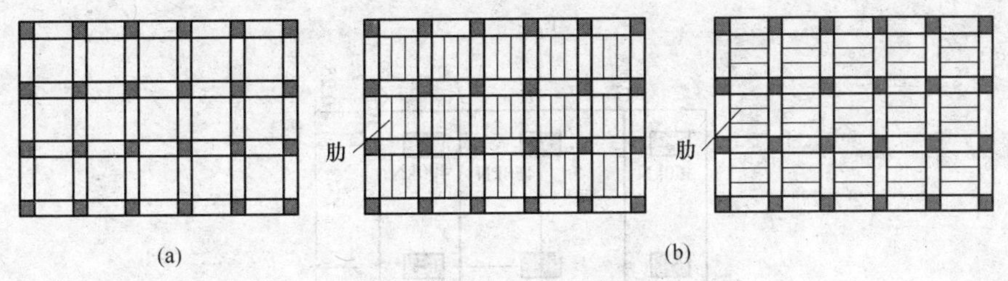

图 4.3.3　基础的肋梁布置
（a）梁沿柱网布置；（b）柱网间增设肋梁

梁板式筏形基础的计算步骤如下：

（1）计算基底净反力的分布，扣除基础结构及回填土的自重。

（2）将底板上的荷载（基底净反力）沿板角 45°线划分范围（见图 4.3.4），把梁所承担区域或其他集中力的所有荷载分配给相应肋梁（次梁也用此法计算）。

（3）按连续梁计算相应梁的内力（可使用“调整倒梁法”）。

（4）若梁间板为矩形，按单向板计算板的内力；若梁间板为正方形，按双向板计算板的内力。

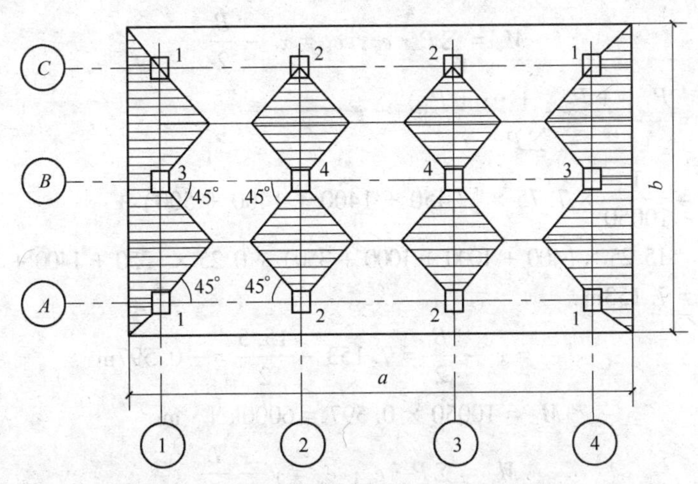

图 4.3.4　筏形基础肋梁上荷载的分布

4.3.3　刚性板带计算实例

［**例题 4-1**］如图 4.3.5 所示的筏形基础厚 0.8m，采用刚性板条法计算基础内力。

解：（1）验证持力层强度：

$$\sum P = 350 \times 2 + 450 + 400 \times 2 + 500 + 1400 \times 4 + 1000 \times 2 = 10050\text{kN}$$

$$G = 21.5 \times 15.5 \times 0.8 \times 24 = 6398.4\text{kN}$$

$$A = 15.5 \times 21.5 = 333.25\text{m}^2$$

$$I_x = \frac{1}{12} \times 15.5 \times 21.5^3 = 12837\text{m}^4$$

$$I_y = \frac{1}{12} \times 21.5 \times 15.5^3 = 6672\text{m}^4$$

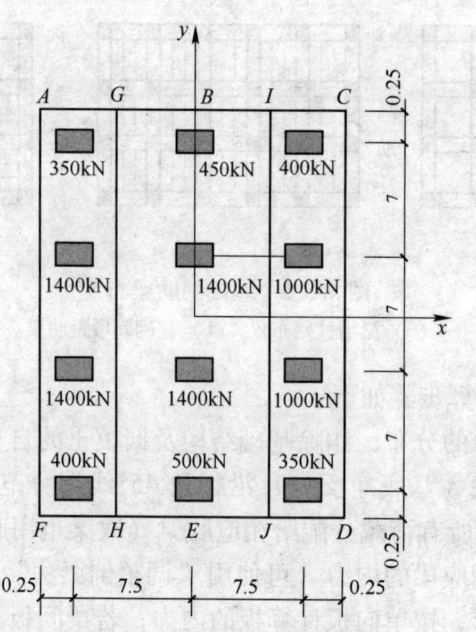

图 4.3.5　筏形基础算例（尺寸单位：m）

$$M_y = \sum P \cdot e_x;\ e_x = x' - \frac{B}{2}$$

$$\begin{aligned} x' &= \frac{P_{1x'1} + P_{2x'2} + \cdots + P_{12x'12}}{\sum P} \\ &= \frac{1}{10050} \times 7.75 \times [(450 + 1400 + 1400 + 500) + \\ &\quad 15.25 \times (400 + 1000 + 1000 + 350) + 0.25 \times (350 + 1400 + 1400 + 400)] \\ &= 7.153\text{m} \end{aligned}$$

$$e_x = x' - \frac{B}{2} = 7.153 - \frac{15.5}{2} = -0.597\text{m}$$

$$M_y = 10050 \times 0.597 = 6000\text{kN} \cdot \text{m}$$

同理，

$$M_x = \sum P \cdot e_y;\ e_y = y' - \frac{L}{2}$$

$$\begin{aligned} y' &= \frac{P_{1y'1} + P_{2y'2} + \cdots + P_{12y'12}}{\sum P} \\ &= \frac{1}{10050} \times [0.25 \times (400 + 500 + 350) + 7.25 \times (1400 + 1400 + 1000) + \\ &\quad 14.25 \times (1400 + 1400 + 1000) + 21.25 \times (350 + 450 + 400)] \\ &= 10.700\text{m} \end{aligned}$$

$$e_y = y' - \frac{L}{2} = 10.700 - \frac{21.5}{2} = -0.05\text{m}$$

$$M_x = 10050 \times 0.05 = 502.5\text{kN} \cdot \text{m}$$

基底平均压力：

$$P = \frac{\sum P + G}{A} = \frac{10050 + 6398.4}{333.25} = 49.4\text{kN/m}^2$$

基底反力最大值：

$$P_{\max} = \frac{\sum P + G}{A} + \frac{M_x y_{\max}}{I_x} + \frac{M_y x_{\max}}{I_y}$$

$$=49.1 + \frac{502.5}{12837} \times 10.75 + \frac{6000}{6672} \times 7.75$$

$$=56.80\text{kN/m}^2 < 1.2f_a$$

（2）计算基底净反力：

不计基础自重得各点净反力如下：

$$P_{ji} = \frac{\sum P}{A} + \frac{M_x y_i}{I_x} + \frac{M_y x_i}{I_y}$$

A 点：$P_{jA} = 30.16 - 0.039 \times 10.75 + 0.899 \times 7.75 = 36.71\text{kN/m}^2$

B 点：$P_{jB} = 30.16 - 0.039 \times 10.75 + 0.899 \times 0 = 29.74\text{kN/m}^2$

C 点：$P_{jC} = 30.16 - 0.039 \times 10.75 - 0.899 \times 7.75 = 22.81\text{kN/m}^2$

D 点：$P_{jD} = 30.16 + 0.039 \times 10.75 - 0.899 \times 7.75 = 23.61\text{kN/m}^2$

E 点：$P_{jE} = 30.16 + 0.039 \times 10.75 + 0.899 \times 0 = 30.55\text{kN/m}^2$

F 点：$P_{jF} = 30.16 + 0.039 \times 10.75 + 0.899 \times 7.75 = 37.51\text{kN/m}^2$

（3）计算板条 $AGHF$ 的内力基底平均反力：

$$\overline{P}_j = \frac{1}{2}(P_{jA} + P_{jF}) = \frac{1}{2}(36.71 + 37.51) = 37.11\text{kN/m}^2$$

基底总反力：$\overline{P}_j bL = 37.11 \times 4 \times 21.5 = 3191.46\text{kN}$

柱荷载总和：$\sum P = 350 + 1400 + 1400 + 400 = 3550\text{kN}$

基底反力与柱荷载的平均值：$\overline{P} = \frac{1}{2}(\overline{P}_j bL + \sum P) = \frac{1}{2} \times (3191.46 + 3550) = 3370.73\text{kN}$

柱荷载修正系数：$\alpha = \frac{\overline{P}}{\sum P} = \frac{3370.73}{3350} = 0.950$

各柱荷载修正值如图 4.3.6 所示。

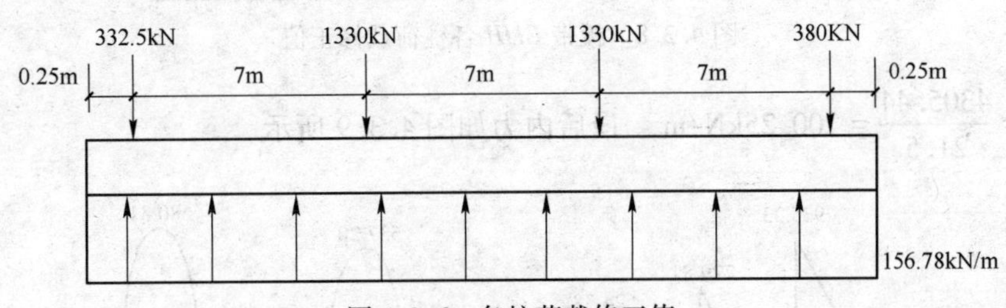

图 4.3.6 各柱荷载修正值

修正的基底平均净反力：

$$\overline{P}_j = \frac{\overline{P}}{bL} = \frac{3370.73}{4 \times 21.5} = 39.195\text{kN/m}^2$$

每单位长度基底平均净反力：$b\overline{P}_j = 4 \times 39.195 = 156.78\text{kN/m}$

最后按柱下条形基础计算内力。本例按静力平衡法计算各截面的弯矩和剪力，如图 4.3.7 所示。

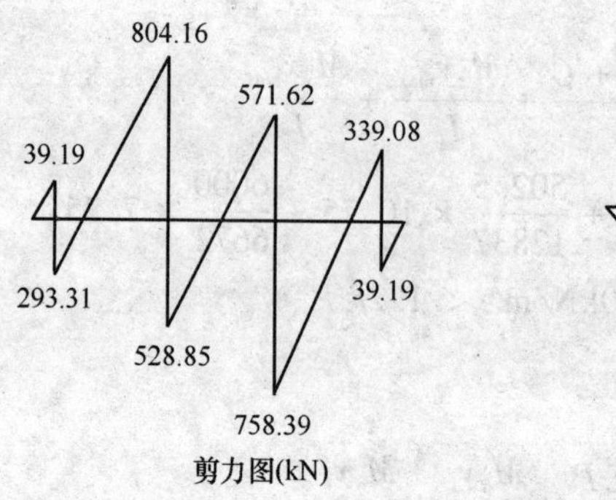

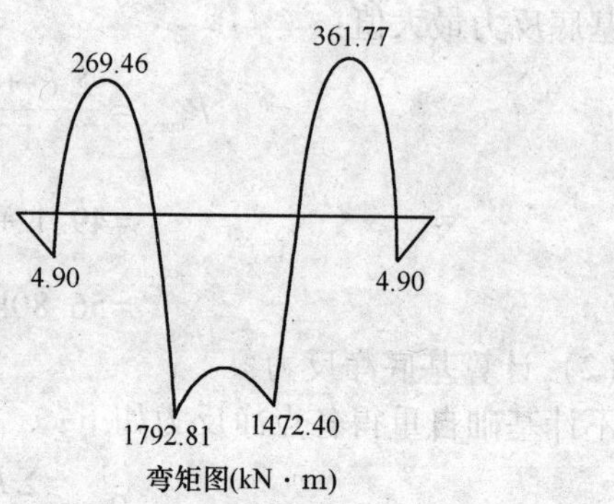

图 4.3.7　*AGFH* 板带内力

（4）计算板带 *GIJH* 的内力：

$$\overline{P}_{\mathrm{j}}=\frac{1}{2}(P_{\mathrm{j}B}+P_{\mathrm{j}E})=\frac{1}{2}(29.74+30.55)=30.15\mathrm{kN/m^2}$$

$$\overline{P}_{j}bL=30.15\times7.5\times21.5=4860.88\mathrm{kN}$$

$$\Sigma P=450+1400+1400+500=3750\mathrm{kN}$$

$$\overline{P}=\frac{1}{2}(\overline{P}_{\mathrm{j}}bL+\Sigma P)=\frac{1}{2}\times(4860.88+3750)=4305.44\mathrm{kN}$$

$$\alpha=\frac{\overline{P}}{\Sigma P}=\frac{4305.44}{3750}=1.148$$

各柱荷载修正值如图 4.3.8 所示。

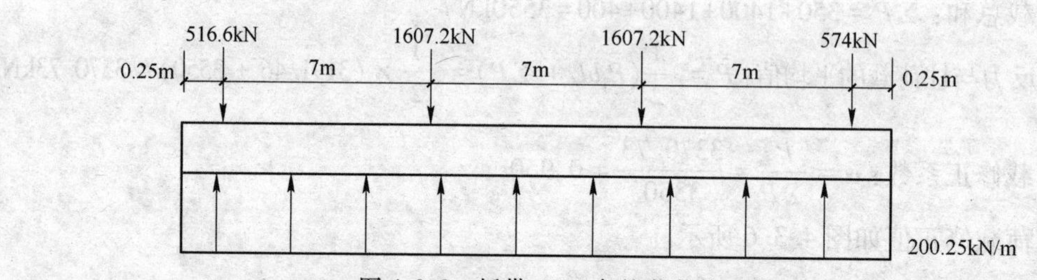

图 4.3.8　板带 *GIJH* 各柱荷载修正值

$b\,\overline{P}'_{\mathrm{f}}=\frac{4305.44}{21.5}=200.25\mathrm{kN/m}$，最后内力如图 4.3.9 所示。

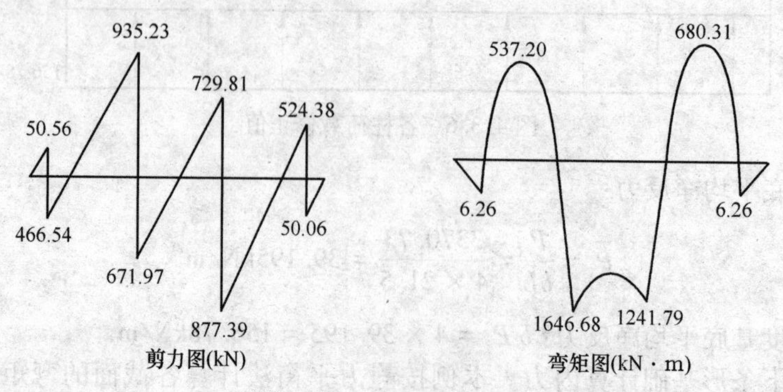

图 4.3.9　*GIJH* 板带内力

4.4 美国混凝土学会（ACI）计算法

美国混凝土学会（ACI）436委员会针对筏形基础的计算推荐了刚性方法和柔性方法。当基础刚度很大，平均柱距小于1.75/λ，可假设基底净反力呈直线分布，可以按照静力平衡法进行计算，即第4.3.1节所示的刚性板条法。当基础刚度相对上部结构刚度不大，可以认为基础是柔性的，推荐采用弹性地基上的梁板计算方法。当筏形基础相邻柱荷载和柱距的变化不大于20%，可以将筏形基础分为纵横向的板条，按弹性地基梁的方法计算板条的内力。当筏形基础刚度不大，柱荷载和柱距的差别又较大时，应按弹性地基上的板来进行计算。本节重点讨论ACI关于这种工况的计算方法和步骤。

4.4.1 ACI方法步骤

根据理论研究，一无限大的板受到集中荷载作用时，其影响是很快衰减的，显著影响的范围是有限的。因此，可以将筏形基础作为一无限大板或半无限大板确定柱荷载对周围的影响，一般这个影响范围不大，多数情况下，不需要考虑两跨柱距以外各柱荷载的影响。在确定某点内力时，可将影响范围内各柱荷载的效应叠加。因为柱荷载是个集中力，其影响是个圆，所以先用极坐标，最后再将内力转换为直角坐标，步骤如下：

（1）按冲切或常规刚性法确定板厚。

（2）计算基础底板的抗弯刚度 D：

$$D=\frac{E_b h^3}{12(1-\mu_b^2)} \tag{4.4.1}$$

式中 E_b，μ_b——筏形基础底板的弹性模量和泊松比；

h——板厚。

（3）计算有效刚度半径 L：

$$L=\sqrt{\frac{D}{k}} \tag{4.4.2}$$

式中 k——地基的基床系数，kN/m^3。

（4）计算任意点的挠度 w、径向弯矩 M_r、切向弯矩 M_t、剪力 V：

$$M_r=-\frac{P}{4}\left[Z_4\left(\frac{r}{L}\right)-(1-\mu_b)\frac{Z'_3\left(\frac{r}{L}\right)}{\frac{r}{L}}\right] \tag{4.4.3}$$

$$M_t=-\frac{P}{4}\left[\mu_b Z_4\left(\frac{r}{L}\right)+(1-\mu_b)\frac{Z'_3\left(\frac{r}{L}\right)}{\frac{r}{L}}\right] \tag{4.4.4}$$

$$V=-\frac{P}{4L}Z'_4\left(\frac{r}{L}\right) \tag{4.4.5}$$

$$w=\frac{PL^2}{4D}Z_3\left(\frac{r}{L}\right) \tag{4.4.6}$$

式中，M_r，M_t 为单位宽度筏板的径向弯矩和切向弯矩，kN·m/m；V 为单位宽度筏板的剪力；w 为计算点的挠度；L 为有效刚度半径，m；D 为基础底板的抗弯刚度；E_b、μ_b 为筏形基础底板的弹性模量和泊松比；P 为柱荷载；$Z_4\left(\frac{r}{L}\right)$、$Z'_4\left(\frac{r}{L}\right)$、$Z_3\left(\frac{r}{L}\right)$、$Z'_3\left(\frac{r}{L}\right)$ 为计算挠度、弯矩和剪力的函数，如图 4.4.1 所示为其系数；r 为计算点至柱荷载作用点的距离，m，如图 4.4.2 所示。

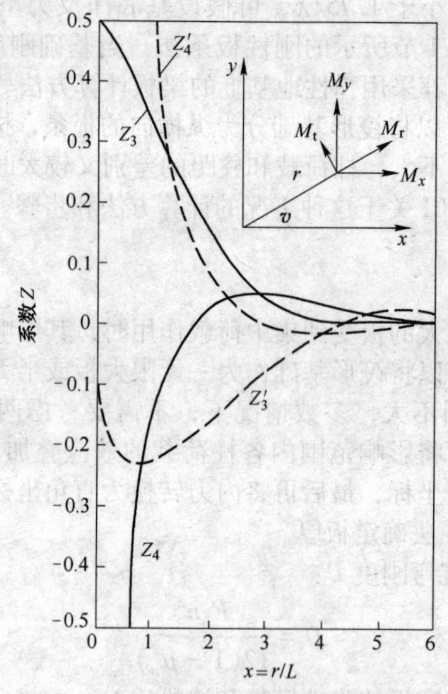

图 4.4.1　剪力、弯矩和挠度系数

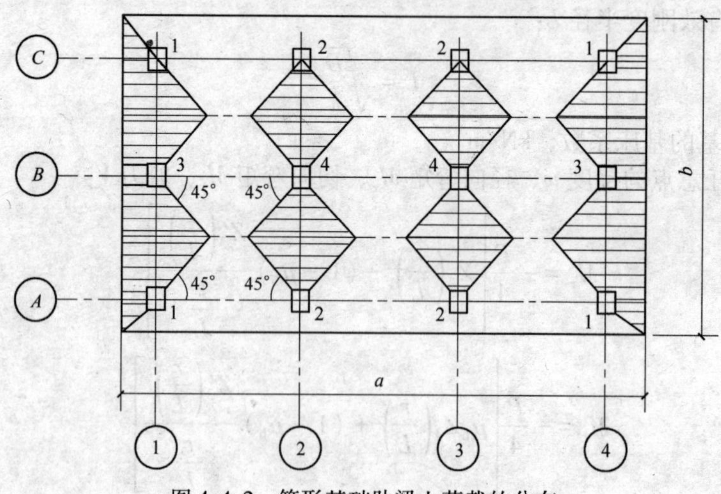

图 4.4.2　筏形基础肋梁上荷载的分布

（5）按下式将径向弯矩 M_r、切向弯矩 M_t 转换为直角坐标的弯矩 M_x、M_y：

$$
\begin{aligned}
M_x &= M_r\cos^2\varphi + M_t\sin^2\varphi \\
M_y &= M_r\sin^2\varphi + M_t\cos^2\varphi
\end{aligned}
\tag{4.4.7}
$$

（6）当基础板的边缘位于影响半径之内时，应进行修正。计算在影响半径之内垂直于板边缘的弯矩和剪力时，假定板是无穷大的，然后在板的边缘施加方向相反、大小相等的弯矩和剪力。其计算可采用弹性地基上梁的计算方法。

（7）刚性梁墙可以作为通过墙分布到基础板上的线荷载来处理。此时，可把板分割成正交于墙的一些单位宽度的截条，同样采用弹性地基上梁的计算方法来计算。

（8）最后，把每一个单独柱子和墙体所算得的所有弯矩和剪力叠加，就得到总弯矩和总剪力。

4.4.2 计算实例

［**例题 4-2**］某筏形基础柱荷载和平面布置如图 4.4.3 所示，基础厚 0.5m，混凝土弹性模量 $E_b=2.2\times10^4\text{N/mm}^2$，泊松比 $\mu_b=0.15$，土的基床系数 $k=10000\text{kN/m}^3$，试用美国混凝土学会方法计算中心点（A 点）的挠度、弯矩和剪力。

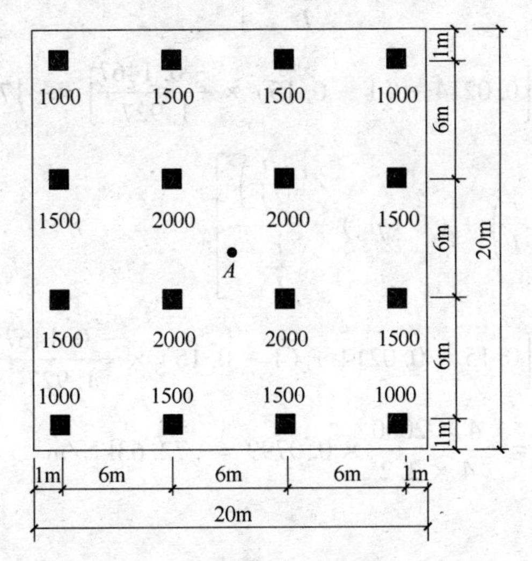

图 4.4.3 筏形基础柱荷载和平面布置

解：（1）计算抗弯刚度 D：

$$D=\frac{E_b h^3}{12(1-\mu_b^2)}=\frac{2.2\times10^7\times0.5^3}{1.2\times(1-0.15^2)}=2.34\times10^5\text{kN}\cdot\text{m}$$

（2）计算有效刚度半径 L：

$$L=\sqrt[4]{\frac{D}{k}}=\sqrt[4]{\frac{2.34\times10^5}{10000}}=2.2\text{m}$$

（3）计算挠度 w、弯矩 M_r 和 M_t、剪力 V：

本例仅考虑影响 A 点的荷载为就近的 4 个柱荷载，其他荷载的影响计算从略。

$$\frac{r}{L}=\frac{3\sqrt{2}}{2.2}=1.927$$

查图 4.4.2 得：

$$Z_3\left(\frac{r}{L}\right)=0.1389$$

$$Z'_3\left(\frac{r}{L}\right)=-0.1467$$

$$Z_4\left(\frac{r}{L}\right)=0.0214$$

$$Z'_4\left(\frac{r}{L}\right)=0.0799$$

$$w=\frac{PL^2}{4D}Z_3\left(\frac{r}{L}\right)=\frac{4\times2000\times2.2^2}{4\times2.34\times10^5}\times0.1389=0.0058\text{m}$$

$$M_r=-\frac{P}{4}\left[Z_4\left(\frac{r}{L}\right)-(1-\mu_b)\frac{Z'_3\left(\frac{r}{L}\right)}{\frac{r}{L}}\right]$$

$$=-\frac{4\times2000}{4}\left[0.0214-(1-0.15)\times\frac{-0.1467}{1.927}\right]=-172.21\text{kN}\cdot\text{m/m}$$

$$M_t=-\frac{P}{4}\left[\mu_bZ_4\left(\frac{r}{L}\right)+(1-\mu_b)\frac{Z'_3\left(\frac{r}{L}\right)}{\frac{r}{L}}\right]$$

$$=-\frac{4\times2000}{4}\left[0.15\times0.0214+(1-0.15)\times\frac{-0.1467}{1.927}\right]=122.98\text{kN}\cdot\text{m/m}$$

$$V=-\frac{P}{4L}Z'_4\left(\frac{r}{L}\right)=-\frac{4\times2000}{4\times2.2}\times0.0799=-72.63\text{kN/m}$$

（4）计算 M_x 和 M_y：

$$M_x=M_r\cos^2\varphi+M_t\sin^2\varphi=(-172.21)\cos^245°+122.98\sin^245°=-24.6\text{kN}\cdot\text{m/m}$$

$$M_y=M_x=-24.6\text{kN}\cdot\text{m/m}$$

4.5　基于文克勒地基板的有限差分法

4.5.1　文克勒地基板的挠曲微分方程及板的内力

根据弹性力学的薄板理论，薄板弯曲（见图4.5.1）是按位移求解，取基本未知数为薄板的挠度 w，对于文克勒地基上的板，弹性曲面的微分方程为

$$D\left(\frac{\partial^4w}{\partial x^4}+2\frac{\partial^4w}{\partial x^2\partial y^2}+\frac{\partial^4w}{\partial y^4}\right)=q(x,y)-kw(x,y)\tag{4.5.1}$$

即

$$D\nabla^2\nabla^2w(x,y)=q(x,y)-kw(x,y)$$

式中　D——板的抗弯刚度，$D=\frac{E_bh^3}{12(1-\mu_b{}^2)}$；

w——板中面的挠度（即基础底面的沉降）；

$q(x, y)$——板面上的分布荷载；

k——地基土的抗力系数；

E_b——筏形基础混凝土的弹性模量；

h——筏板的厚度；

μ_b——筏板混凝土的泊松比。

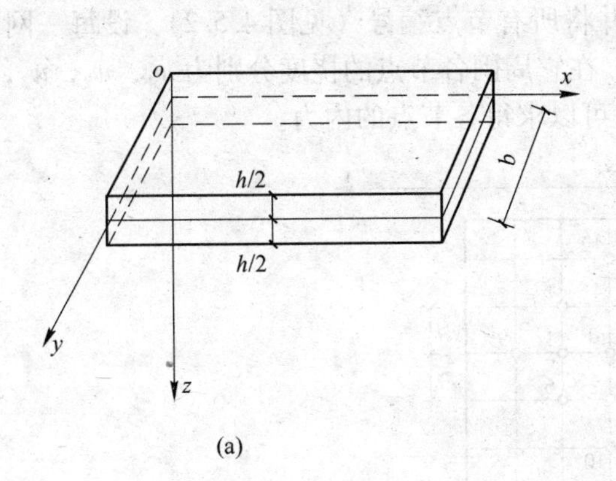

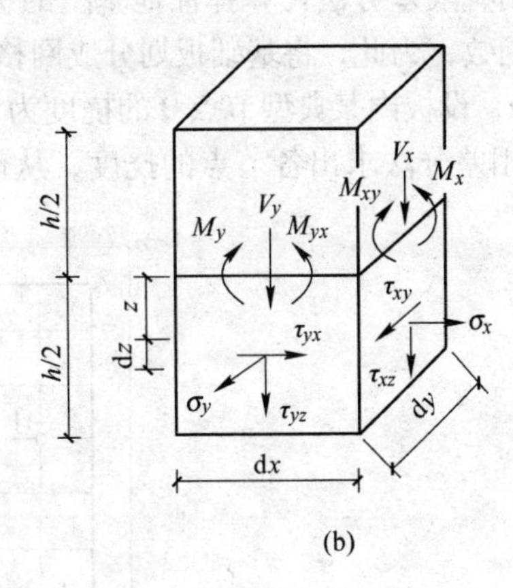

图 4.5.1 薄板弯曲

（a）矩形薄板的坐标；（b）单元体上的内力

由弹性力学可知，作用在单元上内力的合力分别为：

$$M_x = -D\left(\frac{\partial^2 w}{\partial x^2} + \mu \frac{\partial^2 w}{\partial y^2}\right) \tag{4.5.2}$$

$$M_y = -D\left(\frac{\partial^2 w}{\partial y^2} + \mu \frac{\partial^2 w}{\partial x^2}\right) \tag{4.5.3}$$

$$M_{xy} = M_{yx} = -D\left[(1-\mu)\frac{\partial^2 w}{\partial x \partial y}\right] \tag{4.5.4}$$

$$V_x = -D\left(\frac{\partial^3 w}{\partial x^3} + \frac{\partial^3 w}{\partial x \partial y^2}\right) \tag{4.5.5}$$

$$V_y = -D\left(\frac{\partial^3 w}{\partial y^3} + \frac{\partial^3 w}{\partial x^2 \partial y}\right) \tag{4.5.6}$$

式中 M_x，M_{xy}，V_x——分别为垂直于 x 轴的截面上的薄板单位宽度上的弯矩、扭矩和剪力；

M_y，M_{yx}，V_y——分别为垂直于 y 轴的截面上的薄板单位宽度上的弯矩、扭矩和剪力。

按板的边界条件求解式（4.5.1）后，就可按式（4.5.2）~式（4.5.6）求得截面内力。

在实用上求解弹性薄板的挠曲微分方程式（4.5.1）一般采用近似方法或数值方法，尤以数值方法为主，如有限差分法或有限单元法。

4.5.2 差分公式及板内力的差分表示

采用有限差分法分析筏形基础的基本理论是弹性地基上的薄板理论，计算时用一组有限差分方程代替弹性地基上薄板的偏微分方程，作数学上的近似分析。对于等厚度矩形板，当计算网格划分较细时，求得的结果从理论上讲是比较精确的。

用有限差分法计算弹性地基上的板是以板的挠度 w 为未知数，而 w 又是 x、y 两个坐标的函数，为此，将基础板划分成网格，并将所有节点编号（见图 4.5.2），设每一网格边长为 a，设板内某典型节点 0 的挠度为 w_0，在它周围各节点的挠度分别为 w_1，w_2，w_3，…，w_{12}，用差分法求出各节点的挠度，从而就可以求得各节点的内力。

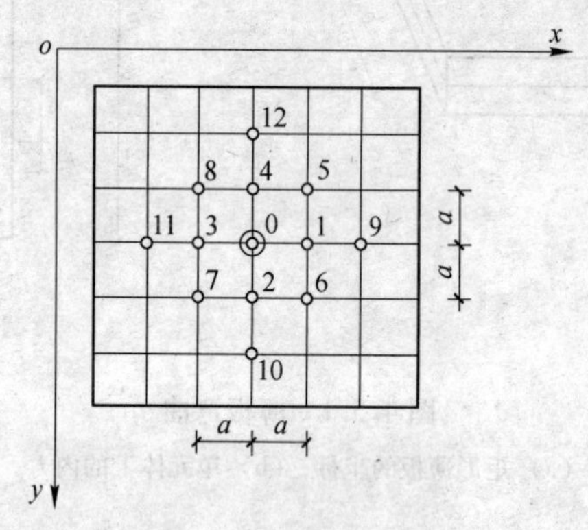

图 4.5.2 板网格节点编号

由数学可以导出挠度 w 在典型节点 0 处的一阶至四阶导数的差分公式如下：

$$\begin{cases} \left(\dfrac{\partial w}{\partial x}\right)_0 = \dfrac{1}{2a}(w_1 - w_3) \\ \left(\dfrac{\partial w}{\partial y}\right)_0 = \dfrac{1}{2a}(w_2 - w_4) \end{cases} \tag{4.5.7}$$

$$\begin{cases} \left(\dfrac{\partial^2 w}{\partial x^2}\right)_0 = \dfrac{1}{a^2}(w_1 - 2w_0 + w_3) \\ \left(\dfrac{\partial^2 w}{\partial y^2}\right)_0 = \dfrac{1}{a^2}(w_2 - 2w_0 + w_4) \\ \left(\dfrac{\partial^2 w}{\partial x \partial y}\right)_0 = \dfrac{1}{4a^2}(w_6 + w_8 - w_5 - w_7) \end{cases} \tag{4.5.8}$$

$$\begin{cases} \left(\dfrac{\partial^3 w}{\partial x^3}\right)_0 = \dfrac{1}{2a^3}(w_9 - 2w_1 + 2w_3 - w_{11}) \\ \left(\dfrac{\partial^3 w}{\partial y^3}\right)_0 = \dfrac{1}{2a^3}(w_{10} - 2w_2 + 2w_4 - w_{12}) \\ \left(\dfrac{\partial^3 w}{\partial x \partial y^2}\right)_0 = \dfrac{1}{2a^3}[(w_5 + w_6 - w_7 - w_8) + 2(w_3 - w_1)] \\ \left(\dfrac{\partial^3 w}{\partial x^2 \partial y}\right)_0 = \dfrac{1}{2a^3}[(w_7 + w_6 - w_5 - w_8) + 2(w_4 - w_2)] \end{cases} \tag{4.5.9}$$

$$
\begin{cases}
\left(\dfrac{\partial^4 w}{\partial x^4}\right)_0 = \dfrac{1}{a^4}[6w_0 - 4(w_1 + w_3) + (w_9 + w_{11})] \\
\left(\dfrac{\partial^4 w}{\partial y^4}\right)_0 = \dfrac{1}{a^4}[6w_0 - 4(w_2 + w_4) + (w_{10} + w_{12})] \\
\left(\dfrac{\partial^4 w}{\partial x^2 \partial y^2}\right)_0 = \dfrac{1}{a^4}[4w_0 - 2(w_1 + w_2 + w_3 + w_4) + \\
\qquad (w_5 + w_6 + w_7 + w_8)]
\end{cases}
\tag{4.5.10}
$$

将以上有关的差分公式（4.5.7）~式（4.5.10）代入式（4.5.2）~式（4.5.6），得板内在节点0处的内力用周围节点的挠度表示的表达式为

$$(M_x)_0 = \frac{D}{a^2}[(2 + 2\mu)w_0 - (w_1 + w_3) - \mu(w_2 + w_4)] \tag{4.5.11}$$

$$(M_y)_0 = \frac{D}{a^2}[(2 + 2\mu)w_0 - (w_2 + w_4) - \mu(w_1 + w_3)] \tag{4.5.12}$$

$$(M_{xy})_0 = \frac{(1-\mu)D}{4a^2}[(w_5 + w_7) - (w_6 + w_8)] \tag{4.5.13}$$

$$(V_x)_0 = \frac{D}{2a^3}[4(w_1 - w_3) - w_5 - w_6 + w_7 + w_8 - w_9 + w_{11}] \tag{4.5.14}$$

$$(V_y)_0 = \frac{D}{2a^3}[4(w_2 - w_4) + w_5 - w_6 - w_7 + w_8 - w_{10} + w_{12}] \tag{4.5.15}$$

为便于计算，将式（4.5.11）~式（4.5.15）的内力公式用计算图示表示，图中双圆表示节点0，周围各节点编号的次序见图4.5.3。

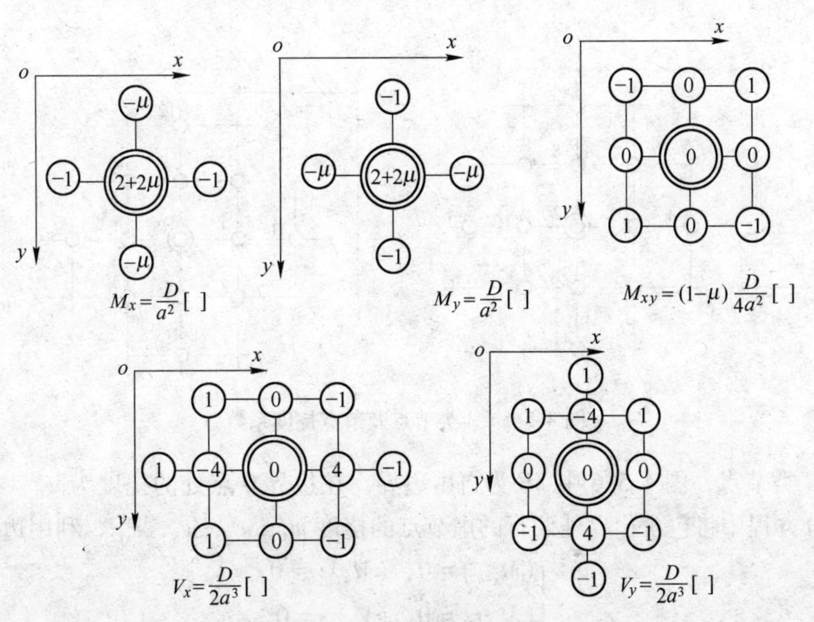

图4.5.3　内力计算图式

4.5.3 文克勒地基板挠曲的差分方程

将差分公式（4.5.10）代入板的挠曲微分方程（4.5.1）中，得节点0的差分方程为：

$$20w_0 - 8(w_1 + w_2 + w_3 + w_4) + 2(w_5 + w_6 + w_7 + w_8) + (w_9 + w_{10} + w_{11} + w_{12}) = \frac{a^4}{D}(q - kw_0) \tag{4.5.16}$$

对于A类节点（见图4.5.4）（从边界起第3排以内的节点）都可以建立式（4.5.16）的差分方程，A类节点的挠度系数如图4.5.5所示。但是对于基础边缘两排的节点，即如图所示的B、C、D、E、F类节点，在按式（4.5.16）列出差分方程中将包含边界外一排或两排的虚节点位移w，这样将增加未知挠度的数目，使求解发生困难。为此，可以利用自由边界条件，列出与虚节点数目相等的关系式，从而把虚节点的位移w用自由边界上和边界内各节点的实节点的位移w表示。下面分别说明B、C、D、E、F类节点的差分方程。

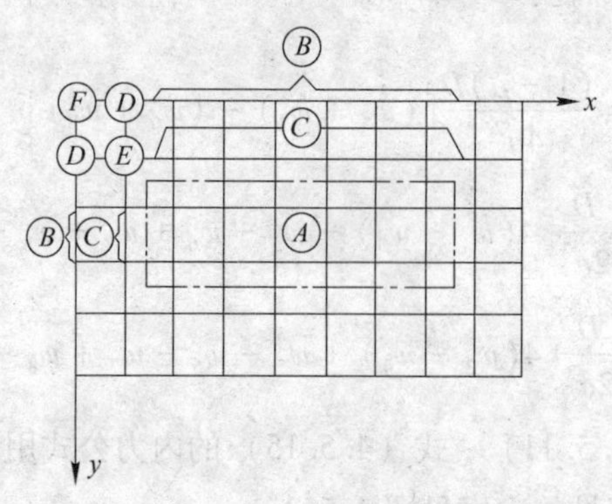

图4.5.4 节点分类

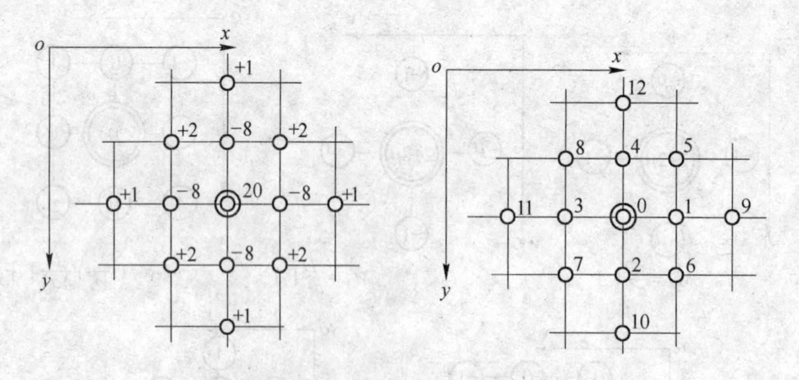

图4.5.5 A类节点及节点挠度系数

对于B类节点，图4.5.6中AB为自由边界，在边界0点处的挠度为w_0，在为节点0写出的差分方程中将包含边界外两行的虚节点的挠度w_4，w_5，w_8，w_{12}，利用边界条件

$$\begin{cases}(M_y)_0 = 0,\ (M_y)_1 = 0 \\ (M_y)_3 = 0,\ (V_y)_0 = 0\end{cases}$$

可以列出下列方程：

$$
\begin{cases}
(M_y)_0 = \dfrac{D}{a^2}[(2+2\mu)w_0 - (w_2+w_4) - \mu(w_1+w_3)] = 0 \\
(M_y)_1 = \dfrac{D}{a^2}[(2+2\mu)w_1 - (w_5+w_6) - \mu(w_0+w_9)] = 0 \\
(M_y)_3 = \dfrac{D}{a^2}[(2+2\mu)w_3 - (w_7+w_8) - \mu(w_0+w_{11})] = 0 \\
(V_y)_0 = \dfrac{D}{2a^3}[4(w_2-w_4) + w_5 - w_6 - w_7 + w_8 - w_{10} + w_{12}] = 0
\end{cases}
\tag{4.5.17}
$$

由以上 4 个方程可以求解 4 个虚节点挠度 w_4，w_5，w_8，w_{12}，将它们代入式(4.5.16)，得到 B 类节点 0 的差分方程为

$$
(8-4\mu-3\mu^2)w_0 + (-4+2\mu+2\mu^2)(w_1+w_3) + (2-\mu)(w_6+w_7) +
$$

$$
\frac{1}{2}(1-\mu^2)(w_9+w_{11}) + (2\mu-6)w_2 + w_{10} = \frac{a^4}{2D}(q-kw_0) \tag{4.5.18}
$$

B 类节点的挠度系数如图 4.5.6 所示。

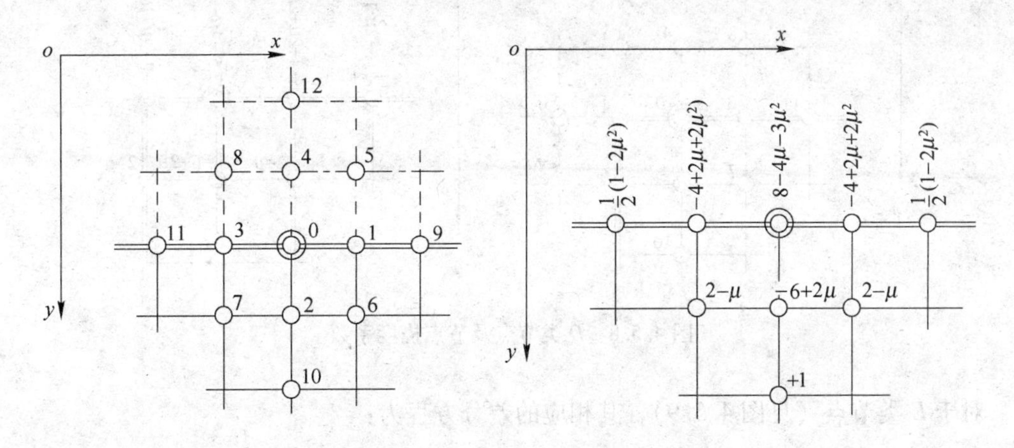

图 4.5.6 B 类节点及节点挠度系数

对于 C 类节点（见图 4.5.7），只要一个虚节点位移 w_{12}，可以利用边界条件 $(M_y)_4 = 0$，求得虚节点位移 w_{12}用实节点位移表示的表达式，代入式（4.5.16），得到节点 0 的差分方程为

$$
19w_0 - 8(w_1+w_2+w_3) + 2(w_6+w_7) + (2\mu-6)w_4 +
$$

$$
(2-\mu)(w_5+w_8) + w_9 + w_{10} + w_{11} = \frac{a^4}{D}(q-kw_0) \tag{4.5.19}
$$

C 类节点的挠度系数如图 4.5.7 所示。

对于 D 类节点（见图 4.5.8），类似地也可以得到其差分方程为

$$
(7.5-4\mu-2.5\mu^2)w_0 + (-3+2\mu+\mu^2)w_1 + (-6+2\mu)w_2 +
$$

$$
(-4+2\mu+2\mu^2)w_3 + (2-\mu)(w_6+w_7) + w_{10} + \frac{1}{2}(1-\mu^2)w_{11} = \frac{a^4}{2D}(q-kw_0) \tag{4.5.20}
$$

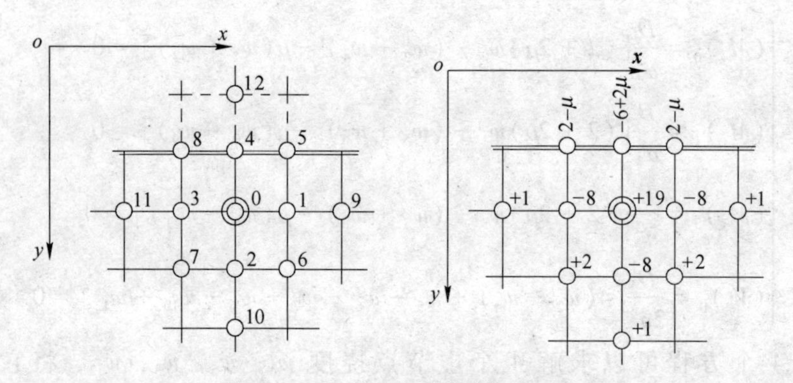

图 4.5.7　C 类节点及节点挠度系数

D 类节点的挠度系数如图 4.5.8 所示。

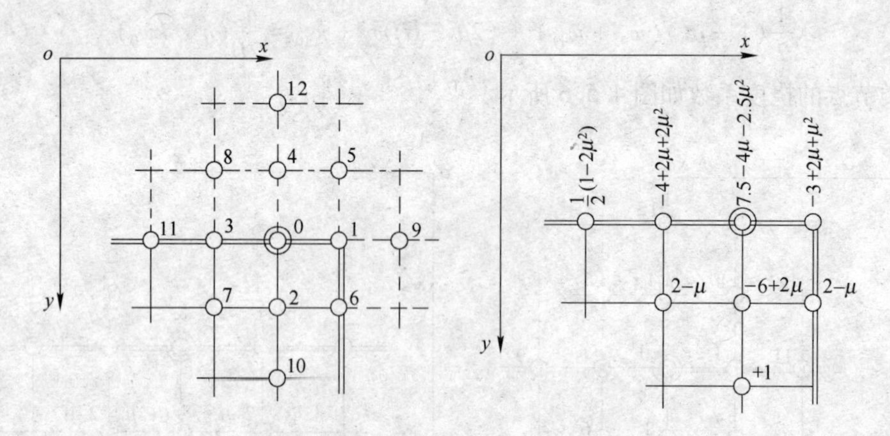

图 4.5.8　D 类节点及节点挠度系数

对于 E 类节点（见图 4.5.9），其相应的差分方程为：

$$18w_0 + (-6 + 2\mu)(w_1 + w_4) - 8(w_2 + w_3) + (2 - 2\mu)w_5 +$$

$$(2 - \mu)(w_6 + w_8) + 2w_7 + w_{10} + w_{11} = \frac{a^4}{D}(q - kw_0) \qquad (4.5.21)$$

E 类节点的挠度系数如图 4.5.9 所示。

对于 F 类节点（见图 4.5.10），其相应的差分方程为

$$(3 - 2\mu - \mu^2)w_0 + (-3 + 2\mu + \mu^2)(w_2 + w_3) + (2 - 2\mu)w_7 +$$

$$\frac{1}{2}(1 - \mu^2)(w_{10} + w_{11}) = \frac{a^4}{4D}(q - kw_0) \qquad (4.5.22)$$

F 类节点的挠度系数如图 4.5.10 所示。

以网格节点的挠度为未知数，由式（4.5.16）~式（4.5.22），可以列出与节点数目相同的差分方程，求解方程组，就可以求得全部节点的挠度，然后代入式（4.5.11）~式（4.5.15）求节点的内力。

有限差分法的精度在很大程度上取决于网格的大小，如果划分得太粗，则计算结构误差较大，一般可按筏板宽度的 1/20 左右划分。

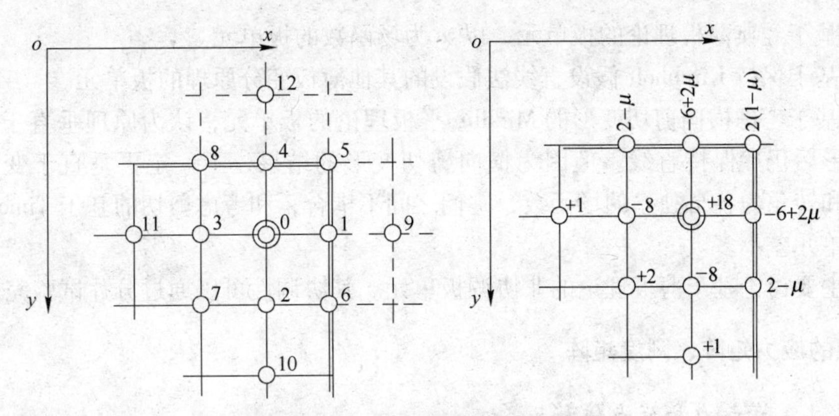

图 4.5.9 *E* 类节点及节点挠度系数

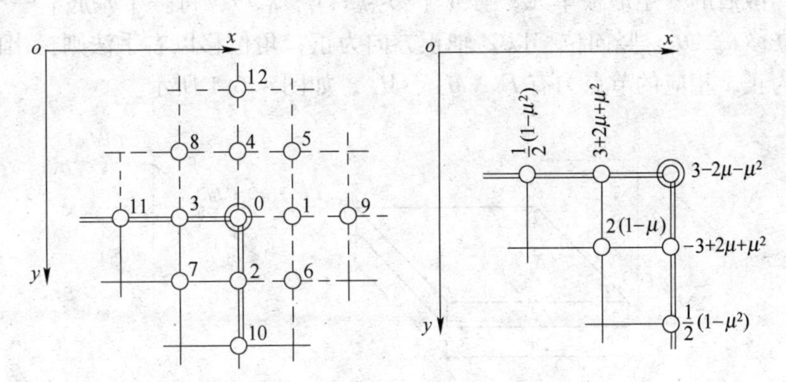

图 4.5.10 *F* 类节点及节点挠度系数

4.6 基于文克勒地基板的有限单元法

有限差分法不适用于计算厚板、带肋筏板和形状不规则的板，而这些板采用有限单元法则很容易解决。

基本思路：先将基础板离散成若干矩形单元（或其他类型单位），各单元只在节点上相互连接，由于相邻单元之间有法向力和力矩的传递，所以必须将节点当作刚接的，在节点上保持变位的连续性和力的平衡，以节点的变位为基本未知数建立板的刚度矩阵。然后，将地基与基础的接触面也离散成相应的单元，建立地基刚度矩阵，再将基础板的刚度矩阵和地基的刚度矩阵集成地基基础体系的总刚度矩阵，根据变形协调条件和平衡条件求解矩阵方程，得到节点的位移，最后，由节点位移求得基底反力和基础内力。

基于薄板理论的 Kirchhoff 假设：

（1）在板变形前，原来垂直于板中面的线段，在板变形后仍然垂直于微弯了的中间面。

（2）作用于与中面相平行的诸截面内的正应力可以忽略不计。

（3）中面内各点的水平位移不存在，只考虑竖向位移。

基于 Kirchhoff 假设的板单元，要求在单元交接面上要保持 C_1 连续，构造单元非常困难。板壳问题的有限元法的中心问题是如何构造合乎要求的单元。

目前板单元的发展大体上有三类：

（1）基于经典薄板理论的板单元，以 w 为场函数的板单元。

（2）基于保持 Kirchhoff 假设直线法假设的其他薄板变分原理的板单元。

（3）基于考虑横向剪切变形的 Mindlin 平板理论的板单元，认为原理垂直于板中面的直线在变形后仍然保持直线。但因为横向剪切变形的结果，不一定再垂直于变形后的中面，挠度和转角为各自独立的场函数，它们之间不耦合，和考虑剪切的基于 Timoshenko 梁理论的梁单元差不多。

我们主要讨论基于薄板理论的非协调板单元。其协调性可以通过分片试验完成。

4.6.1 板的应力矩阵、刚度矩阵

4.6.1.1 节点力和节点位移

基础板离散后的一矩形板单元，有 4 个节点 i，j，k，l，每一个基底有一个竖向位移 w 和两个角位移 θ_x、θ_y，竖向位移以 Z 轴正方向为正，角位移以右手法则标出的矢量沿坐标轴正方向为正，相应的节点力有 F_z、$M_{\theta x}$、$M_{\theta y}$，如图 4.6.1 所示。

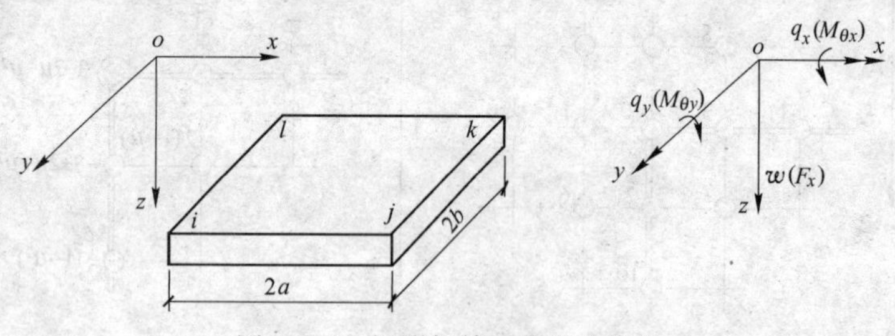

图 4.6.1 矩形板单元节点及位移

对于 i 节点的节点位移可表示为

$$\{\delta_i\}=\begin{Bmatrix} w_i \\ \theta_{xi} \\ \theta_{yi} \end{Bmatrix}=\begin{Bmatrix} w_i \\ (\partial w/\partial y)_i \\ -(\partial w/\partial x)_i \end{Bmatrix} \tag{4.6.1}$$

相应于 i 节点的节点力为

$$\{F_i\}\begin{Bmatrix} F_{zi} \\ M_{\theta xi} \\ M_{\theta yi} \end{Bmatrix} \tag{4.6.2}$$

四个节点共有 12 个位移分量，相应的节点力分量也有 12 个，故单元的节点位移 $\{\delta\}^e$ 和节点力 $\{F\}^e$ 可分布表示为

$$\{\delta\}^e=\begin{Bmatrix} \delta_i \\ \delta_j \\ \delta_k \\ \delta_l \end{Bmatrix}=\begin{Bmatrix} w_i \\ \theta_{xi} \\ \theta_{yi} \\ \vdots \\ w_l \\ \theta_{xl} \\ \theta_{yl} \end{Bmatrix} \tag{4.6.3}$$

$$\{F\}^{e}=\begin{Bmatrix}F_i\\F_j\\F_k\\F_l\end{Bmatrix}=\begin{Bmatrix}F_{zi}\\M_{\theta xi}\\M_{\theta yi}\\\vdots\\F_{zl}\\M_{\theta xl}\\M_{\theta yl}\end{Bmatrix} \tag{4.6.4}$$

4.6.1.2 位移函数

由薄板的弯曲理论可知，板内的应力和应变都可以用挠度 w 来表示，因此需要假定挠度 w 为单元坐标的某种函数。矩形单元节点坐标系如图 4.6.2 所示。

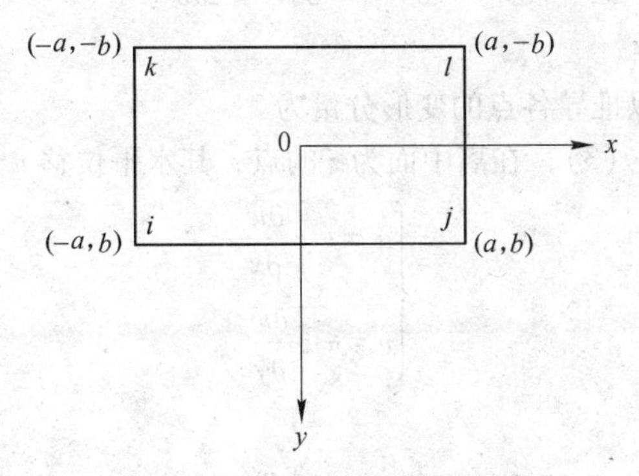

图 4.6.2 矩形单元节点坐标系

将坐标原点置于矩形板单元的中心，由以上分析可知，一个矩形薄板单元有 12 个位移分量，即 12 个未知数，故取挠度 w 为 12 个参数的位移函数，其表达式为

$$\begin{cases}w=\alpha_1+\alpha_2x+\alpha_3y+\alpha_4x^2+\alpha_5xy+\alpha_6y^2+\alpha_7x^3+\alpha_8x^2y+\alpha_9xy^2+\alpha_{10}y^3+\alpha_{11}x^3y+\alpha_{12}xy^3\\\theta_x=\dfrac{\partial w}{\partial y}=\alpha_3+\alpha_5x+2\alpha_6y+\alpha_8x^2+2\alpha_9xy+3\alpha_{10}y^2+\alpha_{11}x^3+3\alpha_{12}xy^2\\\theta_y=-\dfrac{\partial w}{\partial x}=-\alpha_2-2\alpha_4x-\alpha_5y-3\alpha_7x^2-2\alpha_8xy-\alpha_9y^2-3\alpha_{11}x^2y-\alpha_{12}y^3\end{cases} \tag{4.6.5}$$

为了求解 α_1，α_2，…，α_{12} 这 12 个系数，将 4 个节点的坐标（x_i，y_i）和节点位移（w_i，θ_{xi}，θ_{yi}）代入式（4.6.5）方程组中，可以解出由节点位移和节点坐标表示的 12 个系数的值。即

$$\{\delta\}^{e}=[A]\{\alpha\} \tag{4.6.6}$$

$$\{\alpha\}=[A]^{-1}\{\delta\}^{e} \tag{4.6.7}$$

其中，$\{\alpha\}=[\alpha_1\ \alpha_2\ \alpha_3\ \alpha_4\ \alpha_5\ \alpha_6\ \alpha_7\ \alpha_8\ \alpha_9\ \alpha_{10}\ \alpha_{11}\ \alpha_{12}]^{T}$。

其中，$[A]$ 是仅与节点坐标有关的矩阵。

$$
[A]=\begin{bmatrix}
1 & -a & b & a^2 & -ab & b^2 & -a^3 & a^2b & -ab^2 & b^3 & -a^3b & -ab^3\\
0 & 0 & 1 & 0 & -a & 2b & 0 & a^2 & -2ab & 3b^2 & -a^3 & -3ab^2\\
0 & -1 & 0 & 2a & -b & 0 & -3a^2 & 2ab & -b^2 & 0 & -3a^2b & -b^3\\
1 & a & b & a^2 & ab & b^2 & a^3 & a^2b & ab^2 & b^3 & a^3b & ab^3\\
0 & 0 & 1 & 0 & a & 2b & 0 & a^2 & 2ab & 3b^2 & a^3 & 3ab^2\\
0 & -1 & 0 & -2a & -b & 0 & -3a^2 & -2ab & -b^2 & 0 & -3a^2b & -b^3\\
1 & -a & -b & a^2 & ab & b^2 & -a^3 & -a^2b & -ab^2 & -b^3 & a^3b & ab^3\\
0 & 0 & 1 & 0 & -a & -2b & 0 & a^2 & 2ab & 3b^2 & -a^3 & -3ab^2\\
0 & -1 & 0 & 2a & b & 0 & -3a^2 & -2ab & -b^2 & 0 & 3a^2b & b^3\\
1 & a & -b & a^2 & -ab & b^2 & a^3 & -a^2b & ab^2 & -b^3 & -a^3b & -ab^3\\
0 & 0 & 1 & 0 & a & -2b & 0 & a^2 & -2ab & 3b^2 & a^3 & 3ab^2\\
0 & -1 & 0 & -2a & b & 0 & -3a^2 & 2ab & -b^2 & 0 & 3a^2b & b^3
\end{bmatrix}
$$

4.6.1.3　应力矩阵

由薄板弯曲理论可以推导各点的变形分量为

由假设（1）和假设（3），在离中面为 z 的点，其水平位移 u、v 各等于

$$
\begin{cases}
u=-z\dfrac{\partial w}{\partial x}\\[2ex]
v=-z\dfrac{\partial w}{\partial y}
\end{cases}
\tag{4.6.8}
$$

各应变分量为

$$
\begin{cases}
\varepsilon_x=\dfrac{\partial u}{\partial x}=-z\dfrac{\partial^2 w}{\partial x^2}\\[2ex]
\varepsilon_y=\dfrac{\partial v}{\partial y}=-z\dfrac{\partial^2 w}{\partial y^2}\\[2ex]
\gamma_{xy}=\dfrac{\partial u}{\partial y}+\dfrac{\partial v}{\partial x}=-2z\dfrac{\partial^2 w}{\partial x\partial y}
\end{cases}
\tag{4.6.9}
$$

令广义应变

$$
\{x\}=\begin{Bmatrix}
-\dfrac{\partial^2 w}{\partial x^2}\\[2ex]
-\dfrac{\partial^2 w}{\partial y^2}\\[2ex]
-2\dfrac{\partial^2 w}{\partial x\partial y}
\end{Bmatrix}
\tag{4.6.10}
$$

则

$$
\{\varepsilon\}=\begin{Bmatrix}\varepsilon_x\\ \varepsilon_y\\ \gamma_{xy}\end{Bmatrix}=z\{\chi\}
\tag{4.6.11}
$$

将挠度 w 的位移函数（4.6.5）分别对 x、y 两次求导，并对 x 和 y 联合求导，得到

$$\{\chi\} = [Q]\{\alpha\} \tag{4.6.12}$$

式中，$[Q] = \begin{bmatrix} 0 & 0 & 0 & -2 & 0 & 0 & -6x & -2y & 0 & 0 & -6xy & 0 \\ 0 & 0 & 0 & 0 & 0 & -2 & 0 & 0 & -2x & -6y & 0 & -6xy \\ 0 & 0 & 0 & 0 & -2 & 0 & 0 & -4x & -4y & 0 & -6x^2 & -6y^2 \end{bmatrix}$

将式（4.6.7）代入式（4.6.12），得到

$$\{\chi\} = [Q][A]^{-1}\{\delta\}^{e} = [B]\{\delta\}^{e} \tag{4.6.13}$$

式中，$[B]$ 为单元应变矩阵。

由第（2）个假设，从 Hooke 定律得到

$$\begin{cases} \sigma_x = -\dfrac{Ez}{1-\mu^2}\left(\dfrac{\partial^2 w}{\partial x^2} + \mu\dfrac{\partial^2 w}{\partial y^2}\right) \\ \sigma_y = -\dfrac{Ez}{1-\mu^2}\left(\dfrac{\partial^2 w}{\partial y^2} + \mu\dfrac{\partial^2 w}{\partial x^2}\right) \\ \tau_{xy} = -2Gz\dfrac{\partial^2 w}{\partial x \partial y} \end{cases} \tag{4.6.14}$$

$$\begin{cases} M_x = \int_{-h/2}^{h/2} \sigma_x z \mathrm{d}x \\ M_y = \int_{-h/2}^{h/2} \sigma_y z \mathrm{d}x \\ M_{xy} = -\int_{-h/2}^{h/2} \tau_{xy} z \mathrm{d}x \end{cases} \rightarrow \begin{cases} M_x = D\left(-\dfrac{\partial^2 w}{\partial y^2} - \mu\dfrac{\partial^2 w}{\partial y^2}\right) \\ M_y = D\left(-\dfrac{\partial^2 w}{\partial y^2} - \mu\dfrac{\partial^2 w}{\partial x^2}\right) \\ M_{xy} = D\left[-(1-\mu)\dfrac{\partial^2 w}{\partial x \partial y}\right] \end{cases} \tag{4.6.15}$$

式中，$D = \dfrac{Eh^3}{12(1-\mu^2)}$ 为薄板的弯曲刚度。

$$\{M\} = \begin{Bmatrix} M_x \\ M_y \\ M_{xy} \end{Bmatrix} = D\begin{Bmatrix} -\dfrac{\partial^2 w}{\partial x^2} - \mu\dfrac{\partial^2 w}{\partial y^2} \\ -\dfrac{\partial^2 w}{\partial y^2} - \mu\dfrac{\partial^2 w}{\partial x^2} \\ -(1-\mu)\dfrac{\partial^2 w}{\partial x \partial y} \end{Bmatrix} = D\begin{bmatrix} 1 & \mu & 0 \\ \mu & 1 & 0 \\ 0 & 0 & 1-\mu \end{bmatrix}\begin{Bmatrix} -\dfrac{\partial^2 w}{\partial x^2} \\ -\dfrac{\partial^2 w}{\partial y^2} \\ -\dfrac{\partial^2 w}{\partial x \partial y} \end{Bmatrix} \tag{4.6.16}$$

令 $[D] = D\begin{bmatrix} 1 & \mu & 0 \\ \mu & 1 & 0 \\ 0 & 0 & 1-\mu \end{bmatrix}$ 为弹性矩阵，将式（4.6.10）代入式（4.6.16）则有：

$$\{M\} = [D]\{\chi\} \tag{4.6.17}$$

将式（4.6.13）代入式（4.6.17）有

$$\{M\} = [D]\{\chi\} = [D][B]\{\delta\}^{e} = [\psi]\{\delta\}^{e} \tag{4.6.18}$$

式中，$[\psi]$ 称为应力矩阵。

4.6.1.4 刚度矩阵

根据薄板弯曲问题的虚功方程，可以推得

$$\{F\}^{e} = [K_p]^{e}\{\delta\}^{e} \tag{4.6.19}$$

式中，$\{F\}^e$ 为板单元节点荷载列阵；$[K_p]^e$ 为板单元刚度矩阵；$\{\delta\}^e$ 为板单元节点位移列阵。

$$[K_p]^{e} = \int_{-b}^{b}\int_{-a}^{a}[B]^{T}[D][B]\mathrm{d}x\mathrm{d}y \tag{4.6.20}$$

将应变矩阵 $[B]=[Q][A]^{-1}$ 代入得到

$$[K_p]^{e} = \int_{-b}^{b}\int_{-a}^{a}[A]^{-1T}[Q]^{T}[D][Q][A]^{-1}\mathrm{d}x\mathrm{d}y \tag{4.6.21}$$

由此可见，单元刚度矩阵决定于该单元的尺寸、方位和弹性性质。

将各单元刚度矩阵集成后，就得到地基板的整体刚度矩阵 $[K_p]$，于是有以下方程：

$$\{F\} = [K_p]\{\delta\} \tag{4.6.22}$$

4.6.2　地基刚度矩阵

在地基与基础的接触面处划分成与基础一致的矩形单元，对于文克勒地基，在任意一点 i 有

$$P_{zi} = 4ab\beta_i k s_i \tag{4.6.23}$$

式中　P_{zi}——i 节点的基底总反力；

k——地基抗力系数；

s_i——i 节点沉降；

β_i——考虑节点力对面积的分布系数，对于角点 $\beta=1/4$，边点 $\beta=1/2$，内点 $\beta=1$。

对于所有节点，式（4.6.22）可以写成如下形式：

$$\{P_z\} = 4abk[\beta]\{s\} \tag{4.6.24}$$

或

$$\{P_z\} = [K_s]\{s\} \tag{4.6.25}$$

式中　$[K_s]$——文克勒地基刚度矩阵，$[K_s]=4abk[\beta]$。

对于弹性半空间地基模型和分层地基模型，建立地基刚度矩阵的方法同地基梁的有限单元法。

4.6.3　地基板的总刚度矩阵

考虑地基与基础共同作用，将地基的刚度矩阵和基础板的刚度矩阵集成形成地基板的总刚度矩阵。

设 $\{Q\}$ 为节点外荷载向量，由节点平衡条件有

$$\{Q\} = \{F\} + \{P_z\} \tag{4.6.26}$$

将式（4.6.22）和式（4.6.25）代入式（4.6.26）有

$$\{Q\} = [K_p]\{\delta\} + [K_s]\{s\} \tag{4.6.27}$$

因地基刚度矩阵中只涉及竖向位移 w，没有转角位移分量，所以应对地基刚度矩阵 $[K_s]$ 进行扩充，便可以对板的刚度矩阵 $[K_p]$ 和地基刚度矩阵 $[K_s]$ 进行叠加，得到总的刚度矩阵为 $[K]=[K_p]+[K_s]$。

即有地基板的总体刚度方程：

$$\{Q\} = ([K_p] + [K_s])\{\delta\} = [K]\{\delta\} \tag{4.6.28}$$

由式（4.6.28）可以求得节点位移 $\{\delta\}$，将节点位移代入式（4.6.18）、式（4.6.22）、式（4.6.25），即可求得筏板结构内力、节点力和地基反力。

板及地基的有限单元划分模式，如图 4.6.3 所示。

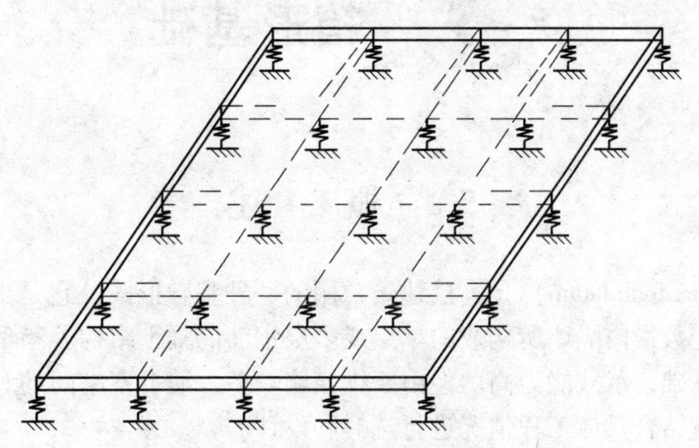

图 4.6.3　板及地基的有限单元划分模式

思考题

4-1　什么是筏形基础？试从力学的角度谈一谈对该定义的理解。

4-2　论述筏形基础的适用范围。

4-3　论述筏形基础的优缺点。

4-4　筏形基础有哪些类型，分析各种类型都具有哪些特点？

4-5　在确定筏形基础的几何尺寸时，应考虑哪些因素？

4-6　试分析影响筏形基础抗冲切强度的主要因素。

4-7　论述筏形基础底面积和板厚的确定原则。

4-8　分析影响筏形基础沉降的主要因素。

4-9　筏板内力计算的简化方法有哪些？分析各自的优缺点。

4-10　在板截条的计算中，由于板带的独立性，不考虑剪切力的影响，梁上的荷载和基础反应往往不符合静力平衡条件，可以通过何种方法得到近似解？

5 箱形基础

5.1 概　　述

箱形基础（box foundation）是高层建筑常用的一种基础形式，它是由底板、顶板、外围挡土墙以及一定数量内隔墙所构成的单层或多层钢筋混凝土结构。箱形基础整体刚度较大，作为补偿性基础，承载能力高。但由于纵横墙较多，地下室空间的利用效率受限，造价也相对较高，应结合具体工程情况进行选择和设计。

5.1.1 箱形基础的特点

箱形基础适用于高层框架、剪力墙以及框架剪力墙结构，其主要优点如下：

（1）基础刚度大、整体性好、传力均匀；箱形基础是满堂基础，与独立柱基、条形基础或十字交叉梁基础等相比，基础的底面积比较大，有利于充分作用地基的承载力。

（2）基础沉降量比较小，调整地基不均匀沉降的能力比较强，能够较好地适应局部软硬不均匀地基。

（3）箱形基础最为显著的特点是基底面积和基础埋深都较大，施工时挖去了大量的土方，减轻了原有的地基自重应力，使之成为一种补偿基础，从而提高了地基承载力，减小了建筑物的沉降。

（4）箱形基础，一般埋深都在5m左右或者更深，有的甚至达到20m以上，基础埋置越深，地基承载力的利用就越充分。

（5）由于箱形基础外壁与四周土壤间的摩擦力增大，增强了阻尼作用，具有良好的抗震能力；地震灾害的宏观调查资料表明，箱形基础的抗震性能很好，它不仅沉降小，而且在发生较小的地裂或轻度地基液化时，也能保持其整体性，不致出现严重问题。

（6）箱形基础的底板及其外围墙形成的整体有利于防水，还具有兼作人防地下室的优点。

（7）天然地基上的箱形基础施工比较方便。

箱形基础由于其结构的局限性，也造成一些问题。由于内隔墙布置相对较多，支模板和绑扎钢筋需要时间过长，因此施工工期相对较长；而其使用功能也因内隔墙较多而受到一定的影响；此外，箱形基础由于埋深较大，一般还会面临深基坑开挖等施工问题。

箱形基础能使上部结构嵌固良好，使其下端接近于固定。由于它埋置深，降低了建筑物整体的重心，并与周围土体协同工作，提高了建筑物抗震和抗风能力。箱形基础一般都由钢筋混凝土建造，空间部分可作为建筑地下室，因而在多层和高层建筑中得到广泛应用。当地基特别软弱时，可采用箱形基础下打桩的基础形式。

5.1.2　箱形基础的适用条件

我国对箱形基础的研究始于20世纪50年代后期的北京民族文化宫，首次在国内使用了有限压缩层的分层总和法计算沉降。20世纪70年代中期，我国高层建筑逐渐增多，考虑到平战结合，箱形基础成为了首选的建设方案，并开展了不少试验研究。20世纪80年代以后，计算机技术的发展促进了箱形基础分析方法的发展，提出了诸如空间子结构法、双重扩大子结构有限元法等三维分析方法。但是也应当认识到，随着经济建设的发展，人们对于使用空间要求的提高，箱形基础空间分割过多的弊端也日益显现，极大地限制了箱形基础的应用。

5.2　箱形基础的设计内容与构造要求

就箱形基础的刚度而言，由于目前的一些刚度计算公式都难以准确反映其整体刚度的大小，故当箱形基础的几何尺寸、洞口设置以及混凝土强度符合《高层建筑箱形与筏形基础技术规范》（JGJ 6—2011）的有关规定时，即可认为其整体刚度较好。工程实测资料表明，符合这些规定的、整体刚度较好的箱形基础的相对挠曲值很小。在软土地区一般小于万分之三；在第四纪黏性土地区一般小于万分之一。

箱形基础的内、外墙应沿上部结构柱网和剪力墙纵横均匀布置，当上部结构为框架或框剪结构时，墙体水平截面总面积不宜小于箱形基础水平投影面积的1/12；当基础平面长宽比大于4时，其纵墙水平截面面积不得小于箱形基础外墙外包尺寸水平投影面积的1/18。在计算墙体水平截面面积时，可不扣除洞口部分。

5.2.1　箱形基础的设计内容

根据现行国家标准《建筑地基基础设计规范》（GB 50007—2011）和行业标准《高层建筑筏形与箱形基础技术规范》（JGJ 6—2011）的规定，箱型基础的设计内容包括以下几个方面：

（1）确定箱形基础的埋置深度；

（2）进行箱形基础的平面布置及构造设计；

（3）根据箱形基础的平面尺寸验算地基承载力；

（4）箱形基础的沉降和整体倾斜验算；

（5）箱形基础内力分析及结构设计。

在本章内容中，重点讨论箱形基础结构设计的有关内容和要求，其他内容属于地基计算和设计的范围，可以参考有关规范和教材。

5.2.1.1　底板受冲切验算

箱形基础底板厚度应根据实际受力情况、整体刚度及防水要求确定，底板厚度不应小于400mm，且厚度与最大双向板格的短边净跨之比不应小于1/14。

其受冲切承载力应按下式计算：

$$F_l \leqslant 0.7\beta_{hp} f_t u_m h_0 \tag{5.2.1}$$

式中 F_l——相应于荷载效应基本组合时，图 5.2.1 中阴影部分面积上的基底平均净反力设计值，kN；

u_m——距基础梁边 $h_0/2$ 处冲切临界截面的周长，m；

h_0——距内墙外表面 $h_0/2$ 处底板的截面有效高度，m；

β_{hp}——受冲切承载力截面高度影响系数，当 $h \leqslant 800$mm 时，取 1.0；当 $h \geqslant 2000$mm 时，取 0.9；其间按线性内插法取值。

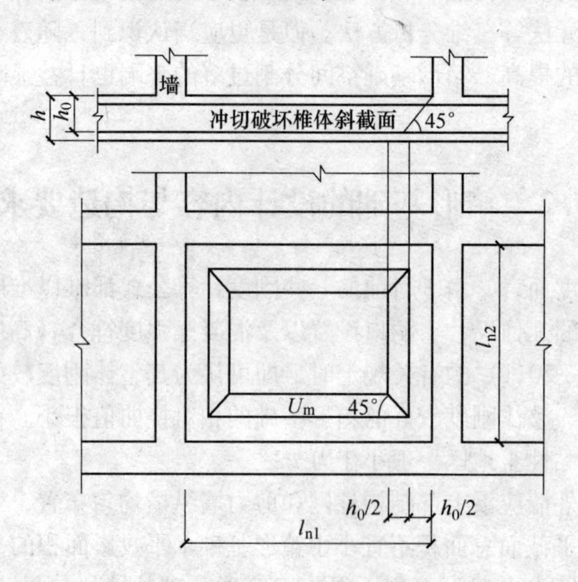

图 5.2.1 底板的冲切计算示意

当底板区格为矩形双向板时，底板的截面有效高度 h_0 按下式计算：

$$h_0 = \frac{(l_{n1} + l_{n2}) - \sqrt{(l_{n1} + l_{n2})^2 - \dfrac{4p_n l_{n1} l_{n2}}{p_n + 0.7\beta_{hp} f_t}}}{4} \tag{5.2.2}$$

式中 l_{n1}，l_{n2}——计算板格的短边和长边的净长度，m；

p_n——相应于作用的基本组合时的基底平均净反力设计值，kPa。

5.2.1.2 底板受剪切验算

当底板板格为矩形双向板时，其斜截面受剪承载力按下式计算：

$$V_s \leqslant 0.7\beta_{hs} f_t (l_{n2} - 2h_0) h_0 \tag{5.2.3}$$

式中 V_s——距墙边缘 h_0 处，作用在图阴影部分面积上的扣除底板及其上填土自重后，相应于荷载效应基本组合的基底平均净反力产生的剪力设计值，kN；

β_{hs}——受剪承载力截面高度影响系数：

$$\beta_{hs} = \left(\frac{800}{h_0}\right)^{1/4} \tag{5.2.4}$$

当 $h_0 < 800$mm 时，取 $h_0 = 800$mm；当 $h_0 > 2000$mm 时，取 $h_0 = 2000$mm；其间按线性内插法取值。

V_s 计算方法的示意如图 5.2.2 所示。

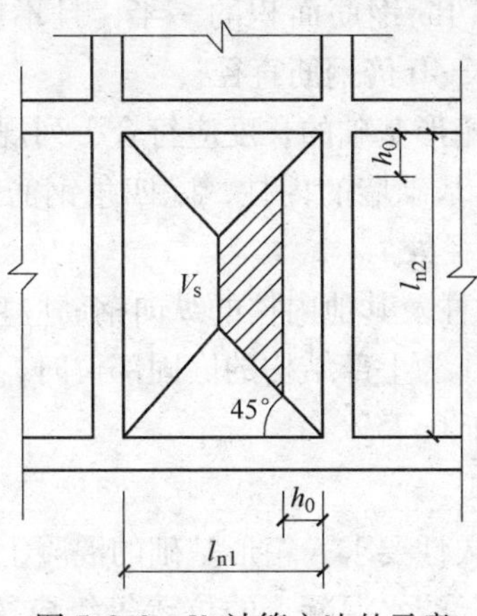

图 5.2.2 V_s 计算方法的示意

5.2.2 箱形基础的构造要求

根据现行国家标准《建筑地基基础设计规范》（GB 50007—2011）和行业标准《高层建筑筏形与箱形基础技术规范》（JGJ 6—2011）的有关规定，筏形基础的构造，应符合下列规定。

5.2.2.1 几何尺寸

（1）箱形基础的内、外墙应沿上部结构柱网和剪力墙纵横均匀布置，当上部结构为框架或框剪结构时，墙体水平截面总面积不宜小于箱形基础水平投影面积的 1/12；当基础平面长宽比大于 4 时，其纵墙水平截面面积不得小于箱形基础外墙外包尺寸水平投影面积的 1/18。在计算墙体水平截面面积时，可不扣除洞口部分。

（2）箱形基础的高度应满足结构承载力和刚度的要求，其值不宜小于箱形基础长度（不包括地板悬挑部分）的 1/20，并不宜小于 3m。

（3）箱形基础墙身厚度应根据实际受力情况、整体刚度及防水要求确定。外墙厚度不小于 250mm；内墙厚度不小于 200mm。

（4）箱基上的门洞宜设在柱间居中部位，洞边至上层柱中心的水平距离不宜小于 1.2m，洞口上过梁的高度不宜小于层高的 1/5，洞口面积不宜大于柱距与箱形基础全高乘积的 1/6。

5.2.2.2 钢筋

（1）箱形基础墙体内应设置双面钢筋，竖向和水平钢筋直径均不应小于 10mm，间距不应大于 200mm。除上部为剪力墙外，内、外墙的墙顶处宜配置两根不小于 20mm 的通长构造钢筋，以作为考虑箱形基础整体挠曲影响的构造措施。

（2）当地基压缩层深度范围内的土层在竖向和水平方向较均匀，且上部结构为平、立面布置较规则的剪力墙、框架、框架—剪力墙体系时，箱形基础的顶、底板可仅按局部弯曲计算，计算时地基反力应扣除板的自重。顶、底板钢筋配置量除满足局部弯曲的计算要求外，跨中钢筋应按实际配筋全部连通，支座钢筋尚应有 1/4 贯通全跨，底板上下贯通钢筋的配筋率均不应小于 0.15%。

（3）箱基上的门洞宜设在柱间居中部位，墙体洞口周围应设置加强钢筋，洞口四周附加钢筋面积不应小于洞口内被切断钢筋面积的一半，且不应少于两根直径为14mm的钢筋，此钢筋应从洞口边缘处延长40倍钢筋直径。

(4) 底层柱纵向钢筋伸入箱形基础的长度应符合下列规定：

1) 柱下三面或四面有箱形基础墙的内柱，除四角钢筋应直通基底外，其余钢筋可终止在顶板底面以下40倍钢筋直径处。

2) 外柱、与剪力墙相连的柱及其他内柱的纵向钢筋应直通到基底。

(5) 当地下一层结构顶板作为上部结构的嵌固部位时，楼面应采用双层双向配筋，且每层每个方向的配筋率不宜小于0.25%。

5.2.2.3 混凝土强度等级

(1) 基础混凝土应符合耐久性要求，箱形基础的混凝土强度等级不应低于C25。

(2) 当采用防水混凝土时，防水混凝土的抗渗等级应按表5.2.1选用；对重要建筑，宜采用自防水并设置架空排水层。

表5.2.1 防水混凝土抗渗等级

埋置深度 d/m	设计抗渗等级	埋置深度 d/m	设计抗渗等级
$d<10$	P6	$20\leqslant d<30$	P10
$10\leqslant d<20$	P8	$30\leqslant d$	P12

箱形基础地下室施工完成后，应及时进行基坑回填。回填土应按设计要求选料。回填时应清除基坑内的杂物，在相对的两侧或四周同时进行并分层夯实，回填土的压实系数不应小于0.94。

地下室的抗震等级、构件的截面设计以及抗震构造措施应符合现行国家标准《建筑抗震设计规范》(GB 50011—2010) 的有关规定。

当四周与土体紧密接触带地下室外墙的整体式筏形基础建于Ⅲ、Ⅳ类场地时，按刚性地基假定计算的基底水平地震剪力和倾覆力矩，可根据结构刚度、埋置深度、场地类别、土质情况、抗震设防烈度以及工程经验折减。

5.3 箱形基础的地基计算

地基基础设计既要保证建筑物的安全和正常使用，又要做到经济合理，方便施工。为实现这一目标，高层建筑地基基础设计首先应按工程地质条件、使用要求、建筑结构布局、荷载分布等条件，进行基础选型，当拟选采用箱形后，还须按建筑功能、基础埋深等要求结合地基评价进一步确定。无论选定何种地基基础，设计基本原则都要求：

(1) 基础底面压力应小于地基容许承载力值。

(2) 建筑物的沉降应小于容许变形值。

(3) 避免地基滑动，防止建筑物失稳。结合基础深度要求，选择土质较好、均匀性好并有一定厚度的地层。

我国地域辽阔，已建的高层建筑采用天然地基的箱形基础已为数不少。本章内容主要针对天然地基上的箱形基础，涉及地基承载力、地基稳定性、地基变形计算等。

5.3.1 地基反力及其分布形式

地基反力的确定是高层建筑箱形基础设计计算中的一个重要问题。试验表明，影响地基反力分布形式的因素较多，如基础和上部结构的刚度，建筑物的荷载分布及其大小，基础的埋置深度，基础平面的形状和尺寸，有无相邻建筑物的影响，地基土的性质（如土的类别、非线性、蠕变性等），施工条件（如施工引起的基底土的扰动）等。

在实际工程箱形基础地基反力测试中，常见的地基反力分布曲线是凹抛物线形和马鞍形，一般难以见到凸抛物线形和钟形。主要原因是测试时地基承受的实际荷载很难达到考虑各种因素时的设计荷载值。同时，设计采用的地基承载力也有一定的安全系数，因此，地基难以达到临塑状态。测试还表明，地基反力分布一般是边端大、中间小，反力峰值位于边端附近；并且基础的刚度越大，反力越向边端集中。

轴心荷载下刚性基础反力分布形式，如图 5.3.1 所示。

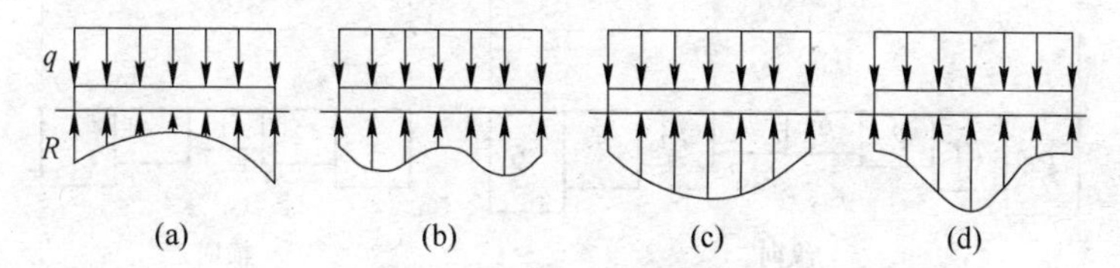

图 5.3.1 轴心荷载下刚性基础地基反力分布形式
（a）凹抛物线形；（b）马鞍形；（c）凸抛物线形；（d）倒钟形

5.3.2 地基反力计算方法

在高层建筑箱形基础内力分析与计算中，地基反力的计算与确定占有重要的地位。因为地基反力的大小及分布形状是决定箱形基础内力的最主要因素之一，它不仅决定内力的大小，在某些情况下甚至可以改变内力（主要是整体弯矩）的正负号。同时，一旦确定了地基反力的大小与分布形状，箱形基础的内力计算问题就迎刃而解了。

正是由于地基反力计算的重要性及复杂性，国内外许多学者对此做了大量研究工作，提出多种计算方法。每种计算方法采用的基本假定或地基计算模型不尽相同，因而计算出的地基反力分布形状差异较大。在计算中，一般采用一种地基计算模型，有时也可根据施工条件和地基土的特性将地基土进行分层，联合使用两种地基计算模型。各种地基反力计算方法的出现，也与当时的计算手段有关。随着计算机技术的飞速发展，在地基反力计算中考虑影响地基反力的因素也在逐步增加，原来比较复杂的问题变得相对容易。但是到目前为止，还没有一种能包含各种影响因素且符合实际情况的地基反力的计算方法。

5.3.2.1 刚性法

这是一种简单、近似的方法，假定地基反力是按直线变化规律分布的，利用材料力学中有关计算公式即可求得地基反力。

假定地基反力按直线分布，其力学概念清楚，计算方法简便。但是，实际工程中只有当基础尺寸较小时（如独立柱基、墙下条基），地基反力才近似直线分布。对于高层建筑箱形基础，由于其尺寸很大，地基反力受多种因素的影响而呈现不同的分布情况，并非简单的直线分布。

5.3.2.2 弹性地基梁法

若箱形基础为矩形平面，可把箱形基础简化为工字形等代梁，工字形截面上、下翼缘宽度分别为箱形基础顶、底板宽，腹板厚度为在弯曲方向墙体厚度的总和，梁高即箱形基础高度，在上部结构传来的荷载作用下，按弹性地基上的梁计算基底反力。

5.3.2.3 实测地基反力系数法

实测地基反力系数法是将箱形基础底面（包括悬挑部分，但悬挑部分不宜大于 0.8m）划分为 40 区格，纵向 8 格，横向 5 格，如图 5.3.2 所示。每区格地基反力 p_i 为

$$p_i = \frac{\sum P}{LB} \times \text{该区格地基反力系数} \tag{5.3.1}$$

式中 $\sum P$——上部结构竖向荷载加箱形基础重量；

L，B——箱形基础的长和宽。

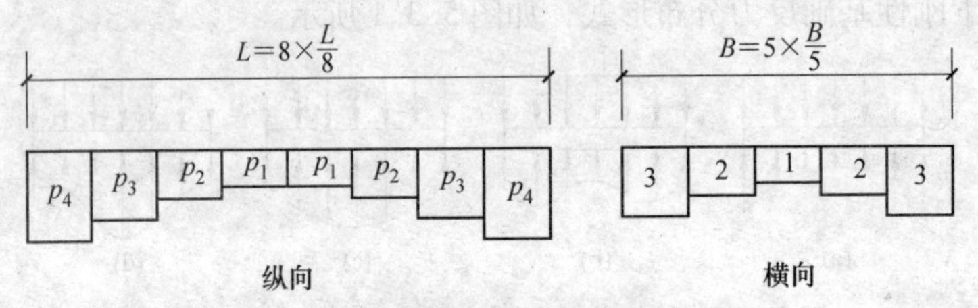

图 5.3.2 箱形基础各区格划分示意

地基反力系数可通过查阅地基反力系数表获取，地基反力系数表是在一定条件下将原体工程实测和模型试验数据经整理、统计、分析后获得的。

5.3.3 地基承载力

5.3.3.1 地基承载力的确定

确定地基承载力的方法有原位测试法和理论计算公式法。在此先概述原位测试法，然后重点介绍理论计算公式法。

A 现场载荷试验确定承载力

载荷试验是原位测试中确定承载力最为常用的一种有效方法，载荷试验曲线 p-s 曲线）特性明显，典型的 p-s 曲线可分成三个阶段（见图 5.3.3）；oa 称为压密阶段（直线变形段），ab 称为局部剪切阶段，bc 称为整体剪切破坏阶段。在压密阶段内荷载与变形成正比，土中各点剪应力均小于土的抗剪强度，土体处于弹性平衡状态，a 点相应的荷载称为临塑荷载 p_{cr}，p_{cr}实质上是土体处于弹性与塑性的临界值；在局部剪切 ab 段，p-s 曲线不再保持线性关系，沉降的速率随荷载增加而增大，这一阶段基础边缘下地基土局部范围内的剪切应力达到土的抗剪强度而出现塑性区；随着荷载继续增加，塑性区逐渐扩大，直至土中形成连续的滑动面，土体逐渐自稳定趋于不稳定状态及至开始破坏。此时所对应的荷载称为极限荷载 p_u，在整体破坏阶段即使荷载不再增加，荷载板也会急剧下沉，地基变形不断开展，土体自底板四周隆起。地基失稳而破坏。

p-s 曲线所显示的荷载临界值 p_u，p_{cr}可作为确定地基承载力的依据，依此推求地基承载力设计值 p_u 需除以安全系数 k（不小于 2），p_{cr}可以直接作为设计值，如认为还可挖掘承载力的潜力，也可依据塑性区开展的深度 $b/4 \sim b/3$（b 为压板宽度）为标准确定承载力设

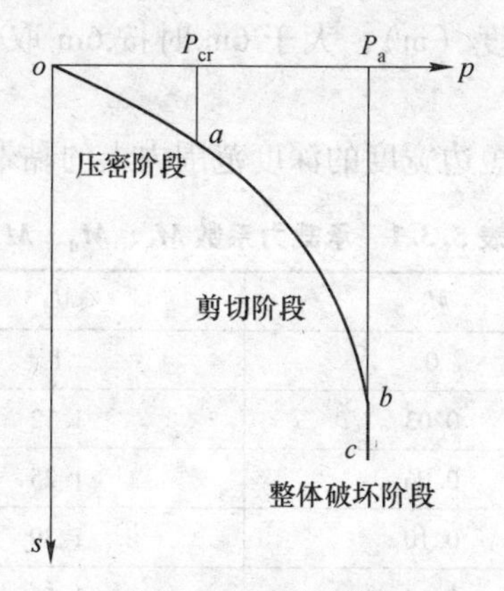

图 5.3.3 载荷试验

计值即 $p_{1/3}$ 或 $p_{1/4}$，此外还有以控制变形量即以相对变形（s/b）为标准进行确定承载力设计值。

应注意的是 p_u、p_{cr} 的量值是随荷载板尺寸大小而异的，有尺寸效应问题，荷载板尺寸愈大，变形愈大而此时 p_u、p_{cr} 亦愈大，因此根据载荷试验 p-s 曲线确定曲线地基承载力不应忽视尺寸效应。

现场原位测试方法除载荷试验常用外，尚有其他方法如标准贯入、旁压仪测试、动力触探、静力触探等方法用于直接或间接确定地基承载力，可参阅《岩土工程试验测试手册》等丛书。

B 理论计算公式确定承载力

当基础宽度大于 3m 或埋置深度大于 0.5m 时，从载荷试验或其他原位测试、经验值等方法确定的地基承载力特征值，尚应按下式修正：

$$f_a = f_{ak} + \eta_b \gamma (b - 3) + \eta_d \gamma_m (d - 0.5) \tag{5.3.2}$$

式中 f_a——修正后的地基承载力特征值，kPa；

f_{ak}——地基承载力特征值，kPa；

η_b——基础宽度的地基承载力修正系数；

η_d——基础埋深的地基承载力修正系数；

γ——基础底面以下土的重度，kN/m^3，地下水位以下取浮重度；

b——基础底面宽度，m，当基础底面宽度小于 3m 时按 3m 取值，大于 6m 时按 6m 取值；

γ_m——基础底面以上土的加权平均重度，kN/m^3，位于地下水位以下的土层取有效重度；

d——基础埋置深度，m，宜自室外地面标高算起。

当偏心距 e 小于或等于 0.033 倍基础底面宽度时，根据土的抗剪强度指标确定地基承载力特征值可按下式计算，并应满足变形要求：

$$f_a = M_b \gamma b + M_d \gamma_m d + M_c c_k \tag{5.3.3}$$

式中 f_a——由土的抗剪强度指标确定的地基承载力特征值，kPa；

M_b，M_d，M_c——承载力系数；按表 5.3.1 确定；

b——基础底面宽度（m），大于6m时按6m取值，对于砂土，小于3m时按3m取值；

c_k——基底下一倍短边宽度的深度范围内土的黏聚力标准值，kPa。

表 5.3.1 承载力系数 M_b、M_d、M_c

土的内摩擦角标准值	M_b	M_d	M_c
0	0	1	3.14
2	0.03	1.12	3.32
4	0.06	1.25	3.51
6	0.10	1.39	3.71
8	0.14	1.55	3.93
10	0.18	1.73	4.17
12	0.23	1.94	4.42
14	0.29	2.17	4.69
16	0.36	2.43	5.00
18	0.43	2.72	5.31
20	0.51	3.06	5.66
22	0.61	3.44	6.01
24	0.80	3.87	6.45
26	1.10	4.37	6.90
28	1.40	4.93	7.40
30	1.90	5.59	7.95
32	2.60	6.35	8.55
34	3.40	7.21	9.22
36	4.20	8.25	9.97
38	5.00	9.44	10.80
40	5.80	10.84	11.73

5.3.3.2 地基承载力验算

箱形基础底面的压力值，可按下列公式计算：

（1）受轴心荷载作用时：

$$P_k = \frac{F_k + G_k}{A} \tag{5.3.4}$$

式中 P_k——相应于荷载效应标准组合时，基础底面处的平均压力值；

F_k——相应于荷载效应标准组合时，上部结构传至基础顶面的竖向压力值；

G_k——基础自重和基础上的土重之和，在计算地下水位以下部分时，应取土的有效重度；

A——基础底面面积。

（2）当受偏心荷载作用时：

$$P_{kmax}=\frac{F_k+G_k}{A}+\frac{M_k}{W} \tag{5.3.5}$$

$$P_{kmin}=\frac{F_k+G_k}{A}-\frac{M_k}{W} \tag{5.3.6}$$

式中 M_k——相应于荷载效应标准组合时，作用于基础底面的力矩值；

W——基础底面的抵抗矩；

P_{kmax}——相应于荷载效应标准组合时，基础底面边缘的最大压力值；

P_{kmin}——相应于荷载效应标准组合时，基础底面边缘的最小压力值。

基础底面压力应符合下列公式的要求：

1）当受轴心荷载时：

$$P_k \leqslant f_a \tag{5.3.7}$$

2）当受偏心荷载时，除符合式（5.3.7）要求外，尚应符合下式要求：

$$P_{kmax} \leqslant 1.2f_a \tag{5.3.8}$$

式中 f_a——修正后的地基承载力特征值。

（3）对于非抗震设防的高层建筑箱形基础，尚应符合下式要求：

$$P_{kmin} \geqslant 0 \tag{5.3.9}$$

对于抗震设防的建筑，箱形基础底面压力除应符合公式（5.3.7）及公式（5.3.8）的要求外，尚应按下列公式进行地基土抗震承载力的验算：

$$P_E \leqslant f_{SE} \tag{5.3.10}$$

$$P_{Emax} \leqslant 1.2f_{SE} \tag{5.3.11}$$

$$F_{SE}=\xi_s f_a \tag{5.3.12}$$

式中 P_E——基础底面地震效应组合的平均压力值；

$P_{E\,max}$——基础底面地震效应组合的边缘最大压力值；

f_{SE}——调整后的地基土抗震承载力；

ξ_s——地基土抗震承载力调整系数，按表 5.3.2 确定。

表 5.3.2 地基抗震承载力调整系数 ξ_s

岩土名称和性状	ξ_s
岩石，密实的碎石土，密实的砾、粗中砂，$f_{ak}\leqslant$300kPa 的黏性土和粉土	1.5
中密、稍密的碎石土，中密和稍密的砾、粗、中砂，密实和中密的细、粉砂，150kPa$\leqslant f_{ak}<$300kPa 的黏性土和粉土	1.3
稍密的细、粉砂，100kPa$\leqslant f_{ak}<$150kPa 的黏性土和粉土，新近沉积的黏性土和粉土	1.1
淤泥，淤泥质土，松散的砂，填土	1.0

注：f_{ak}为地基承载力的特征值。

在地震作用下，对于高宽比大于 4 的高层建筑，基础底面不宜出现零应力区；对于其他建筑，当基础底面边缘出现零应力时，零应力区的面积不应超过基础底面面积的 15%；与裙房相连且采用天然地基的高层建筑，在地震作用下主楼基础底面不宜出现零应力区。

5.3.4 地基变形验算

由于箱形基础埋深较大，其地基变形特性与一般浅基础有所不同，随着施工技术的发展，箱形基础地基的受力状态和变形一般有以下5个过程：

（1）降水预压，由于箱形基础大部分埋置在地下水位以下，在基坑开挖前大多用井点降低地下水位，以便进行基坑开挖和基础施工，由于降低地下水位，使地基压缩。

（2）基坑开挖，在这阶段将引起地基回弹，根据实测回弹变形相当可观，不容忽视，约为推算最终地基变形量的20%~30%。

（3）基础施工，由于逐步加载，地基产生再压缩变形。

（4）停止降水，基础施工完后可停止降水，地基又回弹。

（5）上部结构的使用由于继续加载，地基也会继续产生压缩变形。

为了使地基变形计算所取用的参数尽可能与地基实际受力和状态相吻合，可在室内进行模拟以上5个过程的压缩回弹试验。但是模拟的条件与初始状态不尽符合，故要准确地计算地基变形相当困难。

实用上，为简化箱形基础的沉降计算，《高层建筑筏形与箱形基础技术规范》（JCJ 6—2011）规定按下列公式计算最终沉降量。

当采用土的压缩模量时，箱形基础的最终沉降量 s 可按下式计算：

$$s = s_1 + s_2 \tag{5.3.13}$$

$$s_1 = \psi' \sum_{i=1}^{m} \frac{p_c}{E'_{si}}(z_i a_i - z_{i-1} a_{i-1})$$

$$s_2 = \psi_s \sum_{i=1}^{n} \frac{p_0}{E_{si}}(z_i \bar{a}_i - z_{i-1} \bar{a}_{i-1})$$

式中 s——最终沉降量，mm；

s_1——基坑底面以下地基土回弹再压缩引起的沉降量，mm；

s_2——由基底附加压力引起的沉降量，mm；

ψ'——考虑回弹影响的沉降计算经验系数，无经验时取 $\psi'=1$；

ψ_s——沉降计算经验系数，按地区经验采用；当缺乏地区经验时，可按现行国家标准《建筑地基基础设计规范》（GB 50007—2011）的有关规定采用；

p_c——相当于基础底面地基土自重压力的基底压力，kPa，计算时地下水位以下部分取土的浮重度，kN/m^3；

p_o——准永久组合下的基础底面处的附加压力，kPa；

E'_{si}，E_{si}——基础底面下第 i 层土的回弹再压缩模量和压缩模量，MPa；

m——基础底面以下回弹影响深度范围内所划分的地基土层数；

n——沉降计算深度范围内所划分的地基土层数；

z_i，z_{i-1}——基础底面至第 i 层、第 $i-1$ 层底面的距离，m；

a_i，a_{i-1}——基础底面计算点至第 i 层、第 $i-1$ 层底面范围内平均附加应力系数；

当采用土的变形模量计算筏形与箱形基础的最终沉降量 s 时，应按下式计算：

$$s = p_k b \eta \sum_{i=1}^{n} \frac{\delta_i - \delta_{i-1}}{E_{0i}} \tag{5.3.14}$$

式中 p_k——长期效应组合下的基础底面处的平均压力标准值，kPa；

b——基础底面宽度，m；

δ_i，δ_{i-1}——与基础长宽比$\frac{l}{b}$及基础底面至第 i 层土和第 i-1 层土底面的距离深度 z 有关的无因次系数，可按表 5.3.3 确定；

E_{0i}——基础底面下第 i 层土的变形模量，MPa，通过试验或按地区经验确定；

η——沉降计算修正系数，可按表 5.3.4 确定。

表 5.3.3　按 E_0 计算沉降时的 δ 系数

$m=2z/b$	$n=l/b$						$n\geqslant10$
	1	1.4	1.8	2.4	3.2	3.5	
0.0	0.000	0.000	0.000	0.000	0.000	0.000	0.000
0.4	0.100	0.100	0.100	0.100	0.100	0.100	0.104
0.8	0.200	0.200	0.200	0.200	0.200	0.200	0.208
1.2	0.299	0.300	0.300	0.300	0.300	0.300	0.311
1.6	0.380	0.394	0.397	0.397	0.397	0.397	0.412
2.0	0.446	0.472	0.482	0.486	0.486	0.486	0.511
2.4	0.499	0.538	0.556	0.565	0.567	0.567	0.605
2.8	0.542	0.592	0.618	0.635	0.640	0.640	0.687
3.2	0.577	0.637	0.671	0.696	0.707	0.709	0.763
3.6	0.606	0.676	0.717	0.750	0.768	0.772	0.831
4.0	0.630	0.708	0.756	0.796	0.820	0.830	0.892
4.4	0.650	0.735	0.789	0.837	0.867	0.883	0.949
4.8	0.668	0.759	0.819	0.873	0.908	0.932	1.001
5.2	0.683	0.780	0.834	0.904	0.948	0.977	1.050
5.6	0.697	0.798	0.867	0.933	0.981	1.018	1.096
6.0	0.708	0.814	0.887	0.958	1.011	1.056	1.138
6.4	0.719	0.828	0.904	0.980	1.031	1.090	1.178
6.8	0.728	0.841	0.920	1.000	1.065	1.122	1.215
7.2	0.736	0.852	0.935	1.019	1.088	1.152	1.251
7.6	0.744	0.863	0.948	1.036	1.109	1.180	1.285
8.0	0.751	0.872	0.960	1.051	1.128	1.205	1.316
8.4	0.757	0.881	0.970	1.065	1.146	1.229	1.347
8.8	0.762	0.888	0.980	1.078	1.162	1.251	1.376
9.2	0.768	0.896	0.989	1.089	1.178	1.272	1.404
9.6	0.772	0.902	0.998	1.100	1.192	1.291	1.431
10.0	0.777	0.908	1.005	1.110	1.205	1.309	1.456
11.0	0.786	0.922	1.022	1.132	1.238	1.349	1.506
12.0	0.794	0.933	1.037	1.151	1.257	1.384	1.550

注：l、b 为矩形基础的长度与宽度；z 为基础底面至该层土底面的距离。

表 5.3.4 修正系数 η

$m=2z_n/b$	$0<m\leqslant 0.5$	$0.5<m\leqslant 1$	$1<m\leqslant 2$	$2<m\leqslant 3$	$3<m\leqslant 5$	$5<m\leqslant\infty$
η	1.00	0.95	0.90	0.80	0.75	0.70

按上式进行沉降计算时，沉降计算深度 z_n，应按下式计算：

$$z_n=(z_m+\xi b)\beta \tag{5.3.15}$$

式中 z_m——与基础长宽比有关的经验值，m，可按表 5.3.5 确定；

ξ——折减系数，可按表 5.3.5 确定；

β——调整系数，可按表 5.3.6 确定。

表 5.3.5 z_m 值和 ξ 折减系数

l/b	$\leqslant 1$	2	3	4	$\geqslant 5$
z_m	11.6	12.4	12.5	12.7	13.2
ξ	0.42	0.49	0.53	0.60	1.00

表 5.3.6 调整系数 β

土类	碎石	砂土	粉土	黏性土	软土
β	0.30	0.50	0.60	0.75	1.00

5.3.5 地基的稳定性验算

高层建筑在承受地震作用、风荷载或其他水平荷载时。箱形基础的抗滑移稳定性（见图 5.3.4）应符合下式的要求：

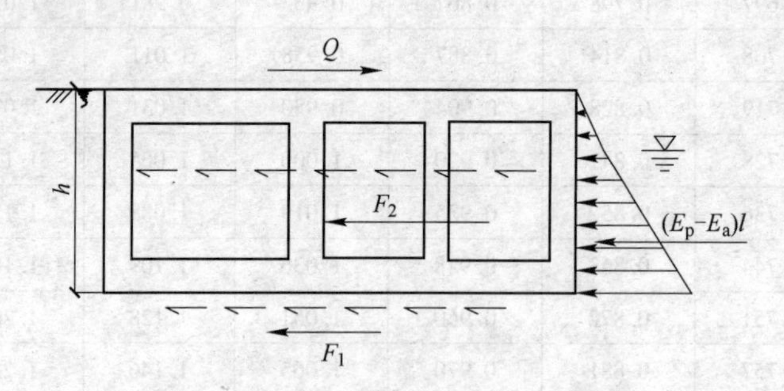

图 5.3.4 抗滑移稳定性验算示意图

$$K_sQ\leqslant F_1+F_2+(E_p-E_a)l \tag{5.3.16}$$

式中 F_1——基底摩擦力合力，kN；

F_2——平行于剪力方向的侧壁摩擦力合力，kN；

E_p，E_a——垂直于剪力方向的地下结构外墙面单位长度上主动土压力合力、被动土压力合力，kN/m；

l——垂直于剪力方向的基础边长，m；

Q——作用在基础顶面的风荷载、水平地震作用或其他水平荷载，kN，风荷载、地震作用分别按现行国家标准《建筑结构荷载规范》（GB 50009—2012）、《建筑抗震设计规范》（GB 50011—2010）确定，其他水平荷载按实际发生的情况确定；

K_s——抗滑移稳定性安全系数，取1.3。

高层建筑在承受地震作用、风荷载、其他水平荷载或偏心竖向荷载时，箱形基础的抗倾覆稳定性应符合下式的要求：

$$K_r M_c \leqslant M_r \tag{5.3.17}$$

式中　K_r——抗倾覆稳定性安全系数，取1.5；

M_r——抗倾覆力矩，kN·m；

M_c——倾覆力矩，kN·m。

当地基内存在软弱土层或地基土质不均匀时，应采用极限平衡理论的圆弧滑动面法验算地基整体稳定性。其最危险的滑动面上诸力对滑动中心所产生的抗滑力矩与滑动力矩应符合下式规定：

$$KM_s \leqslant M_R \tag{5.3.18}$$

式中　M_R——抗滑力矩，kN·m；

M_s——滑动力矩，kN·m；

K——整体稳定性安全系数，取1.2。

当建筑物地下室的一部分或全部在地下水位以下时，应进行抗浮稳定性验算。抗浮稳定性验算应符合下式的要求：

$$F'_k + G_k \geqslant K_f F_f \tag{5.3.19}$$

式中　F'_k——上部结构传至基础顶面的竖向永久荷载，kN；

G_k——基础自重和基础上的土重之和，kN；

F_f——水浮力，kN，在建筑物使用阶段按与设计使用年限相应的最高水位计算；在施工阶段，按分析地质状况、施工季节、施工方法、施工荷载等因素后确定的水位计算；

K_f——抗浮稳定安全系数，可根据工程重要性和确定水位时统计数据的完整性取1.0~1.1。

5.4　箱形基础结构内力的简化计算

设计箱形基础时，应根据地基条件和上部结构荷载的大小，选择合理的平面尺寸、结构高度以及各部分墙与板的布局和厚度，然后计算箱形基础的内力和配筋。

5.4.1　顶底板的局部弯曲

当地基压缩层深度范围内的土层在竖向和水平方向皆较均匀，或者上部结构为平立面布置较规则的框架、剪力墙、框架-剪力墙结构时，箱形基础的顶底板仅考虑局部弯曲的计算。

底板按倒楼盖、顶板按普通楼盖计算，在进行局部弯曲计算时，底板反力应扣除板的自重及其上面层和填土的自重，顶板荷载按实际考虑，底板局部弯曲产生的弯矩应乘以0.8的折减系数。

5.4.2 顶底板的整体弯曲

当上部结构为框架体系时，箱形基础的内力应同时考虑整体弯曲和局部弯曲的作用。由于其整体刚度不大，因此，在填充墙尚未砌筑，上部结构刚度未形成以前，箱形基础的整体受弯应力较为明显。计算整体弯曲时，应考虑上部结构的共同工作，箱形基础承受的整体弯矩，按基础刚度与整体结构总刚度之比例分配（见图5.4.1），即总刚度之比按比例分配：

$$M_{\mathrm{F}} = M\frac{E_{\mathrm{F}}I_{\mathrm{F}}}{E_{\mathrm{F}}I_{\mathrm{F}} + E_{\mathrm{B}}I_{\mathrm{B}}} \tag{5.4.1}$$

$$E_{\mathrm{B}}I_{\mathrm{B}} = \sum_{i=1}^{n}\left[E_{\mathrm{b}}I_{\mathrm{b}i}\left(1 + \frac{K_{\mathrm{u}i} + K_{\mathrm{l}i}}{2K_{\mathrm{b}i} + K_{\mathrm{u}i} + K_{\mathrm{l}i}}m^2\right)\right] + E_{\mathrm{w}}I_{\mathrm{w}} \tag{5.4.2}$$

式中 M——建筑物整体弯曲所产生的弯矩，该弯矩是指在建筑物荷载即地基反作用下，按静定梁方法计算所得；

$E_{\mathrm{F}}I_{\mathrm{F}}$——箱形基础的刚度，其中 E_{F} 为箱形基础的混凝土弹性模量，I_{F} 为按工字形截计算的箱形基础截面惯性矩，工字形截面的上、下翼缘宽度分别为箱形基础顶、底板的全宽，腹板厚度为在弯曲方向的墙体厚度的总和；

$E_{\mathrm{B}}I_{\mathrm{B}}$——上部结构的总折算刚度，按式（5.4.2）计算；

E_{b}——梁、柱混凝土的弹性模量；

$I_{\mathrm{b}i}$——第 i 层梁的截面惯性矩；$K_{\mathrm{u}i} = \dfrac{I_{\mathrm{u}i}}{h_{\mathrm{u}i}}$，$K_{\mathrm{l}i} = \dfrac{I_{\mathrm{l}i}}{h_{\mathrm{l}i}}$，$K = \dfrac{I_{\mathrm{h}i}}{l}$，参见图5.4.1；

$I_{\mathrm{u}i}$，$I_{\mathrm{l}i}$，$I_{\mathrm{h}i}$——第 i 层上柱、下柱和梁的截面惯性矩；

$h_{\mathrm{u}i}$，$h_{\mathrm{l}i}$，l——第 i 层上柱、下柱的高度和弯曲方向的柱距；

E_{w}——混凝土墙的弹性模量；

I_{w}——在弯曲方向与箱形基础相连的连续钢筋混凝土墙的惯性矩，$I_{\mathrm{w}} = th^3/12$（t、h 分别为墙的厚度总和与高度）；

m——弯曲方向的节间数，$m = L/l$（L 为上部结构弯曲方向的总长度）；

n——建筑物的层数，不大于8层时，n 取实际楼层数；大于8层时，n 取8。对柱距相差不超过20%的框架结构，式（5.2.1）也可适用，此时取 $l = L/m$。

箱形基础每块底板和顶板都是在地基反力或楼面荷载作用下的双向板，已受到局部弯矩作用，把纵向或横向整体弯曲和局部弯曲作用下的内力叠加，所得内力既可用来计算箱形基础顶板和底板在纵横两个方向的配筋。

5.4.3 顶底板的受剪及受冲切

箱形基础顶底板厚度除根据荷载与跨度大小按正截面抗弯强度决定外，其斜截面抗剪强度应符合以下要求：

$$V_{\mathrm{s}} \leqslant 0.7\beta_{\mathrm{h}}f_{\mathrm{t}}bh_0 \tag{5.4.3}$$

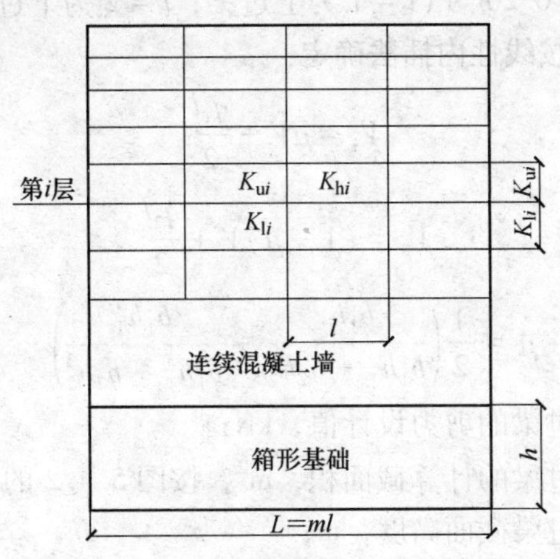

图 5.4.1

式中　V_s——相应于荷载效应的基本荷载组合减去刚性角范围内的荷载（刚性角45°），为板面荷载或板底反力与阴影部分面积的乘积，kN；

f_t——混凝土轴心抗拉强度设计值，kPa；

β_h——截面高度影响系数，$\beta_{hs}=\left(\frac{800}{h_0}\right)^{1/4}$，当 $h_0<800$mm 时，取 $h_0=800$mm；当 $h_0>2000$mm 时，取 $h_0=2000$mm；其间按内插法取值；

b——计算所取的板宽；

h_0——板的有效高度。

箱形基础底板的冲切强度按式（5.2.1）验算。

5.4.4　外墙的受剪及受弯

箱形基础的外墙，除与剪力墙连接外，其墙身截面应按下式验算：

$$V \leqslant 0.25\beta_c f_c A \tag{5.4.4}$$

式中　V——按静定梁计算的总剪力分配在墙上的剪力，kN；

A——墙身竖向有效面积，m^2；

f_c——混凝土轴心抗压强度设计值，kPa；

β_c——混凝土强度影响系数，对基础所采用的混凝土，一般为 1.0。

对于承受水平荷载的外墙，尚需进行受弯计算，此时将墙身视为顶底板都固定的多跨连续板，作用于外墙上的水平荷载包括土压力、水压力和由于地面均布荷载引起的侧压力。土压力一般按静止土压力计算。

5.4.5　洞口过梁的受弯及受剪

（1）对于单层箱形基础洞口上、下过梁的受剪截面，应分别符合下列规定：

1）当 $h_i/b\leqslant4$ 时，按下式确定：

$$V_i \leqslant 0.25 f_c A_i (i=1\text{ 为上过梁；}i=2\text{ 为下过梁}) \tag{5.4.5}$$

2）当 $h_i/b\geqslant6$ 时，按下式确定：

$$V_i \leqslant 0.20 f_c A_i (i = 1 \text{为上过梁}; i = 2 \text{为下过梁}) \tag{5.4.6}$$

3）当 $4<h_i/b<6$ 时，按线性内插法确定：

$$V_1 = \mu V + \frac{q_1 l}{2} \tag{5.4.7}$$

$$V_2 = (1 - \mu) V + \frac{q_2 l}{2} \tag{5.4.8}$$

$$\mu = \frac{1}{2}\left(\frac{b_1 h_1}{b_1 h_1 + b_2 h_2} + \frac{b_1 h_1^3}{b_1 h_1^3 + b_2 h_2^3}\right) \tag{5.4.9}$$

式中　V_1，V_2——上、下过梁的剪力设计值，kN；

A_1，A_2——上、下过梁的计算截面积，m^2，按图 5.4.2 的阴影部分计算；

h_1，h_2——上、下过梁截面高度，m；

q_1，q_2——作用在上、下过梁上的均布荷载设计值 kN/m；

μ——剪力分配系数。

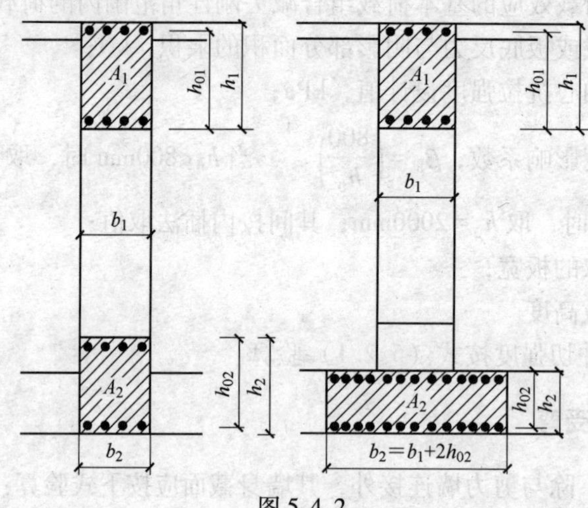

图 5.4.2

（2）对于单层箱形基础洞口上、下过梁截面的顶部和底部纵向钢筋，应分别按下式求得的弯矩设计值配置：

$$M_1 = \mu V \frac{l}{2} + \frac{q_1 l^2}{12} \tag{5.4.10}$$

$$M_2 = (1 - \mu) V \frac{l}{2} + \frac{q_2 l^2}{12} \tag{5.4.11}$$

式中　M_1，M_2——上、下过梁的弯矩设计值，kN · m。

5.5　计算算例

［**例题 5-1**］已知：上部结构为七层框架，层高为 4m，地基土第一层为淤泥质赫土，$f_k = 100$kPa，$\gamma = 17.5$kN/m^3，地下水位以下 $\gamma_{sat} = 18.5$kN/m^3，风 $E_{S1-2} = 5000$kPa，土层厚 10m；第二层为粉质豁土，$f_k = 200$kPa，$\gamma = 19$kN/m^3，$E_{S1-2} = 14000$kPa，地下水位在

-1.0m。采用材料为C20混凝土，HRB335级钢筋。

荷载条件：底板和顶板作用荷载q分别为6kPa和10kPa，风荷载引起箱形基础顶面形心处作用力矩为$M_x=1700\text{kN}\cdot\text{m}$，$M_y=8000\text{kN}\cdot\text{m}$。

解：(1) 拟定箱形基础尺寸。

1) 箱形基础高度：取建筑物高度的1/8，即1/8×28m=3.5m。

2) 根据构造要求，初步确定底板厚50cm，顶板厚30cm，外墙厚35cm，内墙厚30cm。埋深取3.3m。

3) 箱形基础底板平面尺寸：由图5.5.1，取

$$L=(9\times4.5+2\times0.6)\text{m}=41.7\text{m}$$

$$B=(16+2\times0.6)\text{m}=17.2\text{m}$$

$$A=41.7\times17.2\text{m}^2=717.2\text{m}^2$$

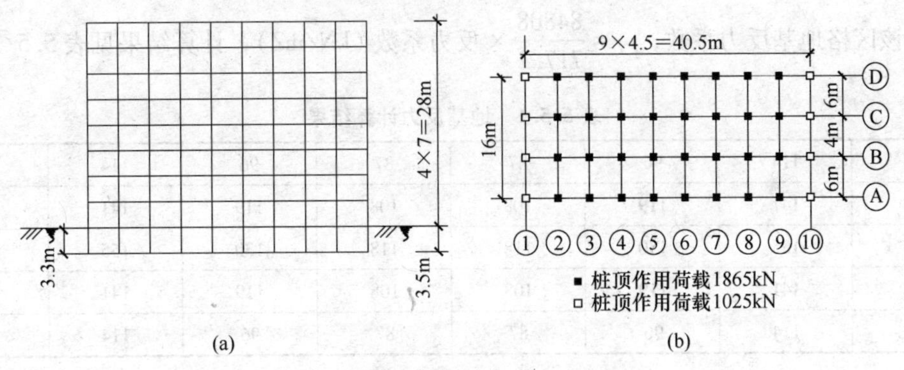

图5.5.1 建筑剖面和箱基平面示意图
(a) 建筑物剖面图；(b) 箱基平面图

(2) 地基承载力验算。

1) 荷载计算：

结构对称，故恒载及活载对称。

框架柱荷载（恒荷加活载）N为

$$N=(4\times1025+4\times1025+8\times4\times1865)\text{kN}=67800\text{kN}$$

箱形基础自重及底板挑出部分上的土重G的计算方法如下：

底板重=41.7×17.2×0.5×25kN=8970kN

顶板重=40.85×16.35×0.3×25kN=5010kN

外墙重=(2×16+2×40.5)×0.35×(3.5-0.5-0.3)×25kN=2670kN

内纵墙重=(40.5-0.35)×2×0.30×(3.5-0.5-0.3)×25kN=1626kN

内横墙重=8×0.3×(16-0.35-0.3×2)×(3.5-0.5-0.3)×25kN=2438kN

土重=[(0.6-0.175)×16.35×(3.3-0.5)×1.8×2+(0.6-0.175)×41.35×(3.3-0.5)×1.8×2]kN=2470kN

G=(8970+5010+2670+1626+2438+2470)kN=23188kN

因q=6kPa，底板上堆料重N_1为

$$N_1=[(4.5-0.30)\times(6-0.32)\times18+(4-0.3)\times(4.5-0.3)\times9]\times6=569\times6\text{kN}=3414\text{kN}$$

因 $q=10\text{kPa}$，顶板上的荷载 N_2 为

$$N_2=569\times10\text{kN}=5690\text{kN}$$

作用于箱形基础顶面形心处力矩（风载引起）为

$$M_x=17000\text{kN}\cdot\text{m},\ M_y=8000\text{kN}\cdot\text{m}$$

地下水对箱形基础浮力 W 为

$$W=40.85\times16.35\times2.3\times10\text{kN}=15360\text{kN}$$

基底形心处总荷载：

$$\Sigma P=N+G+N_1+N_2-W=(67880+23188+3414+5690-15360)\text{kN}=84808\text{kN}$$

$$M_x=17000\text{kN}\cdot\text{m};\ M_y=8000\text{kN}\cdot\text{m}$$

2）计算地基反力，验算地基承载力：

采用反力系数法计算，将基础底面划分为 5×8＝40 个区格。每区格平均反力为 $p_i=\dfrac{\Sigma P}{LB}\times$该区格地基反力系数，$p_i=\dfrac{84808}{717.2}\times$反力系数(kN/mZ)，计算结果见表 5.5.1。

表 5.5.1　地基反力计算结果

107	114	96	87	87	96	114	107
132	141	119	108	108	119	141	132
145	155	130	118	118	130	155	145
132	141	119	108	108	119	141	132
107	114	96	87	87	96	114	107

由力矩引起的反力：

横向

$$p'_{\max}=\frac{17000}{\dfrac{1}{6}\times41.7\times17.2^2}\text{kPa}=\frac{17000}{2056}\text{kPa}\approx8.27\text{kPa}$$

纵向

$$p''_{\max}=\frac{8000}{\dfrac{1}{6}\times17.2\times41.7^2}\text{kPa}=\frac{8000}{4985}\text{kPa}\approx1.6\text{kPa}$$

$$p''_{\max}=\frac{84810}{717.24}\text{kPa}\approx118\text{kPa}$$

$$p_{\max}=(118+1.6)\text{kPa}=119.6\text{kPa}$$

若按基底计算反力考虑，则

$$p_{\max}=(145+1.6)\text{kPa}=146.6\text{kPa}$$

$$f=f_k+\eta_b\gamma(b-3)+\eta_b\gamma_p(d-0.5)$$

$$=[100+1.1\times1.1\times18\times(3.3-0.5)]\text{kPa}\approx155.4\text{kPa}$$

$$1.2f=(1.2\times155.4)\text{kPa}=186.5\text{kPa}$$

所以 $p<f$，$p_{\max}\leqslant1.2f$，$p_{\min}>0$。

（3）箱形基础内力计算。

因上部结构为框架体系，内力计算应分别考虑整体弯曲和局部弯曲，本例题略去横向计算，只给出纵向计算的内力。

1）按纵向整体弯曲计算。将箱形基础简化为工字形梁，在上部荷载和基底净反力作用下，用静力平衡法求出各截面内力。

① 求基底净反力 P_j：

$$P_j = P - 箱形基础自重 + 水浮力$$

例如，第一格基底净反力为：

$$p_{j1} = 107\text{kPa} - \frac{G + N_1}{LB} + \frac{W}{LB} = (107 - 37 + 21.4)\text{kPa} = 91.4\text{kPa}$$

各区格基底净反力见表 5.5.2。

表 5.5.2　整体弯曲情况下各区格基底净反力表

91.4	98.4	80	71.4	71.4	80	98.4	91.4
116	125	103	92	92	103	125	116
129	139	114	102	102	114	139	129
116	125	103	92	92	103	125	116
91.4	98.4	80	71.4	71.4	80	98.4	91.4

沿纵向每单位长度上基底净反力：

例如，第一列：

$$p_j' = \frac{2\times(91.4+116)+129}{5}\times 17.2\text{kN/m} \approx 1870\text{kN/m}$$

同理求出

$$p_j'' = \frac{2\times(98.4+125)+139}{5}\times 17.2\text{kN/m} \approx 2020\text{kN/m}$$

$$p_j''' = \frac{2\times(80+103)+114}{5}\times 17.2\text{kN/m} \approx 1650\text{kN/m}$$

$$p_j'''' = \frac{2\times(71.4+92)+102}{5}\times 17.2\text{kN/m} \approx 1480\text{kN/m}$$

② 内力计算（见图 5.5.2）：

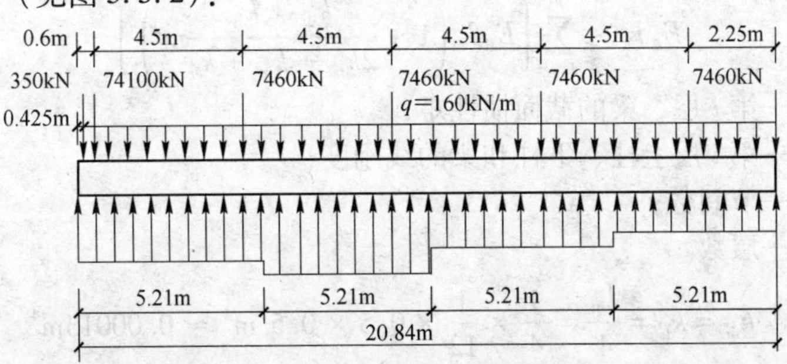

图 5.5.2　内力计算示意图

本例计算中计入恒载及活载。

顶板上活荷载：$q=10\text{kPa}\times16\text{m}=160\text{kN/m}$。

③ 计算纵向整体弯曲产生的弯矩 $M_{整}$（现只计算跨中弯矩）：

$$M_{整}=\left[1480\times5.21\times\frac{5.21}{2}+1650\times5.21^2\times\left(1+\frac{1}{2}\right)+2020+5.21^2\times\left(2+\frac{1}{2}\right)+1870\times5.21^2\times\left(3+\frac{1}{2}\right)-160\times\frac{40.5}{2}\times\frac{40.5}{4}-7460\times2.25-7460\times(2.25+4.5)-7460\times(2.25+2\times4.5)-7460\times(2.25+3\times4.5)-4100\times\frac{40.5}{2}-350\times\left(\frac{41.7}{2}-0.425\right)\right]\text{kN}\cdot\text{m}$$

$$\approx(20100+67200+137000+178000-32800-16800-50400-83900-117500-83030-7150)\text{kN}\cdot\text{m}=10720\text{kN}\cdot\text{m}$$

④ 箱形基础所承受的整体弯矩 M_g，考虑上部结构参与工作，按折算刚度法计算：

$$M_g=\frac{E_gJ_g}{E_gJ_g+E_BJ_B}M_{整}$$

箱形基础简化为工字形梁，其截面尺寸为上、下翼缘为顶底板宽度及厚度、纵向内外墙厚度之和（1.3m）为腹板厚，截面高即箱形基础高度，如图 5.5.3 所示。

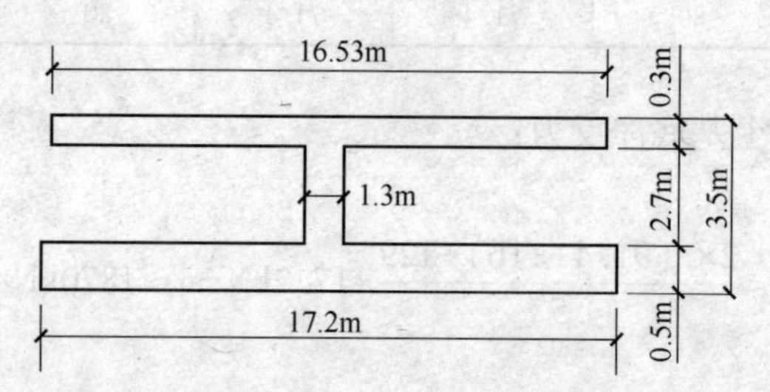

图 5.5.3 工字形梁截面

近似计算 J_g 为

$$J_g=\frac{1}{12}\times\left[\left(\frac{16.35+17.2}{2}\right)\times3.5^2\right]\text{m}^4-\frac{1}{12}\times\left[\left(\frac{17.2+16.35}{2}-1.3\right)\times2.7^3\right]\text{m}^4$$

$$\approx(60-25.4)\text{m}^4=34.6\text{m}^4$$

上部结构折算刚度（不考虑填充墙刚度，首层无钢筋混凝土墙）

$$E_BJ_B=\sum_{i=1}^{n}\left[E_BJ_{bi}\left(1+\frac{k_{ui}+k_{li}}{2k_{bi}+k_{ui}+k_{li}}m^2\right)\right]$$

式中 J_{bi}——第 i 层，梁的截面惯性矩；

k_{ui}，k_{li}，k_{bi}——第 i 层上柱、下柱和梁的线刚度；

m——节间数；

n——层数。

$$k_{ui}=k_{li}=\frac{J_{ui}}{4}=\frac{1}{4}\times\frac{1}{12}\times0.5\times0.5^3\text{m}^4\approx0.00013\text{m}^4$$

$$k_{bi}=\frac{J_{bi}}{4.5}=\frac{1}{4.5}\times\frac{1}{12}\times0.025\times0.45^3\text{m}^4\approx0.00042\text{m}^4$$

$$J_{bi}=\frac{1}{12}\times 0.25\times 0.45^3\text{m}^4\approx 0.0019\text{m}^4$$

$$E_BJ_B=4\times 7\times E_B\times 0.0019\left(1+\frac{2\times 0.0013}{2\times 0.00042+2\times 0.0013}\times 9^2\right)\approx 3.3E_B$$

$$M_g=10720\times\frac{34.6E_g}{34.6E_g+3.3E_B}$$

已知上部结构尺寸为：上、下柱截面 50cm×50cm，横梁 30cm×60cm，纵梁 25cm×45cm，层高 4m，开间 4.5m。横向每一榀框架共有四根柱和四根梁。取：

$$E_g=E_B$$

$$M_g=10720\times\frac{34.6}{37.9}\approx 9790\text{kN}\cdot\text{m}$$

当纵向整体弯曲时，箱形基础承受的弯矩（见图 5.5.4）使箱形基础顶、底板产生轴心压力和轴心拉力 N'：

$$N=N'=\frac{M_g}{H}=\frac{9790}{3.1}\approx 3160\text{kN}$$

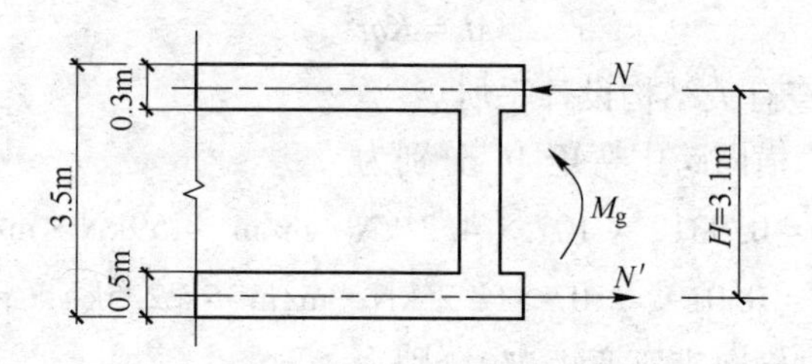

图 5.5.4 箱形基础承受的弯矩示意图

2）计算局部弯曲产生的弯矩。

① 底板局部弯曲计算：

荷载为净反力 $P_j=P-$箱形基础底板自重+水浮力，见表 5.5.3。

表 5.5.3 局部弯曲情况下各区格基底净反力表

116	123	105	96	96	105	123	116
141	150	128	117	117	128	150	141
154	164	139	127	127	139	164	154
141	150	128	117	117	128	150	141
116	123	105	96	96	105	123	116

现以跨中部分为例进行计算。

中间区格净反力取 $P_j=1/2\times(96+117)\text{kPa}=107\text{kPa}$，边区格取 $P_j=127\text{kPa}$，计算简图如图 5.5.5 所示。

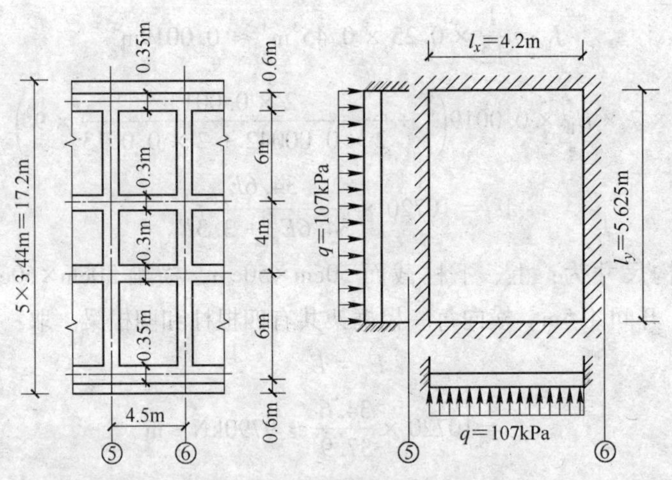

图 5.5.5　跨中部分计算简图

按双向板计算，支座均为嵌固。

$$\frac{l_x}{l_y} = \frac{4.2}{5.675} \approx 0.74$$

$$M = Kql^2$$

式中，K——系数，可查有关结构设计手册。

纵向跨中弯矩 M_x、横向跨中弯矩 M_y 分别为

$$M_x = 0.0312 \times 107 \times 4.2^2 \text{kN} \cdot \text{m/m} \approx 59\text{kN} \cdot \text{m/m}$$

$$M_y = 0.019 \times 107 \times 4.2^2 \text{kN} \cdot \text{m/m} \approx 22.5\text{kN} \cdot \text{m/m}$$

纵向支座弯矩 M_x、横向支座弯矩 M_y 分别为

$$M'_x = 0.0723 \times 107 \times 4.2^2 \text{kN} \cdot \text{m/m} \approx 137\text{kN} \cdot \text{m/m}$$

$$M'_y = 0.0568 \times 107 \times 4.2^2 \text{kN} \cdot \text{m/m} \approx 107\text{kN} \cdot \text{m/m}$$

② 顶板局部弯曲计算：

荷载 q=楼面活载+楼板自重=(10+0.3×1×1×25)kPa=17.5kPa，弯矩计算方法与底板相同（略）。

顶、底板配筋时采用的内力为：轴心压力（拉力）加局部弯曲产生的弯矩乘以折减系数 0.80。

3）墙体内力计算：

控制部位是山墙的边区格，即轴线④~⑧或⑥~⑩间墙体。在静止土压力及水压力作用下按双向板或单向板计算内力。

荷载计算：

$$\sigma_{01} = qK_0 = 8 \times 0.5\text{kPa} = 4.0\text{kPa}$$

$$\sigma_{02} = qK_0 = \gamma_1 h_1 K_0 = (4 + 17.5 \times 1 \times 0.5)\text{kPa} \approx 12.8\text{kPa}$$

$$\sigma_{03} = qK_0 + \gamma_1 h_1 K_0 + \gamma_2 h_2 K_0 = (12.8 + 8.5 \times 1.8 \times 0.5)\text{kPa} = 21\text{kPa}$$

$$\sigma_w = 10 \times 1.8\text{kPa} = 18\text{kPa}$$

总侧压力 E 为

$$E=\left(1\times\frac{4+12.8}{2}+1.8\times\frac{12.8+21+18}{2}\right)\text{kN/m}=55\text{kN/m}$$

近似按均布侧压力进行计算 $q_m=\frac{55}{2.8}\text{kPa}=19.6\text{kPa}$

计算简图如图 5.5.6 所示。

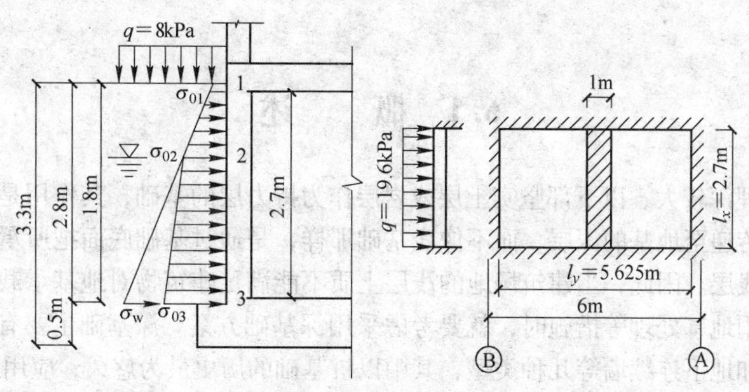

图 5.5.6 墙体计算简图

$$\frac{l_x}{l_y}=\frac{2.7}{5.625}=0.48<0.5$$

所以按单向板计算内力，即取 1m 板带计算弯矩。

跨中 $M=\frac{1}{24}ql_x^2=\frac{1}{24}\times19.6\times2.7^2\text{kN}\cdot\text{m/m}=5.95\text{kN}\cdot\text{m/m}$

支座 $M=\frac{1}{12}ql_x^2=\frac{1}{12}\times19.6\times2.7^2\text{kN}\cdot\text{m/m}\approx11.9\text{kN}\cdot\text{m/m}$

内墙无水平荷载，一般只受轴心压力。

箱形基础顶、底板、内外墙截面强度验算及配筋计算均按钢筋混凝土结构设计方法进行（略）。

思考题

5-1 箱形基础的特点有哪些，其适用条件是什么？

5-2 箱形基础的设计内容有哪些，其计算步骤是什么？

5-3 如何进行箱形基础地基反力的计算、地基变形计算？

5-4 箱形基础结构内力计算内容有哪些，如何进行简化？

6 桩基础

6.1 概　　述

深基础是埋深较大、以下部坚实土层或岩层作为持力层的基础，其作用是把所承受的荷载相对集中地传递至地基的深层，而不像浅基础那样，是通过基础底面把所承受的荷载扩散分布于地基的浅层。因此，当建筑场地的浅层土质不能满足建筑物对地基承载力和变形的要求，也不宜采用地基处理等措施时，就要考虑采用深基础方案。深基础主要有桩基础、沉井基础、墩基础和地下连续墙等几种类型，其中以桩基础的历史最为悠久，应用最为广泛。

桩基础由设置于岩土中的桩和与桩顶连接的承台，共同组成的基础或由柱与桩直接连接的单桩基础（见图 6.1.1）。根据承台的位置高低，可分为低承台桩基础和高承台桩基础两种。若桩身全部埋入土中，承台底面土体接触则称为低承台桩基础；若桩身上部露出地面，承台底面位于地面以上则称为高承台桩基础。由于承台位置的不同，两种桩基础中的基桩的力、变形情况也不一样，因而其设计方法也不相同。建筑物桩基础通常为低承台桩基础，而码头、桥梁等构筑物经常采用高承台桩基础。复合桩基是由基桩和承台下地基土共同承担荷载的桩基础。基桩是指桩基础中的单桩，群桩基础是由两根以上基桩组成的桩基础；单桩基础是采用一根桩（通常为大直径桩）承受和传递上部结构（通常为柱）荷载的独立基础。

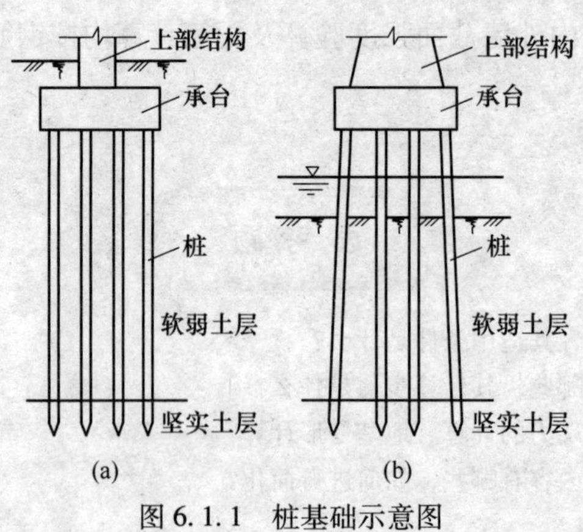

图 6.1.1　桩基础示意图

（a）低承台桩基础；（b）高承台桩基础

6.1.1　桩基础的功能及适用条件

6.1.1.1　桩基础的功能

桩基础的主要功能是将上部结构的荷载传至地下较深的密实或低压缩性的土层中，以满足承载力和沉降的要求。桩基础也可用来承受上拔力、水平力，或承受垂直、水平、上拔荷载的共同作用以及其产生的振动和动力作用等。

6.1.1.2　适用条件

桩基础的适用条件主要根据场地的工程地质条件、设计方案的技术经济比较以及施工条件而定。桩基础具有承载力高、稳定性好、沉降量小而均匀、便于机械化施工、适应性强等突出特点。与其他深基础相比，桩基础的适用范围最广，一般来说，在下列情况下可考虑使用桩基础方案：

(1) 高、重建筑物下的浅层地基土承载力或变形不能满足要求时。

(2) 地基软弱，而采用地基加固措施在技术上不可行或经济上不合理，或地基土性特殊，如液化土、湿陷性黄土、膨胀土、季节性冻土等特殊土时。

(3) 除了承受较大的垂直荷载外，还有较大的偏心荷载、水平荷载、动力荷载及周期性荷载作用时。

(4) 上部结构对基础的不均匀沉降相当敏感，或建筑物受相邻建筑或大面积地面荷载的影响时。

(5) 对精密或大型的设备基础需要减少基础振幅，减弱基础振动对结构的影响，或应控制基础沉降和沉降速率时。

(6) 地下水位很高，采用其他基础形式施工困难，或位于水中的构筑物基础，如桥梁、码头、采油钻井平台等。

(7) 需要长期保存、具有重要历史意义的建筑物。

6.1.2 桩基础的类型

桩基中的桩可以是竖直或倾斜的，工业与民用建筑大多以承受竖向荷载为主而多用竖直桩。根据桩的不同分类标准，桩基础有不同的分类。

6.1.2.1　按承载性状分类

桩在竖向荷载作用下，桩顶荷载由桩侧摩擦阻力和桩端阻力共同承受。根据桩侧阻力和桩端阻力的发挥程度和荷载分担比，将桩分为摩擦型桩、端承型桩两大类（见图6.1.2)。

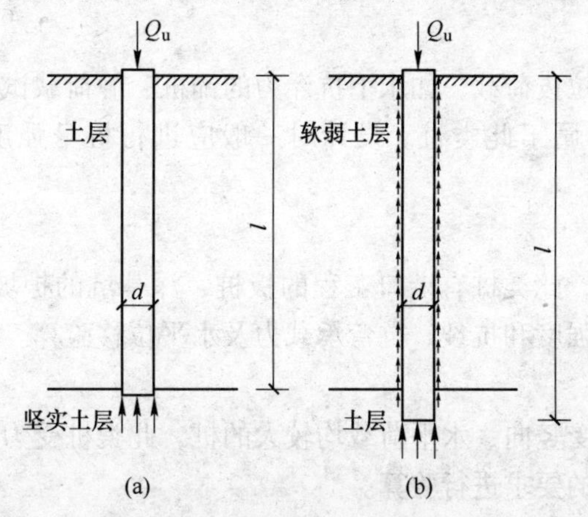

图6.1.2　桩按荷载传递方式分类

(a) 端承型桩；(b) 摩擦型桩

A 摩擦型桩

摩擦型桩是指在极限承载力状态下，桩顶荷载全部或主要由桩侧阻力承受。根据桩侧阻力分担荷载的程度，摩擦型桩分为摩擦桩和端承摩擦桩两类。

在实际工程中，纯粹的摩擦桩是没有的。在深厚的软弱土层中，当无较硬的土层作为桩端持力层或桩端持力层虽然较坚硬但桩的长径比 l/d 很大，传递到桩端的轴力很小，以致在极限荷载作用下，桩顶荷载绝大部分由桩侧阻力承受，桩端阻力很小可忽略不计，这类桩可视作摩擦桩；而当桩的长径比 l/d 不大，且桩端持力层为较坚硬的土层时，桩顶荷载由桩侧阻力和桩端阻力共同承担，但绝大部分荷载由桩侧阻力承受的桩，称为端承摩擦桩。

B 端承型桩

端承型桩是指在极限承载力状态下，桩顶荷载全部或主要由桩端阻力承受。根据桩端阻力分担荷载的程度，端承型桩可分为端承桩和摩擦端承桩两类。

若桩端进入较坚硬的土层如中密以上的砂土、碎石类土或中、微风化岩层中，桩顶荷载由桩侧阻力和桩端阻力共同承担，但主要由桩端阻力承受时，称为摩擦端承桩。而当桩的长径比 l/d 较小（一般小于10），桩端座落在坚硬的土层如密实砂层、碎石类土或中、微风化岩层中，桩顶荷载绝大部分由桩端阻力承受，桩侧阻力很小可忽略不计时，可视为端承桩。

此外，当桩端嵌入岩层一定深度（要求桩的周边嵌入微风化或中等风化岩体的最小深度不小于0.5m）时，称为嵌岩桩。对于嵌岩桩，桩侧与桩端荷载分担比例与孔底沉渣及进入基岩深度有关，桩的长径比不是制约荷载分担的唯一因素。

6.1.2.2 按使用功能分类

根据桩的使用功能可分为竖向抗压桩（抗压桩）、竖向抗拔桩（抗拔桩）、水平受荷桩及复合受荷桩等。

A 竖向抗压桩

主要承受上部结构传来的竖向荷载，一般建筑桩基在正常工作条件下都属于此类桩。设计时要进行竖向承载力验算，必要时还要验算沉降量和软弱下卧层的承载力。

B 竖向抗拔桩

主要承受垂直向上拉拔荷载，如水下抗浮力的锚桩、静荷载试验的锚桩、输电塔和微波发射塔的桩基等，都属于此类桩。设计时一般应进行桩身强度和抗裂、抗拔承载力验算。

C 水平受荷桩

主要承受水平荷载，此类桩有港口工程的板桩、深基坑的护坡桩以及坡体抗滑桩等。设计时一般应进行桩身强度和抗裂、抗弯承载力及水平位移验算。

D 复合受荷桩

复合受荷桩是指承受竖向、水平荷载均较大的桩，此类桩受力状态比较复杂，应按竖向抗压桩及水平受荷桩的要求进行验算。

6.1.2.3 按施工方法分类

根据桩的施工方法的不同，主要可分为预制桩和灌注桩两大类。

A 预制桩

根据所用材料的不同，预制桩可分为混凝土预制桩、钢桩和木桩三类。

a 混凝土预制桩

混凝土预制桩的横截面有方形、圆形等多种形状。一般普通实心方桩的截面边长为300~500mm。混凝土预制桩可以在工厂生产，也可在现场预制。现场预制桩的长度一般在25~30m之内，工厂预制桩的分节长度一般不超过12m，沉桩时在现场连接到所需桩长。分节接头应保证质量，以满足桩身承受轴力、弯矩和剪力的要求。通常可用钢板、角钢焊接，并涂以沥青以防腐蚀。也可采用钢板垂直插头加水平销连接，其施工快捷，不影响桩的强度和承载力。

大截面实心桩自重大，用钢量大，其配筋主要受起吊、运输、吊力和沉桩等各阶段的应力控制。采用预应力混凝土桩，则可减轻自重、节约钢材、提高桩的承载力和抗裂性。

预应力管桩（见图6.1.3）采用先张法预应力工艺和离心成型法制作。经高压蒸汽养护生产的为PHC管桩，桩身混凝土强度不低于C80；未经高压蒸汽养护生产的为PC管桩，其桩身离心混凝土强度为C60~C80。建筑工程中常用的PHC、PC管桩的外径为300~600mm，每节长5~13m。桩的下端设置开口的钢桩尖或封口十字形钢桩尖（见图6.1.4）。沉桩时桩节处通过焊接端头板接长。

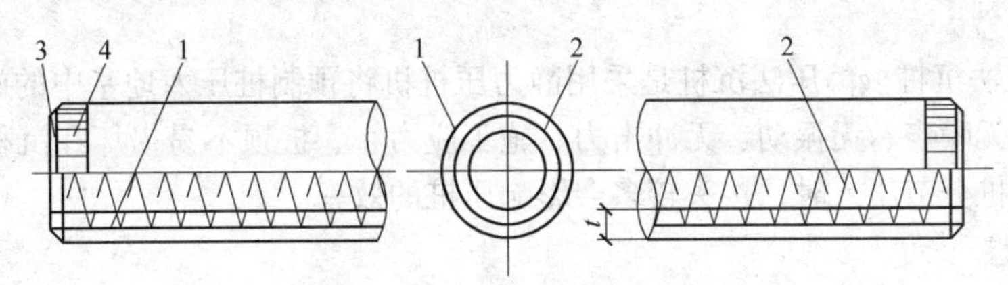

图6.1.3 预应力混凝土管桩

1—预应力钢筋；2—螺旋箍筋；3—端头板；4—钢套箍；t—壁厚

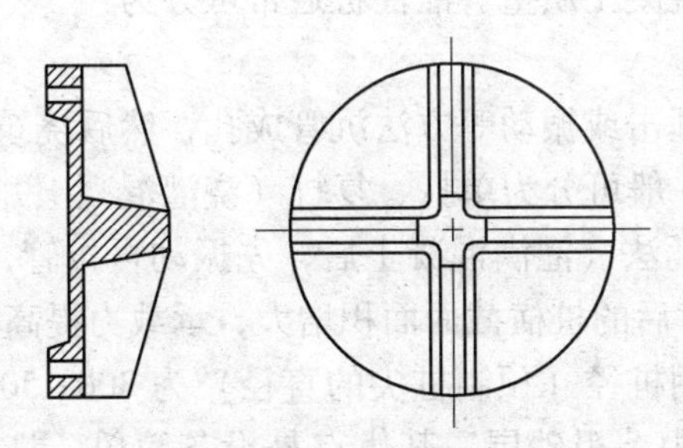

图6.1.4 预应力混凝土管桩的封口十字形钢桩尖

b 钢桩

工程常用的钢桩有下端开口或闭口的钢管桩和H型钢桩等。H型钢桩的横截面大都呈正方形，截面尺寸为200mm×200mm~360mm×410mm，翼缘和腹板的厚度为9~26mm。H型钢桩贯入各种土层的能力强，对桩周土的扰动亦较小。由于H型钢的横截面积较小，因此能提供的端部承载力并不高。我国常用钢管桩的直径为250~1200mm，壁厚为9~20mm。端部开口的钢管桩易于打入（沉桩困难时，可在管内取土以助沉），但端部承载力较闭口的钢管桩小。

钢桩的穿透能力强，自重轻、锤击沉桩的效果好，承载能力高，无论起吊、运输或是沉桩、接桩都很方便。其缺点是耗钢量大，成本高，宜锈蚀，目前我国只在少数重要工程中使用。

c 木桩

常用松木、杉木或橡木做成，一般桩径为160~260mm，桩长为4~6m，桩顶锯平并加铁箍，桩尖削成棱锥型。木桩制作和运输方便、打桩设备简单，在我国使用历史悠久，但目前已很少使用，只在某些加固工程或能就地取材的临时工程中采用。木桩在淡水中耐久性好，但在海水及干湿交替的环境中极易腐烂，因此一般应打入地下水位以下不少于0.5m。

预制桩的沉桩方式主要有：锤击法、振动法和静压法等。

(1) 锤击法沉桩。锤击法沉桩是用铁锤（或辅以高压射水）将桩击入地基中的施工方法，适用于地基土为松散的碎石土（不含大卵石或漂石）、砂土、粉土以及可塑黏性土的情况。锤击法沉桩伴有噪声、振动和地层扰动等问题，在城市建设中应考虑其对环境的影响。

(2) 振动法沉桩。振动法沉桩是采用振动锤进行沉桩的施工方法，适用于可塑状的黏性土和砂土。对受振动时土的抗剪强度有较大降低的砂土地基和自重不大的钢桩，沉桩效果更好。

(3) 静压法沉桩。静压法沉桩是采用静力压桩机将预制桩压入地基中的施工方法。静压法沉桩具有无噪声、无振动、无冲击力、施工应力小、桩顶不易损坏和沉桩精度较高等特点。但较长桩分节压入时，接头较多会影响压桩的效率。

B 灌注桩

灌注桩是直接在所设计桩位处成孔，然后在孔内下放钢筋笼（也有直接插筋或省去钢筋的）再浇筑混凝土而成。其截面呈圆形，可以做成大直径和扩底桩。保证灌注桩承载力的关键在于桩身的成型及混凝土质量。灌注桩通常可分为：

a 沉管灌注桩

沉管灌注桩是指利用锤击或振动等方法沉管成孔，然后浇筑混凝土，拔出套管，其施工程序如图6.1.5所示。一般可分为单打、复打（浇灌混凝土并拔管后，立即在原位再次沉管及浇灌混凝土）和反插法（灌满混凝土后，先振动再拔管，一般拔0.5~1.0m，再反插0.3~0.5m）三种。复打后的桩横截面面积增大，承载力提高，但其造价也相应提高。

锤击沉管灌注桩的常用桩径（预制桩尖的直径）为300~500mm，桩长通常在20m以内，可打至硬塑黏土层或中、粗砂层。其优点是设备简单、打桩进度快、成本低。但在软、硬土层交界处或软弱土层处容易发生缩颈（桩身截面局部缩小）现象，此时通常可放慢拔管速度，控制灌注管内混凝土量，使充盈系数（混凝土实际用量与计算的桩身体积之比）为1.10~1.15。此外，也可能由于邻桩挤压或其他振动作用等各种原因使土体上隆，引起桩身受拉而出现断桩现象；或出现局部夹泥、混凝土离析及强度不足等质量事故。

b 钻（冲）孔灌注桩

钻（冲）孔灌注桩用钻机（如螺旋钻、振动钻、冲抓锥钻、旋转水冲钻等）钻土成孔，然后清除孔底残渣，安放钢筋笼，浇灌混凝土。有的钻机成孔后，可撑开钻头的扩孔刀刃使之旋转切土扩大桩孔，浇灌混凝土后在底端形成扩大桩端，但扩底直径不宜大于3

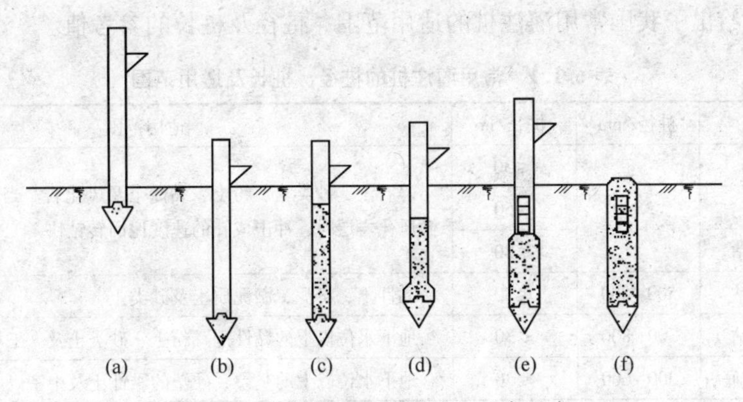

图 6.1.5 沉管灌注桩的施工程序示意
(a) 打桩机就位；(b) 沉管；(c) 浇灌混凝土；(d) 边拔管，边振动
(e) 安放钢筋笼，继续浇灌混凝土；(f) 成型

倍桩身直径。

目前国内钻（冲）孔灌注桩多用泥浆护壁，泥浆应选用膨润土或高塑性黏土在现场加水搅拌制成，一般要求其相对密度为 1.1~1.15，黏度为 10~25s，含砂率小于 6%，胶体率大于 95%。施工时泥浆水面应高出地下水面 1m 以上，清孔后在水下浇灌混凝土，其施工程序如图 6.1.6 所示。常用桩径为 800mm、1000mm、1200mm 等。其最大优点是入土深，能进入岩层，承载力高，刚度大，桩身变形小，并可方便地进行水下施工。

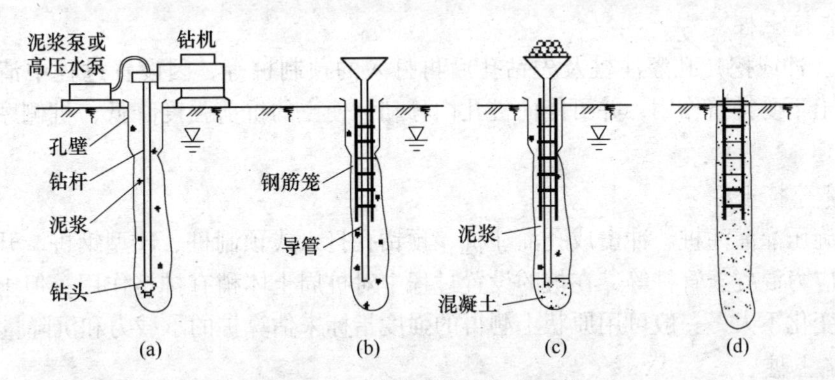

图 6.1.6 钻孔灌注桩施工程序
(a) 成孔；(b) 下导管和钢筋笼；(c) 浇灌水下混凝土；(d) 成桩

c 挖孔桩

挖孔桩可采用人工或机械挖掘成孔，逐段边开挖边支护，达所需深度后再进行扩孔、安装钢筋笼及浇灌混凝土而成。

挖孔桩一般内径应大于等于 800mm，开挖直径大于等于 1000mm，护壁厚度大于等于 100mm，分节支护，每节高 500~1000mm，可用混凝土浇筑或砖砌筑，桩身长度宜限制在 40m 以内。

挖孔桩可直接观察地层情况，孔底易清除干净，设备简单，噪声小，场区各桩可同时施工，且桩径大、适应性强，比较经济。但由于挖孔时可能存在塌方、缺氧、有害气体、触电等危险，易造成安全事故，因此应严格执行有关安全操作的规定。

表 6.1.1 给出了我国常用灌注桩的适用范围、桩径及桩长的参考值。

表 6.1.1　常用灌注桩的桩径、桩长及适用范围

成孔方法		桩径/mm	桩长/m	适用范围
泥浆护壁成孔	冲抓	≥800	≤30	碎石土、砂类土、粉土、黏性土及风化岩。当进入中等风化和微风化岩层时，冲击成孔的速度比回转钻快
	冲击		≤50	
	回转钻		≤80	
	潜水钻	500~800	≤50	黏性土、淤泥、淤泥质土及砂类土
干作业成孔	螺旋钻	300~800	≤30	地下水位以上的黏性土、粉土、砂类土及人工填土
	钻孔扩底	300~600	≤30	地下水位以上的坚硬、硬塑的黏性土及中密以上砂类土
	机动洛阳铲	300~500	≤20	地下水位以上的黏性土、粉土、黄土及人工填土
沉管成孔	锤击	340~800	≤30	硬塑黏性土、粉土及砂类土，直径不小于 600mm 的可达强风化岩
	振动	400~500	≤24	可塑黏性土、中细砂
爆扩成孔		≤350	≤12	地下水位以上的黏性土、黄土、碎石土及风化岩
人工挖孔		≥100	≤40	黏性土、粉土、黄土及人工填土

6.1.2.4　按桩的成桩方法分类

成桩方法不同，桩周土所受的挤土效应也不同。挤土效应使土的天然结构、应力状态和性质发生很大变化，从而影响桩的承载力和变形性质。桩按成桩方法可分为下列三类：

A　非挤土桩

如钻（冲或挖）孔灌注桩及先钻孔后再打入的预制桩等，因设置过程中清除孔中土体，桩周土不受排挤作用，并可能向桩孔内移动，使土的抗剪强度降低，桩侧摩阻力有所减小。

B　部分挤土桩

长螺旋压灌灌注桩、冲击成孔灌注桩、预钻孔打入式预制桩、H 型钢桩、开口钢管桩和开口预应力混凝土管桩等，在桩的设置过程中对桩周土体稍有排挤作用，但土的强度和变形性质变化不大，一般可用原状土测得的强度指标来估算桩的承载力和沉降量。

C　挤土桩

实心的预制桩、下段封闭的管桩、木桩以及沉管灌注桩等在锤击和振动贯入过程中都要将桩位处的土体大量排挤开，使土的结构严重扰动破坏，对土的强度及变形性质影响较大。因此，必须采用原状土扰动后再恢复的强度指标来估算桩的承载力及沉降量。

6.1.2.5　按桩径大小分类

按桩径（设计直径 d）大小可将桩分为小直径桩（$d \leqslant 250\text{mm}$）、中等直径桩（$250\text{mm} < d < 800\text{mm}$）、大直径桩（$d \geqslant 800\text{mm}$）三种。

6.2　单桩竖向荷载的传递机理

桩的竖向荷载传递机理是指施加于桩顶的竖向荷载是如何通过桩-土相互作用，传递给地基以及桩是怎样达到承载力极限状态等基本概念。

6.2.1　桩身轴力和截面位移

逐级增加单桩桩顶荷载时，桩身上部受到压缩而产生相对于土的向下位移，从而使桩侧表面受到土的向上摩阻力。随着荷载增加，桩身压缩和位移随之增大，遂使桩侧摩阻力从桩身上段向下渐次发挥；桩底持力层也因受压引起桩端反力，导致桩端下沉、桩身随之整体下移，这又加大了桩身各截面的位移，引发桩侧上下各处摩阻力的进一步发挥。当沿桩身全长的摩阻力都达到极限值之后，桩顶荷载增量就全归桩端阻力承担，直到桩底持力层破坏、无力支撑更大的桩顶荷载为止。此时，桩顶所承受的荷载就是桩的极限承载力。

由此可见，单桩轴向荷载的传递过程就是桩侧阻力与桩端阻力的发挥过程。桩顶荷载通过发挥出来的侧阻力传递到桩周土层中去，从而使桩身轴力与桩身压缩变形随深度递减（见图 6.2.1（c）、(e)）。一般来说，靠近桩身上部土层的侧阻力先于下部土层发挥，侧阻力先于端阻力发挥。

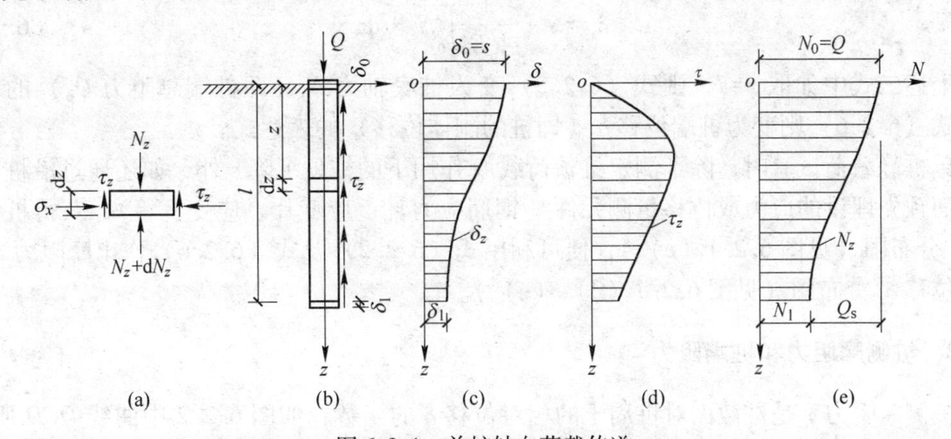

图 6.2.1　单桩轴向荷载传递

（a）微桩段的作用力；（b）轴向受压的单桩；（c）截面位移曲线；
（d）摩阻力分布曲线；（e）轴力分布曲线

图 6.2.1(a) 表示长度为 l 的竖直单桩在桩顶轴向力 $N_0=Q$ 作用下，于桩身任一深度 z 处横截面上所引起的轴力 N_z，将使截面下桩身压缩、桩端下沉 δ_l，致使该截面向下位移了 δ_z。由作用于深度 z 处、周长为 u_p、厚度为 dz 的微小桩段上力的平衡条件：

$$N_z - \tau_z \cdot u_p \cdot dz - (N_z + dN_z) = 0 \tag{6.2.1}$$

可得桩侧摩阻力 τ_z 与桩身轴力 N_z 的关系：

$$\tau_z = -\frac{1}{u_p} \cdot \frac{dN_z}{dz} \tag{6.2.2}$$

τ_z 也就是桩侧单位面积上的荷载传递量。由于桩顶轴力 Q 沿桩身向下通过桩侧摩阻力逐步传给桩周土，因此轴力 N_z 就相应地随深度而递减（所以上式右端带负号）。柱底的轴力 N_l 即桩端总阻力 Q_p，桩侧总阻力 $Q_s=Q-Q_p$。

根据桩段 dz 的桩身压缩变形 $d\delta_z$ 与桩身轴力 N_z 之间的关系 $d\delta_z=-N_z\times\frac{dz}{A_pE_p}$，可得：

$$N_z = -A_pE_p\frac{d\delta_z}{dz} \tag{6.2.3}$$

式中 A_p，E_p——桩身横截面面积和弹性模量。

将式（6.2.3）代入式（6.2.2）得：

$$\tau_z = \frac{A_p E_p}{u_p} \frac{d^2 \delta_z}{dz^2} \tag{6.2.4}$$

式（6.2.4）是单桩轴向荷载传递的基本微分方程。它表明桩侧摩阻力 τ 是桩截面对桩周土的相对位移 δ 的函数［$\tau=f(\delta)$］，其大小制约着土对桩侧表面的向上作用的正摩阻力 τ 的发挥程度。

由图 6.2.1(a) 可知，任一深度 z 处的桩身轴力 N_z，应为桩顶荷载 $N_0=Q$ 与 z 深度范围内的桩侧总阻力之差：

$$N_z = Q - \int_0^z u_p \tau_z \mathrm{d}z \tag{6.2.5}$$

桩身截面位移 δ_z 则为桩顶位移 $\delta_0=s$ 与 z 深度范围内的桩身压缩量之差：

$$\delta_z = s - \frac{1}{A_p E_p}\int_0^z N_z \cdot \mathrm{d}z \tag{6.2.6}$$

上述二式中如取 $z=l$，则式（6.2.5）变为桩底轴力 N_l（即桩端总阻力 Q_p）的表达式；式（6.2.6）则变为桩端位移 δ_l（即桩的刚体位移）的表达式。

单桩静载荷试验时，除了测定桩顶荷载 Q 作用下的桩顶沉降 s 外，如还通过沿桩身若干截面预先埋设的应力或位移量测元件（钢筋应力计、应变片、应变杆等），获得桩身轴力 N_2 分布图（见图 6.2.1（e）），便可利用式（6.2.2）及式（6.2.6）作出摩阻力 τ_z 和截面位移 δ_z 分布图（见图 6.2.1（d）、（c））。

6.2.2 桩侧摩阻力和桩端阻力

桩侧摩阻力 τ 是桩截面对桩周土的相对位移 δ 的函数，如图 6.2.2 中曲线 OCD 所示，但通常可简化为折线 OAB。其极限值 τ_u 可用类似土的抗剪强度的库仑公式表达：

$$\tau_u = c_a + \sigma_x \tan\varphi_a \tag{6.2.7}$$

式中，c_a，φ_a——桩侧表面与土之间的附着力和摩擦角；

σ_x——深度 z 处作用于桩侧表面的法向压力，它与桩侧土的竖向有效应力 σ_v' 成正比例，即：

$$\sigma_x = K_s \sigma_v' \tag{6.2.8}$$

式中，K_s 为桩侧土的侧压力系数，对挤土桩 $K_0<K_s<K_p$；对非挤土桩，因桩孔中土被清除，而使 $K_a<K_s<K_0$。其中，K_a、K_0、K_p 分别为主动、静止和被动土压力系数。

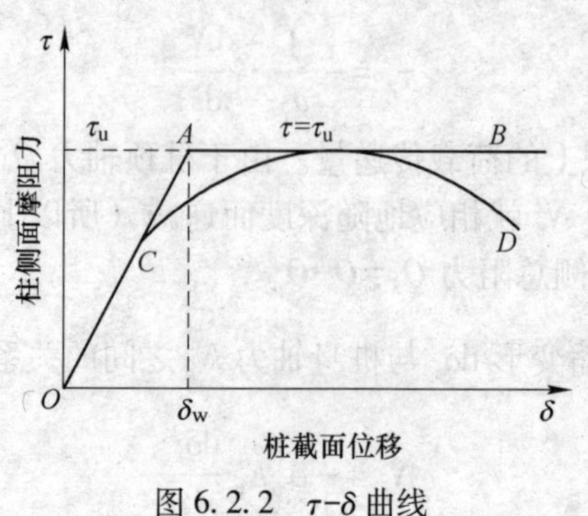

图 6.2.2　τ-δ 曲线

由此可见，桩的侧阻随深度呈线性增大。但砂土中模型桩试验表明，当桩入土深度达某一临界值（为5~10倍桩径）后，侧阻就不再随深度增加，该现象称为侧阻的深度效应。维西克（Vesic，1967年）认为：桩周竖向有效应力σ'_{vc}不一定等于覆盖应力，其线性增加到临界深度（z_c）时达到某一限制，其原因是土的“拱作用”。

综上所述，桩侧极限摩阻力与所在的深度、土的类别和性质、成桩方法等多种因素有关。而桩侧摩阻力τ_u达到所需的桩-土相对滑移极限值δ_u则基本上只与土的类别有关，根据试验资料，一般黏性土为4~6mm，砂土为6~10mm。

按土体极限平衡理论导得的、用于计算桩端阻力的极限平衡理论公式有很多。可统一表达为：

$$q_{pu} = \zeta_c c N_c + \zeta_\gamma \gamma_1 b N_\gamma + \zeta_q \gamma h N_q \tag{6.2.9}$$

式中　c——土的黏聚力；

γ_1，γ——分别为桩端平面以下和桩端平面以上土的重度，地下水位以下取有效重度；

b，h——桩端宽度（直径）、桩的入土深度；

ζ_c，ζ_γ，ζ_q——桩端为方形、圆形时的形状系数；

N_c，N_γ，N_q——条形基础无量纲的承载力因数，仅与土的内摩擦角φ有关。

由于N_γ与N_q接近，而桩径b远小于桩的入土深度h，故可将式（6.2.9）中第二项略去，变成：

$$q_{pu} = \zeta_c c N_c + \zeta_q \gamma h N_q \tag{6.2.10}$$

式中的形状系数ζ_c、ζ_q可按表6.2.1取值（引自Arpad kezdi，1975年）。

表6.2.1　形状系数

φ/(°)	ζ_c	ζ_q
<22	1.20	0.80
25	1.21	0.79
30	1.24	0.76
35	1.32	0.68
40	1.68	0.52

式（6.2.10）中几个系数之间有以下关系：

$$N_c = (N_q - 1)\cot\varphi \tag{6.2.11}$$

$$\zeta_c = \frac{\zeta_q N_q - 1}{N_q - 1} \tag{6.2.12}$$

随着桩顶荷载的逐级增加，桩截面的轴力、位移和桩侧摩阻力不断变化。起初Q值较小，桩身截面位移主要发生在桩身上段，Q主要由上段桩侧阻力承担。当Q增大到一定数值时桩端产生位移，桩端阻力开始发挥，直到桩底持力层破坏，无力支承更大的桩顶荷载，即桩处于承载力极限状态。

桩端阻力的发挥不仅滞后于桩侧阻力，而且其充分发挥所需的桩底位移值比桩侧摩阻力到达极限所需的桩身截面位移值大得多。根据小型桩试验结果，砂类土的桩底极限位移为0.08~0.1d，一般黏性土为0.25d，硬黏土为0.1d。因此，在工作状态下，单桩桩端阻力的安全储备一般大于桩侧阻力的安全储备。

模型试验和原型桩试验研究均表明，与桩侧阻力的深度效应类似，当桩端入土深度小于某一临界深度时，极限桩端阻力随深度线性增加，而大于该深度后则保持恒值。不同资料表明，桩侧摩阻力与桩端阻力的临界深度之比为0.3~1.0。关于桩侧摩阻力和桩端阻力的深度效应问题有待进一步研究。

6.2.3 影响荷载传递的因素

在任何情况下，桩的长径比l/d（桩长与桩径之比）对荷载传递都有较大的影响。根据l/d的大小，桩可分为短桩（$l/d<10$）、中长桩（$l/d>10$）、长桩（$l/d>40$）和超长桩（$l/d>100$）。

通过线弹性理论分析，影响单桩荷载传递的因素如下所述。

6.2.3.1 桩端土与桩周土的刚度比E_b/E_s

E_b/E_s愈小，桩身轴力沿深度衰减愈快，即传递到桩端的荷载愈小。对于中长桩，当$E_b/E_s=1$（即均匀土层）时，桩侧摩阻力接近于均匀分布、几乎承担了全部荷载，桩端阻力仅占荷载的5%左右，即属于摩擦桩；当E_b/E_s增大到100时，桩身轴力上段随深度减小，下段近乎沿深度不变，即桩侧摩阻力上段可得到发挥，下段则因桩土相对位移很小（桩端无位移）而无法发挥出来，桩端阻力分担了60%以上荷载，即属于端承型桩；E_b/E_s再继续增大，对桩端阻力分担荷载比的影响不大。

6.2.3.2 桩土刚度比E_p/E_s（桩身刚度与桩周土刚度之比）

E_p/E_s愈大，传递到桩端的荷载愈大，但当E_p/E_s超过1000后，对桩端阻力分担荷载比的影响不大。而对于$E_p/E_s \leqslant 10$的中长桩，其桩端阻力分担的荷载几乎接近于零，这说明对于砂桩、碎石桩、灰土桩等低刚度桩组成的基础，应按复合地基工作原理进行设计。

6.2.3.3 桩端扩底直径与桩身直径之比D/d

D/d愈大，桩端阻力分担的荷载比愈大。对于均匀土层中的中长桩，当$D/d=3$时，桩端阻力分担的荷载比将由等直径桩（$D/d=1$）的约5%增至约35%。

6.2.3.4 桩的长径比l/d

随l/d的增大，传递到桩端的荷载减小，桩身下部侧阻力的发挥值相应降低。在均匀土层中的长桩，其桩端阻力分担的荷载比趋于零。对于超长桩，不论桩端土的刚度多大，其桩端阻力分担的荷载都小到可忽略不计，即桩端土的性质对荷载传递不再有任何影响，且上述各影响因素均失去实际意义。可见，长径比很大的桩都属于摩擦桩，在设计这样的桩时，试图采用扩大桩端直径来提高承载力是徒劳无益的。

6.2.4 单桩的破坏模式

单桩在轴向荷载作用下，其破坏模式主要取决于桩周土的抗剪强度、桩端支承情况、桩的尺寸以及桩的类型等条件。如图6.2.3给出了轴向荷载下可能的基桩破坏模式简图。

6.2.4.1　屈曲破坏

当桩底支承在坚硬的土层或岩层上，桩周土层极为软弱，桩身无约束或侧向抵抗力。桩在轴向荷载作用下，如同一细长压杆出现纵向挠曲破坏，荷载-沉降（Q-s）关系曲线为“急剧破坏”的陡降型，其沉降量很小（见图6.2.3(a)）。桩的承载力取决于桩身的材料强度。如穿越深厚淤泥质土层中的小直径端承桩或嵌岩桩，细长的木桩等多属于此种破坏。

6.2.4.2　整体剪切破坏

当具有足够强度的桩穿过抗剪强度较低的土层，达到强度较高的土层，且桩的长度不大时，桩在轴向荷载作用下，由于桩底上部土层不能阻止滑动土楔的形成，桩底土体形成滑动面而出现整体剪切破坏。此时，桩的沉降量较小，桩侧摩阻力难以充分发挥，主要荷载由桩端阻力承受，Q-s 曲线也为陡降型（见图6.2.3(b)）。桩的承载力主要取决于桩端土的支承力。一般打入式短桩、钻孔短桩等均属于此种破坏。

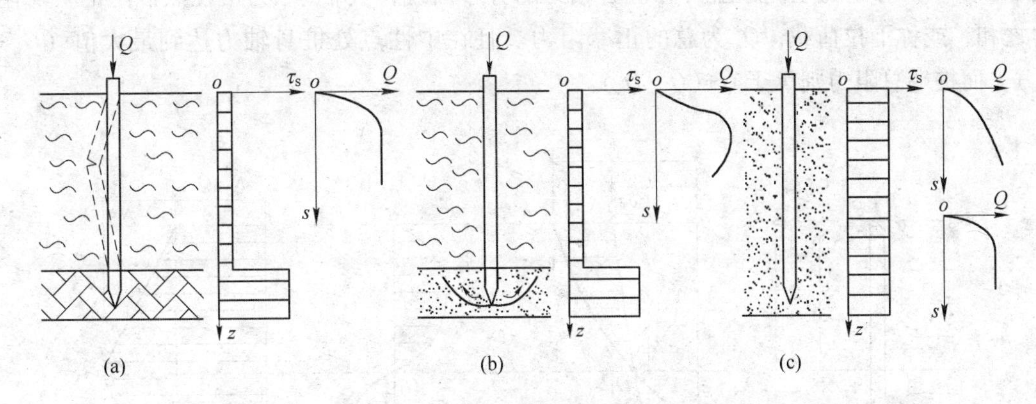

图6.2.3　轴向荷载下桩基的破坏模式

6.2.4.3　刺入破坏

当桩的入土深度较大或桩周土层抗剪强度较均匀时，桩在轴向荷载作用下将出现刺入破坏，如图6.2.3(c) 所示。此时桩顶荷载主要由桩侧摩阻力承受，桩端阻力极微，桩的沉降量较大。一般当桩周土质较软弱时，Q-s 曲线为“渐进破坏”的缓变型，无明显拐点，极限荷载难以判断，桩的承载力主要由上部结构所能承受的极限沉降 s_u 确定；当桩周土的抗剪强度较高时，Q-s 曲线可能为陡降型，有明显拐点，桩的承载力主要取决于桩周土的强度。一般情况下的钻孔灌注桩多属于此种情况。

6.2.5　桩侧负摩阻力

桩土之间相对位移的方向决定了桩侧摩阻力的方向，当桩周土层相对于桩向下位移时，桩侧摩阻力方向向下，称为负摩阻力。通常，在下列情况下应考虑桩侧负摩阻力作用：

（1）在软土地区，大范围地下水位下降，使桩周土中有效应力增大，导致桩侧土层沉降。

（2）桩侧地面承受局部较大的长期荷载，或地面大面积堆载（包括填土）时。

(3) 桩穿越较厚松散填土、自重湿陷性黄土、欠固结土层、液化土层进入相对较坚硬土层时。

(4) 冻土地区，由于温度升高而引起桩侧土的缺陷。

必须指出，引起桩侧负摩阻力的条件是桩侧土体下沉必须大于桩的下沉。

要确定桩侧负摩阻力的大小，首先就得确定产生负摩阻力的深度及其强度大小。桩身负摩阻力并不一定发生于整个软弱压缩土层中，而是在桩周土相对于桩产生下沉的范围内，它与桩周土的压缩、固结、桩身压缩及桩底沉降等直接有关。图 6.2.4 给出了穿过软弱压缩土层而达到坚硬土层的竖向荷载桩的荷载传递情况。由图可见，在 l_n 深度内，桩周土相对于桩侧向下位移，桩侧摩阻力朝下，为负摩阻力；在 l_n 深度以下，桩周土相对于桩侧向上位移，桩侧摩阻力朝上，为正摩阻力；而在 l_n 深度处，桩周土与桩截面沉降相等，两者无相对位移发生，其摩阻力为零，这种摩阻力为零的点称为中性点。图 6.2.4(c) 和图 6.2.4(d) 分别为桩侧摩阻力和桩身轴力的分布曲线，其中 Q_n 为中性点以上的负摩阻力之和，或称下拉荷载；Q_s 为总的正摩阻力。且在中性点处桩身轴力达到最大值（Q_n+Q_s），而桩端总阻力则等于 $Q+(Q_n-Q_s)$。

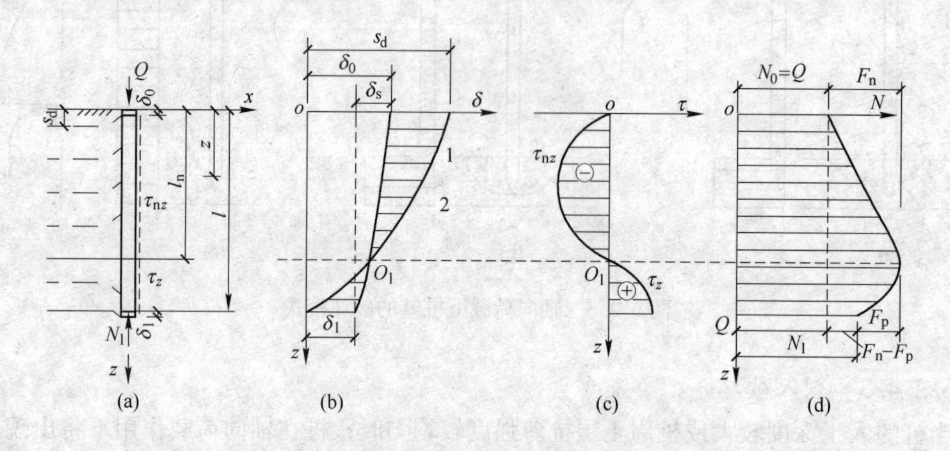

图 6.2.4 单桩在产生负摩阻力时的荷载传递

(a) 单桩；(b) 位移曲线；(c) 桩侧摩阻力分布曲线；(d) 桩身轴力分布曲线

1—土层竖向位移曲线；2—桩的截面位移曲线

桩侧土层的固结随时间而变化，故土层的竖向位移和桩身截面位移都是时间的函数。因此，在桩顶荷载作用下，中性点位置、摩阻力及轴力等也都相应发生变化。当桩截面位移在桩顶荷载作用下稳定后，土层固结程度和速率是影响 Q_n 大小和分布的主要因素。固结程度高、地面沉降大，则中性点往下移；固结速率大，则 Q_n 增长快。但 Q_n 的增长需要经过一定的时间才能达到极限值。在此过程中，桩身在 Q_n 作用下产生压缩，随着 Q_n 的产生和增大，桩端处轴力增加，沉降也相应增大，由此导致桩土相对位移减小，Q_n 降低而逐渐达到稳定状态。

中性点深度 l_n 应按桩周土层沉降与桩的沉降相等的条件确定，也可参照表 6.2.2 确定。

表 6.2.2　中性点深度比 l_n/l_0

持力层土类	黏性土、粉土	中密以上砂	砾石、卵石	基岩
l_n/l_0	0.5~0.6	0.7~0.8	0.9	1.0

注：1. l_0 为桩周软弱土层下限深度；
2. 桩穿越自重湿陷性黄土时，l_n 按表列值增大 10%（持力层为基岩除外）；
3. 当桩周土层固结与桩基固结沉降同步完成时取 $l_n=0$；
4. 当桩周土层计算沉降量小于 20mm 时，应按表列值乘以 0.4~0.8 折减。

实测资料表明，桩侧第 i 层土负摩阻力标准值 q_{si}^n可按下式计算（当计算值大于正摩阻力时取正摩阻力值）：

$$q_{si}^n = \zeta_n \sigma_i' \tag{6.2.13}$$

式中　ζ_n——桩周第 i 层土负摩阻力系数，可按表 6.2.3 取用；

σ_i'——桩周第 i 层土平均竖向有效应力，kPa。

表 6.2.3　负摩阻力系数 ζ_n

桩周土类	饱和软土	黏性土、粉土	砂土	自重湿陷性黄土
ζ_n	0.15~0.25	0.25~0.40	0.35~0.50	0.20~0.35

注：1. 同一类土中，对于挤土桩取表中较大值；对于非挤土桩取表中较小值；
2. 填土按其组成取表中同类土的较大值。

另外，桩侧第 i 层土负摩阻力标准值 q_{si}^n也可按库仑公式来表达：

$$q_{si}^n = \sigma'_i K_{si} \tan\varphi_i + c_i \tag{6.2.14}$$

式中　K_{si}——第 i 层桩侧土的侧压力系数；

φ_i，c_i——桩侧表面与第 i 层土之间的摩擦角和附着力。

根据土的类别，还可以按下列经验公式计算：

软土或中等强度黏土

$$q_{si}^n = c_u \tag{6.2.15}$$

砂土

$$q_{si}^n = \frac{N_i}{5} + 3 \tag{6.2.16}$$

式中　c_u——土的不排水抗剪强度 kPa；

N_i——桩第 i 层土经钻杆长度修正后的平均标准贯入试验击数。

桩侧总的负摩阻力（下拉荷载）Q_n 为

$$Q_n = u_p \sum q_{si}^n l_i \tag{6.2.17}$$

式中　u_p——桩的周长，m；

l_i——中性点以上第 i 土层的厚度，m。

对群桩基础尚应乘以负摩阻力群桩效应系数，其值小于等于 1。

国外有的学者认为，当桩穿过 15m 以上可压缩土层且地面每年下沉超过 20mm，或者为端承桩时，应计算下拉荷载 Q_n，一般其安全系数可取 1.0。

在桩基设计中，应尽量采取措施减小负摩阻力。例如在预制桩表面涂一薄层沥青，或者对钢桩再加一层厚度为 3mm 的塑料薄膜（兼作防锈蚀用），对现场灌注桩也可在桩与土之间灌注斑脱土浆等方法，来消除或降低负摩阻力的影响。

6.3 单桩竖向极限承载力的确定

竖向承载力一般指承受向下作用的荷载的能力，此外还有承受向上作用荷载的能力，即抗拔承载力，而水平承载力将在下一节介绍。单桩竖向极限承载力是指单桩在竖向荷载作用下达到破坏状态前或出现不适于继续承载的变形所对应的最大荷载，它取决于对桩的支承组合和桩身承载力。《建筑桩基技术规范》（JGJ 94—2008）定义单桩竖向承载力标准值除以安全系数后的承载力值称为单桩竖向承载力特征值。竖向承载力的确定有四种广泛应用的方法，即静力分析法、静力触探法、静载试验法和经验参数法。

对于设计采用的单桩竖向极限承载力标准值，《建筑桩基技术规范》（JGJ 94—2008）规定：设计等级为甲级的建筑桩基，应通过单桩静载试验确定；设计等级为乙级的建筑桩基，当地质条件简单时，可参照地质条件相同的试桩资料，结合静力触探等原位测试和经验参数综合确定，其余均应通过单桩静载试验确定；设计等级为丙级的建筑桩基，可根据原位测试和经验参数确定。

6.3.1 按静载荷试验确定

单桩承载力的估算方法都具有一定的局限性，因此，多数工程必须进行一定桩数的载荷试验，用以确定桩的竖向和水平承载力。静载荷试验装置主要由加载系统和测量系统组成，如图 6.3.1 所示。桩上的荷载通过液压千斤顶逐步施加，且每步加载后有足够时间让沉降发展。加载的反力装置一般采用锚桩，也可采用堆载。反力系统所能提供的反力应大于预估最大试验荷载的 1.2 倍。采用工程桩作为锚桩时，锚桩的数量不能少于 4 根，并应对试验过程中的锚桩的上拔量进行监测。

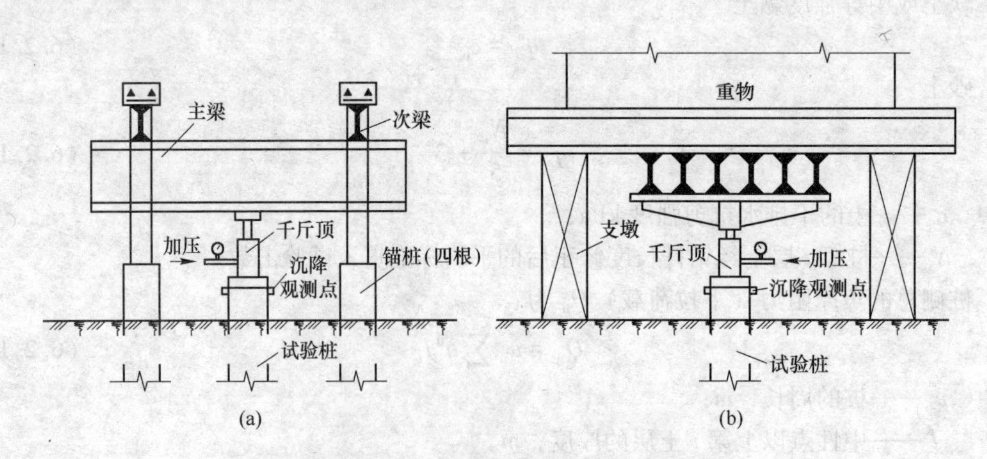

图 6.3.1 单桩静载荷试验的加载装置
（a）锚桩横梁反力装置；（b）压重平台反力装置

反力系统也可以采用压重平台反力装置或锚桩压重联合反力装置。采用压重平台，压重必须大于预估最大试验荷载的 1.2 倍，且压重应在试验开始前一次加上，并均匀稳固放置于平台上，压重施加于地基的压应力不宜大于地基承载力特征值的 1.5 倍。桩的沉降用百分表记录。为准确测量桩的沉降，消除相互干扰，要求必须有基准系统。基准系统由基准桩、基准梁组成，且保证在试桩、锚桩（或压重平台支墩）与基准桩之间有足够的距离，一般应大于4倍桩径并不小于2m。对竖向载荷试验的具体规定以慢速维持荷载法为例，摘录于下：

（1）开始试验的时间。预制桩在砂土中入土7d后才能开始试验，在黏性土中不得小于15d，对于饱和软黏土不得小于25d，因为黏土需要一定时间获得其触变强度。灌注桩应在桩身混凝土达到设计强度后，才能进行。

（2）加载试验。加载一般分为10级，每级加载量为预估极限荷载的1/10，且总的荷载至少加至拟定工作荷载的2倍，第一级加载量可取分级荷载的2倍。

测读桩沉降量的时间间隔：每级加载后，每5min、10min、15min时各测读一次，以后每隔15min读一次，累计1h后每隔0.5h读一次。

每级荷载作用下，桩的沉降量连续两次在每小时内小于0.1mm时可视为稳定。符合下列条件之一可终止加载：

1）某级荷载作用下，桩顶沉降量大于前一级荷载作用下沉降量的5倍，且桩顶总沉降量超过40mm。

2）某级荷载作用下，桩顶沉降量大于前4级荷载作用下的沉降量的2倍，且经24h尚未达到稳定。

3）已达到设计要求的最大加载值且桩顶沉降达到相对稳定标准。

4）工程桩作锚桩时，锚桩上拔量已达到允许值。

5）桩长25m以上的非嵌岩桩，荷载-沉降曲线呈缓变型，可加载至桩顶总沉降量60~80mm；当桩端阻力尚未充分发挥时，可加载至桩顶累计沉降量超过80mm；在特殊条件下，可根据具体要求加载至桩顶总沉降量大于100mm（桩底支承在坚硬岩土层上，桩的沉降量很小时，最大加载量不应小于设计荷载的2倍）。

（3）卸载观测：

1）每级卸载值为加载值的2倍。

2）卸载后每隔15min测读一次，读两次后，隔0.5h再读一次，即可卸下一级荷载。

3）全部卸载后，隔3h再测读一次。

（4）单桩竖向极限承载力应按下列方法确定：

采用以上试验装置和方法进行试验，试验结果一般可以整理成Q-s、s-lg$t$等曲线，如图6.3.2所示。Q-s曲线表示桩顶荷载与沉降的关系，s-lg$t$曲线表示对应荷载下沉降随时间变化关系。根据这两类曲线可确定：

1）根据沉降随荷载变化的特征确定：对于陡降型Q-s曲线，应取相应于陡降段起点的荷载值。

2）根据沉降随时间变化的特征确定：应取s-lg$t$曲线尾部出现明显向下弯曲的前一级荷载值。

3）当某级荷载作用下，桩顶沉降量大于前4级荷载作用下的沉降量的2倍时，宜取前一级荷载值。

4）对于缓变型 Q-s 曲线，宜根据桩顶总沉降量，取 s 等于 40mm 对应的荷载值；对 D（D 为桩端直径）大于等于 800mm 的桩，可取 s 等于 0.05D 对应的荷载值；当桩长大于 40m 时，宜考虑桩身弹性压缩。

5）不满足上述 4 种情况时，桩的竖向抗压极限承载力宜取最大加载值。

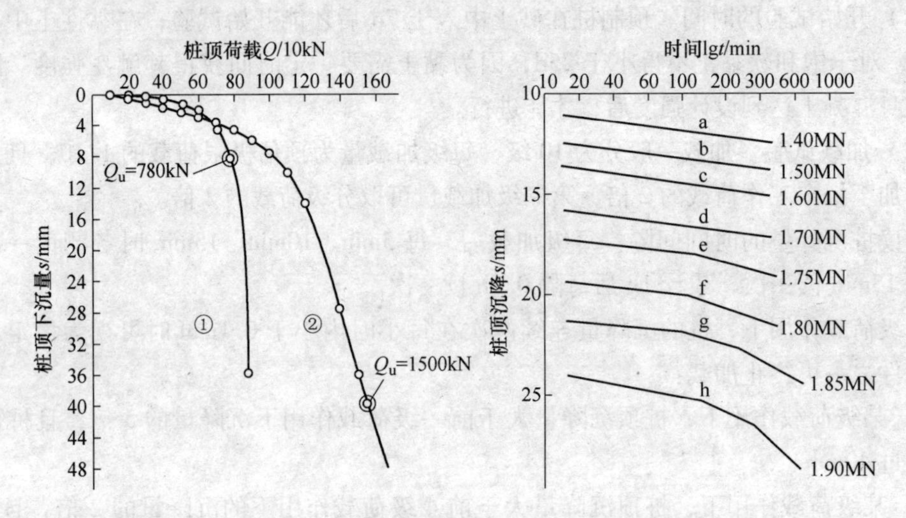

图 6.3.2　单桩 Q-s 曲线和单桩 s-lg$t$ 曲线

测出每根试桩的极限承载力值后，可以下列规定通过统计确定单桩竖向抗压极限承载力：

1）参加统计的所有试桩，当满足其极差不超过平均值的 30%时，可取其算术平均值为单桩竖向抗压极限承载力。

2）当极差超过 30%时，应分析原因，结合桩型、施工工艺、地基条件、基础形式等工程具体情况综合确定极限承载力；不能明确原因时，宜增加试桩数量。

3）试桩数量小于 3 根或桩基承台下的桩数不大于 3 根时，应取低值。

取上述单桩竖向抗压极限承载力的一半作为单位工程同一条件下单桩竖向抗压承载力特征值。

6.3.2　按静力触探试验确定

静力触探是将圆锥形的金属探头，以静力方式按一定速率均匀压入土中。借助探头的传感器，测出探头侧阻力及端阻力。探头由浅入深测出各种土层的这些参数后，即可算出单桩承载力。根据探头构造的不同，又可分为单桥探头和双桥探头两种。与其他原位测试手段相比，静力触探的探头刺入土中的机理更类似于挤土桩，无需钻孔且高效、简便易行。

当根据单桥探头静力触探资料确定混凝土预制桩单桩竖向极限承载力标准值时，如无当地经验，可按下式计算：

$$Q_{uk} = Q_{sk} + Q_{pk} = u \sum q_{sik} l_i + \alpha p_{sk} A_p \tag{6.3.1}$$

当 $p_{sk1} \leqslant p_{sk2}$ 时

$$p_{sk}=\frac{1}{2}(p_{sk1}+\beta\cdot p_{sk2}) \tag{6.3.2}$$

当$p_{sk1}>p_{sk2}$时

$$p_{sk}=p_{sk2} \tag{6.3.3}$$

式中 Q_{sk}，Q_{pk}——分别为总极限侧阻力标准值和总极限端阻力标准值；

u——桩身周长；

q_{sik}——用静力触探比贯入阻力值估算的桩周第 i 层土的极限侧阻力；

l_i——桩周第 i 层土的厚度；

α——桩端阻力修正系数，可按表 6.3.1 取值；

p_{sk}——桩端附近的静力触探比贯入阻力标准值（平均值）；

A_p——桩端面积；

p_{sk1}——桩端全截面以上 8 倍桩径范围内的比贯入阻力平均值；

p_{sk2}——桩端全截面以下 4 倍桩径范围内的比贯入阻力平均值，如桩端持力层为密实的砂土层，其比贯入阻力平均值 p_s 超过 20MPa 时，则需乘以表 6.3.2 中系数 C 予以折减后，再计算 p_{sk2}及 p_{sk1}值；

β——折减系数，按表 6.3.3 选用。

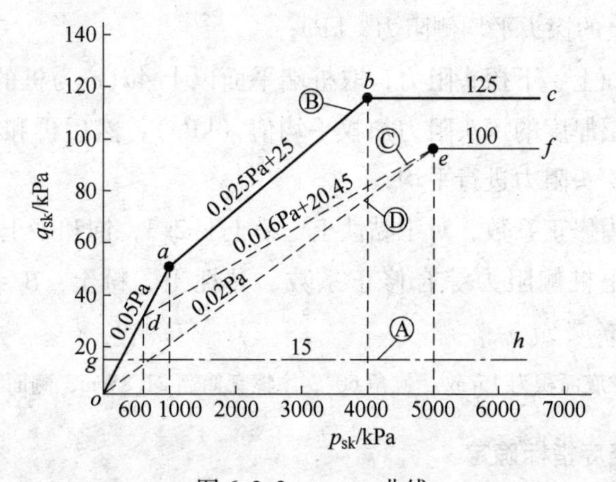

图 6.3.3 q_{sk}-p_{sk}曲线

注：1. q_{sik}值应结合土工试验资料，依据土的类别、埋藏深度、排列次序，按图 6.3.3 折线取值；图 6.3.3 中，直线Ⓐ（线段 gh）适用于地表下 6m 范围内的土层；折线Ⓑ（$oabc$）适用于粉土及砂土土层以上（或无粉土及砂土土层地区）的黏性土；折线Ⓒ（线段 $odef$）适用于粉土及砂土土层以下的黏性土；折线Ⓓ（线段 oef）适用于粉土、粉砂、细砂及中砂。

2. p_{sk}为桩端穿过的中密-密实砂土、粉土的比贯入阻力平均值；p_{sl}为砂土、粉土的下卧软土层的比贯入阻力平均值。

3. 采用的单桥探头，圆锥底面积为 15cm^2，底部带 7cm 高滑套，锥角 60°。

4. 当桩端穿过粉土、粉砂、细砂及中砂层底面时，折线Ⓓ估算的 q_{sik}值需乘以表 6.3.4 中系数 η_s 值。

表 6.3.1 桩端阻力修正系数 α 值

桩长/m	l<15	15≤l≤30	30<l≤60
α	0.75	0.75~0.90	0.90

注：桩长 15m≤l≤30m，α 值按 l 值直线内插；l 为桩长（不包括桩尖高度）。

表 6.3.2　系数 C

p_s/MPa	20~30	35	>40
系数 C	5/6	2/3	1/2

注：本表可内插取值。

表 6.3.3　折减系数 β

p_{sk2}/p_{sk1}	≤5	7.5	12.5	≥15
β	1	5/6	2/3	1/2

注：本表可内插取值。

表 6.3.4　系数 η_s 值

p_{sk}/p_{sl}	≤5	7.5	≥10
η_s	1.00	0.50	0.33

当根据双桥探头静力触探资料确定混凝土预制桩单桩竖向极限承载力标准值时，对于黏性土、粉土和砂土，如无当地经验时可按下式计算：

$$Q_{uk} = Q_{sk} + Q_{pk} = u\sum l_i \cdot \beta_i \cdot f_{si} + \alpha \cdot q_c \cdot A_p \tag{6.3.4}$$

式中　f_{si}——第 i 层土的探头平均侧阻力，kPa；

q_c——桩端平面上、下探头阻力，取桩端平面以上 $4d$（d 为桩的直径或边长）范围内按土层厚度的探头阻力加权平均值（kPa），然后再和桩端平面以下 $1d$ 范围内的探头阻力进行平均；

α——桩端阻力修正系数，对于黏性土、粉土取 2/3，饱和砂土取 1/2；

β_i——第 i 层土桩侧阻力综合修正系数，黏性土、粉土：$\beta_i = 10.04 f_{si}^{-0.55}$；砂土：$\beta_i = 5.05 f_{si}^{-0.45}$。

注：双桥探头的圆锥底面积为 15cm²，锥角 60°，摩擦套筒高 21.85cm，侧面积 300cm²。

6.3.3　按土的抗剪强度指标确定

国内外广泛采用以土力学原理为基础的单桩极限承载力公式。该类公式在土的抗剪强度指标的取值上考虑理论公式无法概括的某些因数，例如：土的类别和排水条件、桩的类型和设置效应等，所以仍是经验性的公式，其单桩极限承载力 Q_u 一般可以下式表示：

$$Q_u = Q_{su} + Q_{pu} - (G - \gamma A_p l) \tag{6.3.5}$$

式中　Q_{su}，Q_{pu}——桩侧总极限摩阻力和桩端极限总阻力；

G，γ——桩的自重和桩长以内土的平均重度；

$G - \gamma A_p l$——因桩的设置而附加于地基的重力。

$\gamma A_p l$ 为与桩同体积的土重，常假设其值等于桩重 G，故式（6.3.5）可简化为：

$$Q_u = Q_{su} + Q_{pu} \tag{6.3.6}$$

对于黏性土中的桩，因桩在设置和受荷初期，桩周土来不及排水固结，一般以短期承载力控制设计，故宜按总应力分析法取不排水抗剪强度指标 c_u 估算 Q_u，故

$$Q_u = u_p \sum c_{ai} l_i + c_u N_c A_p \tag{6.3.7}$$

式中 c_u——桩底以上 $3d$ 至桩底以下 $1d$ 范围内土的不排水抗剪强度平均值，对裂隙黏土宜用含裂隙的大试样测定；对钻孔桩可取三轴不排水抗剪强度的 0.75 倍；

N_c——地基承载力系数，当桩的长径比 $l/d>5$ 时，$N_c=9$；

c_a——桩土之间的附着力，$c_a=\alpha c_u$。

对于黏性土 $\alpha=1$ 或更大，且随 c_u 的增大而迅速降低。对于硬黏土中的桩，当 $l/d\leqslant20$ 时，α 取 1.25；当上部为软土时取 $\alpha=0.4$；其他情况 $\alpha=0.7$。对打入桩，$c_a\leqslant100$kPa；对钻孔桩，α 的取值尚不成熟，平均约为 0.45；对扩底桩，桩底以上 $2d$ 范围内的 c_a 不予考虑，即取 $\alpha=0$。

6.3.4 按经验参数法确定

利用土的物理指标与承载力参数之间的经验关系确定单桩竖向极限承载力标准值是一种沿用很多年的方法，《建筑桩基技术规范》在大量经验及资料积累的基础上，针对不同常用的桩型，推荐了如下几种单桩竖向极限承载力的估算公式。

6.3.4.1 一般中小直径桩

对一般中小直径桩（$d<800$mm），其单桩竖向极限承载力标准值宜按下式估算：

$$Q_{uk} = Q_{sk} + Q_{pk} = u \sum q_{sik} l_i + q_{pk} A_p \tag{6.3.8}$$

式中 Q_{sk}——单桩总极限侧阻力标准值，kN；

Q_{pk}——单桩总极限端阻力标准值，kN；

q_{sik}——桩侧第 i 层土的极限侧阻力标准值，kPa，如无当地经验时，可按表 6.3.5 取值；

q_{pk}——极限端阻力标准值，kPa，如无当地经验时，可按表 6.3.6 取值。

6.3.4.2 大直径桩

对大直径桩（$d\geqslant800$mm），其单桩极限承载力标准值可按下式计算：

$$Q_{uk} = Q_{sk} + Q_{pk} = u \sum \psi_{si} q_{sik} l_i + \psi_p q_{pk} A_p \tag{6.3.9}$$

式中 q_{sik}——桩侧第 i 层土极限侧阻力标准值，如无当地经验值时，可按表 6.3.5 取值，对于扩底桩变截面以上 $2d$ 长度范围不计侧阻力；

q_{pk}——桩径为 800mm 的极限端阻力标准值，对于干作业挖孔（清底干净）可采用深层载荷板试验确定；当不能进行深层载荷板试验时，可按表 6.3.7 取值；对于其他成桩工艺可按表 6.3.6 取值；

ψ_{si}，ψ_p——大直径桩侧阻、端阻尺寸效应系数，按表 6.3.8 取值；

u——桩身周长，当人工挖孔桩桩周护壁为振捣密实的混凝土时，桩身周长可按护壁外直径计算。

表 6.3.5 桩的极限侧阻力标准值 q_{sik} (kPa)

土的名称	土的状态		混凝土预制桩	泥浆护壁钻（冲）孔桩	干作业钻孔桩
填土			22~30	20~28	20~28
淤泥			14~20	12~18	12~18
淤泥质土			22~30	20~28	20~28
黏性土	流塑	$I_L>1$	24~40	21~38	21~38
	软塑	$0.75<I_L\leqslant 1$	40~55	38~53	38~53
红黏土	$0.7<\alpha_w\leqslant 1$		13~32	12~30	12~30
	$0.5<\alpha_w\leqslant 0.7$		32~74	30~70	30~70
粉土	稍密	$e>0.9$	26~46	24~42	24~42
	中密	$0.75\leqslant e\leqslant 0.9$	46~66	42~62	42~62
粉细砂	稍密	$10<N\leqslant 15$	24~48	22~46	22~46
	中密	$15<N\leqslant 30$	48~66	46~64	46~64
中砂	中密	$15<N\leqslant 30$	54~74	53~72	53~72
	密实	$N>30$	74~95	72~94	72~94
粗砂	中密	$15<N\leqslant 30$	74~95	74~95	76~98
	密实	$N>30$	95~116	95~116	98~120
砾砂	稍密	$5<N_{63.5}\leqslant 15$	70~110	50~90	60~100
	中密（密实）	$N_{63.5}>15$	116~138	116~130	112~130
圆砾、角砾	中密、密实	$N_{63.5}>10$	160~200	135~150	135~150
碎石、卵石	中密、密实	$N_{63.5}>10$	200~300	140~170	150~170
全风化软质岩		$30<N\leqslant 50$	100~120	80~100	80~100
全风化硬质岩		$30<N\leqslant 50$	140~160	120~140	120~150
强风化软质岩		$N_{63.5}>10$	160~240	140~200	140~220
强风化硬质岩		$N_{63.5}>10$	220~300	160~240	160~260

注：1. 对于尚未完成自重固结的填土和以生活垃圾为主的杂填土，不计算其侧阻力；

2. α_w 为含水比，$\alpha_w=w/w_l$，w 为土的天然含水量，w_l 为土的液限；

3. N 为标准贯入击数，$N_{63.5}$ 为重型圆锥动力触探击数；

4. 全风化、强风化软质岩和全风化、强风化硬质岩系指其母岩分别为 $f_{rk}\leqslant 15$MPa、$f_{rk}>30$MPa 的岩石。

表 6.3.6 桩的极限端阻力标准值 q_{pk} （kPa）

土名称	土的状态（桩型）		混凝土预制桩桩长 l/m				泥浆护壁钻(冲)孔桩桩长 l/m				干作业钻孔桩桩长 l/m		
			$l \leqslant 9$	$9<l \leqslant 16$	$16<l \leqslant 30$	$l>30$	$5 \leqslant l<10$	$10 \leqslant l<15$	$15 \leqslant l<30$	$30 \leqslant l$	$5 \leqslant l<10$	$10 \leqslant l<15$	$15 \leqslant l$
黏性土	软塑	$0.75<I_L \leqslant 1$	210~850	650~1400	1200~1800	1300~1900	150~250	250~300	300~450	300~450	200~400	400~700	700~950
黏性土	可塑	$0.50<I_L \leqslant 0.75$	850~1700	1400~2200	1900~2800	2300~3600	350~450	450~600	600~750	750~800	500~700	800~1100	1000~1600
黏性土	硬可塑	$0.25<I_L \leqslant 0.50$	1500~2300	2300~3300	2700~3600	3600~4400	800~900	900~1000	1000~1200	1200~1400	850~1100	1500~1700	1700~1900
黏性土	硬塑	$0<I_L \leqslant 0.25$	2500~3800	3800~5500	5500~6000	6000~6800	1100~1200	1200~1400	1400~1600	1600~1800	1600~1800	2200~2400	2600~2800
粉土	中密	$0.75 \leqslant e \leqslant 0.9$	950~1700	1400~2100	1900~2700	2500~3400	300~500	500~650	650~750	750~850	800~1200	1200~1400	1400~1600
粉土	密实	$e<0.75$	1500~2600	2100~3000	2700~3600	3600~4400	650~900	750~950	900~1100	1100~1200	1200~1700	1400~1900	1600~2100
粉砂	稍密	$10<N \leqslant 15$	1000~1600	1500~2300	1900~2700	2100~3000	350~500	450~600	600~700	650~750	500~950	1300~1600	1500~1700
粉砂	中密、密实	$N>15$	1400~2200	2100~3000	3000~4500	3800~5500	600~750	750~900	900~1100	1100~1200	900~1000	1700~1900	1700~1900
细砂	中密、密实	$N>15$	2500~4000	3600~5000	4400~6000	5300~7000	650~850	900~1200	1200~1500	1500~1800	1200~1600	2000~2400	2400~2700
中砂	中密、密实	$N>15$	4000~6000	5500~7000	6500~8000	7500~9000	850~1050	1100~1500	1500~1900	1900~2100	1800~2400	2800~3800	3600~4400
粗砂	中密、密实	$N>15$	5700~7500	7500~8500	8500~10000	9500~11000	1500~1800	2100~2400	2400~2600	2600~2800	2900~3600	4000~4600	4600~5200

续表 6.3.6

土名称	土的状态	桩型	混凝土预制桩桩长 l/m				泥浆护壁钻（冲）孔桩桩长 l/m				干作业钻孔桩桩长 l/m		
			$l \leqslant 9$	$9<l \leqslant 16$	$16<l \leqslant 30$	$l>30$	$5 \leqslant l<10$	$10 \leqslant l<15$	$15 \leqslant l<30$	$30 \leqslant l$	$5 \leqslant l<10$	$10 \leqslant l<15$	$15 \leqslant l$
砾砂	中密、密实	$N>15$	6000~9500		9000~10500		1400~2000		2000~3200		3500~5000		
角砾、圆砾		$N_{63.5}>10$	7000~10000		9500~11500		1800~2200		2200~3600		4000~5500		
碎石、卵石		$N_{63.5}>10$	8000~11000		10500~13000		2000~3000		3000~4000		4500~6500		
全风化软质岩		$30<N \leqslant 50$	4000~6000				1000~1600				1200~2000		
全风化硬质岩		$30<N \leqslant 50$	5000~8000				1200~2000				1400~2400		
强风化软质岩		$N_{63.5}>10$	6000~9000				1400~2200				1600~2600		
强风化硬质岩		$N_{63.5}>10$	7000~11000				1800~2800				2000~3000		

注：1. 砂土和碎石类土中桩的极限端阻力取值，宜综合考虑土的密实度，桩端进入持力层的深径比 h_b/d，土愈密实，h_b/d 愈大，取值愈高；

2. 预制桩的岩石极限端阻力指桩端支承于中、微风化基岩表面或进入强风化岩、软质岩一定深度条件下极限端阻力；

3. 全风化、强风化软质岩和全风化、强风化硬质岩指其母岩分别为 $f_{rk} \leqslant 15$MPa、$f_{rk}>30$MPa 的岩石。

表 6.3.7 干作业挖孔桩（清底干净，$D=800mm$）极限端阻力标准值 q_{pk} （kPa）

土名称		状态		
黏性土		$0.25<I_L\leqslant0.75$	$0<I_L\leqslant0.25$	$I_L\leqslant0$
		800~1800	1800~2400	2400~3000
粉土			$0.75\leqslant e\leqslant0.9$	$e<0.75$
			1000~1500	1500~2000
砂土、碎石类土		稍密	中密	密实
	粉砂	500~700	800~1100	1200~2000
	细砂	700~1100	1200~1800	2000~2500
	中砂	1000~2000	2200~3200	3500~5000
	粗砂	1200~2200	2500~3500	4000~5500
	砾砂	1400~2400	2600~4000	5000~7000
	圆砾、角砾	1600~3000	3200~5000	6000~9000
	卵石、碎石	2000~3000	3300~5000	7000~11000

注：1. 当桩进入持力层的深度 h_b 分别为：$h_b\leqslant D$，$D<h_b\leqslant4D$，$h_b>4D$ 时，q_{pk} 可相应取低、中、高值；

2. 砂土密实度可根据标贯击数判定，$N\leqslant10$ 为松散，$10<N\leqslant15$ 为稍密，$15<N\leqslant30$ 为中密，$N>30$ 为密实；

3. 当桩的长径比 $l/d\leqslant8$ 时，q_{pk} 宜取较低值；

4. 当对沉降要求不严时，q_{pk} 可取高值。

表 6.3.8 大直径灌注桩侧阻尺寸效应系数 ψ_{si}、端阻尺寸效应系数 ψ_p

土类型	黏性土、粉土	砂土、碎石类土
ψ_{si}	$(0.8/d)^{1/5}$	$(0.8/d)^{1/3}$
ψ_p	$(0.8/D)^{1/4}$	$(0.8/D)^{1/3}$

注：当为等直径桩时，表中 $D=d$。

6.3.4.3 对敞口预应力混凝土空心桩

当根据土的物理指标与承载力参数之间的经验关系确定其单桩竖向极限承载力标准值时，可按下列公式计算：

$$Q_{uk}=Q_{sk}+Q_{pk}=u\sum q_{sik}l_i+q_{pk}(A_j+\lambda_p A_{p1}) \quad (6.3.10)$$

当 $h_b/d<5$ 时，$\lambda_p=0.16h_b/d$；

当 $h_b/d\geqslant5$ 时，$\lambda_p=0.8$。

式中 q_{sik}，q_{pk}——分别按表 6.3.5、表 6.3.6 取与混凝土预制桩相同值；

A_j——空心桩桩端净面积，管桩：$A_j=\frac{\pi}{4}(d^2-d_1^2)$；空心方桩：$A_j=b^2-\frac{\pi}{4}d_1^2$；

A_{p1}——空心桩敞口面积，$A_{p1}=\frac{\pi}{4}d_1^2$；

λ_p——桩端土塞效应系数；

d，b——空心桩外径、边长；

d_1——空心桩内径。

6.3.4.4 嵌岩桩

随着高层建筑及桥梁工程的高速发展，嵌岩桩的应用日益广泛。桩端置于完整、较完整基岩的嵌岩桩单桩竖向极限承载力，由桩周土总极限侧阻力和嵌岩段总极限阻力两部分组成。当根据岩石单轴抗压强度确定单桩竖向极限承载力标准值时，可按下列公式计算：

$$Q_{uk} = Q_{sk} + Q_{rk} \tag{6.3.11}$$

$$Q_{sk} = u\sum q_{sik} l_i \tag{6.3.12}$$

$$Q_{rk} = \zeta_r f_{rk} A_p \tag{6.3.13}$$

式中 Q_{sk}，Q_{rk}——分别为土的总极限侧阻力标准值、嵌岩段总极限阻力标准值；

q_{sik}——桩周第 i 层土的极限侧阻力，无当地经验时，可根据成桩工艺按表 6.3.5 取值；

f_{rk}——岩石饱和单轴抗压强度标准值，黏土岩取天然湿度单轴抗压强度标准值；

ζ_r——嵌岩段侧阻和端阻综合系数，与嵌岩深径比 h_r/d、岩石软硬程度和成桩工艺有关，可按表 6.3.9 采用；表中数值适用于泥浆护壁成桩，对于干作业成桩（清底干净），ζ_r 应取表列数值的 1.2 倍。

表 6.3.9 桩嵌岩段侧阻和端阻综合系数 ζ_r

嵌岩深径比 h_r/d	0	0.5	1.0	2.0	3.0	4.0	5.0	6.0	7.0	8.0
极软岩、软岩	0.60	0.80	0.95	1.18	1.35	1.48	1.57	1.63	1.66	1.70
较硬岩、坚硬岩	0.45	0.65	0.81	0.90	1.00	1.04	—	—	—	—

注：1. 表中极软岩、软岩指 $f_{rk} \leqslant 15$MPa，较硬岩、坚硬岩指 $f_{rk} > 30$MPa，介于二者之间可内插取值；

2. h_r 为桩身嵌岩深度，当岩面倾斜时，以坡下方嵌岩深度为准；当 h_r/d 为非表列值时，ζ_r 可内插取值。

对于桩身周围有液化土层的低承台桩基，当承台底面上下分别有厚度不小于 1.5m、1.0m 的非液化土或非软弱土层时，可将液化土层极限侧阻力乘以土层液化影响折减系数计算单桩极限承载力标准值。土层液化影响折减系数 ψ_l 可按表 6.3.10 确定。

表 6.3.10 土层液化影响折减系数 ψ_l

$\lambda_N = \dfrac{N}{N_{cr}}$	自地面算起的液化土层深度 d_L/m	ψ_l
$\lambda_N \leqslant 0.6$	$d_L \leqslant 10$	0
	$10 < d_L \leqslant 20$	1/3
$0.6 < \lambda_N \leqslant 0.8$	$d_L \leqslant 10$	1/3
	$10 < d_L \leqslant 20$	2/3
$0.8 < \lambda_N \leqslant 1.0$	$d_L \leqslant 10$	2/3
	$10 < d_L \leqslant 20$	1.0

注：1. N 为饱和土标贯击数实测值；N_{cr} 为液化判别标贯击数临界值；λ_N 为土层液化指数；

2. 对于挤土桩当桩距小于 $4d$，且桩的排数不少于 5 排、总桩数不少于 25 根时，土层液化影响系数可按表列值提高一档取值；桩间土标贯击数达到 N_{cr} 时，取 $\psi_l = 1$。

当承台底非液化土层厚度小于 1m 时，土层液化影响折减系数按表 6.3.10 中 λ_N 降低一档取值。

6.3.4.5 钢管桩

闭口钢管桩的承载力性状与普通混凝土预制桩相同，因此其竖向承载力可以按混凝土预制桩的方法计算。

对开口、带隔板开口钢管桩，其单桩竖向承载力计算应考虑对钢管桩内土芯的闭塞效应，根据《建筑桩基技术规范》（JGJ 94—2008），开口钢管桩单桩极限承载力计算表达式为

$$Q_{uk} = Q_{sk} + Q_{pk} = u \sum q_{sik} l_i + \lambda_p q_{pk} A_p \tag{6.3.14}$$

当 $h_b/d<5$ 时，
$$\lambda_p = 0.16 h_b/d \tag{6.3.15}$$

当 $h_b/d \geqslant 5$ 时，
$$\lambda_p = 0.8 \tag{6.3.16}$$

式中 q_{sik}，q_{pk}——分别按表 6.3.5、表 6.3.6 取与混凝土预制桩相同值；

λ_p——桩端土塞效应系数，对于闭口钢管桩，$\lambda_p=1$，对于敞口钢管桩按式（6.3.15）、式（6.3.16）取值；

h_b——桩端进入持力层深度；

d——钢管外径。

对带隔板的半敞口钢管桩，应以等效直径 d_e 代替 d 确定 λ_p；$d_e=d/\sqrt{n}$；其中，n 为桩端隔板分割数，如图 6.3.4 所示。

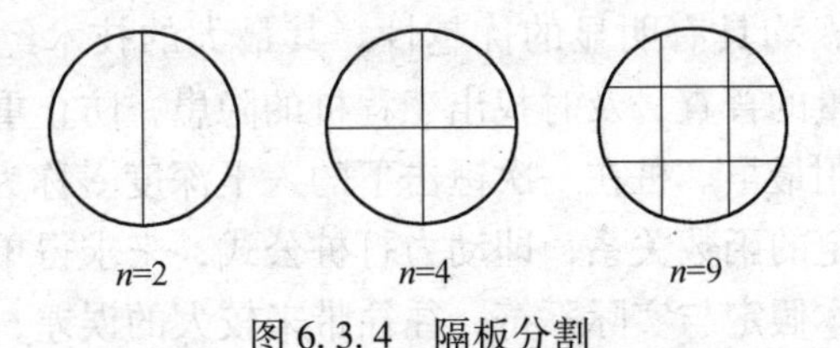

图 6.3.4 隔板分割

6.3.4.6 后注浆灌注桩

后注浆灌注桩的单桩极限承载力，应该通过静载试验确定。在符合《建筑桩基技术规范》（JGJ 94—2008）后注浆技术规定的条件下，其后注浆单桩竖向极限承载力可按下式估算：

$$Q_{uk} = Q_{sk} + Q_{gsk} + Q_{gpk} = u \sum q_{sjk} l_j + u \sum \beta_{si} q_{sik} l_{gi} + \beta_p q_{pk} A_p \tag{6.3.17}$$

式中 Q_{sk}——后注浆非竖向增强段的总极限侧阻力标准值；

Q_{gsk}——后注浆竖向增强段的总极限侧阻力标准值；

Q_{gpk}——后注浆总极限端阻力标准值；

u——桩身周长；

l_j——后注浆非竖向增强段第 j 层土厚度；

l_{gi}——后注浆竖向增强段内第 i 层土厚度：对于泥浆护壁成孔灌注桩，当为单一桩端后注浆时，竖向增强段为桩端以上 12m；当为桩端、桩侧复式注浆时，竖向增强段为桩端以上 12m 及各桩侧注浆断面以上 12m，重叠部分应扣除；对于干作业灌注桩，竖向增强段为桩端以上、桩侧注浆断面上下各 6m；

q_{sik}，q_{sjk}，q_{pk}——分别为后注浆竖向增强段第 i 土层初始极限侧阻力标准值、非竖向增强段第 j 土层初始极限侧阻力标准值、初始极限端阻力标准值；按表 6.3.5、表 6.3.6 取值；

β_{si}，β_p——分别为后注浆侧阻力、端阻力增强系数，无当地经验时，可按表 6.3.11 取值。对于桩径大于 800mm 的桩，应按本规范表 6.3.8 进行侧阻和端阻尺寸效应修正。

表 6.3.11　后注浆侧阻力增强系数 β_{si}、端阻力增强系数 β_p

图层名称	淤泥 淤泥质土	黏性土 粉土	粉砂 细砂	中砂	粗砂 砾砂	砾石 卵石	全风化岩 强风化岩
β_{si}	1.2~1.3	1.4~1.8	1.6~2.0	1.7~2.1	2.0~2.5	2.4~3.0	1.4~1.8
β_p		2.2~2.5	2.4~2.8	2.6~3.0	3.0~3.5	3.2~4.0	2.0~2.4

注：干作业钻、挖孔桩，β_p 按表列值乘以小于 1.0 的折减系数。当桩端持力层为黏性土或粉土时，折减系数取 0.6；为砂土或碎石土时，取 0.8。

6.3.5　按动力试桩法确定

动力试桩法是应用物体振动和应力波的传播理论，来确定单桩竖向承载力以及检验桩身完整性的一种方法。它与传统的静载荷试验相比，无论在试验设备、测试效率、工作条件以及试验费用等方面，均具有明显的优越性。其最大的技术经济效益是速度快、成本低，可对工程桩进行大量的普查，及时找出工程桩的隐患，防止重大安全质量事故。

动测技术在国外应用最早。桩在一次锤击下的入土深度 e 称为贯入度，利用 e 与打桩时土对桩的阻力之间一定的函数关系，即动力打桩公式，来求得单桩竖向极限承载力。但由于动力打桩公式的基本假定与实际不符，往往带来较大的误差，已很少使用。随着测试和计算技术的提高，近二三十年来，动力试桩技术在我国得到了较大的发展。1972 年，湖南大学周光龙教授率先提出了桩基参数动测法，对开创我国动力试桩法的研究起了积极的推动作用。1978 年，东南大学唐念慈教授等首先应用波动方程，在渤海 12 号平台的钢管桩动力测试中获得了成功。

动力试桩法种类繁多，一般可分为高应变动力检测法和低应变动力检测法两大类。

（1）高应变法由 20 世纪 70 年代的锤击法到 80 年代引进的 PDA 和 PID 法，几年来又自行研制成各种试桩分析仪，软件和硬件的功能都有很大的提高。目前，国际上普遍采用高应变法测定桩的极限承载力，而用低应变法检测桩的质量和完整性。

（2）低应变法在我国应用极为广泛，约有 90%的检测单位采用低应变法，每年检测的桩数在 4 万根以上。由于低应变法具有软硬件价格便宜、设备轻巧、测试过程简单等优点，目前多用于桩身质量检测。

6.3.6　抗拔极限承载力的确定

当桩基承受拔力时，应对桩基进行抗拔验算。单桩抗拔承载力特征值应通过单桩竖向抗拔静载荷试验确定，并应加载至破坏。

对于设计等级为甲级和乙级建筑桩基，基桩的抗拔极限承载力应通过现场单桩上拔静载荷试验确定。单桩上拔静载荷试验及抗拔极限承载力标准值取值可按现行行业标准《建筑基桩检测技术规范》（JGJ 106—2014）进行。

如无当地经验时，群桩基础及设计等级为丙级建筑桩基，基桩的抗拔极限载力取值可按下列规定计算：

（1）群桩呈非整体破坏时，基桩的抗拔极限承载力标准值可按下式计算：

$$T_{uk} = \sum \lambda_i q_{sik} u_i l_i \tag{6.3.18}$$

式中 T_{uk}——群桩呈非整体破坏时基桩抗拔极限承载力标准值；

u_i——桩身周长，对于等直径桩取 $u=\pi d$；对于扩底桩按表 6.3.12 取值；

q_{sik}——桩侧表面第 i 层土的抗压极限侧阻力标准值，可按表 6.3.5 取值；

λ_i——抗拔系数，可按表 6.3.13 取值。

表 6.3.12 扩底桩破坏表面周长 u_i

自桩底起算的长度 l_i	$\leqslant(4\sim10)d$	$>(4\sim10)d$
u_i	πD	πd

注：l_i 对于软土取低值，对于卵石、砾石取高值；l_i 取值按内摩擦角增大而增加。

表 6.3.13 抗拔系数 λ

土类	λ 值
砂土	0.50~0.70
黏性土、粉土	0.70~0.80

注：桩长 l 与桩径 d 之比小于 20 时，λ 取小值。

（2）群桩呈整体破坏时，基桩的抗拔极限承载力标准值可按下式计算：

$$T_{gk} = \frac{1}{n} u_1 \sum \lambda_i q_{sik} l_i \tag{6.3.19}$$

式中 T_{gk}——群桩呈整体破坏时基桩抗拔极限承载力标准值；

u_1——桩群外围周长。

6.4 群桩基础竖向承载力与沉降计算

在实际工程中的应用，除少量大直径桩基础外，一般都是群桩基础。竖向荷载作用下的群桩基础，各桩的承载力发挥和沉降形状往往与相同条件下的单桩有显著的差别；不仅桩顶直接承受荷载，桩顶荷载传递到桩侧土和桩端土，各个桩之间通过桩间土产生相互影响，而且在一定条件下，桩间土也可能通过承台底面参与承载来自承台的竖向力。因此，在设计时必须综合考虑群桩的工作特点，以确定群桩的承载能力。

6.4.1 群桩的工作性状

6.4.1.1 *群桩效应*

群桩在实际工作中，当桩侧摩阻力能充分发挥、桩数较多、桩间距较小时，如常用桩

间距 $s_a=(3\sim4)d$，桩端处地基中各桩传来的压力将相互叠加，如图 6.4.1(b) 所示。此时，桩端处压力比单桩时大得多，桩端以下压缩土层厚度也比单桩要深，群桩中各桩的工作状态与单桩迥然不同，其承载力小于各单桩承载力总和，沉降量则大于单桩的沉降量，这就是所谓的群桩效应。但当桩数较少，桩间距较大时，例如 $s_a>6d$，纵使桩侧摩阻力能充分发挥，桩端平面处各桩传来的压力不重叠或重叠不多，如图 6.4.1(a) 所示，此时群桩中各桩的工作情况与单桩一致，群桩的承载力等于各单桩承载力之和。

从群桩效应的角度，群桩按荷载的传递模式主要分为两类：端承型群桩基础和摩擦型群桩基础。

A　端承型群桩基础

由端承桩组成的群桩，其持力层大多刚硬，承载力比较高，通过承台传递的上部结构的荷载大部分或全部由桩身直接传递到桩端土层，桩的贯入度小，因而承台下基底反力较小，桩间土分担荷载的作用很小。另一方面，由于桩身沉降小，桩侧摩阻力不能充分发挥，通过桩侧传至桩周土层中的应力就很小，因此群桩中各桩的相互影响很小（见图 6.4.2），可以认为端承型群桩基础中各桩的工作状态与独立的单桩近似，因为群桩的承载力可近似取各单桩承载力之和。

B　摩擦型群桩基础

由摩擦桩组成的群桩，在竖向荷载作用下，群桩的工作机理较端承桩群桩更为复杂，承台底面上、桩侧土、桩端土以及桩本身和承台都在承担荷载，并且相互影响、共同作用。由承台传给桩顶的荷载主要通过桩侧摩阻力传递给桩周土和桩端土层，在常用桩距的情况下将产生应力叠加。承台土反力也传递到承台以下一定范围内的土层中，从而使桩侧阻力和桩端阻力受到干扰。因此，只有摩擦群桩才有群桩效应问题，才需要考虑群桩问题。

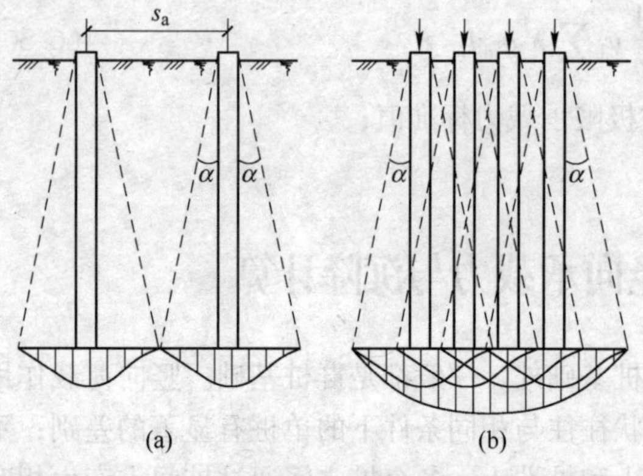

图 6.4.1　摩擦型群桩桩端平面的应力分布

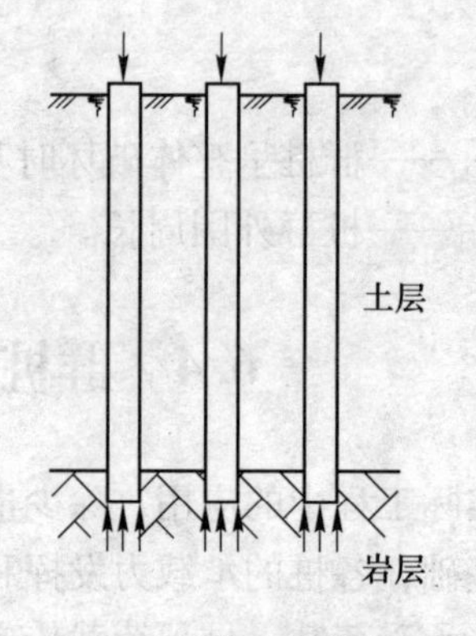

图 6.4.2　端承型群桩基础

6.4.1.2　承台效应

承台效应是指摩擦型群桩在竖向荷载作用下，由于桩土相对位移，桩间土对承台产生一定竖向抗力，成为桩基竖向承载力的一部分而分担荷载的现象。

桩基在荷载作用下，由桩和承台底地基土共同承担荷载，构成复合桩基，如图 6.4.3 所示。复合桩基中基桩的承载力含有承台底的土阻力，故称为复合基桩。承台底分担荷载的作用随桩群相对于地基土向下位移幅度的加大而增强。为了保证台底与土保持接触而不脱开，并提供足够的土阻力，则桩端必须贯入持力层促使群桩整体下沉。此外，桩身受荷压缩，产生桩-土相对滑移，也使底反力增加。

研究表明，由于桩侧土因桩的竖向位移而发生剪切变形，故承台底土反力比平板基础底面下的土反力要低，其大小及分布形式，随桩顶荷载水平、桩径桩长比、台底和桩端土质、承台刚度以及桩群的几何特征等因素而变化。通常，台底分担荷载的比例可从百分之十几直至百分之五十以上。

刚性承台底面土反力呈马鞍形分布（见图 6.4.3）。若以桩群外围包络线外界，将台底面积分为内外两区，则内区反力比外区反力小且比较均匀，桩间距增大时内外区反力差明显降低。台底分担的荷载总值增加时，反力的塑性重分布不显著而保持反力图基本不变。利用台底反力分布的上述特征，可以通过加大外区与内区的面积比来提高承台分担荷载的份额。

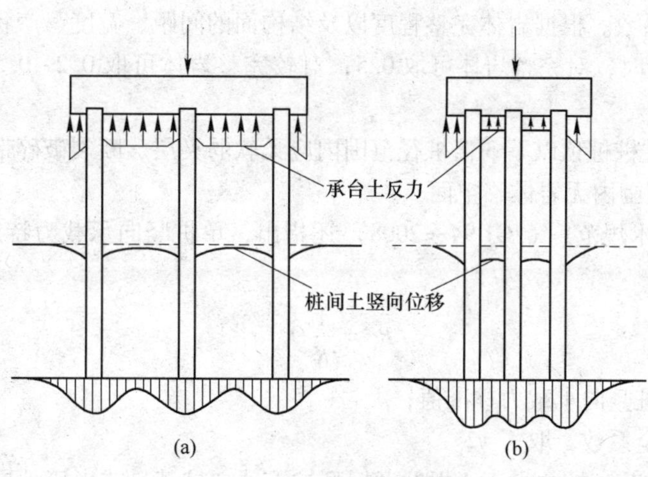

图 6.4.3　承台反力分布图
(a) 大桩距；(b) 小桩距

6.4.2　单桩竖向承载力特征值

《建筑地基基础设计规范》指出，单桩竖向承载力特征值的确定应符合下列规定：

(1) 单桩竖向承载力特征值应通过单桩竖向静载荷试验确定。在同一条件下的试桩数量，不宜少于总桩数的 1%且不应少于 3 根。单桩竖向承载力特征值取单桩的静载荷试验所得单桩竖向极限承载力除以安全系数 2。

当桩端持力层为密实砂卵石或其他承载力类似的土层时，对单桩竖向承载力很高的大直径端承型桩，可采用深层平板载荷试验确定桩端土的承载力特征值。

(2) 地基基础设计等级为丙级的建筑物，可采用静力触探及标贯试验参数结合工程经验确定单桩竖向承载力特征值。

(3) 初步设计时单桩竖向承载力特征值可按下式进行估算：

$$R_a = q_{pa}A_p + u_p \sum q_{sia} l_i \tag{6.4.1}$$

式中　A_p——桩底端横截面面积，m^2；

q_{pa}，q_{sia}——桩端阻力特征值、桩侧阻力特征值，kPa，由当地静载荷试验结果统计分析算得；

u_p——桩身周边长度，m；

l_i——第 i 层岩土的厚度，m。

桩端嵌入完整及较完整的硬质岩中，当桩长较短且入岩较浅时，可按下式估算单桩竖向承载力特征值：

$$R_a = q_{pa}A_p \tag{6.4.2}$$

式中　q_{pa}——桩端岩石承载力特征值，kN。

嵌岩灌注桩桩端以下三倍桩径且不小于 5m 范围内应无软弱夹层、断裂破碎带和洞穴分布，且在桩底应力扩散范围内应无岩体临空面。当桩端无沉渣时，桩端岩石承载力特征值应根据岩石饱和单轴抗压强度标准值 f_{rk} 按下式计算：

$$q_{pa} = \psi_r f_{rk} \tag{6.4.3}$$

式中，ψ_r 为折减系数。根据岩体完整程度以及结构面的间距、宽度、产状和组合，由地方经验确定，无经验时，对完整岩体可取 0.5；对较完整岩体可取 0.2~0.5；对较破碎岩体可取 0.1~0.2。

（4）嵌岩灌注桩桩顶以下 3 倍桩径范围内应无软弱夹层、断裂破碎带和洞穴分布，且在桩底应力扩散范围内无岩体临空面。

《建筑桩基技术规范》（JGJ 94—2008）还指出，单桩竖向承载力特征值 R_a 应按下式确定：

$$R_a = \frac{1}{K}Q_{uk} \tag{6.4.4}$$

式中　Q_{uk}——单桩竖向承载力标准值；

K——安全系数，取 $K=2$。

对于端承型桩基、桩数少于 4 根的摩擦型柱下独立桩基，或由于地层土性、使用条件等因素不宜考虑承台效应时，基桩竖向承载力特征值应取单桩承载力特征值。

6.4.3 复合基桩竖向承载力特征值

对于端承型桩基、桩数少于 4 根的摩擦型柱下独立桩基，或由于地层土性、使用条件等因素不宜考虑承台效应时，基桩竖向承载力特征值应取单桩竖向承载力特征值。

对于符合下列条件之一的摩擦型桩基，宜考虑承台效应确定其复合基桩的竖向承载力特征值：

（1）上部结构整体刚度较好、体型简单的建（构）筑物；

（2）对差异沉降适应性较强的排架结构和柔性构筑物；

（3）按变刚度调平原则设计的桩基刚度相对弱化区；

（4）软土地基的减沉复合疏桩基础。

考虑承台效应的复合基桩竖向承载力特征值可按下列公式确定：

不考虑地震作用时

$$R = R_a + \eta_c f_{ak} A_c \tag{6.4.5}$$

考虑地震作用时

$$R = R_a + \frac{\zeta_a}{1.25}\eta_c f_{ak} A_c \tag{6.4.6}$$

$$A_c = (A - nA_{ps})/n \tag{6.4.7}$$

式中　η_c——承台效应系数，可按表6.4.1取值；

f_{ak}——承台下1/2承台宽度且不超过5m深度范围内各层土的地基承载力特征值按厚度加权的平均值；

A_c——计算基桩所对应的承台底净面积；

A_{ps}——桩身截面面积；

A——承台计算域面积，对于柱下独立桩基，A为承台总面积；对于桩筏基础，A为柱、墙筏板的1/2跨距和悬臂边2.5倍筏板厚度所围成的面积；桩集中布置于单片墙下的桩筏基础，取墙两边各1/2跨距围成的面积，按条基计算η_c；

ζ_a——地基抗震承载力调整系数，应按现行国家标准《建筑抗震设计规范》GB 50011采用。

当承台底为可液化土、湿陷性土、高灵敏度软土、欠固结土、新填土时，沉桩引起超孔隙水压力和土体隆起时，不考虑承台效应，取$\eta_c=0$。

表6.4.1　承台效应系数η_c

s_a/d \ B_c/l	3	4	5	6	>6
≤4	0.06~0.08	0.14~0.17	0.22~0.26	0.32~0.38	0.50~0.80
0.4~0.8	0.08~0.10	0.17~0.20	0.26~0.30	0.38~0.44	
>0.8	0.10~0.12	0.20~0.22	0.30~0.34	0.44~0.50	
单排桩条形承台	0.15~0.18	0.25~0.30	0.38~0.45	0.50~0.60	

注：1. 表中s_a/d为桩中心距与桩径之比；B_c/l为承台宽度与桩长之比。当计算基桩为非正方形排列时，$s_a=\sqrt{A/n}$，A为承台计算域面积，n为总桩数；

2. 对于桩布置于墙下的箱、筏承台，η_c可按单排桩条基取值；

3. 对于单排桩条形承台，当承台宽度小于1.5d时，η_c按非条形承台取值；

4. 对于采用后注浆灌注桩的承台，η_c宜取低值；

5. 对于饱和黏性土中的挤土桩基、软土地基上的桩基承台，η_c宜取低值的0.8倍。

6.4.4　桩顶作用效应

桩顶作用效应分为荷载效应和地震作用效应，相应的作用效应组合分为荷载效应标准组合、地震作用效应和荷载效应标准组合。

6.4.4.1　基桩荷载效应计算

对于一般建筑物和受水平力（包括力矩与水平剪力）较小的高层建筑群桩基础，应按下列公式计算柱、墙、核心筒群桩中基桩或复合基桩的桩顶作用效应（见图6.4.4）。

A　竖向力

轴心竖向力作用下

$$Q_k = \frac{F_k + G_k}{n} \tag{6.4.8}$$

偏心竖向力作用下

$$Q_{ik} = \frac{F_k + G_k}{n} \pm \frac{M_{xk} y_i}{\sum y_j^2} \pm \frac{M_{yk} x_i}{\sum x_j^2} \tag{6.4.9}$$

B 水平力

$$H_{ik} = \frac{H_k}{n} \tag{6.4.10}$$

式中 F_k——荷载效应标准组合下，作用于承台顶面的竖向力；

G_k——桩基承台和承台上土自重标准值，对稳定的地下水位以下部分应扣除水的浮力；

Q_k——荷载效应标准组合轴心竖向力作用下，基桩或复合基桩的平均竖向力；

Q_{ik}——荷载效应标准组合偏心竖向力作用下，第 i 基桩或复合基桩的竖向力；

M_{xk}，M_{yk}——荷载效应标准组合下，作用于承台底面，绕通过桩群形心的 x、y 主轴的力矩；

x_i，x_j，y_i，y_j——第 i、j 基桩或复合基桩至 y、x 轴的距离；

H_k——荷载效应标准组合下，作用于桩基承台底面的水平力；

H_{ik}——荷载效应标准组合下，作用于第 i 基桩或复合基桩的水平力；

n——桩基中的桩数。

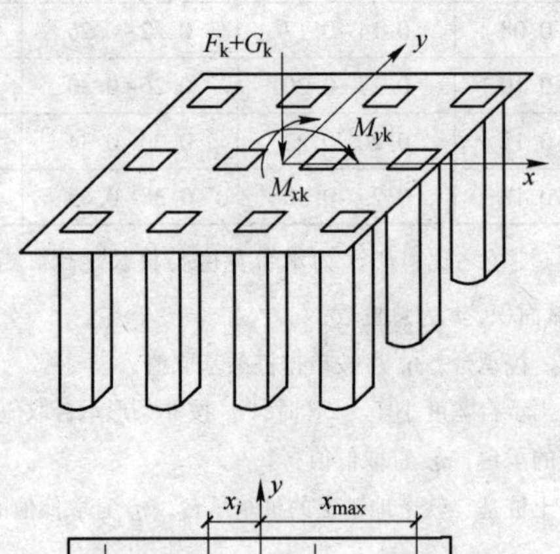

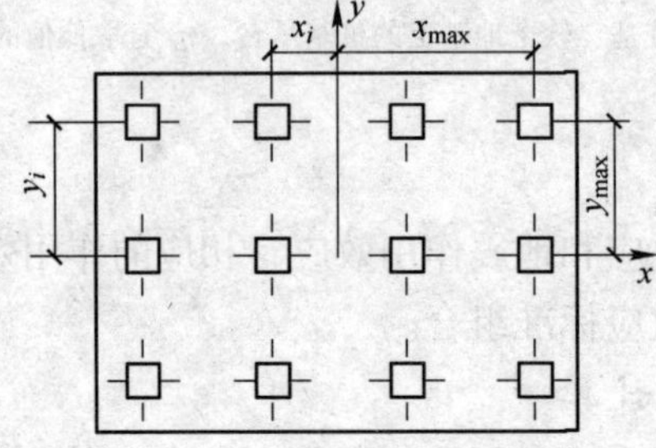

图 6.4.4 桩顶荷载计算简图

6.4.4.2 地震作用效应

对于主要承受竖向荷载的抗震设防区低承台桩基，在同时满足下列条件时，桩顶作用效应计算可不考虑地震作用：

（1）按现行国家标准《建筑抗震设计规范》（GB 50011—2010）规定可不进行桩基抗震承载力验算的建筑物。

（2）建筑场地位于建筑抗震的有利地段。

属于下列情况之一的桩基，计算各基桩的作用效应、桩身内力和位移时，宜考虑承台（包括地下墙体）与基桩协同工作和土的弹性抗力作用：

（1）位于8度和8度以上抗震设防区和其他受较大水平力的高层建筑，当其桩基承台刚度较大或由于上部结构与承台协同作用能增强承台的刚度时。

（2）受较大水平力及8度和8度以上地震作用的高承台桩基。

6.4.5 基桩竖向承载力验算

6.4.5.1 荷载效应标准组合

轴心竖向力作用下

$$N_k \leqslant R \tag{6.4.11}$$

偏心竖向力作用下，除满足上式外，尚应满足下式的要求：

$$N_{k\,max} \leqslant 1.2R \tag{6.4.12}$$

式中 N_k——荷载效应标准组合轴心竖向力作用下，基桩或复合基桩的平均竖向力；

$N_{k\,max}$——荷载效应标准组合偏心竖向力作用下，桩顶最大竖向力。

6.4.5.2 地震作用效应和荷载效应标准组合

轴心竖向力作用下

$$N_{Ek} \leqslant 1.25R \tag{6.4.13}$$

偏心竖向力作用下，除满足上式外，尚应满足下式的要求：

$$N_{Ek\,max} \leqslant 1.5R \tag{6.4.14}$$

式中 N_{Ek}——地震作用效应和荷载效应标准组合下，基桩或复合基桩的平均竖向力；

$N_{Ek\,max}$——地震作用效应和荷载效应标准组合下，基桩或复合基桩的最大竖向力；

R——基桩或复合基桩竖向承载力特征值。

6.4.5.3 桩基软弱下卧层承载力验算

对桩间距不超过$6d$的群桩基础，桩端持力层下存在承载力低于桩端持力层承载力1/3的软弱下卧层时，应按下式进行下卧层承载力验算（见图6.4.5）：

$$\sigma_z + \gamma_m z \leqslant f_{az} \tag{6.4.15}$$

$$\sigma_z = \frac{(F_k + G_k) - 3/2(A_0 + B_0) \cdot \sum q_{sik} l_i}{(A_0 + 2t \cdot \tan\theta)(B_0 + 2t \cdot \tan\theta)} \tag{6.4.16}$$

式中 σ_z——作用于软弱下卧层顶面的附加应力；

γ_m——软弱层顶面以上各土层重度（地下水位以下取浮重度）的厚度加权平均值；

t——硬持力层厚度；

f_{az}——软弱下卧层经深度z修正的地基承载力特征值；

A_0，B_0——桩群外缘矩形底面的长、短边边长；

q_{sik}——桩周第 i 层土的极限侧阻力标准值，无当地经验时，可根据成桩工艺按本规范表 6.3.5 取值；

θ——桩端硬持力层压力扩散角，按表 6.4.2 取值。

表 6.4.2　桩端硬持力层压力扩散角 θ

E_{s1}/E_{s2}	$t=0.25B_0$	$t\geqslant 0.50B_0$
1	4°	12°
3	6°	23°
5	10°	25°
10	20°	30°

注：1. E_{s1}、E_{s2} 为硬持力层、软弱下卧层的压缩模量；

2. 当 $t<0.25B_0$ 时，取 $\theta=0°$，必要时，宜通过试验确定；当 $0.25B_0<t<0.50B_0$ 时，可内插取值。

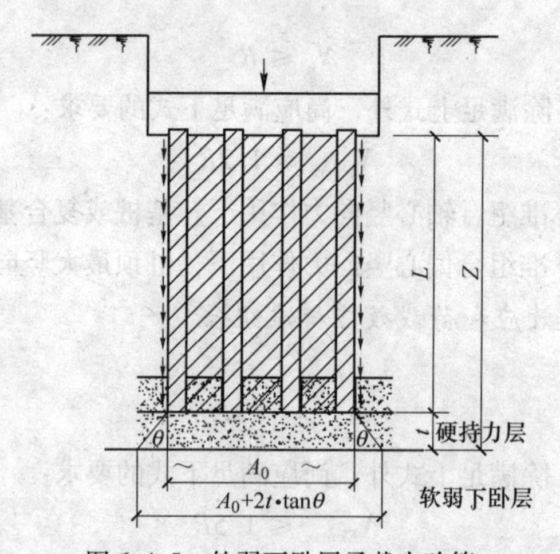

图 6.4.5　软弱下卧层承载力验算

6.4.5.4　桩基竖向抗拔承载力及负摩阻力验算

A　桩基竖向抗拔承载力验算

承受拔力的桩基，应按下列公式同时验算群桩基础呈整体破坏和呈非整体破坏时基桩的抗拔承载力：

$$N_k \leqslant T_{gk}/2 + G_{gp} \tag{6.4.17}$$

$$N_k \leqslant T_{uk}/2 + G_p \tag{6.4.18}$$

式中　N_k——按荷载效应标准组合计算的基桩拔力；

G_{gp}——群桩基础所包围体积的桩土总自重除以总桩数，地下水位以下取浮重度；

G_p——基桩自重，地下水位以下取浮重度，对于扩底桩应按表 6.3.12 确定桩、土柱体周长，计算桩、土自重。

季节性冻土上轻型建筑的短桩基础，应按下列公式验算其抗冻拔稳定性：

$$\eta_f q_f u z_0 \leqslant T_{gk}/2 + N_G + G_{gP} \tag{6.4.19}$$

$$\eta_f q_f u z_0 \leqslant T_{uk}/2 + N_G + G_P \tag{6.4.20}$$

式中 η_f——冻深影响系数，按表6.4.3采用；

q_f——切向冻胀力，按表6.4.4采用；

z_0——季节性冻土的标准冻深；

N_G——基桩承受的桩承台底面以上建筑物自重、承台及其上土重标准值。

表 6.4.3 η_f 值

标准冻深/m	$z_0 \leqslant 2.0$	$2.0 < z_0 \leqslant 3.0$	$z_0 > 3.0$
η_f	1.0	0.9	0.8

表 6.4.4 q_f 值 (kPa)

土类 \ 冻胀性分类	弱冻胀	冻胀	强冻胀	特强冻胀
黏性土、粉土	30~60	60~80	80~120	120~150
砂土、砾（碎）石（黏、粉粒含量>15%）	<10	20~30	40~80	90~200

注：1. 表面粗糙的灌注桩，表中数值应乘以系数1.1~1.3；

2. 本表不适用于含盐量大于0.5%的冻土。

膨胀土上轻型建筑的短桩基础，应按下列公式验算群桩基础呈整体破坏和非整体破坏的抗拔稳定性：

$$u \sum q_{ei} l_{ei} \leqslant T_{gk}/2 + N_G + G_{gP} \tag{6.4.21}$$

$$u \sum q_{ei} l_{ei} \leqslant T_{uk}/2 + N_G + G_P \tag{6.4.22}$$

式中 q_{ei}——大气影响急剧层中第 i 层土的极限胀切力，由现场浸水试验确定；

l_{ei}——大气影响急剧层中第 i 层土的厚度。

以上各式中群桩呈整体破坏和呈非整体破坏时的基桩抗拔承载力标准值 T_{gk}、T_{uk} 的计算，可参见6.3.6节相关的规定及式（6.3.19）、式（6.3.18）。此外，还需根据《混凝土结构设计规范》验算桩身的抗拉承载力，并按规定进行裂缝宽度或抗裂性验算。

B 桩基负摩阻力验算

（1）考虑群桩效应的基桩下拉荷载标准值 Q_g^n，可取单桩下拉荷载 Q_n 乘以负摩阻力群桩效应系数 η_n，即

$$Q_g^n = \eta_n Q_n \tag{6.4.23}$$

其中

$$\eta_n = s_{ax} \cdot s_{ay} \Bigg/ \left[\pi d \left(\frac{q_s^n}{\gamma_m} \right) + \frac{d}{4} \right] \tag{6.4.24}$$

式中 s_{ax}，s_{ay}——分别为纵横向桩的中心距；

q_s^n——中性点以上桩周土层厚度加权平均负摩阻力标准值；

γ_m——中性点以上桩周土层加权平均重度（地下水位以下取有效重度）。

对于单桩基础，可取 $\eta_n=1$；当按式（6.4.24）计算的群桩基础 $\eta_n>1$ 时，取 $\eta_n=1$。

中性点深度 l_n 应按桩周土层沉降与桩沉降相等的条件计算确定，也可参照表 6.4.5 确定。

表 6.4.5 中性点深度 l_n

持力层性质	黏性土、粉土	中密以上砂	砾石、卵石	基岩
中性点深度比 l_n/l_0	0.5~0.6	0.7~0.8	0.9	1.0

注：1. l_n、l_0分别为自桩顶算起的中性点深度和桩周软弱土层下限深度；

2. 桩穿过自重湿陷性黄土层时，l_n 可按表列值增大 10%（持力层为基岩除外）；

3. 当桩周土层固结与桩基固结沉降同时完成时，取 $l_n=0$；

4. 当桩周土层计算沉降量小于 20mm 时，l_n 应按表列值乘以 0.4~0.8 折减。

（2）当考虑桩侧负摩阻力，验算基桩竖向承载力特征值时，对于摩擦型基桩取桩身计算中性点以上侧阻力为零，按下式验算基桩承载力：

$$N_k \leqslant R \tag{6.4.25}$$

（3）对于端承型基桩除满足上式要求外，尚应考虑负摩阻力引起的下拉荷载 Q_g^n，并可按下式验算基桩承载力：

$$N_k + Q_g^n \leqslant R \tag{6.4.26}$$

6.4.6 群桩基础沉降计算

6.4.6.1 桩基变形要求

对于地基基础设计等级为甲级的建筑物桩基；体形复杂、荷载不均匀或桩端以下存在软弱土层的设计等级为乙级的建筑物桩基；摩擦型桩基应进行沉降验算。

嵌岩桩、设计等级为丙级的建筑物桩基、对沉降无特殊要求的条形基础下不超过两排桩的桩基、吊车工作级别 A5 及 A5 以下的单层工业厂房且桩端下为密实土层的桩基，可不进行沉降验算。当有可靠地区经验时，对地质条件不复杂、荷载均匀、对沉降无特殊要求的端承型桩基也可不进行沉降验算。

桩基沉降变形可用指标主要有：沉降量、沉降差、整体倾斜（建筑物桩基础倾斜方向两端点的沉降差与其距离之比值）和局部倾斜（墙下条形承台沿纵向某一长度范围内桩基础两点的沉降差与其距离之比值）。

计算桩基沉降变形时，桩基变形指标应按下列规定选用：

（1）由于土层厚度与性质不均匀、荷载差异、体型复杂、相互影响等因素引起的地基沉降变形，对于砌体承重结构应由局部倾斜值控制。

（2）对于多层或高层建筑和高耸结构应由整体倾斜值控制。

（3）当其结构为框架、框架-剪力墙、框架-核心筒结构时，尚应控制柱（墙）之间的差异沉降。

建筑桩基沉降变形计算值不应大于桩基沉降变形允许值（按表 6.4.6 规定采用）。

表 6.4.6　建筑桩基沉降变形允许值

变形特征		允许值
砌体承重结构基础的局部倾斜		0.002
各类建筑相邻柱（墙）基的沉降差 （1）框架、框架-剪力墙、框架-核心筒结构； （2）砌体墙填充的边排柱； （3）当基础不均匀沉降时不产生附加应力的结构		 $0.002l_0$ $0.0007l_0$ $0.005l_0$
单层排架结构（柱距为 6m）桩基的沉降量/mm		120
桥式吊车轨面的倾斜（按不调整轨道考虑） 纵向 横向		 0.004 0.003
多层和高层建筑的整体倾斜	$H_g \leqslant 24$ $24 < H_g \leqslant 60$ $60 < H_g \leqslant 100$ $H_g > 100$	0.004 0.003 0.0025 0.002
高耸结构桩基的整体倾斜	$H_g \leqslant 20$ $20 < H_g \leqslant 50$ $50 < H_g \leqslant 100$ $100 < H_g \leqslant 150$ $150 < H_g \leqslant 200$ $200 < H_g \leqslant 250$	0.008 0.006 0.005 0.004 0.003 0.002
高耸结构基础的沉降量/mm	$H_g \leqslant 100$ $100 < H_g \leqslant 200$ $200 < H_g \leqslant 250$	350 250 150
体型简单的剪力墙结构高层建筑桩基最大沉降量/mm	—	200

注：1. l_0 为相邻柱（墙）两测点间距离，H_g 为自室外地面算起的建筑物高度；

2. 对于表 6.4.6 未包括的建筑桩基沉降变形允许值，应根据上部结构对桩基沉降变形的适应能力和使用要求确定。

6.4.6.2　沉降计算

计算桩基沉降时，最终沉降量宜按单向压缩分层总和法计算。

$$s = \psi_p \sum_{j=1}^{m} \sum_{i=1}^{n_j} \frac{\sigma_{j,i} \Delta h_{j,i}}{E_{sj,i}} \tag{6.4.27}$$

式中　s——桩基最终计算沉降量，mm；

m——桩端平面以下压缩层范围内土层总数；

$E_{sj,i}$——桩端平面下第 j 层土第 i 个分层在自重应力至自重应力加附加应力作用段的压缩模量，MPa；

n_j——桩端平面下第 j 层土的计算分层数；

$\Delta h_{j,i}$——桩端平面下第 j 层土的第 i 个分层厚度，m；

$\sigma_{j,i}$——桩端平面下第 j 层土的第 i 个分层的竖向附加应力，kPa；

ψ_p——桩基沉降计算经验系数，各地区应根据当地的工程实测资料统计对比确定。

地基内的应力分布宜采用各向同性均质线性变形体理论，按实体深基础方法或明德林应力公式方法进行计算。

A 实体深基础方法

采用实体深基础计算时，实体深基础的地面与桩端齐平，支承面积可按图 6.4.6 采用，并假设桩基础如同天然地基土上的实体深基础一样工作，按浅基础的沉降方法进行计算，计算时需将浅基础的沉降计算经验系数 ψ_s 改为实体深基础的桩基沉降计算经验系数 ψ_{ps}，即

$$s = \psi_{ps} s' \tag{6.4.28}$$

式中 s'——按分层总和法计算出的地基变形量。

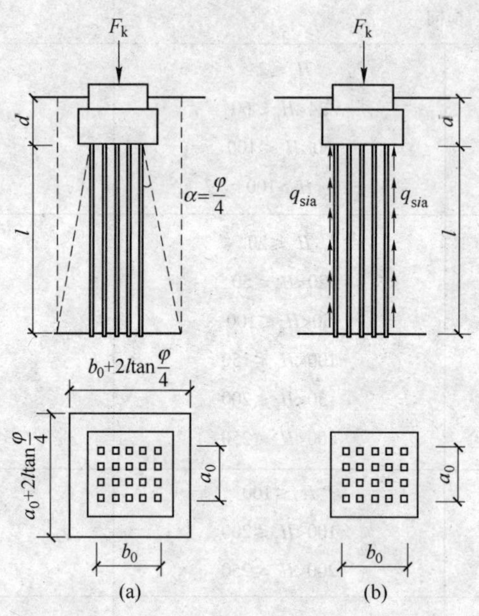

图 6.4.6 实体深基础的底面积

(a) 考虑扩散作用；(b) 不考虑扩散作用

实体深基础桩基沉降计算经验系数 ψ_{ps} 应根据地区桩基础沉降观测资料及经验统计确定。在不具备条件时，ψ_{ps} 值可按表 6.4.7 选用。

实体深基础桩底平面处的基底附加压力 p_{0k} 的计算有两种计算方法：

(1) 考虑扩散作用时（见图 6.4.6（a））。

假设荷载从最外围桩顶的外侧以 $\alpha=\varphi/4$ 的角度向下扩散，则实体深基础基底面积为

$$A = \left(a_0 + 2l\tan\frac{\varphi}{4}\right) \times \left(b_0 + 2l\tan\frac{\varphi}{4}\right) \tag{6.4.29}$$

式中 a_0，b_0——分别为相对边桩外边缘的间距，m；

φ——桩长范围内各土层内摩擦角的加权平均值，即 $\varphi = \frac{\sum \varphi_i l_i}{l}$，其中，$\varphi_i$ 为厚 l_i 的第 i 层土的内摩擦角。

表 6.4.7 实体深基础计算桩基沉降经验系数 ψ_{ps}

$\overline{E}_s$/MPa	≤15	25	35	≥45
ψ_{ps}	0.5	0.4	0.35	0.25

注：1. 表内数值可以内插；

2. $\overline{E}_s$为变形计算深度范围内压缩模量的当量值，应按下式计算：

$$\overline{E}_s = \frac{\sum A_i}{\sum \frac{A_i}{E_{si}}}$$

式中，A_i 为第 i 层土附加应力系数沿土层厚度的积分值。

基底的附加压力为

$$p_{0k} = (F_k + G - W_{cs} - W_{ps})/A \tag{6.4.30}$$

式中 G——群桩和承台的自重，等于群桩和承台的体积与混凝土容重的乘积，混凝土的容重可取 23~25kN/m^3，混凝土强度等级高、配筋率高的取大值，kN；

W_{es}——开挖的承台体积的土体自重，kN；

W_{ps}——灌注桩群桩体积的土体自重，对打入预制桩，取 W_{ps}=0kN。

（2）不考虑扩散作用时（见图 6.4.6（b））。

此情况不考虑荷载的扩散作用，但考虑了群桩外侧面的侧摩阻力。则实体深基础基底面积为：

$$A = a_0 \times b_0 \tag{6.4.31}$$

基底的附加压力为

$$p_{0k} = (F_k + G - W_{cs} - W_{ps} - S)/A \tag{6.4.32}$$

式中 S——群桩外侧面与土向上的总摩阻力，$S = 2(a_0 + b_0)\sum q_{sia} l_i$，kN；

q_{sia}——单位面积桩侧阻力特征值，kPa，由表 6.3.5 中的桩极限阻力标准值 q_{sik}除以安全系数确定。

B 等效作用分层总和法

《建筑桩基技术规范》（JGJ 94—2008）采用等效作用分层总和法计算桩基沉降，适用于桩中心距小于或等于 6 倍桩径的桩基，如图 6.4.7 所示。桩基规范法实际上也是一种实体基础法，它不考虑桩基侧面的应力扩散作用，将等效作用面视作位于桩端平面，等效作用面的长、宽等于承台底面的长、宽，等效作用面的附加压力等于承台底面的附加压力。等效作用面以下的应力分布采用各向同性均质直线变形体理论。则桩基任一点最终沉降量可用角点法按下式计算：

$$s = \psi \cdot \psi_e \cdot s' \tag{6.4.33}$$

$$\psi_e = C_0 + \frac{n_b - 1}{C_1(n_b - 1) + C_2} \tag{6.4.34}$$

式中 s——桩基最终沉降量，mm；

s'——采用 Boussinesq 解，按实体深基础分层总和法计算出的桩基沉降量，mm；

ψ——桩基沉降计算经验系数，当无当地可靠经验时，桩基沉降计算经验系数 ψ 可按表 6.4.8 选用，对于采用后注浆施工工艺的灌注桩，桩基沉降计算经验系数应根据桩端持力土层类别，乘以 0.7（砂、砾、卵石）~0.8（黏性土、粉土）折减系数；饱和土中采用预制桩（不含复打、复压、引孔沉桩）时，应根据桩距、土质、沉桩速率和顺序等因素，乘以 1.3~1.8 挤土效应系数，土的渗透性低，桩距小，桩数多，沉降速率快时取大值；

ψ_e——桩基等效沉降系数；

n_b——矩形布桩时的短边布桩数，当布桩不规则时 $n_b=\sqrt{n\cdot B_c/L_c}$，且要求 $n_b>1$；$n_b=1$ 时，可按单桩、单排桩或疏桩基础计算，具体见《建筑桩基技术规范》（JGJ 94—2008）；

C_0，C_1，C_2——根据群桩距径比 s_a/d、长径比 l/d 及基础长宽比 L_c/B_c，查《建筑桩基技术规范》（JGJ 94—2008）附录 E 确定；

L_c，B_c，n——分别为矩形承台的长、宽及总桩数。

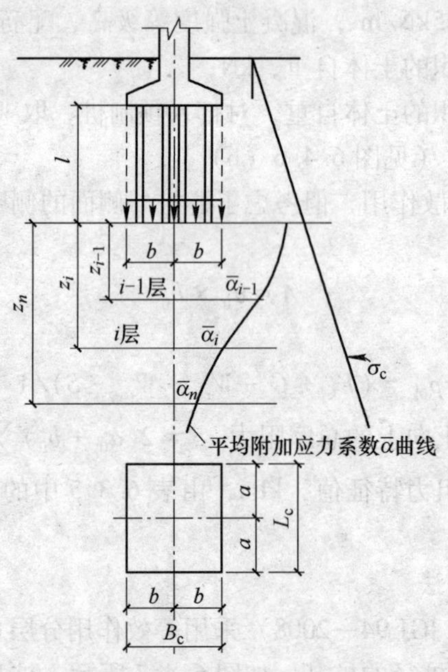

图 6.4.7　等效作用分层总和法计算示意图

表 6.4.8　桩基沉降计算经验系数 ψ

$\bar{E}_s$/MPa	≤10	15	20	35	≥50
ψ	1.2	0.9	0.65	0.50	0.40

可以发现，等效分层总和法和实体深基础法基本相同，仅增加了一个等效沉降系数 ψ_e。乘以等效沉降系数 ψ_e，实质上纳入了按 Mindlin 位移解计算桩基沉降时，附加应力及群桩几何参数的影响。

C　明德林（Mindlin）应力公式

采用明德林应力公式计算地基中某点的竖向附加应力值，可将各根桩在该点所产生的附加应力，逐根叠加按下式计算：

$$\sigma_{j,i} = \sum_{k=1}^{n} (\sigma_{\mathrm{zp},k} + \sigma_{\mathrm{zs},k}) \tag{6.4.35}$$

式中 $\sigma_{\mathrm{zp},k}$——第 k 根桩的端阻力在深度 z 处产生的应力，kPa；

$\sigma_{\mathrm{zs},k}$——第 k 根桩的侧摩阻力在深度 z 处产生的应力，kPa。

第 k 根桩的端阻力在深度 z 处产生的应力 $\sigma_{\mathrm{zp},k}$ 可按下式计算：

$$\sigma_{\mathrm{zp},k} = \frac{\alpha Q}{l^2} I_{\mathrm{p},k} \tag{6.4.36}$$

式中 Q——相应于作用的准永久组合时，轴心竖向力作用下单桩的附加荷载，kN；由桩端阻力 Q_{p} 和桩侧摩阻力 Q_{s} 共同承担，且 $Q_{\mathrm{p}}=\alpha Q$，α 是桩端阻力比；桩的端阻力假定为集中力，桩侧摩阻力可假定为沿桩身均匀分布和沿桩身线性增长分布两种形式组成，其值分别为 βQ 和 $(1-\alpha-\beta)Q$，如图 6.4.8 所示；

l——桩长，m；

$I_{\mathrm{p},k}$——桩顶集中力对应力计算点的应力影响系数，按《建筑地基基础设计规范》（GB 50007—2011）附录 R 计算。

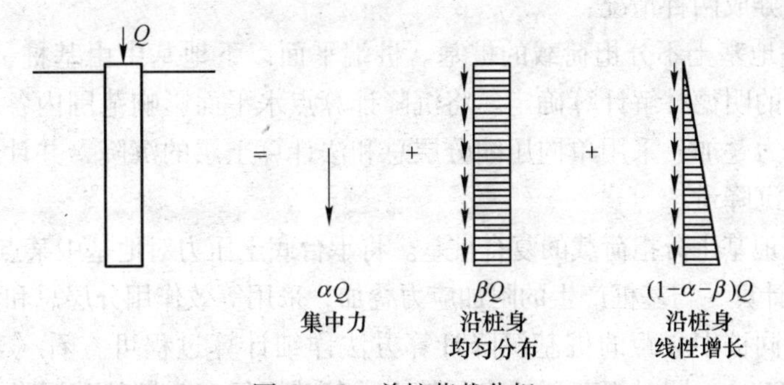

图 6.4.8 单桩荷载分担

第 k 根桩的侧摩阻力在深度 z 处产生的应力 $\sigma_{\mathrm{zs},k}$ 可按下式计算：

$$\sigma_{\mathrm{zs},k} = \frac{Q}{l^2}[\beta I_{\mathrm{s1},k} + (1-\alpha-\beta) I_{\mathrm{s2},k}] \tag{6.4.37}$$

式中 I_{s1}，I_{s2}——分别为桩侧摩阻力沿桩身均匀分布和沿桩身线性增长情况下对应力计算点的应力影响系数，按《建筑地基基础设计规范》（GB 50007—2011）附录 R 计算。

对于一般摩擦型桩可假定桩侧摩阻力全部是沿桩身线性增长的（即 $\beta=0$），则式（6.4.37）可简化为

$$\sigma_{\mathrm{zs},k} = \frac{Q}{l^2}(1-\alpha) I_{\mathrm{s2},k} \tag{6.4.38}$$

将式（6.4.35）、式（6.4.38）代入式（6.4.27），得到单向压缩分层总和法沉降计算公式：

$$s = \psi_{\mathrm{pm}} \frac{Q}{l^2} \sum_{j=1}^{m} \sum_{i=1}^{n_j} \frac{\Delta h_{j,i}}{E_{\mathrm{s}j,i}} \sum_{k=1}^{n} [\alpha I_{\mathrm{p},k} + (1-\alpha) I_{\mathrm{s2},k}] \tag{6.4.39}$$

采用明德林应力公式计算桩基础最终沉降量时，相应于作用的准永久组合时，轴心竖向力作用下单桩附加荷载的桩端阻力比 α 和桩基沉降计算经验系数 ψ_{pm} 应根据当地工程实

测资料确定。无地区经验时，ψ_{pm}值可按表6.4.9选用。

表6.4.9 明德林应力公式方法计算桩基沉降经验系数 ψ_{pm}

$\overline{E}_s$/MPa	≤15	25	35	≥40
ψ_{ps}	1.0	0.8	0.6	0.3

注：表内数值可以内插。

上述计算桩基沉降的实体深基础和Mindlin应力公式法存在以下缺陷：

（1）实体深基础法，其附加应力按Boussinesq解计算与实际情况不符（计算应力偏大），且实体深基础模型不能反映桩的长径比、距径比等的影响。

（2）Mindlin应力公式法，Geddes提出的应力叠加和分层总和方法对于大桩群不能手算，且要求假定侧阻力分布，并给出桩端荷载分担比。

D 单桩、单排桩、疏桩基础的沉降计算

对于单桩、单排桩、桩中心距大于6倍桩径的疏桩基础的沉降计算，根据承台底地基土是否分担荷载分成两种情况：

（1）承台底地基土不分担荷载的桩基。桩端平面以下地基中由基桩引起的附加应力，按考虑桩径影响的明德林解计算确定。将沉降计算点水平面影响范围内各基桩对应力计算点产生的附加应力叠加，采用单向压缩分层总和法计算土层的沉降，并计入桩身压缩，即得到桩基的最终沉降量。

（2）承台底地基土分担荷载的复合桩基。将承台底土压力对地基中某点产生的附加应力按布辛奈斯克解计算，与基桩产生的附加应力叠加，采用等效作用分层总和法计算沉降。

对于针对不同桩中心距的桩基沉降计算方法详细计算过程可查看《建筑桩基技术规范》（JGJ 94—2008），同时规范还给出了软土地基减沉复合疏桩基础沉降的计算方法。

6.5 桩基水平荷载作用下的内力与位移计算

当作用于桩基上的外力主要为水平力或高层建筑承台下为软弱土层、液化土层时，应根据使用要求对桩顶变位的限制，对桩基的水平承载力进行验算。当外力作用面的桩距较大时，桩基的水平承载力可视为各单桩的水平承载力的总和。当承台侧面的土未经扰动或回填密实时，可计算土抗力的作用。当水平推力较大时，宜设置斜桩。

6.5.1 单桩在水平荷载下的承载性状

6.5.1.1 水平荷载下桩基的受力特性

在水平荷载和弯矩作用下，桩身产生挠曲变形，并挤压桩侧土体，土体对桩侧产生水平抗力，而桩周土体水平抗力的大小则控制着竖直桩的水平承载力，其大小和分布与桩的变形、土质条件以及桩的入土深度等因素有关。在出现破坏以前，桩身的水平位移与土的变形是协调的，相应地，桩身产生内力。随着位移和内力的增大，对于低配筋率的灌注桩而言，通常桩身首先出现裂缝，然后断裂破坏；对于抗弯性能较好的混凝土预制桩，桩身虽未断裂，但桩侧土体明显开裂或隆起，桩的水平位移将超出建筑物容许变形值，使桩处于破坏状态。

影响桩水平承载力的因素很多，如桩的截面尺寸、刚度、材料强度、入土深度、间距、桩顶嵌固程度，以及土质条件和上部结构的水平位移容许值等。且实践证明，桩的水平承载力远比竖向承载力要低。

桩的入土刚度与深度不同，其受力及破坏特征亦不同。根据桩的无量纲入土深度 αh，通常可以将桩分为刚性桩（$\alpha h \leqslant 2.5$）和柔性桩（$\alpha h \geqslant 2.5$），刚性桩因入土较浅，而表层土的性质一般较差，桩的刚度远大于土层的刚度，桩周土体水平抗力较低，水平荷载作用下整个桩身易被推倒或发生倾斜（见图 6.5.1a），故桩的水平承载力主要由桩的水平位移和倾斜控制。桩的入土深度越大，土的水平抗力也就越大。柔性桩一般为细长的杆件，在水平荷载作用下，将形成一段嵌固的地基梁，柔性桩的变形如图 6.5.1(b) 所示。如果水平荷载过大，桩身某处产生较大的弯矩值而出现桩身材料屈服。因此，柔性桩水平承载力将由桩身水平位移及最大弯矩值所控制。

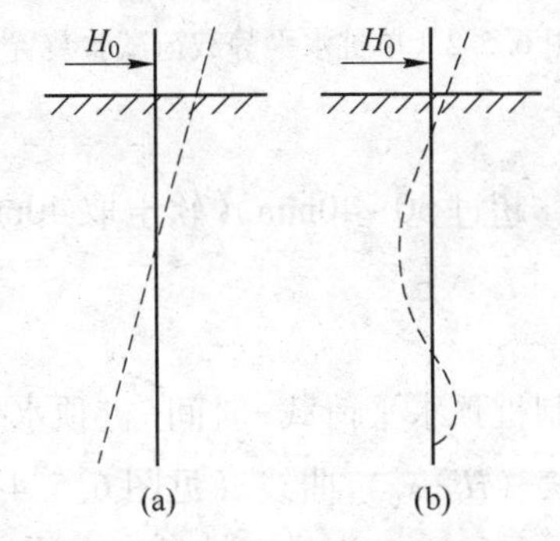

图 6.5.1 水平受荷桩示意图

通常，确定单桩水平承载力的方法以水平静载荷试验最能反映实际情况，所得到的承载力和地基水平抗力系数最符合实际情况，若预先埋设量测元件，还能反映出加载过程中桩身截面的内力和位移。此外，也可以采用理论计算，根据桩顶水平位移容许值、材料强度、抗裂度验算等确定，还可以参照当地经验确定。

6.5.1.2 单桩水平静载荷试验

对于受水平荷载较大的甲级、乙级建筑物桩基，单桩水平承载力特征值应通过单桩水平静载荷试验确定。

A 试验装置

一般采用千斤顶施加水平力，力的作用线应通过工程桩基承台标高处，千斤顶与试桩接触处宜设置一球形铰座，以保证作用力能水平通过桩身轴线。桩的水平位移宜用大量程百分表量测，若需要测定地面以上桩身转角时，在水平力作用线以上 500mm 左右还应安装一或两只百分表（见图 6.5.2）。固定百分表的基准桩与试桩的净距不少于一倍试桩直径。

B 试验加载方法

一般采用单向多循环加卸载法，每级荷载增量约为预估水平极限承载力的 1/15～1/10，根据桩径大小并适当考虑土层软硬，对直径 300～1000mm 的桩，每级荷载增量可取 2.5～20kN。每级荷载施加后，恒载 4min 测读水平位移，然后卸载至零，停 2min 测读残余水平位移，或者加载、卸载各 10min，如此循环 5 次，再施加下一级荷载。对于个别承受长期水平荷载的桩基也可采用慢速连续加载法进行，其稳定标准可参照竖向静荷载试验确定。

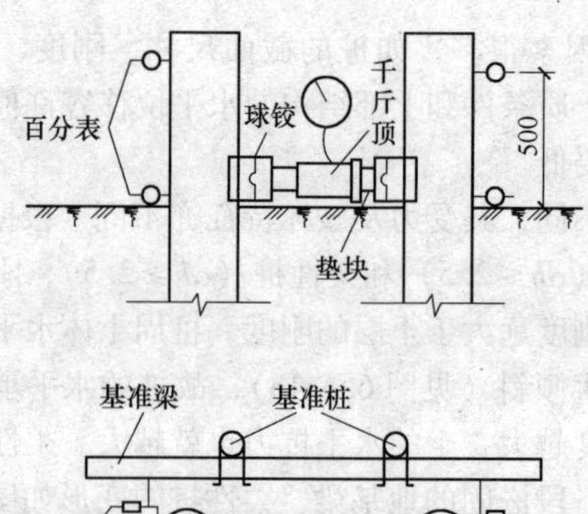

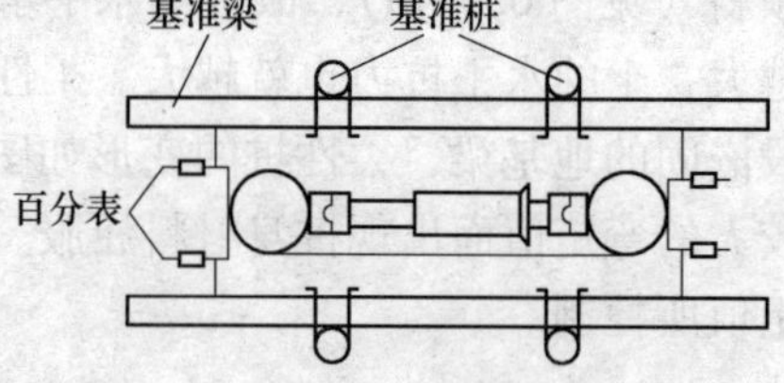

图 6.5.2 单桩水平静载荷试验装置

C 终止加载条件

当桩身折断或桩顶水平位移超过 30~40mm（软土取 40mm），或桩侧地表出现明显裂缝或隆起时，即可终止试验。

D 水平承载力的确定

根据实验结果，一般应绘制桩顶水平荷载-时间-桩顶水平位移（H_0-t-x_0）曲线（见图 6.5.3），绘制水平荷载-位移（H_0-x_0）曲线（见图 6.5.4），或水平荷载-位移-位移梯度（H_0-$\Delta x_0/\Delta H_0$）曲线（见图 6.5.5），当具有桩身应力测量资料时，尚应绘制出应力沿桩身分布图及水平荷载与最大弯矩截面钢筋应力（H_0-σ_g）曲线（见图 6.5.6）。

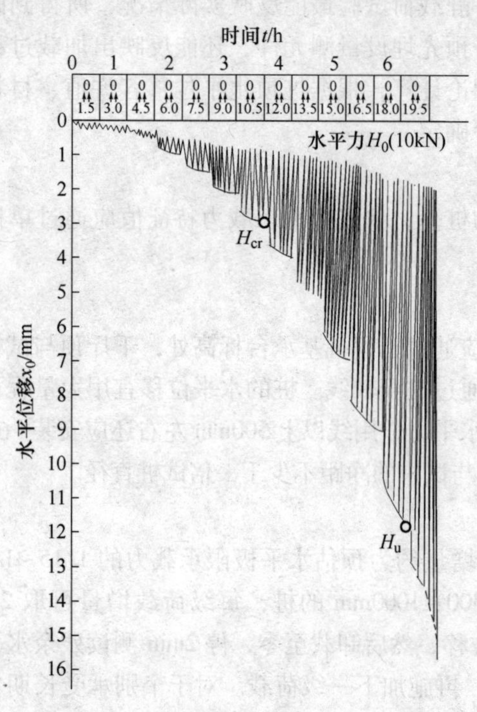

图 6.5.3 水平静载荷试验 H_0-t-x_0 曲线

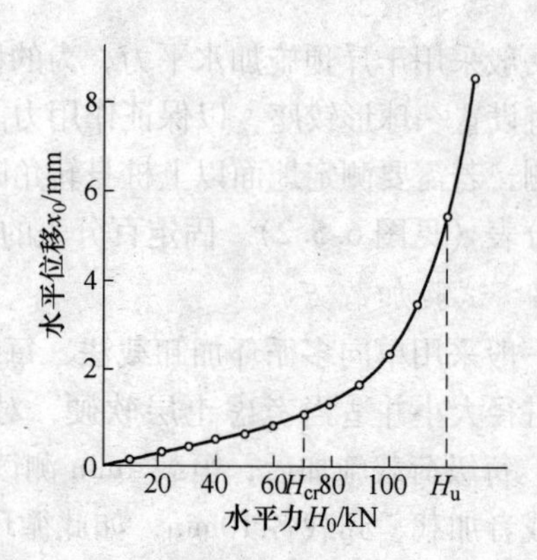

图 6.5.4 水平静载荷试验 H_0-x_0 曲线

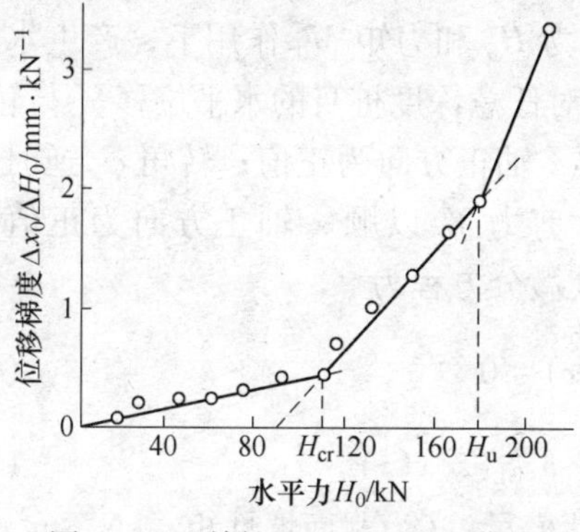

图 6.5.5 单桩 H_0-$\Delta x_0/\Delta H_0$ 曲线

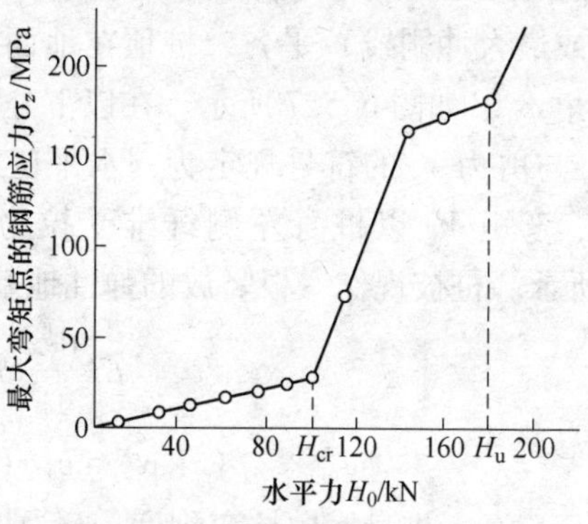

图 6.5.6 单桩 H_0-σ_g 曲线

试验资料表明，上述曲线中通常有两个特征点，其所对应的桩顶水平荷载称为临界荷载 H_{cr}和极限荷载 H_u。H_{cr}是相当于桩身开裂、受拉区混凝土不参与工作时的桩顶水平力，一般可取：(1) H_0-t-x_0 曲线出现突变点（相同荷载增量的条件下出现比前一级明显增大的位移增量）的前一级荷载；(2) H_0-$\Delta x_0/\Delta H_0$ 曲线的第一直线段的终点或 $\lg H_0$-$\lg\Delta x_0$ 曲线拐点所对应的荷载；(3) H_0-σ_g 曲线第一突变点对应的荷载。H_u 是相当桩身应力达到强度极限时的桩顶水平力，一般可取：(1) H_0-t-x_0 曲线明显陡降的前一级荷载或水平位移包络线向下凹曲（见图 6.5.3）时的前一级荷载；(2) H_0-$\Delta x_0/\Delta H_0$ 曲线的第二直线段的终点所对应的荷载；(3) 桩身折断或钢筋应力达到极限的前一级荷载。

按规范要求获得单位工程统一条件下的单桩水平临界荷载统计值后：(1) 当水平承载力按桩身强度控制时，取水平临界荷载统计值为单桩水平承载力特征值 R_{ha}；(2) 当桩受长期水平荷载且不允许桩身开裂时，取临界荷载统计值的 0.8 倍作为单桩水平承载力特征值 R_{ha}。

混凝土预制桩、钢桩、桩身配筋率大于 0.65%的灌注桩，可取 $x_0=10$mm（对水平位移敏感的建筑物取 $x_0=6$mm）所对应荷载的 75%作为单桩水平承载力特征值 R_{ha}；对桩身配筋率小于 0.65%的灌注桩，可取临界荷载 H_{cr}的 75%作为其水平承载力特征值 R_{ha}。

6.5.2 基于文克勒地基的桩身内力与位移

6.5.2.1 Winkler 地基计算模型

A 桩身挠曲微分方程

此模型假定地基反力 $\sigma(z, x)$ 与该处土的变位 $x(z)$ 成正比，即

$$\sigma(z, x) = k_h(z) \cdot x(z) \tag{6.5.1}$$

式中 $k_h(z)$ ——地基土的水平基床系数或水平抗力系数。

在利用文克勒（Winkler）地基模型计算单桩水平荷载作用下的桩身内力和位移时，将承受水平荷载的桩视作水平基床（抗力）系数沿深度可变的文克勒地基内竖直的弹性梁，地基反力的计算采用式（6.5.1）确定，此外，还假定桩与其周围的土处处保持接触，任意深度处桩身的水平位移 $\omega(z)$ 与该处土的位移 $x(z)$ 始终保持相等，即 $\omega(z)=x(z)$，桩土之间只传递压应力，不传递拉应力与剪应力。

设桩的入土深度为 h，桩身的宽度为 b（或直径 d），桩的计算宽度为 b_1，又设桩顶与地面（或最大冲刷线）平齐，桩顶在地面处水平力 H_0 和力矩 M_0 作用下，产生水平位移 x_0 和转角 φ_0，如图 6.5.7 所示。在以下分析中，对任意深度桩身的水平位移 x_z 与转角 φ_z、弯矩 M_z 与剪力 V_z 的符号规定为：水平位移 x_z 顺 x 轴正方向为正值；转角 φ_z 逆时针方向为正值；弯矩 M_z 以桩身左侧纤维受拉为正值；剪力 V_z 以顺 x 轴正方向为正值，如图 6.5.8 所示。桩被视作一根竖放的弹性地基梁，其微分方程为

$$EI\frac{\mathrm{d}^4x}{\mathrm{d}z^4}+p(z,\ x)=0 \tag{6.5.2}$$

$$p(z,\ x)=b_1\sigma(z,\ x)=b_1k_h(z)x(z) \tag{6.5.3}$$

式中 EI——桩身横向抗弯刚度，E 为桩身弹性模量；I 为截面惯性矩；$\mathrm{kN\cdot m^2}$；

z，$x(z)$——桩身断面的深度与该断面的水平位移，m；

b_1——桩的计算宽度，m；

$k_h(z)$——沿深度变化的地基土水平抗力系数，按下式计算：

$$k_h(z)=c(z_0+z)^n \tag{6.5.4}$$

式（6.5.4）中，当 n 取特定值时，方程（6.5.2）有解析解，其他情况为数值解。n 值不同，则水平抗力系数 $k_h(z)$ 也有不同的分布形式，方程（6.5.2）亦相应得不同的解。

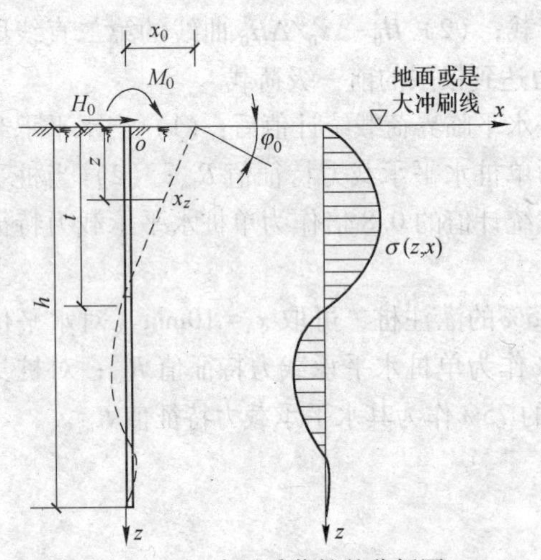

图 6.5.7 水平受荷桩的分析图

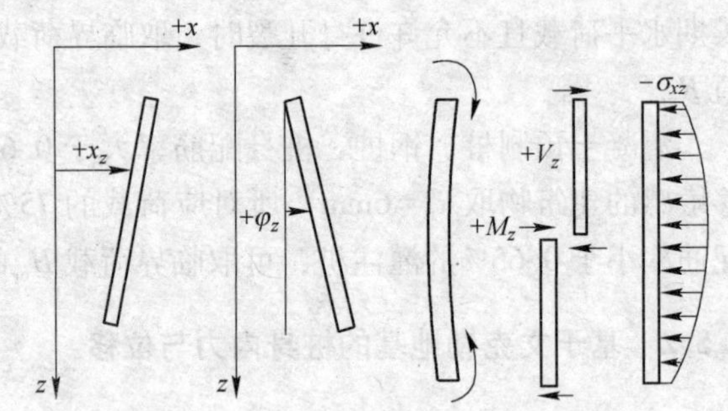

图 6.5.8 x_z、φ_z、M_z、V_z 的符号规定

B 地基水平抗力系数的几种常见形式

地基水平抗力系数 $k_h(z)$ 的分布形式与大小，将直接影响方程的求解和桩身位移与内力，图 6.5.9 给出了最常见也是最简单的几种 $k_h(z)$ 分布形式：

（1）常数法。该法是我国科学家张有龄先生在 20 世纪 30 年代提出的，在日本等国很流行。它假定土的水平抗力系数沿深度保持常数，即 $k_h(z)=c$，适用于小位移桩。

（2）"C"法。该方法是我国从现场试验得出的方法，假定土的水平抗力系数沿深度呈 1/2 次抛物线增大，即 $k_h(z)=Cz^{0.5}$。

（3）"m"法。假定土的水平抗力系数随深度线性增大，即 $k_h(z)=mz$，该法计算简

便，能适用于位移较大的情况，在我国应用较为普遍。

（4）“K”法。假定在桩的第一挠曲零点以上，土抗力系数随深度呈凹形高次曲线变化，在该点以下土抗力系数保持常数，该方法计算较繁琐，应用较少。本节主要以“m”法论述单桩水平荷载下的内力和位移的计算。

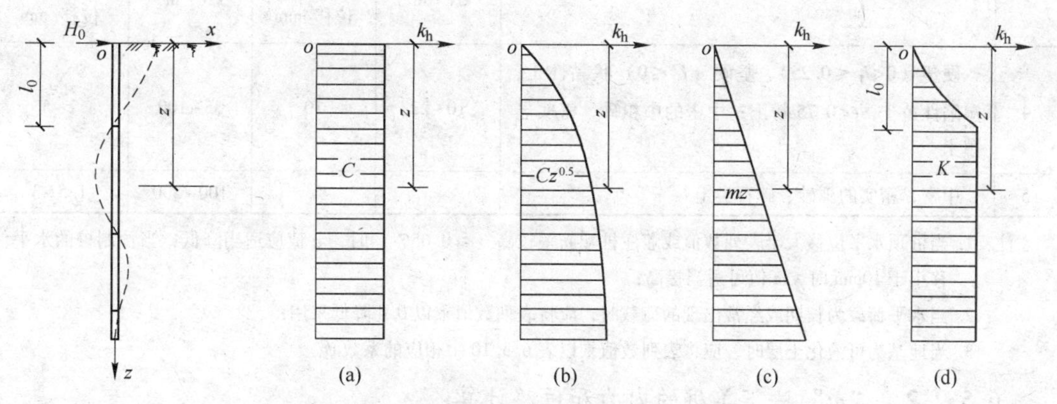

图 6.5.9　地基土水平抗力系数的几种分布形式

（a）常数法；（b）“C”法；（c）“m”法；（d）“K”法

单桩在水平荷载作用下所引起的桩周土的抗力不仅分布于荷载作用平面内，而且受桩截面形状的影响，计算时简化为平面内受力，故取桩的截面计算宽度 b_1 为

$$b_1 = \begin{cases} k_f(d + 1) & d > 1\text{m} \\ k_f(1.5d + 0.5) & d \leqslant 1\text{m} \end{cases} \tag{6.5.5}$$

式中　k_f——桩的形状系数，方形截面桩取 $k_f = 1.0$，圆形截面桩取 $k_f = 0.9$；

d——桩的直径，方形截面时为桩的周长 b。

计算桩身抗弯刚度 EI 时，对于钢筋混凝土桩，可取 $EI = 0.85E_cI_0$，其中 E_c 为混凝土的弹性模量；I_0 为桩身换算截面惯性矩。

如无试验资料时，地基水平抗力系数的比例系数 m 值可参考表 6.5.1 选取。此外，若桩侧为多层土，可按主要影响深度 $h_m = 2(d+1)$ 范围内的 m 值加权平均，具体参见有关规范。

表 6.5.1　地基土水平抗力系数的比例系数 m 值

序号	地基土类别	预制桩、钢桩		灌注桩	
		m /kN·m^{-4}	相应单桩在地面处水平位移/mm	m /kN·m^{-4}	相应单桩在地面处水平位移/mm
1	淤泥；淤泥质土；饱和湿陷性黄土	2~4.5	10	2.5~6	6~12
2	流塑（$I_L>1$）、软塑（$0.75<I_L\leqslant1$）状黏性土；$e>0.9$ 粉土；松散粉细砂；松散、稍密填土	4.5~6.0	10	6~14	4~8
3	可塑（$0.25<I_L\leqslant0.75$）状黏性土、湿陷性黄土；$e=0.75\sim0.9$ 粉土；中密填土；稍密细砂	6.0~10	10	14~35	3~6

续表 6.5.1

序号	地基土类别	预制桩、钢桩		灌注桩	
		m /kN·m^{-4}	相应单桩在地面处水平位移/mm	m /kN·m^{-4}	相应单桩在地面处水平位移/mm
4	硬塑（$0<I_L\leqslant0.25$）、坚硬（$I_L\leqslant0$）状黏性土、湿陷性黄土；$e<0.75$ 粉土；中密的中粗砂；密实老填土	10~22	10	35~100	2~5
5	中密、密实的砾砂、碎石类土			100~300	1.5~3

注：1. 当桩顶水平位移大于表列数值或灌注桩配筋率较高（≥0.65%）时，m 值应适当降低；当预制桩的水平位移小于 10mm 时，m 值可适当提高；
2. 当水平荷载为长期或经常出现的荷载时，应将表列数值乘以 0.4 降低采用；
3. 当地基为可液化土层时，应将表列数值乘以表 6.3.10 中相应的系数 ψ_1。

6.5.2.2 “m”法下单桩的内力和位移计算

A 挠曲微分方程及其解

由“m”法假定，有 $k_h(z)=mz$，并设 $\alpha=\sqrt[5]{\dfrac{mb_1}{EI}}$，于是式（6.5.2）可以写成：

$$\frac{d^4x}{dz^4}+\alpha^5zx=0 \tag{6.5.6}$$

式中 α——桩的变形系数，m^{-1}；

m——地基土水平抗力系数的比例系数，kN/m^4；

b_1——桩的计算宽度，m；

EI——桩身抗弯刚度。

式（6.5.6）是一个四阶线性变系数齐次常微分方程，利用幂级数展开的方法和边界条件以及梁的挠度 $x(z)$、转角 $\varphi(z)$、弯矩 $M(z)$ 和剪力 $V(z)$ 之间的微分关系，可以求得桩身内力与变形的全部解，见式（6.5.7），也可参考本书 3.4 节有关内容求解。

B 单桩内力和位移的基本计算公式

在地面处水平力 H_0 和力矩 M_0 作用下，对 $\alpha h>2.5$ 的摩擦桩、$\alpha h>3.5$ 的端承桩以及 $\alpha h\geqslant4.0$ 的嵌岩桩，任意深度处桩身水平位移、转角、弯矩与剪力的计算公式如下：

$$\begin{cases} x_z=\dfrac{H_0}{\alpha^3EI}A_x+\dfrac{M_0}{\alpha^2EI}B_x \\ \varphi_z=\dfrac{H_0}{\alpha^2EI}A_\varphi+\dfrac{M_0}{\alpha EI}B_\varphi \\ M_z=\dfrac{H_0}{\alpha}A_m+M_0B_m \\ V_z=H_0A_v+\alpha M_0B_v \end{cases} \tag{6.5.7}$$

在式（6.5.7）中，无量纲系数 A_x、B_x、A_φ、B_φ、A_m、B_m、A_v 和 B_v 都是 αh 和 αz 的函数，可从有关规范和计算手册中查取，见表 6.5.2 和表 6.5.3。因此，只要知道桩顶外

力 H_0 与 M_0，即可求得桩身任意断面的内力与位移。应当指出的是，式（6.5.7）中的荷载 H_0 与 M_0 必须作用于地面。

表 6.5.2 桩置于土中（$\alpha h>2.5$）或基岩（$\alpha h\geqslant3.5$）的内力和位移计算系数（一）

αh / αz	A_x			A_φ			A_m			A_v		
	4.0	3.0	2.4	4.0	3.0	2.4	4.0	3.0	2.4	4.0	3.0	2.4
0.0	2.4407	2.7266	3.5256	−1.6210	−1.7576	−2.3269	0	0	0	1.0000	1.0000	1.0000
0.2	2.1178	2.3764	3.0616	−1.6012	−1.7377	−2.3071	0.1970	0.1966	0.1956	0.9555	0.9503	0.9357
0.5	1.6504	1.8680	2.3822	−1.5016	−1.6087	−2.2098	0.4575	0.4564	0.4386	0.7615	0.7314	0.6553
0.7	1.3602	1.5502	1.9499	−1.3959	−1.5352	−2.1106	0.5923	0.5787	0.5444	0.5820	0.5276	0.3970
1.0	0.9704	1.1178	1.3425	−1.1965	−1.3427	−1.9357	0.7231	0.6869	0.6012	0.2890	0.1919	−0.0172
1.5	0.4661	0.5335	0.4462	−0.8180	−0.9974	−1.6628	0.7547	0.6523	0.4452	−0.1399	−0.3030	−0.5503
2.0	0.1470	0.1082	−0.3422	−0.4706	−0.7231	−1.5169	0.6141	0.4231	0.1359	−0.3884	−0.5648	−0.5741
2.4	0.0035	−0.1533	−0.9432	−0.2583	−0.5998	−1.4973	0.4433	0.1948	0.0000	−0.4465	−0.5379	0.0000
3.0	−0.0874	−0.4943		−0.0699	−0.5572		0.1931	0.0000		−0.3607		
4.0	−0.1079			−0.0034			0.0001					

表 6.5.3 桩置于土中（$\alpha h>2.5$）或基岩（$\alpha h\geqslant3.5$）的内力和位移计算系数（二）

αh / αz	B_x			B_φ			B_m			B_v		
	4.0	3.0	2.4	4.0	3.0	2.4	4.0	3.0	2.4	4.0	3.0	2.4
0.0	1.6210	1.7576	2.3268	−1.7506	−1.8185	−2.0129	1.0000	1.0000	1.0000	0	0	0
0.2	1.2909	1.3093	1.9014	−1.5507	−1.6186	−2.0271	0.9981	0.9979	0.9972	−0.0280	−0.0805	−0.0407
0.5	0.8704	0.8868	1.3378	−1.2539	−1.3222	−1.7319	0.9746	0.9721	0.9624	−0.1375	−0.1517	−0.2659
0.7	0.6389	0.7277	1.0104	−1.0624	−1.1315	−1.5444	0.9382	0.9317	0.9074	−0.2269	−0.2525	−0.3452
1.0	0.3612	0.4289	0.5861	−0.7931	−0.8656	−1.2909	0.8509	0.8338	0.7730	−0.3506	−0.3961	−0.5141
1.5	0.0629	0.0911	0.0247	−0.4177	−0.5058	−0.9823	0.6408	0.5931	0.4467	−0.4672	−0.5422	−0.7152
2.0	−0.5757	−0.0991	−0.4253	−0.1562	−0.2781	−0.8450	0.4066	0.3189	0.1180	−0.4491	−0.5264	−0.5256
2.4	−0.1103	−0.1902	−0.7583	−0.0275	−0.1898	−0.8283	0.2426	0.1311	−0.00002	−0.3631	−0.3954	−0.00002
3.0	−0.0947	−0.2919		−0.0630	−0.0216		0.0760	−0.0001		−0.1905	−0.00004	
4.0	−0.0149			−0.0851			0.0001			−0.0005		

C 桩身最大弯矩及其位置

对设计者来说，最关心的是求得桩身最大弯矩 M_{max} 及其所在位置 z_0，以便配筋。由于最大弯矩断面的剪力为零，因此，剪力为零的断面即为 M_{max} 所在断面。求导即可求得 M_{max} 及其相应位置 z_0。

由式（6.5.7）中第 4 式，令 $V_z=H_0A_v+\alpha M_0B_v=0$，则

$$\frac{\alpha M_0}{H_0}=-\frac{A_v}{B_v}=C_v \tag{6.5.8}$$

或

$$\frac{H_0}{\alpha M_0}=-\frac{B_v}{A_v}=D_v \tag{6.5.9}$$

式中，C_v、D_v 均为 αz 的函数，可由表 6.5.4 取得。

表 6.5.4 确定桩身最大弯矩及其位置的系数表

αz	C_v	D_v	K_v	K_m
0.0	∞	0.0000	∞	1.0000
0.2	34.1864	0.0293	34.3170	1.0038
0.5	5.5390	0.1805	5.8558	1.0572
0.7	2.5656	0.3898	2.9993	1.1690
1.0	0.8244	1.2131	1.4245	1.7280
1.5	−0.2987	−3.3483	0.5633	−1.8759
2.0	−0.8647	−1.1564	0.2625	−0.3036
3.0	1.8930	−0.5283	0.0493	−0.0260
4.0	−0.0445	−22.5000	−0.0001	0.0113

按所求得的 C_v 或 D_v，即可在上表 6.5.4 中找到相应的 $\alpha z=\overline{h}$值。该断面深度 $z=\dfrac{\overline{h}}{\alpha}$，就是最大弯矩截面所在的深度 z_0，由式（6.5.8）、式（6.5.9）有

$$M_0 = \frac{H_0}{\alpha}C_v \quad 或 \quad H_0 = \alpha M_0 D_v \tag{6.5.10}$$

将式（6.5.10）代入式（6.5.7）中第 3 式，即得最大弯矩：

$$\begin{cases} M_{\max} = \dfrac{H_0}{\alpha}(A_m + C_v B_m) = \dfrac{H_0}{\alpha}K_v \\ M_{\max} = M_0(D_v A_m + B_m) = M_0 K_m \end{cases} \tag{6.5.11}$$

式中，$K_v=(A_m+C_vB_m)$ 和 $K_m=(D_vA_m+B_m)$ 都是 αz 的函数，可查表 6.5.4，只要从该表中查取最大截面弯矩出现的相应深度 z_0 的 K_v 或 K_m 值，即可按式（6.5.11）求得桩身最大弯矩 $M_{\max}$。

D 悬臂桩顶的位移计算

当高于地面的桩顶为自由端时，该桩顶在水平荷载和力矩作用下的位移可应用叠加原理计算。对照图 6.5.10 可知，桩顶的水平位移 x_1 由四部分组成：桩顶在地面处的水平位移 x_0、地面处的转角 φ_0 所引起的桩顶水平位移 $\varphi_0 l_0$、桩露出地面段作为悬臂梁在力矩 M 作用下的水平位移 x_m 和在水平荷载 V 作用下的水平位移 x_v。即

$$x_1 = x_0 + x_m + x_v - \varphi_0 l_0 \tag{6.5.12}$$

桩顶的转角 φ_1 由三部分组成：地面处的转角 φ_0、桩露出地面段作为悬臂梁在力矩 M 作用下的转角 φ_m 和在水平荷载 V 作用下的转角 φ_v。即

$$\varphi_1 = \varphi_0 + \varphi_m + \varphi_v \tag{6.5.13}$$

式（6.5.12）、式（6.5.13）中地面处的位移和转角可根据桩在地面处的剪力 $V_0=V$ 和弯矩 $M_0=Vl_0+M$，按式（6.5.7）求得；至于 x_m、x_v、φ_m 和 φ_v，则可按悬臂桩长为 l_0 的

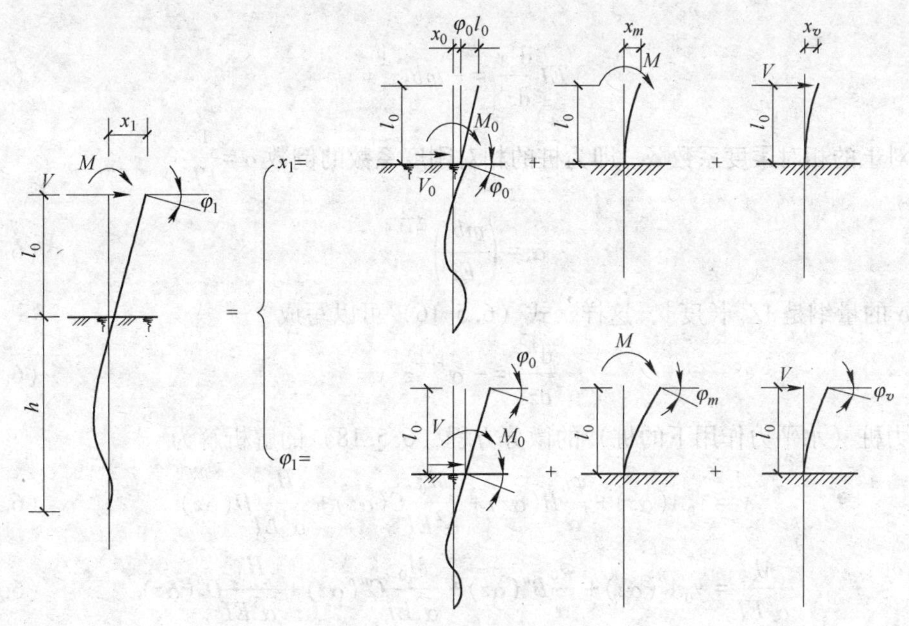

图 6.5.10　桩顶位移的分解

悬臂梁计算公式求得：

$$\begin{cases} x_m = \dfrac{Ml_0^2}{2EI} & x_v = \dfrac{Ml_0^3}{3EI} \\ \varphi_m = \dfrac{-Ml_0}{EI} & \varphi_v = \dfrac{-Vl_0^2}{2EI} \end{cases} \tag{6.5.14}$$

将上述 x_m、x_v、φ_m 和 φ_v 代入式（6.5.12）、式（6.5.13）并整理归纳，得到如下表达式：

$$\begin{cases} x_1 = \dfrac{V}{\alpha^3 EI}A_{x_1} + \dfrac{M}{\alpha^2 EI}B_{x_1} \\ \varphi_1 = \dfrac{V}{\alpha^2 EI}A_{\varphi_1} + \dfrac{M}{\alpha EI}B_{\varphi_1} \end{cases} \tag{6.5.15}$$

式中，A_{x_1}、B_{x_1}、A_{φ_1}、B_{φ_1} 均为 $\bar{h} = \alpha z$ 及 $\bar{l}_0 = \alpha l_0$ 的函数，可根据《建筑桩基技术规范》或《桩基工程手册》查表取值。

6.5.2.3　基于双参数法的单桩内力和位移计算

前面提到的计算单桩在水平荷载作用下的内力及位移计算的方法均采用的单一参数法，单一参数法有一个缺点，即桩在地面处的挠度、转角、桩身最大弯矩及其位置等，不能同时很好地符合实际情况，只能凑合到较为接近的程度。其原因一是待定参数不够，二是参数选择不当。为了克服此缺点，吴恒立提出了双参数法。

根据梁在水平荷载作用下的弯曲理论，即根据文克勒线弹性地基梁法，假定水平地基反力系数 $k_h(z) = mz^{\frac{1}{n}}$，通过调整 m、$1/n$ 两个参数来改变 $k_h(z)$ 的分布图式。将 $k_h(z) = mz^{\frac{1}{n}}$ 代入桩的挠曲微分方程，即式（6.5.2）和式（6.5.3），得到变系数线性齐次微分方程：

$$EI\frac{d^4x}{dz^4}=-mb_1z^{\frac{1}{n}}x \tag{6.5.16}$$

桩对土的相对柔度系数 α，即为桩的相对刚度系数的倒数 $\alpha=\frac{1}{EI}$：

$$\alpha=\left(\frac{mb_1}{EI}\right)^{\frac{1}{4+1/n}} \tag{6.5.17}$$

式中，α 的量纲是 1/[长度]，这样，式（6.5.16）可以写成

$$\frac{d^4x}{dz^4}=-\alpha^{4+\frac{1}{n}}z^{\frac{1}{n}}x \tag{6.5.18}$$

推力桩（水平力作用下的桩）的微分方程（6.5.18）的解析解为

$$y=y_0A(\alpha z)+\frac{\varphi_0}{\alpha}B(\alpha z)+\frac{M_0}{\alpha^2EI}C(\alpha z)+\frac{H_0}{\alpha^3EI}D(\alpha z) \tag{6.5.19}$$

$$\frac{M}{\alpha^2EI}=y_0A''(\alpha z)+\frac{\varphi_0}{\alpha}B''(\alpha z)+\frac{M_0}{\alpha^2EI}C''(\alpha z)+\frac{H_0}{\alpha^3EI}D''(\alpha z) \tag{6.5.20}$$

当桩的入土深度 h，桩在地面处的荷载 H_0 和 M_0，以及位移 y_0 和 φ_0 已知，地基反力系数 k 中的指数 $1/n\geqslant0$ 又是确定的，则有关系式：

$$y_0=H_0\frac{C_1}{\alpha^3EI}+M_0\frac{C_2}{\alpha^2EI} \tag{6.5.21}$$

$$\varphi_0=-\left(H_0\frac{C_2}{\alpha^2EI}+M_0\frac{C_3}{\alpha EI}\right) \tag{6.5.22}$$

式中，C_1~C_3 为已知的无量纲系数。与指数 $1/n$ 及桩底条件有关，长桩（$\alpha h\geqslant4.5$）只与 $1/n$ 有关，其关系见表 6.5.5。

表 6.5.5　无量纲系数与 1/n 的关系

$1/n$	C_1	C_2	C_3	$1/n$	C_1	C_2	C_3
0	$\sqrt{2}$	1	$\sqrt{2}$	1.1	2.49	1.65	1.76
0.1	1.54	1.07	1.45	1.2	2.54	1.69	1.78
0.2	1.67	1.16	1.50	1.3	2.59	1.72	1.80
0.3	1.79	1.23	1.54	1.4	2.64	1.75	1.82
0.4	1.90	1.30	1.58	1.5	2.68	1.78	1.83
0.5	2.10	1.36	1.61	1.6	2.71	1.80	1.84
0.6	2.11	1.42	1.64	1.7	2.74	1.82	1.85
0.7	2.20	1.48	1.57	1.8	2.77	1.84	1.86
0.8	2.28	1.53	1.70	1.9	2.79	1.86	1.87
0.9	2.36	1.57	1.72	2.0	2.81	1.88	1.89
1.0	2.42	1.61	1.74				

为使桩身最大弯矩 M_{max} 及其所在位置与实测值相符，对 $k_h(z)=mz^{\frac{1}{n}}$ 的情况，只需要调

整参数 $1/n$ 的值。如果最大弯矩的计算值小于实测值，应该采用较大的 $1/n$ 值计算，反之采用较小的 $1/n$ 值计算，直到计算值与实测值相近为止。此时的 $1/n$ 和 EI 就是所要求的设计参数，此参数代入式（6.5.21）和式（6.5.22），即可求得桩身弯矩和挠度。

该方法需要有桩在地面处的挠度、转角、桩身最大弯矩及其位置的实测值，来反算综合刚度 EI（反映桩土受力变形的综合刚度，与桩的结构刚度不一致）和双参数，以作为该地区同类桩的设计依据。因此，这对需要做试桩的重大工程是比较合适的。故本方法可推荐为有试桩资料的重大工程的设计计算。对无试桩资料的中小工程，需要事先建议出综合刚度和双参数的选用范围，土的比例系数 m 值得选择，对砂土 m 值较小，岩石 m 值较大，硬塑亚黏土介于两者之间，土质越软，m 值越小。

6.5.3 基于双参数地基的桩身内力与位移

6.5.3.1 双参数模型的概念

前节所介绍的文克勒模型相当于把地基看作一系列的弹簧组成，各弹簧之间互不联系，故只需一个弹簧参数 k。这与实际情况是不相符的，为此，不少人提出了改进的方法。Pasternak 假定弹簧之间可以传递剪力，建议了以下模型（巴氏模型）：

$$p = kx - G\nabla^2 x \tag{6.5.23}$$

式中 p——地基反力；

x——地基土的位移；

G——地基土的剪切模量。

6.5.3.2 双参数地基上的桩基计算

在外力 q 和地基反力 p 的作用下，弹性地基梁的基本方程式为：

$$\frac{d^2}{dz^2}\left[EI(x)\frac{d^2x(z)}{dz^2}\right] = b[q(x) - p(x)] \tag{6.5.24}$$

式中，b 为从无限长梁中切出的条带宽，其他各符号意义同前。

将式（6.5.23）代入式（6.5.24），当 $D=EI$ 为常量时可得双参数地基上梁的基本方程为：

$$D\frac{d^4x}{dz^4} - Gb\frac{d^2x}{dz^2} + bkx = bq \tag{6.5.25}$$

式中，D 为桩身抗弯刚度。式（6.5.25）适应于平面应变问题，对于桩宽，上式中 b 和 D 应改为

$$\begin{cases} b^* = b(1+\sqrt{G/b^2k}) \\ D^* = Eh^3b/12(1-\nu_b^2) \end{cases} \tag{6.5.26}$$

式中 ν_b——桩身材料的泊松比；

b——实际桩宽。

式（6.5.25）的通解为

$$x(z) = e^{\alpha\lambda x}(C_1\cos\beta\lambda x + C_2\sin\beta\lambda x) + e^{-\alpha\lambda x}(C_3\cos\beta\lambda x + C_4\sin\beta\lambda x) \tag{6.5.27}$$

其中

$$\left.\begin{matrix}\alpha \\ \beta\end{matrix}\right\} = \sqrt{1 \pm \frac{G\lambda^2}{k}} \tag{6.5.28}$$

式中，$\lambda = \sqrt[4]{\frac{b^* k}{4D}}$表征桩的相对柔度的特征值，且假定 $G\lambda^2/k<1$。当 $G \to 0$ 时，$\alpha=\beta=1$，上式将退化为文克勒弹性地基梁的通解形式。

式（6.5.27）的具体解可以采用叠加法或初参数法求解。以初参数法为例。设 $z=0$ 处桩截面上的弯矩、剪力、挠度和转角分别为 M_0、V_0、x_0、φ_0，则由 $M_0 = -D\left(\frac{\mathrm{d}^2 x}{\mathrm{d}z^2}\right)_{z=0}$，$V_0 = -D\left(\frac{\mathrm{d}^3 x}{\mathrm{d}z^3}\right)_{z=0}$，$\varphi_0 = \left(\frac{\mathrm{d}x}{\mathrm{d}z}\right)_{z=0}$ 和 $x_0 = (x)_{z=0}$ 所建立的 4 个方程解出待定参数 C_1、C_2、C_3、C_4，并最终得出桩身的挠度计算公式为：

$$x(z) = x_0\left[\Phi_2 - \left(\frac{\alpha^2-\beta^2}{2\alpha\beta}\right)\Phi_4\right] + \frac{\varphi_0}{2\lambda}\left[\frac{\Phi_1}{\alpha} + \frac{\Phi_3}{\beta}\right] - \frac{M_0}{4\lambda^3 D^*}\left[\frac{\Phi_4}{2\alpha\beta}\right] + \frac{V_0}{4\lambda^3 D^*}\left[\frac{\Phi_1}{\alpha} - \frac{\Phi_3}{\beta}\right] \tag{6.5.29}$$

式中

$$\begin{cases} \Phi_1 = \cos(\beta\lambda x)\,\mathrm{sh}(\alpha\lambda x) \\ \Phi_2 = \cos(\beta\lambda x)\,\mathrm{ch}(\alpha\lambda x) \\ \Phi_3 = \sin(\beta\lambda x)\,\mathrm{ch}(\alpha\lambda x) \\ \Phi_4 = \sin(\beta\lambda x)\,\mathrm{sh}(\alpha\lambda x) \end{cases} \tag{6.5.30}$$

由此可根据求解出的参数 C_1、C_2、C_3、C_4，通过对挠度公式（6.5.29）求导即可求出桩身任意截面的内力。

6.5.4　基于 *p-y* 曲线的水平承载桩土抗力与位移

6.5.4.1　*p-y* 曲线法的基本概念

对桥台、桥墩等桩基结构物，桩的水平位移较小，一般可以认为作用在桩上的荷载与位移呈线性关系，采用线性弹性地基反力法求解。但在港口工程和海洋工程中，栈桥、码头系缆浮标、开敞式码头中采用钢桩的靠船墩等允许桩顶有较大的水平位移，有的甚至希望桩顶产生较大水平位移来吸收水平撞击的能量。此时除采用非线性弹性地基反力法外，还有应用较广泛的 *p-y* 曲线法。

A　土反力与桩的挠曲变形

根据试桩表明，桩在水平力作用下，桩身任一点处的桩侧土压力与该点处桩身挠度之间的关系，实际上是非线性的。特别是桩身侧移大于 1cm 时，更为显著。而 *p-y* 曲线法综合反映了桩周土的非线性，桩的刚度和外荷载作用性质等特点，在国外固定式海上平台规范及港工规范中已被广泛采用，沿桩泥面下若干深度处的 *p-y* 曲线如图 6.5.11 所示。

B　*p-y* 曲线的确定

一般 *p-y* 曲线是通过现场实测得到的，这也是最好的方法。即沿桩的入土深度实测出土反力和桩身挠度，但比较困难，尤其是测定土压力。而一般常用的是由室内三轴试验推测。斯科伯顿在分析基础沉降问题时，发现基础的荷载沉降曲线和黏性土室内三轴不排水压缩试验所得到的应力-应变曲线之间存在相关关系。McClelland 和 Focht 在分析现场水平试桩资料时，也发现了类似的关系。因此，可以利用这一关系，在建造桩基工程的地基上

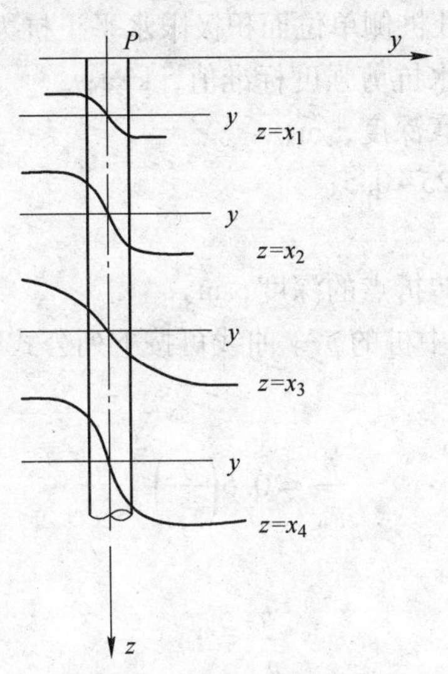

图 6.5.11　泥面以下若干深度处的 p-y 曲线

采取试样，在室内试验，根据土的应力-应变关系，求出桩上每隔一定深度的 p-y 曲线，再与现场试桩相配合，这可以进一步验证和改进现行的计算方法。室内三轴试验与现场试桩存在如下关系：

$$y_{50}=\rho\varepsilon_{50}d \tag{6.5.31}$$

式中　y_{50}——桩周土达到极限水平土抗力一半时，相应桩的侧向变形，mm；

ρ——相关系数，一般取 2.5；

ε_{50}——三轴试验中最大主应力差一半时的应变值。对饱和度较大的软黏土，也可取无侧限抗压强度一半时的应变值。当无试验资料时，ε_{50} 可按表 6.5.6 采用；

d——桩径或桩宽。

表 6.5.6　ε_{50} 取值表

C_u/kPa	ε_{50}	C_u/kPa	ε_{50}	C_u/kPa	ε_{50}
12~24	0.02	24~48	0.01	48~96	0.007

6.5.4.2　黏性土的 p-y 曲线

API 规范法（也是我国《港口工程桩基规范》采用的方法）规定，不排水抗剪强度标准值 C_u 小于等于 96kPa 的黏性土，其 p-y 曲线可按下列公式确定：

（1）桩侧单位面积的极限水平土抗力标准值。桩侧单位面积的极限水平土抗力标准值，按下式进行计算：

当 $z<z_1$ 时：

$$p_u=3C_u+\gamma z+\frac{\zeta C_u z}{d} \tag{6.5.32}$$

当 $z\geqslant z_1$ 时：

$$p_u=9C_u \tag{6.5.33}$$

$$z_1=\frac{6C_u d}{\gamma d+\zeta C_u} \tag{6.5.34}$$

式中　p_u——泥面以下 z 深度处桩侧单位面积极限水平土抗力标准值，kPa；

C_u——原状黏性土不排水抗剪强度标准值，kPa；

z——泥面以下桩的任意深度，m；

ζ——系数，一般取 0.25~0.5；

d——桩径或桩宽，m；

z_1——极限水平土抗力转折点的深度，m。

（2）静载作用下，软黏土中桩的 p-y 曲线可按下列公式确定：

当 $y/y_{50}<8$ 时：

$$\frac{p}{p_u}=0.5\left(\frac{y}{y_{50}}\right)^{\frac{1}{3}} \tag{6.5.35}$$

当 $y/y_{50}\geqslant 8$ 时：

$$\frac{p}{p_u}=1 \tag{6.5.36}$$

式中　p——泥面以下 z 深度处作用在桩上的水平土抗力标准值，kPa；

y——泥面以下 z 深度处桩的侧向水平变位，mm；

其他符号意义同前。

p-y 曲线图形如图 6.5.12(a) 所示。

（3）循环荷载作用下，p-y 曲线按表 6.5.7 确定，图形如图 6.5.12(b) 所示。

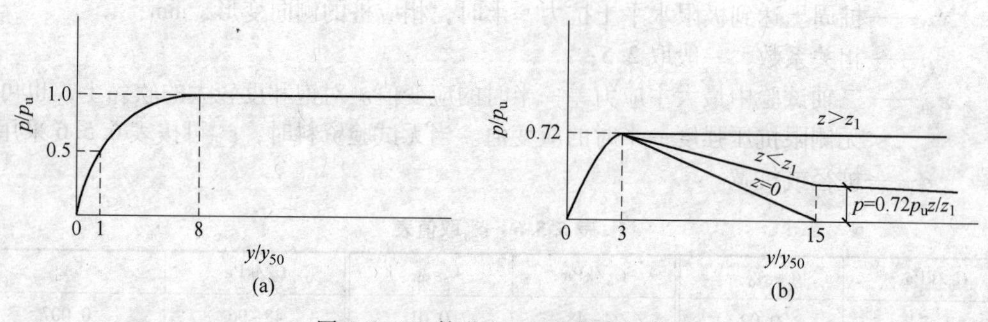

图 6.5.12　软黏土 p-y 曲线坐标值

（a）短期静荷载；（b）循环反复荷载

表 6.5.7　循环荷载下的 p-y 值

适用条件	p/p_u	y/y_{50}	适用条件	p/p_u	y/y_{50}
$z>z_1$	0	0	$z<z_1$	0	0
	0.5	1.0		0.5	1.0
	0.72	3.0		0.72	3.0
	>0.72	∞		$0.72z/z_1$	15.0
				$>0.72z/z_1$	∞

对 C_u 大于 96kPa 的硬黏土，宜按试桩资料绘制 p-y 曲线。

6.5.4.3　*砂性土的 p-y 曲线*

API 规范新法，也是我国《港口工程桩基规范》采用的方法规定，砂土单位桩长的极限水平土抗力标准值p'_u可按下式计算确定：

当$z<z_1$时：

$$p'_u=(C_1z+C_2d)\gamma z \tag{6.5.37}$$

当$z\geqslant z_1$时：

$$p'_u=C_3d\gamma z \tag{6.5.38}$$

式中　p'_u——泥面以下z深度处单位桩长的极限水平土抗力标准值，kN/m；

C_1，C_2，C_3——系数，可按图6.5.13确定。

联立式（6.5.37）、式（6.5.38）可求得浅层土与深层土分界线深度z_1。

砂土中桩的p-y曲线，在缺乏现场试验资料时，可按下式确定：

$$p=\psi\cdot p_u{}'\tan\left(\frac{Kzy}{\psi p_u}\right) \tag{6.5.39}$$

$$\psi=3.0-0.8\frac{z}{d}\geqslant 0.9 \tag{6.5.40}$$

式中　p——泥面以下z深度处作用于桩上的水平土抗力标准值，kN/m；

ψ——计算系数；

K——土抗力的初始模量，可按图6.5.14确定。

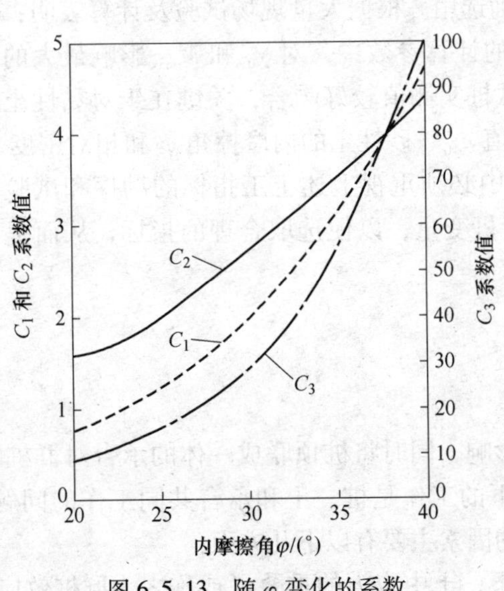

图6.5.13　随φ变化的系数

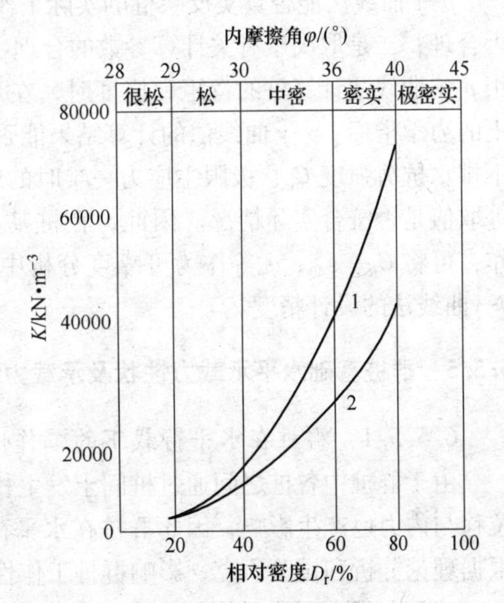

图6.5.14　K值曲线

1—水上；2—水下

6.5.4.4　水平力作用下群桩的p-y曲线

群桩一般在受荷方向桩排中的中后桩在同等桩身变位条件下，所受到的土反力较前桩为小。一方面，其差值随桩间距的加大而减少，当桩间距与桩径比$s_a/d\geqslant 8$时，前、后桩的p-y曲线基本相近；另一方面，其差值又随泥面以下深度的加大而减少，桩在泥面以下的深度$z\geqslant 10d$时，后桩的p-y曲线也基本相近。这也由砂土中原型桩试验所证实。

前桩所受到的土抗力，一般等于或略大于单桩，这也由现场试验证实，这是由于受荷方向桩排中的前桩水平位移与单桩相近，土抗力得以充分发挥所致。设计时，群桩中的前桩可以按单桩设计，且是偏于安全的。

在利用 p-y 曲线进行群桩基础设计时，我国港工桩基规范规定：在水平力作用下，群桩中桩的中心距小于8倍桩径，桩的入土深度在小于10倍桩径以内的桩段，应考虑群桩效应。在非循环荷载作用下，距荷载作用点最远的桩按单桩计算。其余各桩应考虑群桩效应。p-y 曲线中土抗力 p 的计算在无试验资料时，对于黏性土可以按下式计算土抗力的折减系数：

$$\lambda_h = \left[\frac{\frac{s_a}{d} - 1}{7}\right]^{0.043\left(10-\frac{z}{d}\right)} \tag{6.5.41}$$

式中 λ_h——土抗力的折减系数；

s_a——桩距；

d——桩径；

z——泥面以下桩的任意深度。

6.5.4.5 *p*-*y* 曲线法的计算参数及对桩的弯矩和变形的影响

p-y 曲线法能否真实反映桩的实际工作状态，一是依赖于 p-y 曲线本身线型的选取是否合理；二是取决于有关计算参数的合理、正确选用。根据大量现场试验及计算表明：利用 p-y 曲线法计算桩的弯矩和挠度时，在众多的计算参数中，对 y_0 和 M_{max} 影响最大的是土的力学指标。p-y 曲线法的计算结果能否与试桩实测值较好吻合，关键在于对黏性土的不排水抗剪强度 C_u、极限主应力一半时的应变值 ε_{50}、砂性土的内摩擦角 φ 和相对密度 D_r 等取值是否符合实际情况。因此，在桩基工程中必须重视上述土工指标的勘探和试验工作，可将 C_u、ε_{50}、φ 等作为可靠度分析中的随机变量，以便选取合理的指标，从而提高 p-y 曲线法的设计精度。

6.5.5 群桩基础水平承载力性状及承载力计算

6.5.5.1 群桩在水平荷载下的工作性状

由于群桩中各桩之间通过桩间土发生相互影响，同时将桩顶联成一体的承台对群桩的位移与内力也产生影响，因此群桩在水平荷载下的工作是桩、土和承台共同工作的问题。根据理论分析和试验研究，影响群桩工作性状的因素主要有以下几方面：

（1）桩距与桩数的影响。在水平荷载作用下，土中应力的重叠（或称之为群桩效应）随桩距的减小与桩数的增加而增强。分析表明，桩（排）沿水平力作用方向上的相互影响远大于垂直于水平力方向的相互影响。当这两个方向上的桩距分别小于 $8d$ 和 $2.5d$ 时，土抗力系数应考虑折减。

（2）上层地基土软硬的影响。桩顶周围浅层土质的软硬对群桩性状的影响颇大，理论分析与试验研究已证明了这一点。

（3）桩顶连接状况的影响。桩顶由铰接变为刚性连接（嵌固）后，抗弯刚度将大大提高，桩顶嵌固产生的负弯矩将抵消一部分水平力引起的正弯矩，使最大弯矩和位移零点的位置下移，从而使土的塑性区向深部发展，使深层土的抗力得以发挥，这就意味着群桩的承载力提高，水平位移减小。

(4) 竖向荷载的影响。竖向荷载产生的桩身压应力抵消了一部分桩身弯拉应力，从而使桩能承受更多的水平荷载。

(5) 桩的排列顺序的影响。群桩的模型试验和现场观测均证明，在荷载作用方向上的前排桩分配到的水平力最大，末排桩受到的水平力最小。这是因为前排桩前方的土体处于半无限状态，土抗力能充分发挥，前排桩所受的土抗力一般约等于或大于单桩，前排桩的水平承载力亦约等于或大于单桩。中间桩与末排桩则存在群桩效应。因此，在设计时，前排桩取单桩承载力时偏于安全的，其他桩则应予以折减。为了提高桩基水平承载力，亦可对前排桩（当水平力多变时则是外围桩）采取加大桩径或加强配筋的做法。

6.5.5.2 群桩在水平荷载下的计算

群桩与土的承台在水平荷载下的分析，在一般情况下只能用数值法求解。下面仅介绍建立在一定简化假定基础上的解析法——文克勒线弹性地基上的 m 法。

A 基本公式的建立

多排桩“m”法的基本假定，除了单桩“m”法的四点以外，又假定承台是刚性的；桩顶嵌固于承台；计算中不直接分析各桩之间的相互作用，仅在桩的计算宽度修正中予以适当考虑。

多排桩求解的关键是运用结构力学位移法求解各桩桩顶的荷载（内力）Q_i、V_i 和 M_i；然后即可按式（6.5.7）算得各桩的桩身内力与位移。

a 桩顶荷载 Q_i、V_i 和 M_i 的表达式

图 6.5.15 表示由若干根桩组成的桩基，作用于承台底面中心 O 的荷载为 N、H 和 M，并假设承台产生水平位移 a_0、竖直位移 b_0 及转角 β_0，于是，与刚性承台呈刚性连接的各桩桩顶产生的位移为：

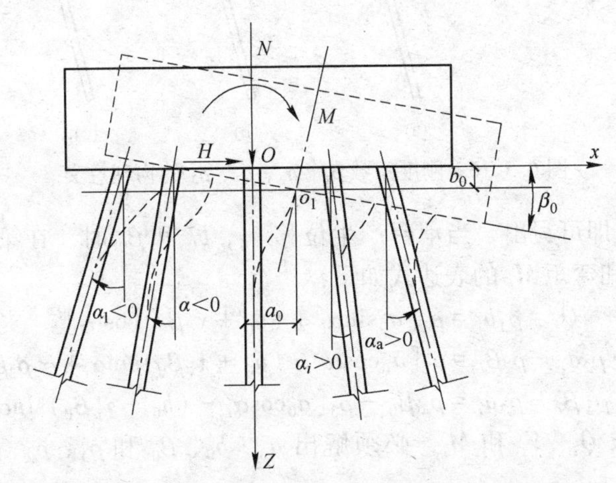

图 6.5.15 群桩基础（多排桩）的计算图

轴向位移：

$$b_i = a_{i0}\sin\alpha_i + b_{i0}\cos\alpha_i = \alpha_0\sin\alpha_i + (b_0 + x_i\beta_0)\cos\alpha_i \qquad (6.5.42a)$$

横向位移：

$$a_i = a_{i0}\cos\alpha_i - b_{i0}\sin\alpha_i = a_0\cos\alpha_i - (b_0 + x_i\beta_0)\sin\alpha_i \qquad (6.5.42b)$$

转角：

$$\beta_i=\beta_{i0}=\beta_0 \tag{6.5.42c}$$

式中 x_i——第 i 根桩桩顶至原点 O 的距离，沿 x 轴正方向为正；

α_i——第 i 根桩的倾角，以对竖直线逆时针偏转为正，如图 6.5.15 所示。

假设下列一组桩的刚度系数 ρ_1、ρ_2、ρ_3、ρ_4。它们的意义为（对照图 6.5.16）：

ρ_1——当一根桩桩顶处产生单位轴向位移（$b_i=1$）时，在该桩顶引起的轴向力（见图 6.5.16（a））；

ρ_2——当一根桩桩顶处产生单位横向位移（$a_i=1$）时，在该桩顶引起的横向力（见图 6.5.16（b））；

ρ_3——当一根桩桩顶处产生单位横向位移（$a_i=1$）时，在该桩顶引起的弯矩（见图 6.5.16（b））；或当桩顶处产生单位转角（$\varphi_i=1$）时，在桩顶引起的横向力（见图 6.5.16（c））；

ρ_4——当一根桩桩顶处产生单位转角（$\varphi_i=1$）时，在桩顶引起的弯矩（见图 6.5.16（c））。

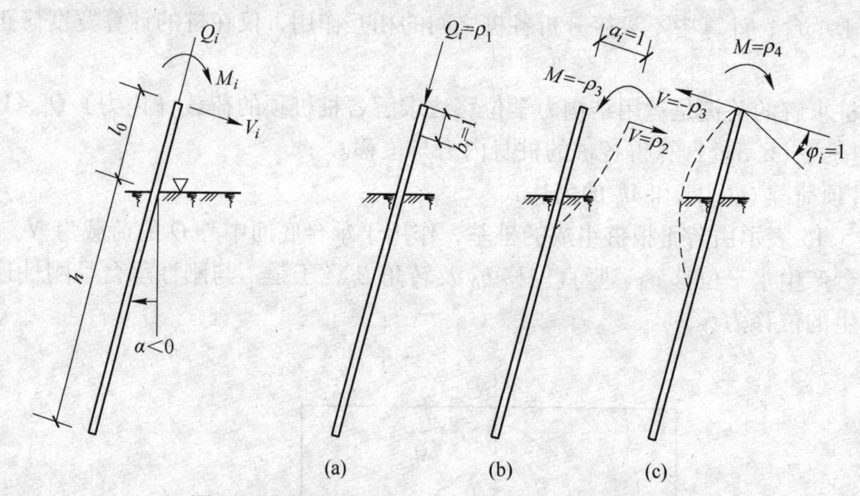

图 6.5.16 刚度系数 ρ_1、ρ_2、ρ_3、ρ_4 的物理意义

于是，根据定义即可写出，当承台产生位移 a_0、b_0 和 β_0 时，在第 i 根桩桩顶所引起的轴力 Q_i、剪力 V_i 和弯矩 M_i 的表达式如下：

$$Q_i=\rho_1 b_i=\rho_1[a_0\sin\alpha_i+(b_0+x_i\beta_0)\cos\alpha_i] \tag{6.5.43a}$$

$$V_i=\rho_2 a_i-\rho_3\beta_i=\rho_2[a_0\cos\alpha_i-(b_0+x_i\beta_0)\sin\alpha_i]-\rho_3\beta_0 \tag{6.5.43b}$$

$$M_i=\rho_4\beta_i-\rho_3 a_i=\rho_4\beta_0-\rho_3[a_0\cos\alpha_i-(b_0+x_i\beta_0)\sin\alpha_i] \tag{6.5.43c}$$

不难看出，欲求 Q_i、V_i 和 M_i，必须解出 a_0、b_0、β_0 和 ρ_1、ρ_2、ρ_3、ρ_4，以下分别求解。

b 求解刚度系数 ρ_1、ρ_2、ρ_3、ρ_4

(1) 求刚度系数 ρ_1 值

桩顶由轴力 Q 产生的轴向位移包括桩身弹性压缩变形 δ_c 与桩底地基土的压缩变形 δ_K 两部分。桩身压缩变形的计算方法与桩侧摩阻力的分布型式有关。计算桩尖下土的压缩变形时，对打入桩假定轴向力从桩顶按 $\varphi/4$ 角扩散至桩尖平面的截面 A_0，计算桩尖下土的弹性压缩变形，计算图式如图 6.5.17 所示。φ 为桩周土的内摩擦角平均值。

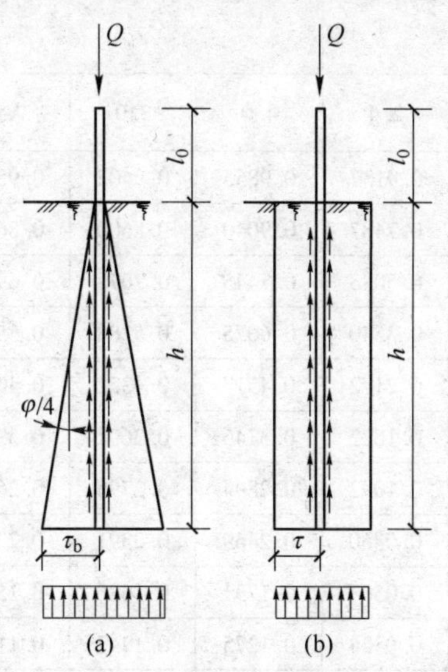

图 6.5.17 桩顶轴向位移 b_i 的计算图

（a）打入桩；（b）钻孔桩

桩顶的轴向位移 b_i 的计算公式如下：

$$b_i = \frac{Q(l_0 + \xi h)}{AE} + \frac{Q}{C_0 A_0} \tag{6.5.44}$$

式中 A，E——桩的截面积，m^2，及弹性模量，kPa；

l_0，h——桩露出地面（或局部冲刷线）及入土部分的长度，m；

ξ——考虑桩侧土摩阻力分布对桩身变形影响的系数，对于摩擦桩：打入式，$\xi=0.37$；钻（挖）孔式，$\xi=0.5$；对于端承桩，$\xi=1.0$；

A_0——桩端平面的受力面积，对于摩擦桩，$A_0=\pi\left(\frac{d}{2}+h\tan\frac{\varphi}{4}\right)^2$；对于端承桩，$A_0=\frac{\pi}{4}d^2$；

C_0——桩尖处土的竖向地基系数。

由式（6.5.44），令 $b_i=1$，则得 ρ_1 值：

$$\rho_1 = Q\frac{1}{\dfrac{l_0+\xi h}{AE}+\dfrac{1}{C_0 A_0}} \tag{6.5.45}$$

（2）求刚度系数 ρ_2、ρ_3 与 ρ_4 值

根据 ρ_2、ρ_3、ρ_4 的定义，利用单桩位移公式（6.5.7）可解得

$$\rho_2 = \alpha^3 EI x_v \tag{6.5.46a}$$

$$\rho_3 = \alpha^2 EI x_m \tag{6.5.46b}$$

$$\rho_4 = \alpha EI \varphi_m \tag{6.5.46c}$$

式中 x_v，x_m，φ_m——无量纲系数，均为 $\bar{h}=\alpha h$ 和 $\bar{l}_0=\alpha l_0$ 的函数，可查表 6.5.8。

表 6.5.8 多排桩计算 ρ_2、ρ_3、ρ_4 的系数 x_v、x_m、φ_m

αz \ 系数 αh	x_v			x_m			φ_m		
	4.0	3.0	2.4	4.0	3.0	2.4	4.0	3.0	2.4
0.0	1.0642	0.9728	0.9137	0.9855	0.9402	0.9547	0.4838	1.4586	1.4466
0.2	0.8856	0.8107	0.7487	0.9040	0.8600	0.8614	1.4354	1.4077	1.4031
0.6	0.6138	0.5651	0.5083	0.7445	0.7077	0.6910	1.3237	1.2197	1.2931
1.0	0.4316	0.4002	0.3540	0.6075	0.5788	0.5544	1.2190	1.1911	1.7782
1.6	0.2652	0.2484	0.2172	0.4513	0.4322	0.4096	1.0664	1.0444	1.0236
2.0	0.1973	0.1860	0.1622	0.3746	0.3601	0.3368	0.9780	0.9592	0.9363
2.6	0.1318	0.1252	0.1092	0.2894	0.2795	0.2602	0.8652	0.8503	0.8269
3.0	0.1031	0.0988	0.0860	0.2469	0.2391	0.2224	0.8016	0.7888	0.7659
4.0	0.0599	0.0576	0.0508	0.1731	0.1686	0.1569	0.6743	0.6654	0.6452
5.0	0.0376	0.0374	0.0324	0.1275	0.1247	0.1164	0.5802	0.5736	0.5564
6.0	0.0251	0.0244	0.0219	0.0976	0.0957	0.0897	0.5083	0.5033	0.4887
8.0	0.0128	0.0127	0.0114	0.0623	0.0613	0.0579	0.4066	0.4035	0.3927
10.0	0.0073	0.0072	0.0066	0..0431	0.0425	0.0404	0.3385	0.3363	0.3283

B 计算承台位移 a_0、b_0、β_0

按位移法求解如下：

先沿承台底面切取截离体如图 6.5.18 所示，由力的平衡条件可列出位移法典型方程：

$$\begin{cases}a_0\gamma_{ba}+b_0\gamma_{bb}+\beta_0\gamma_{b\beta}-N=0\\a_0\gamma_{aa}+b_0\gamma_{ab}+\beta_0\gamma_{a\beta}-H=0\\a_0\gamma_{\beta a}+b_0\gamma_{\beta b}+\beta_0\gamma_{\beta\beta}-M=0\end{cases}\tag{6.5.47}$$

式中 γ_{ba}，γ_{aa}，$\gamma_{\beta a}$——群桩刚度系数，当承台产生单位水平位移（$a_0=1$）时，各桩顶轴向反力之和、横向反力之和以及反弯矩之和，其中

$$\gamma_{ba}=\sum_{i=1}^{n}(\rho_1-\rho_2)\sin\alpha_i\cos\alpha_i\tag{6.5.48a}$$

$$\gamma_{aa}=\sum_{i=1}^{n}(\rho_1\sin^2\alpha_i+\rho_2\cos^2\alpha_i)\tag{6.5.48b}$$

$$\gamma_{\beta a}=\sum_{i=1}^{n}[(\rho_1-\rho_2)x_i\sin\alpha_i\cos\alpha_i-\rho_3\cos\alpha_i]\tag{6.5.48c}$$

γ_{bb}，γ_{ab}，$\gamma_{\beta b}$——群桩刚度系数，当承台产生单位竖向位移（$b_0=1$）时，各桩顶轴向反力之和、横向反力之和以及反弯矩之和，其中

$$\gamma_{bb}=\sum_{i=1}^{n}(\rho_1\cos^2\alpha_i+\rho_2\sin^2\alpha_i)\tag{6.5.49a}$$

$$\gamma_{ab}=\gamma_{ba}\tag{6.5.49b}$$

$$\gamma_{\beta b}=\sum_{i=1}^{n}[(\rho_1\cos^2\alpha_i+\rho_2\sin^2\alpha_i)x_i+\rho_3\sin\alpha_i]\tag{6.5.49c}$$

$\gamma_{b\beta}$，$\gamma_{a\beta}$，$\gamma_{\beta\beta}$——群桩刚度系数，当承台绕坐标原点产生单位转角（$\beta=1$）时，各桩顶轴向反力之和、横向反力之和以及反弯矩之和，其中

$$\gamma_{b\beta}=\gamma_{\beta b} \tag{6.5.50a}$$

$$\gamma_{a\beta}=\gamma_{\beta a} \tag{6.5.50b}$$

$$\gamma_{\beta\beta}=\sum_{i=1}^{n}\left[(\rho_1\cos^2\alpha_i+\rho_2\sin^2\alpha_i)x_i^2+2x_i\rho_3\sin\alpha_i+\rho_4\right] \tag{6.5.50c}$$

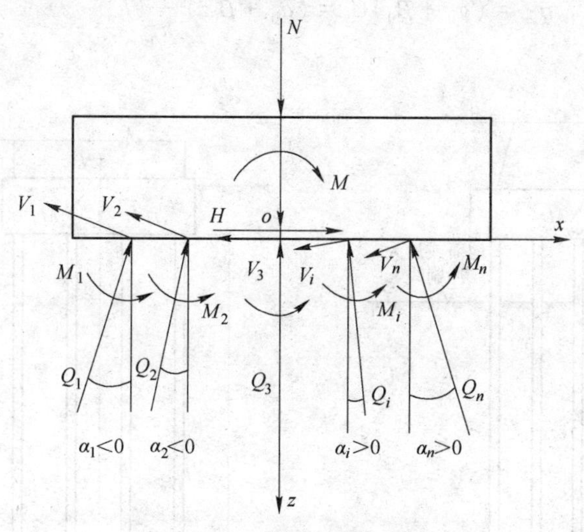

图 6.5.18　桩基承台截离体图

解联立方程（6.5.47）则可得 a_0、b_0、β_0，连同 ρ_1、ρ_2、ρ_3、ρ_4 一并代入式（6.5.43），即可解得各桩桩顶受力 Q_i、V_i 和 M_i。

C　竖直对称多排桩的计算

当全部桩为等直径且对称分布时，将坐标原点设在承台底面竖向对称轴上（见图 6.5.19），此时，$\gamma_{ab}=\gamma_{ba}=\gamma_{b\beta}=\gamma_{\beta b}=0$，于是由式（6.5.47）可解得

$$b_0=\frac{N}{\gamma_{bb}}=\frac{N}{n\rho_1} \tag{6.5.51}$$

$$a_0=\frac{\gamma_{\beta\beta}H-\gamma_{a\beta}M}{\gamma_{aa}\gamma_{\beta\beta}-\gamma_{a\beta}^2}=\frac{\left(n\rho_4+\rho_1\sum\limits_{i=1}^{n}x_i^2\right)H+n\rho_3M}{n\rho_2\left(n\rho_4+\rho_1\sum\limits_{i=1}^{n}x_i^2\right)-n^2\rho_3^2} \tag{6.5.52}$$

$$a_0=\frac{\gamma_{aa}H-\gamma_{a\beta}M}{\gamma_{aa}\gamma_{\beta\beta}-\gamma_{a\beta}^2}=\frac{n\rho_2M+n\rho_3H}{n\rho_2\left(n\rho_4+\rho_1\sum\limits_{i=1}^{n}x_i^2\right)-n^2\rho_3^2} \tag{6.5.53}$$

各桩的桩顶力 Q_i、V_i 和 M_i，按下式解之即得

$$\begin{cases}Q_i=\rho_1b_i=\rho_1(b_0+x_i\beta_0)\\ V_i=\rho_2a_0-\rho_3\beta_0\\ M_i=\rho_4\beta_0-\rho_3a_0\end{cases} \tag{6.5.54}$$

于是，由式（6.5.7）可求出各桩内力与位移的全部解。

D　承台埋于土中群桩基础的计算

群桩基础的承台埋于土中时的特点，是承台的变形除受桩的牵制外，还受其四周土体的约束，问题更为复杂。现行的简化分析方法是，假定承台侧面土体也是文克勒线弹性地基，土体的水平抗力扔按“m”法假定。当如图 6.5.19 所示承台发生位移时，其侧面距承台底为 z 的点产生的水平位移为 $a_0+\beta_0 z$，该点产生的水平抗力（见图 6.5.20）为

$$\sigma_{zx} = (a_0 + \beta_0) C_z = (a_0 + \beta_0 z) \frac{C_n}{h_n}(h_n - z) \tag{6.5.55}$$

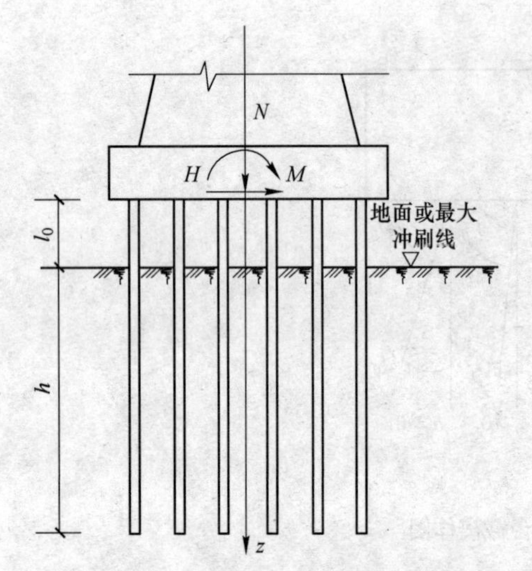

图 6.5.19　竖向对称多排桩基础计算简图

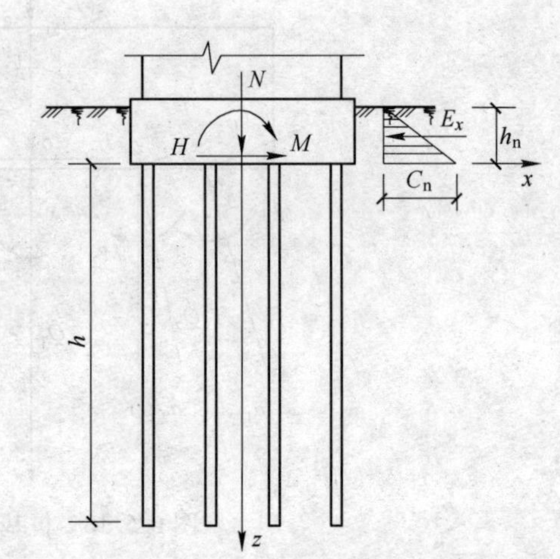

图 6.5.20　承台埋于土中群桩基础的计算图

因此，承台侧面土体作用于单位宽度承台水平抗力 E_x 为

$$\begin{aligned} E_x &= \int_0^{h_n}(a_0 + \beta_0 z) C_z \mathrm{d}z = \int_0^{h_n}(a_0 + \beta_0 z) \frac{C_n}{h_n}(h_n - z)\mathrm{d}z \\ &= a_0 \frac{C_n h_n}{2} + \beta_0 \frac{C_n h_n^2}{6} = a_0 F^c + \beta_0 S^c \end{aligned} \tag{6.5.56}$$

水平抗力 E_x 对垂直于 xoz 平面的 Y 轴的力矩 M_{Ex} 为

$$M_{E_x} = \int_0^{h_n} z(a_0 + \beta_0 z) C_z \mathrm{d}z = a_0 \frac{C_n h_n^2}{6} + \beta_0 \frac{C_n h_n^3}{12} = a_0 S^c + \beta_0 I^c \tag{6.5.57}$$

式中　C_n——承台底面处地基土的水平抗力系数；

F^c，S^c，I^c——分别为承台（b_1 宽）侧面地基系数 C 的图形面积、该面积对其底面的面积矩及惯性矩，$F^c = \frac{C_n h_n}{2}$，$S^c = \frac{C_n h_n^2}{6}$，$I^c = \frac{C_n h_n^3}{12}$。

于是，式（6.5.47）中的群桩刚度系数 $\gamma_{\beta a}$、γ_{aa}、$\gamma_{\beta\beta}$变为

$$\gamma_{\beta a} = \sum_{i=1}^{n} [(\rho_1 - \rho_2) x_i \sin\alpha_i \cos\alpha_i - \rho_3 \cos\alpha_i] + b_1 S^c \tag{6.5.58a}$$

$$\gamma_{aa} = \sum_{i=1}^{n} (\rho_1 \sin^2\alpha_i + \rho_2 \cos^2\alpha_i) + b_1 F_{b1}^c \tag{6.5.58b}$$

$$\gamma_{\beta\beta} = \sum_{i=1}^{n} [(\rho_1\cos^2\alpha_i + \rho_2\sin^2\alpha_i)x_i^2 + 2x_i\rho_3\sin\alpha_i + \rho_4] + b_1 I^c \quad (6.5.58c)$$

其他系数 $\gamma_{ab}=\gamma_{ba}$、γ_{bb}、$\gamma_{\beta b}$，仍按式（6.5.48）和式（6.5.49）计算。

当全部桩为等直径竖直桩且对称分布时，公式（6.5.58）同样得到简化：

$$\gamma_{\beta a} = \gamma_{a\beta} = -n\rho_3 + b_1 S^c \quad (6.5.59a)$$

$$\gamma_{aa} = n\rho_2 + b_1 F_{b1}^c \quad (6.5.59b)$$

$$\gamma_{\beta\beta} = \rho_1 \sum x_i^2 + n\rho_4 + b_1 I^c \quad (6.5.59c)$$

将所有刚度系数代入公式（6.5.47）即可解得承台位移 a_0、b_0、β_0。

6.6　桩基础设计内容及步骤

6.6.1　桩基础设计原则

《建筑桩基技术规范》（JGJ 94—2008）规定，建筑桩基础应按下列两类极限状态设计：

（1）承载能力极限状态：桩基达到最大承载能力、整体失稳或发生不适于继续承载的变形；

（2）正常使用极限状态：桩基达到建筑物正常使用所规定的变形限值或耐久性要求的某项限值。

根据建筑规模、功能特征、对差异变形的适应性、场地地基和建筑物体型的复杂性以及由于桩基问题可能造成建筑破坏或影响正常使用的程度，应将桩基设计分为表 6.6.1 所列的三个设计等级。桩基设计时，应根据表 6.6.1 确定设计等级。

表 6.6.1　建筑桩基设计等级

设计等级	建筑类型
甲级	（1）重要的建筑； （2）30 层以上或高度超过 100m 的高层建筑； （3）体型复杂且层数相差超过 10 层的高低层（含纯地下室）连体建筑； （4）20 层以上框架-核心筒结构及其他对差异沉降有特殊要求的建筑； （5）场地和地基条件复杂的 7 层以上的一般建筑及坡地、岸边建筑； （6）对相邻既有工程影响较大的建筑
乙级	除甲级、丙级以外的建筑
丙级	场地和地基条件简单、荷载分布均匀的 7 层及 7 层以下的一般建筑

桩基设计时，所采用的作用效应组合与相应的抗力应符合下列规定：

（1）确定桩数和布桩时，应采用传至承台底面的荷载效应标准组合；相应的抗力应采用基桩或复合基桩承载力特征值。

（2）计算荷载作用下的桩基沉降和水平位移时，应采用荷载效应准永久组合；计算水平地震作用、风载作用下的桩基水平位移时，应采用水平地震作用、风载效应标准组合。

（3）验算坡地、岸边建筑桩基的整体稳定性时，应采用荷载效应标准组合；抗震设防区，应采用地震作用效应和荷载效应的标准组合。

（4）在计算桩基结构承载力、确定尺寸和配筋时，应采用传至承台顶面的荷载效应基本组合。当进行承台和桩身裂缝控制验算时，应分别采用荷载效应标准组合和荷载效应准永久组合。

桩基结构设计安全等级、结构设计使用年限和结构重要性系数 γ_0 应按现行有关建筑结构规范的规定采用，除临时性建筑外，重要性系数 γ_0 不应小于 1.0；当桩基结构进行抗震验算时，其承载力调整系数 γ_{RE} 应按现行国家标准《建筑抗震设计规范》（GB 50011—2010）的规定采用。

软土地基上的多层建筑物，当天然地基承载力基本满足要求时，可采用减沉复合疏桩基础。

6.6.2 桩基础设计步骤

桩基础设计一般分为以下步骤：

（1）进行调查研究、场地勘察，收集相关资料；

（2）综合勘察报告、荷载情况、使用要求、上部结构条件等确定桩基持力层；

（3）选择桩材，确定桩的类型、外观尺寸和构造；

（4）确定单桩承载力特征值；

（5）根据上部结构荷载情况，初步拟定桩的桩数，并进行平面布置；

（6）根据桩的平面布置，初步拟定承台轮廓尺寸及承台底标高；

（7）验算作用于单桩上的竖向和横向荷载；

（8）验算承台尺寸及结构强度；

（9）必要时验算桩基的整体承载力和沉降量，当桩端下有软弱下卧层时，验算软弱下卧层的地基承载力；

（10）单桩设计，绘制桩和承台的结构及施工详图；

（11）桩基础耐久性设计。

6.6.2.1 收集设计所需的基础资料

桩基设计之前必须充分掌握岩土工程勘察文件、建筑场地与环境条件的有关资料、建筑物的有关资料、施工条件的有关资料、供设计比较用的有关桩型及实施的可行性的资料等。

桩基的详细勘察除应满足现行国家标准工程勘察规范有关要求外，尚应满足下列要求：

（1）勘探点间距。对于端承型桩（含嵌岩桩）：主要根据桩端持力层顶面坡度决定，宜为 12~24m。当相邻两个勘察点揭露出的桩端持力层层面坡度大于 10%或持力层起伏较大、地层分布复杂时，应根据具体工程条件适当加密勘探点；对于摩擦型桩：宜按 20~35m 布置勘探孔，但遇到土层的性质或状态在水平方向分布变化较大，或存在可能影响成桩的土层时，应适当加密勘探点；复杂地质条件下的柱下单桩基础应按柱列线布置勘探点，并宜每桩设一勘探点。

（2）勘探深度。宜布置 1/3~1/2 的勘探孔为控制性孔。对于设计等级为甲级的建筑桩基，至少应布置 3 个控制性孔，设计等级为乙级的建筑桩基至少应布置 2 个控制性孔。

控制性孔应穿透桩端平面以下压缩层厚度；一般性勘探孔应深入预计桩端平面以下3~5倍桩身设计直径，且不得小于3m；对于大直径桩，不得小于5m；嵌岩桩的控制性钻孔应深入预计桩端平面以下不小于3~5倍桩身设计直径，一般性钻孔应深入预计桩端平面以下不小于1~3倍桩身设计直径。当持力层较薄时，应有部分钻孔钻穿持力岩层。在岩溶、断层破碎带地区，应查明溶洞、溶沟、溶槽、石笋等的分布情况，钻孔应钻穿溶洞或断层破碎带进入稳定土层，进入深度应满足上述控制性钻孔和一般性钻孔的要求。

在勘探深度范围内的每一地层，均应采取不扰动试样进行室内试验或根据土质情况选用有效的原位测试方法进行原位测试，提供设计所需参数。

6.6.2.2 桩型、桩长和截面尺寸原则

桩基设计时，首先应根据建筑物的结构类型、荷载情况、地层条件、施工能力及环境限制等因素，选择预制桩或灌注桩的类别，桩的截面尺寸和长度以及桩端持力层等。

一般当土中存在大孤石、废金属以及花岗岩残积层中未风化的石英脉时，预制桩难以穿越；当土层分布很不均匀时，混凝土预制桩的预制长度较难以掌握；在场地土层分布比较均匀的条件下，采用质量易于保证的预应力高强混凝土管桩比较合理。

桩的长度主要取决于桩端持力层的选择。应选择较硬土层作为桩端持力层。桩端全断面进入持力层的深度，对于黏性土、粉土不宜小于$2d$，砂土不宜小于$1.5d$，碎石类土，不宜小于$1d$。当存在软弱下卧层时，桩端以下硬持力层厚度不宜小于$3d$。软土中的桩基宜选择中、低压缩性土层作为桩端持力层。对于嵌岩桩，嵌岩深度应综合荷载、上覆土层、基岩、桩径、桩长诸因素确定；对于嵌入倾斜的完整和较完整岩的全断面深度不宜小于$0.4d$且不小于0.5m，倾斜度大于30%的中风化岩，宜根据倾斜度及岩石完整性适当加大嵌岩深度；对于嵌入平整、完整的坚硬岩和较硬岩的深度不宜小于$0.2d$，且不应小于0.2m。

当硬持力层较厚且施工条件允许时，桩端进入持力层的深度应尽可能达到桩端阻力的临界深度，以提高桩端阻力。该临界深度值对于砂、砾为$(3\sim6)d$，对于粉土、黏性土为$(5\sim10)d$。此外，同一建筑物还应避免同时采用不同类型的桩。同一基础相邻桩的桩底标高差，对于非嵌岩端承桩不宜超过相邻桩的中心距，对于摩擦型桩，在相同土层中不宜超过桩长的1/10。

桩长及桩型初步确定后，即可根据6.2节内容或表6.1.1定出桩的截面尺寸，并初步确定承台底面标高。一般若建筑物楼层高、荷载大，宜采用大直径桩，尤其是大直径人工挖孔桩比较经济适用。一般情况下，承台埋深主要从结构要求和方便施工的角度来选择。季节性冻土上的承台埋深应根据地基土的冻胀性考虑，并应考虑是否需要采取相应的防冻害措施。膨胀土上的承台，其埋深选择与此类似。

6.6.2.3 桩数及桩位布置

A 桩的根数

初步估计桩数时，先不考虑群桩效应，根据单桩竖向承载力特征值R，当桩基为轴心受压时，桩数n可按下式估算：

$$n \geqslant \frac{F_k + G_k}{R} \tag{6.6.1}$$

式中 F_k——作用在承台上的轴向压力设计值；

G_k——承台及其上方填土的重力。

偏心受压时，若桩的布置使得群桩横截面的重心与荷载合理作用点重合，桩数仍可按上式确定。否则，应将上式确定额桩数增加10%～20%。对桩数超过3根的非端承群桩基础，应求得桩基承载力特征值后重新估算桩数，如有必要，还要通过桩基软弱下卧层承载力和桩基沉降验算才能最终确定。

承受水平荷载的桩基，在确定桩数时还应满足水平承载力的要求。此时，可粗略地以各单桩水平承载力之和作为桩基的水平承载力，其偏于安全。

此外，在层厚较大的高灵敏度流塑黏土中，不宜采用桩距小而桩数多的打入式桩基，而应采用承载力高桩数少的桩基；否则，软黏土结构破坏严重，使土体强度明显降低，加之相邻各桩的相互影响，桩基的沉降和不均匀沉降都将显著增加。

B　桩的中心距

桩的间距过大，承台体积增加，造价提高；间距过小，桩的承载能力不能充分发挥，且给施工带来困难。摩擦型桩的中心距不宜小于桩身直径的3倍；扩底灌注桩的中心距不宜小于扩底直径的1.5倍，当扩底直径大于2m时，桩端净距不宜小于1m。在确定桩距时尚应考虑施工工艺中挤土等效应对邻近桩的影响。一般基桩的最小中心距应符合表6.6.2的规定；当施工中采取减小挤土效应的可靠措施时，可根据当地经验适当减小。

表6.6.2　桩的最小中心距

土类与成桩工艺		排数不少于3排且桩数不少于9根的摩擦型桩桩基	其他情况
非挤土灌注桩		$3.0d$	$3.0d$
部分挤土桩		$3.5d$	$3.0d$
挤土桩	非饱和土	$4.0d$	$3.5d$
	饱和黏性土	$4.5d$	$4.0d$
钻、挖孔扩底桩		$2D$ 或 $D+2.0$m（当 $D>2$m）	$1.5D$ 或 $D+1.5$m（当 $D>2$m）
沉管夯扩、钻孔挤扩桩	非饱和土	$2.2D$ 且 $4.0d$	$2.0D$ 且 $3.5d$
	饱和黏性土	$2.5D$ 且 $4.5d$	$2.2D$ 且 $4.0d$

注：1. d 为圆桩直径或方桩边长；D 为扩大端设计直径；

2. 当纵横向桩距不相等时，其最小中心距应满足"其他情况"一栏的规定；

3. 当为端承桩时，非挤土灌注桩的"其他情况"一栏可减小至 $2.5d$。

C　桩位的布置

桩的平面布置可采用对称式、梅花式、行列式和环状排列。为使桩基在其承受较大弯矩的方向上有较大的抵抗矩，也可采用不等距排列。此时，对柱下单独桩基础和整片式的桩基础，宜采用外密内疏的布置方式；对横墙下的桩基，可在外纵墙之外布设一至两根"探头"桩（见图6.6.1）。

为了使桩基中各桩受力比较均匀，排列基桩时，宜使桩群承载力合力点与竖向永久荷载合力作用点重合，并使基桩受水平力和力矩较大方向有较大抗弯截面模量。对于桩箱基础、剪力墙结构桩筏（含平板和梁板式承台）基础，宜将桩布置于墙下。对于框架-核心筒结构应按荷载分布考虑相互影响，将桩相对集中布置于核心筒区域。

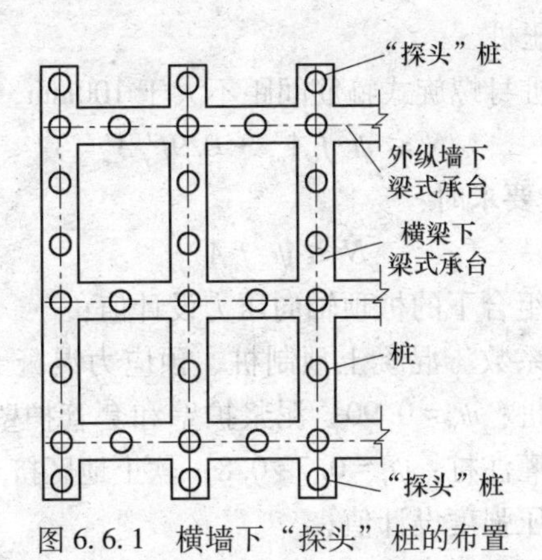

图 6.6.1 横墙下“探头”桩的布置

6.6.2.4 桩身设计

A 构造要求

设计使用年限不少于 50 年时，非腐蚀环境中预制桩的混凝土强度等级不应低于 C30，预应力桩不应低于 C40，灌注桩的混凝土强度等级不应低于 C25；$二_b$ 类环境及三类及四类、五类微腐蚀环境中不应低于 C30；在腐蚀环境中的桩，桩身混凝土的强度等级应符合现行国家标准的有关规定。设计使用年限不少于 100 年的桩，桩身混凝土的强度等级宜适当提高。水下灌注混凝土的桩身混凝土强度等级不宜高于 C40。桩身混凝土的材料、最小水泥用量、水灰比、抗渗等级等应符合现行国家标准的有关规定。

桩身配筋可根据计算结果及施工工艺要求，可沿桩身纵向不均匀配筋。腐蚀环境中的灌注桩主筋直径不宜小于 16mm，非腐蚀性环境中灌注桩主筋直径不应小于 12mm。

桩的主筋配置应经计算确定。预制桩的最小配筋率不宜小于 0.8%（锤击沉桩）、0.6%（静压沉桩），预应力桩不宜小于 0.5%；灌注桩最小配筋率不宜小于 0.2%~0.65%（小直径桩取大值）。桩顶以下 3~5 倍桩身直径范围内，箍筋宜适当加强加密。

桩身纵向钢筋配筋长度：受水平荷载和弯矩较大的桩，配筋长度应通过计算确定；桩基承台下存在淤泥、淤泥质土或液化土层时，配筋长度应穿过淤泥、淤泥质土层或液化土层；坡地岸边的桩、8 度及 8 度以上地震区的桩、抗拔桩、嵌岩端承桩应通长配筋；钻孔灌注桩构造钢筋的长度不宜小于桩长的 2/3；桩施工在基坑开挖前完成时，其钢筋长度不宜小于基坑深度的 1.5 倍。

桩顶嵌入承台内的长度不应小于 50mm。主筋伸入承台内的锚固长度不应小于钢筋直径（HPB235）的 30 倍和钢筋直径（HRB335 和 HRB400）的 35 倍。对于大直径灌注桩，当采用一柱一桩时，可设置承台或将桩和柱直接连接。桩和柱的连接可按高杯口基础的要求选择截面尺寸和配筋，柱纵筋插入桩身的长度应满足锚固长度的要求。

灌注桩主筋混凝土保护层厚度不应小于 50mm；预制桩不应小于 45mm，预应力管桩不应小于 35mm；腐蚀环境中的灌注桩不应小于 55mm。

B 桩的计算

桩身应进行承载力和裂缝控制计算。计算时应考虑桩身材料强度、成桩工艺、吊运与沉桩、约束条件、环境类别诸因素，除按本节有关规定执行外，尚应符合现行国家标准的有关规定。

a　钢筋混凝土轴心受压桩

当桩顶以下 $5d$ 范围的桩身螺旋式箍筋间距不大于 100mm，且符合构造要求时：

$$N \leqslant \psi_c f_c A_{ps} + 0.9 f'_y A'_s \tag{6.6.2}$$

当桩身配筋不符合构造要求时：

$$N \leqslant \psi_c f_c A_{ps} \tag{6.6.3}$$

式中　N——荷载效应基本组合下的桩顶轴向压力设计值；

ψ_c——基桩成桩工艺系数。混凝土预制桩、预应力混凝土空心桩：$\psi_c = 0.85$；干作业非挤土灌注桩：$\psi_c = 0.90$；泥浆护壁和套管护壁非挤土灌注桩、部分挤土灌注桩、挤土灌注桩：$\psi_c = 0.7 \sim 0.8$；软土地区挤土灌注桩：$\psi_c = 0.6$。

f_c——混凝土轴心抗压强度设计值；

f'_y——纵向主筋抗压强度设计值；

A'_s——纵向主筋截面面积。

计算轴心受压混凝土桩正截面受压承载力时，一般取稳定系数 $\varphi = 1.0$。对于高承台基桩、桩身穿越可液化土或不排水抗剪强度小于 10kPa 的软弱土层的基桩，应考虑压屈影响，可按式（6.8.2.1）、（6.8.2.2）计算所得桩身正截面受压承载力乘以 φ 折减。其稳定系数 φ 可根据桩身压屈计算长度 l_c 和桩的设计直径 d（或矩形桩短边尺寸 b）确定。桩身压屈计算长度可根据桩顶的约束情况、桩身露出地面的自由长度 l_0、桩的入土长度 h、桩侧和桩底的土质条件应按表 6.6.3 确定。桩的稳定系数可按表 6.6.4 确定。

表 6.6.3　桩身压屈计算长度 l_c

桩顶铰接				桩顶固接			
桩底支于非岩石土中		桩底嵌于岩石内		桩底支于非岩石土中		桩底嵌于岩石内	
$h < \frac{4.0}{\alpha}$	$h \geqslant \frac{4.0}{\alpha}$	$h < \frac{4.0}{\alpha}$	$h \geqslant \frac{4.0}{\alpha}$	$h < \frac{4.0}{\alpha}$	$h \geqslant \frac{4.0}{\alpha}$	$h < \frac{4.0}{\alpha}$	$h \geqslant \frac{4.0}{\alpha}$
l_0, h	l_0, h	l_0, h	l_0, h	l_0, h	l_0, h	l_0, h	l_0, h
$l_c = 1.0 \times (l_0 + h)$	$l_c = 0.7 \times \left(l_0 + \frac{4.0}{\alpha}\right)$	$l_c = 0.7 \times (l_0 + h)$	$l_c = 0.7 \times \left(l_0 + \frac{4.0}{\alpha}\right)$	$l_c = 0.7 \times (l_0 + h)$	$l_c = 0.5 \times \left(l_0 + \frac{4.0}{\alpha}\right)$	$l_c = 0.5 \times (l_0 + h)$	$l_c = 0.5 \times \left(l_0 + \frac{4.0}{\alpha}\right)$

注：1. l_0 为高承台基桩露出地面的长度，对于低承台桩基，$l_0 = 0$；

2. h 为桩的入土长度，当桩侧有厚度为 d_1 的液化土层时，桩露出地面长度 l_0 和桩的入土长度 h 分别调整为 $l'_0 = l_0 + \psi_1 d_1$，$h' = h - \psi_1 d_1$，ψ_1 按表 6.3.11 取值。

表 6.6.4　桩身稳定系数 φ

l_c/d	≤7	8.5	10.5	12	14	15.5	17	19	21	22.5	24
l_c/b	≤8	10	12	14	16	18	20	22	24	26	28
φ	1.00	0.98	0.95	0.92	0.87	0.81	0.75	0.70	0.65	0.60	0.56

续表 6.6.4

l_c/d	26	28	29.5	31	33	34.5	36.5	38	40	41.5	43
l_c/b	30	32	34	36	38	40	42	44	46	48	50
φ	0.52	0.48	0.44	0.40	0.36	0.32	0.29	0.26	0.23	0.21	0.19

注：b 为矩形桩短边尺寸，d 为桩直径。

计算偏心受压混凝土桩正截面受压承载力时，可不考虑偏心距的增大影响，但对于高承台基桩、桩身穿越可液化土或不排水抗剪强度小于 10kPa 的软弱土层的基桩，应考虑桩身在弯矩作用平面内的挠曲对轴向力偏心距的影响，应将轴向力对截面重心的初始偏心矩 e_i 乘以偏心矩增大系数 η。

对于打入式钢管桩，可能需要验算桩身局部压曲：当 $t/d=\frac{1}{50}\sim\frac{1}{80}$，$d\leqslant600$mm，最大锤击压应力小于钢材强度设计值时，可不进行局部压屈验算；当 $d>600$mm，可按式 $t/d\geqslant f'_y/0.388E$ 进行验算；当 $d\geqslant900$mm，需同时满足 $t/d\geqslant f'_y/0.388E$ 与 $t/d\geqslant\sqrt{f'_y/14.5E}$，其中 t、d 为钢管桩壁厚、外径，E、f'_y 为钢材弹性模量、抗压强度设计值。

b 钢筋混凝土轴心抗拔桩

正截面受拉承载力应符合下式规定：

$$N\leqslant f_yA_s+f_{py}A_{py} \tag{6.6.4}$$

式中 N——荷载效应基本组合下桩顶轴向拉力设计值；

f_y，f_{py}——普通钢筋、预应力钢筋的抗拉强度设计值；

A_s，A_{py}——普通钢筋、预应力钢筋的截面面积。

对于抗拔桩的裂缝控制计算应符合下列规定：

对于严格要求不出现裂缝的一级裂缝控制等级预应力混凝土基桩，在荷载效应标准组合下混凝土不应产生拉应力，应符合下式要求：

$$\sigma_{ck}-\sigma_{pc}\leqslant0 \tag{6.6.5}$$

对于一般要求不出现裂缝的二级裂缝控制等级预应力混凝土基桩，在荷载效应标准组合下的拉应力不应大于混凝土轴心受拉强度标准值，应符合下列公式要求：

在荷载效应标准组合下

$$\sigma_{ck}-\sigma_{pc}\leqslant f_{tk} \tag{6.6.6}$$

在荷载效应准永久组合下

$$\sigma_{cq}-\sigma_{pc}\leqslant0 \tag{6.6.7}$$

对于允许出现裂缝的三级裂缝控制等级基桩，按荷载效应标准组合计算的最大裂缝宽度应符合下列规定：

$$w_{max}\leqslant w_{lim} \tag{6.6.8}$$

式中 σ_{ck}，σ_{cq}——荷载效应标准组合、准永久组合下正截面法向应力；

σ_{pc}——扣除全部应力损失后，桩身混凝土的预应力；

f_{tk}——混凝土轴心抗拉强度标准值；

w_{max}——按荷载效应标准组合计算的最大裂缝宽度，可按现行国家标准《混凝土结构设计规范》（GB 50010—2010）计算；

w_{lim}——最大裂缝宽度限值，按表 6.6.5 取用。

表 6.6.5 桩身的裂缝控制等级及最大裂缝宽度限值

环境类别		钢筋混凝土桩		预应力混凝土桩	
		裂缝控制等级	w_{lim}/mm	裂缝控制等级	w_{lim}/mm
二	*a*	三	0.2（0.3）	二	0
	b	三	0.2	二	0
三		三	0.2	一	0

注：1. 水、土为强、中腐蚀性时，抗拔桩裂缝控制等级应提高一级；

2. 二（a）类环境中，位于稳定地下水位以下的基桩，其最大裂缝宽度限值可采用括弧中的数值。

当考虑地震作用验算桩身抗拔承载力时，应根据现行国家标准的规定，对作用于桩顶的地震作用效应进行调整。

c 受水平作用桩

对于受水平荷载和地震作用的桩：对于桩顶固端的桩，应验算桩顶正截面弯矩；对于桩顶自由或铰接的桩，应验算桩身最大弯矩截面处的正截面弯矩；应验算桩顶斜截面的受剪承载力；桩身正截面受弯承载力和斜截面受剪承载力，应按现行国家标准《混凝土结构设计规范》（GB 50010—2010）执行；当考虑地震作用验算桩身正截面受弯和斜截面受剪承载力时，应根据现行国家标准的规定，对作用于桩顶的地震作用效应进行调整。

d 预制桩吊运和锤击验算

预制桩吊运时单吊点和双吊点的设置，应按吊点（或支点）跨间正弯矩与吊点处的负弯矩相等的原则进行布置。考虑预制桩吊运时可能受到冲击和振动的影响，计算吊运弯矩和吊运拉力时，可将桩身重力乘以 1.5 的动力系数。

对于裂缝控制等级为一级、二级的混凝土预制桩、预应力混凝土管桩：

最大锤击压应力 σ_p

$$\sigma_p = \frac{\alpha\sqrt{2eE\gamma_p H}}{\left(1+\frac{A_c}{A_H}\sqrt{\frac{E_c\cdot\gamma_c}{E_H\cdot\gamma_H}}\right)\left(1+\frac{A}{A_c}\sqrt{\frac{E\cdot\gamma_p}{E_c\cdot\gamma_c}}\right)} \tag{6.6.9}$$

式中 σ_p——桩的最大锤击压应力；

α——锤型系数；自由落锤为 1.0；柴油锤取 1.4；

e——锤击效率系数；自由落锤为 0.6；柴油锤取 0.8；

A_H，A_c，A——锤、桩垫、桩的实际断面面积；

E_H，E_c，E——锤、桩垫、桩的纵向弹性模量；

γ_H，γ_c，γ_p——锤、桩垫、桩的重度；

H——锤落距。

当桩需穿越软土层或桩存在变截面时，可按表 6.6.6 确定桩身的最大锤击拉应力。最大锤击压应力和最大锤击拉应力分别不应超过混凝土的轴心抗压强度设计值和轴心抗拉强度设计值。

表 6.6.6 最大锤击拉应力 σ_t 建议值 (kPa)

应力类别	桩类	建议值	出现部位
桩轴向拉应力值	预应力混凝土管桩	$(0.33\sim0.5)\sigma_p$	(1) 桩刚穿越软土层时； (2) 距桩尖 $(0.5\sim0.7)l$ 处
	混凝土及预应力混凝土桩	$(0.25\sim0.33)\sigma_p$	
桩截面环向拉应力或侧向拉应力	预应力混凝土管桩	$0.25\sigma_p$	最大锤击压应力相应的截面
	混凝土及预应力混凝土桩（侧向）	$(0.22\sim0.25)\sigma_p$	

e 软弱下卧层验算

对于桩距不超过 $6d$ 的群桩基础，桩端持力层下存在承载力低于桩端持力层承载力 1/3 的软弱下卧层时，可按下列公式验算软弱下卧层的承载力（见图 6.6.2）：

$$\sigma_z + \gamma_m z \leqslant f_{az} \tag{6.6.10}$$

$$\sigma_z = \frac{(F_k + G_k) - 3/2(A_0 + B_0) \cdot \sum q_{sik} l_i}{(A_0 + 2t \cdot \tan\theta)(B_0 + 2t \cdot \tan\theta)} \tag{6.6.11}$$

式中 σ_z——作用于软弱下卧层顶面的附加应力；

γ_m——软弱层顶面以上各土层重度（地下水位以下取浮重度）的厚度加权平均值；

t——硬持力层厚度；

f_{az}——软弱下卧层经深度 z 修正的地基承载力特征值；

A_0，B_0——桩群外缘矩形底面的长、短边边长；

q_{sik}——桩周第 i 层土的极限侧阻力标准值，无当地经验时，可根据成桩工艺按表 6.3.5 取值；

θ——桩端硬持力层压力扩散角，按表 6.6.7 取值。

表 6.6.7 桩端硬持力层压力扩散角 θ

E_{s1}/E_{s2}	$t=0.25B_0$	$t\geqslant0.50B_0$
1	4°	12°
3	6°	23°
5	10°	25°
10	20°	30°

注：1. E_{s1}、E_{s2} 为硬持力层、软弱下卧层的压缩模量；

2. 当 $t<0.25B_0$ 时，取 $\theta=0°$，必要时，宜通过试验确定；当 $0.25B_0<t<0.50B_0$ 时，可内插取值。

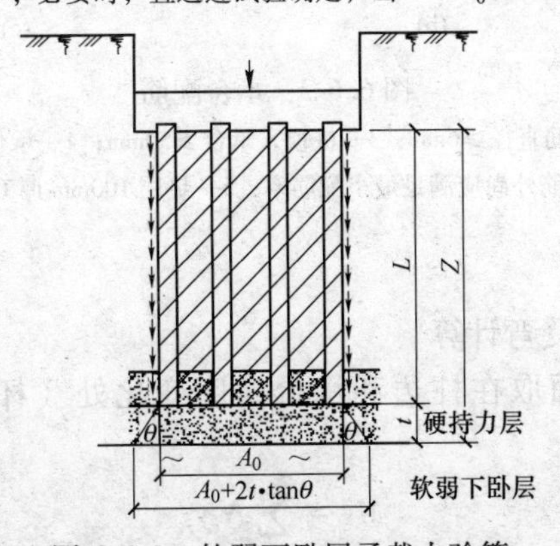

图 6.6.2 软弱下卧层承载力验算

6.6.2.5　承台设计

A　承台构造要求

桩基承台的构造，除满足抗冲切、抗剪切、抗弯承载力和上部结构的要求外，承台的宽度不应小于500mm。边桩中心至承台边缘的距离不宜小于桩的直径或边长，且桩的外边缘至承台边缘的距离不小于150mm。对于条形承台梁，桩的外边缘至承台梁边缘的距离不小于75mm；承台的最小厚度不应小于300mm；承台混凝土强度等级不应低于C20且应满足耐久性要求；纵向钢筋的混凝土保护层厚度不应小于70mm，当有混凝土垫层时，不应小于40mm；承台的配筋，对于矩形承台其钢筋应按双向均匀通长布置（见图6.6.3(a)），钢筋直径不宜小于10mm，间距不宜大于200mm；对于三桩承台，钢筋应按三向板带均匀布置，且最里面的三根钢筋围成的三角形应在柱截面范围内（见图6.6.3(b)）。承台梁的主筋除满足计算要求外尚应符合现行国家标准《混凝土结构设计规范》（GB 50010—2010）关于最小配筋率的规定，主筋直径不宜小于12mm，架立筋不宜小于10mm，箍筋直径不宜小于6mm（见图6.6.3(c)）；柱下独立桩基承台的最小配筋率不应小于0.15%。钢筋锚固长度自边桩内侧（当为圆桩时，应将其直径乘以0.886等效为方桩）算起，锚固长度不应小于35倍钢筋直径，当不满足时应将钢筋向上弯折，此时钢筋水平段的长度不应小于25倍钢筋直径，弯折段的长度不应小于10倍钢筋直径。

承台之间的连接要求：单桩承台，宜在两个互相垂直的方向上设置连系梁；两桩承台，宜在其短向设置连系梁；有抗震要求的柱下独立承台，宜在两个主轴方向设置连系梁；连系梁顶面宜与承台位于同一标高。连系梁的宽度不应小于250mm，梁的高度可取承台中心距的1/10~1/15，且不小于400mm；连系梁的主筋应按计算要求确定。连系梁内上下纵向钢筋直径不应小于12mm且不应少于2根，并应按受拉要求锚入承台。

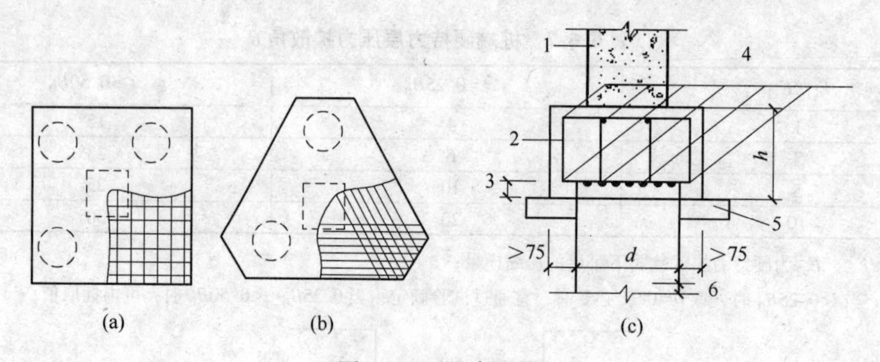

图6.6.3　承台配筋

1—墙；2—箍筋直径≥6mm；3—桩顶入承台≥50mm；4—承台梁内主筋除须按计算配筋外尚应满足最小配筋率；5—垫层100mm厚C10混凝土

B　承台计算

a　柱下独立桩基承台受弯计算

多桩矩形承台计算截面取在柱边和承台高度变化处（杯口外侧或台阶边缘，见图6.6.4(a)）：

$$M_x = \sum N_i y_i \tag{6.6.12}$$

$$M_y = \sum N_i x_i \tag{6.6.13}$$

式中　M_x，M_y——分别为垂直 y 轴和 x 轴方向计算截面处的弯矩设计值，kN · m；

x_i，y_i——垂直 y 轴和 x 轴方向自桩轴线到相应计算截面的距离，m；

N_i——扣除承台和其上填土自重后相应于作用的基本组合时的第 i 桩竖向力设计值，kN。

三桩承台：

等边三桩承台（见图 6.6.4(b)）

$$M = \frac{N_{max}}{3}\left(s - \frac{\sqrt{3}}{4}c\right) \tag{6.6.14}$$

式中　M——由承台形心至承台边缘距离范围内板带的弯矩设计值，kN · m；

N_{max}——扣除承台和其上填土自重后的三桩中相应于作用的基本组合时的最大单桩竖向力设计值，kN；

s——桩距，m；

c——方柱边长（m），圆柱时 $c=0.886d$（d 为圆柱直径）。

等腰三桩承台（见图 6.6.4(c)）。

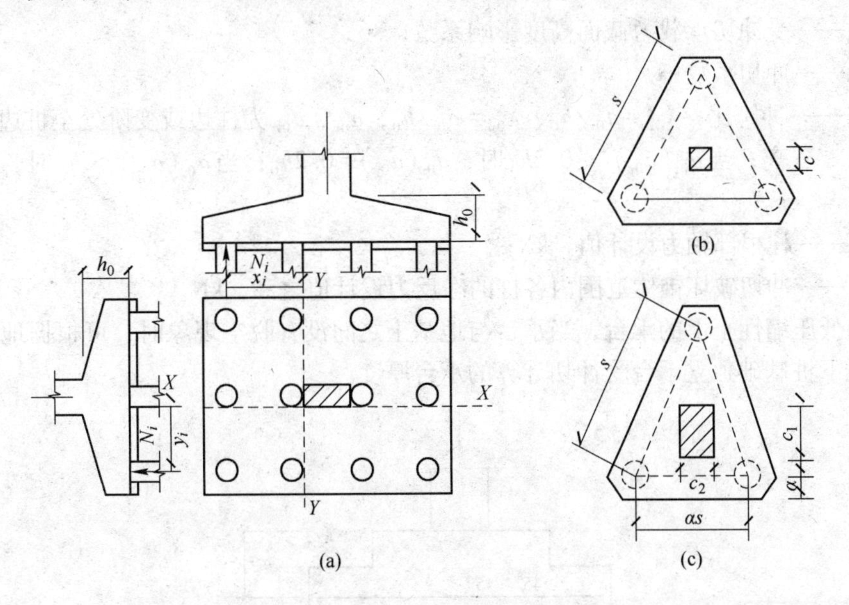

图 6.6.4　承台弯矩计算

$$M_1 = \frac{N_{max}}{3}\left(s - \frac{0.75}{\sqrt{4-\alpha^2}}c_1\right) \tag{6.6.15}$$

$$M_2 = \frac{N_{max}}{3}\left(\alpha s - \frac{0.75}{\sqrt{4-\alpha^2}}c_2\right) \tag{6.6.16}$$

式中　M_1，M_2——分别为由承台形心到承台两腰和底边的距离范围内板带的弯矩设计值，kN · m；

s——长向桩距，m；

α——短向桩距与长向桩距之比，当 α 小于 0.5 时，应按变截面的二桩承台设计；

c_1，c_2——分别为垂直于、平行于承台底边的柱截面边长，m。

b 柱下独立桩基承台受冲切计算

桩基承台的厚度应满足柱（墙）对承台的冲切和基桩对承台的冲切承载力要求。一般可先按冲切计算，再按剪切复核。

柱对承台的冲切，可按下列公式计算（见图 6.6.5）：

$$F_l \leqslant 2[\alpha_{0x}(b_c + a_{0y}) + \alpha_{0y}(h_c + a_{0x})]\beta_{hp} f_t h_0 \tag{6.6.17}$$

$$F_l = F - \sum N_i \tag{6.6.18}$$

$$\alpha_{0x} = 0.84/(\lambda_{0x} + 0.2) \tag{6.6.19}$$

$$\alpha_{0y} = 0.84/(\lambda_{0y} + 0.2) \tag{6.6.20}$$

式中 F_l——扣除承台及其上填土自重，作用在冲切破坏锥体上相应于作用的基本组合时的冲切力设计值（kN），冲切破坏锥体应采用自柱边或承台变阶处至相应桩顶边缘连线构成的锥体，锥体与承台底面的夹角不小于 45°（见图 6.6.5）；

h_0——冲切破坏锥体的有效高度，m；

β_{hp}——受冲切承载力截面高度影响系数；

α_{0x}，α_{0y}——冲切系数；

λ_{0x}，λ_{0y}——冲跨比，$\lambda_{0x} = a_{0x}/h_0$、$\lambda_{0y} = a_{0y}/h_0$，$a_{0x}$、$a_{0y}$ 为柱边或变阶处至桩边的水平距离；当 $a_{0x}(a_{0y}) < 0.2h_0$ 时，$a_{0x}(a_{0y}) = 0.2h_0$；当 $a_{0x}(a_{0y}) > h_0$ 时，$a_{0x}(a_{0y}) = h_0$；

F——柱根部轴力设计值，kN；

$\sum N_i$——冲切破坏锥体范围内各桩的净反力设计值之和，kN。

对中低压缩性土上的承台，当承台与地基土之间没有脱空现象时，可根据地区经验适当减小柱下桩基础独立承台受冲切计算的承台厚度。

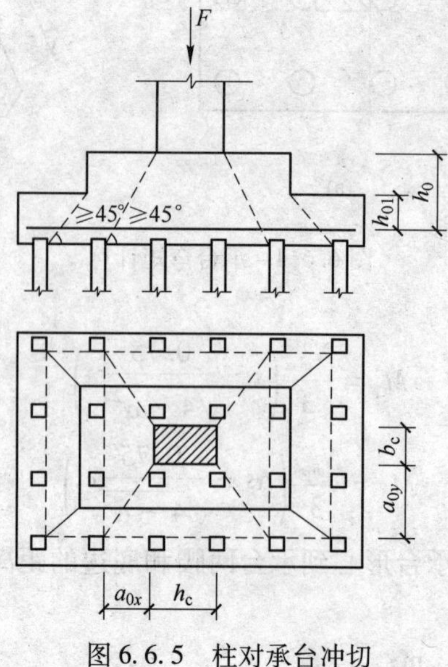

图 6.6.5 柱对承台冲切

角桩对承台的冲切，可按下列公式计算：

多桩矩形承台受角桩冲切的承载力应按下式计算（见图6.6.6）：

$$N_l \leqslant \left[\alpha_{1x}\left(c_2 + \frac{a_{1y}}{2}\right) + \alpha_{1y}\left(\frac{c_1 + a_{1x}}{2}\right)\right]\beta_{hp} f_t h_0 \tag{6.6.21}$$

$$\alpha_{1x} = \frac{0.56}{\lambda_{1x} + 0.2} \tag{6.6.22}$$

$$\alpha_{1y} = \frac{0.56}{\lambda_{1y} + 0.2} \tag{6.6.23}$$

式中 N_l——扣除承台和其上填土自重后的角桩桩顶相应于作用的基本组合时的竖向力设计值，kN；

α_{1x}，α_{1y}——角桩冲切系数；

λ_{1x}，λ_{1y}——角桩冲跨比，其值满足0.2~1.0，$\lambda_{1x} = a_{1x}/h_0$，$\lambda_{1y} = a_{1y}/h_0$；

c_1，c_2——从角桩内边缘至承台外边缘的距离，m；

a_{1x}，a_{1y}——从承台底角桩内边缘引45°冲切线与承台顶面或承台变阶处相交点至角桩内边缘的水平距离，m；

h_0——承台外边缘的有效高度，m。

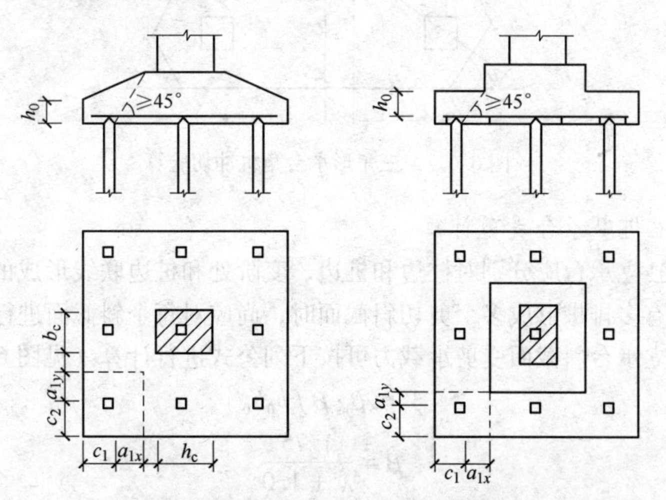

图6.6.6　矩形承台角桩冲切验算

三桩三角形承台受角桩冲切的承载力可按下列公式计算（见图6.6.7）。对圆柱及圆桩，计算时可将圆形截面换算成正方形截面。

底部角桩

$$N_l \leqslant \alpha_{11}(2c_1 + a_{11})\tan\frac{\theta_1}{2}\beta_{hp} f_t h_0 \tag{6.6.24}$$

$$\alpha_{11} = \frac{0.56}{\lambda_{11} + 0.2} \tag{6.6.25}$$

顶部角桩

$$N_l \leqslant \alpha_{12}(2c_2 + a_{12})\tan\frac{\theta_2}{2}\beta_{hp} f_t h_0 \tag{6.6.26}$$

$$\alpha_{12} = \frac{0.56}{\lambda_{12} + 0.2} \tag{6.6.27}$$

式中 λ_{11}，λ_{12}——角桩冲跨比，$\lambda_{11} = \frac{a_{11}}{h_0}$，$\lambda_{12} = \frac{a_{12}}{h_0}$，其值均应满足 0.25 ~ 1.0 的要求；

a_{11}，a_{12}——从承台底角桩内边缘向相邻承台边引 45°冲切线与承台顶面相交点至角桩内边缘的水平距离，m；当柱位于该 45°线以内时则取柱边与桩内边缘连线为冲切锥体的锥线。

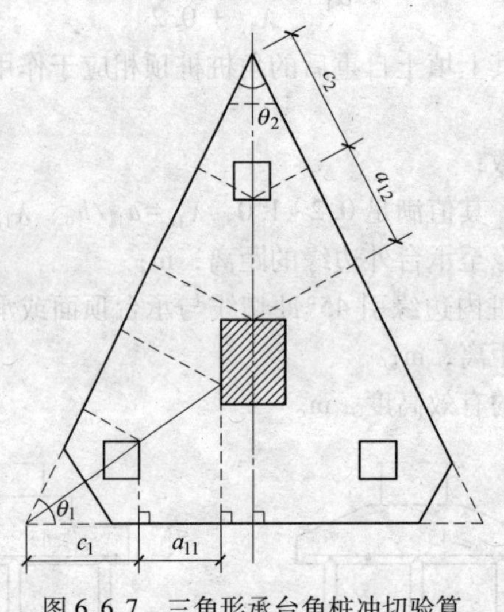

图 6.6.7 三角形承台角桩冲切验算

C 柱下独立桩基承台受剪计算

柱下桩基础独立承台应分别对柱边和桩边、变阶处和桩边联线形成的斜截面进行受剪计算。当柱边外有多排桩形成多个剪切斜截面时，尚应对每个斜截面进行验算。

柱下桩基独立承台斜截面受剪承载力可按下列公式进行计算（见图 6.6.8）：

$$V \leqslant \beta_{hs} \beta f_t b_0 h_0 \tag{6.6.28}$$

$$\beta = \frac{1.75}{\lambda + 1.0} \tag{6.6.29}$$

$$\beta_{hs} = \left(\frac{800}{h_0}\right)^{1/4} \tag{6.6.30}$$

式中 V——扣除承台及其上填土自重后相应于作用的基本组合时的斜截面的最大剪力设计值，kN；

b_0——承台计算截面处的计算宽度，m；

h_0——计算宽度处的承台有效高度，m；

β——承台剪切系数；

β_{hs}——受剪切承载力截面高度影响系数；

λ——计算截面的剪跨比，$\lambda_x = \frac{a_x}{h_0}$，$\lambda_y = \frac{a_y}{h_0}$。$a_x$、$a_y$ 为柱边或承台变阶处至 x、y 方向计算一排桩的桩边的水平距离，当 $\lambda < 0.25$ 时，取 $\lambda = 0.25$；当 $\lambda > 3$ 时，取 $\lambda = 3$。

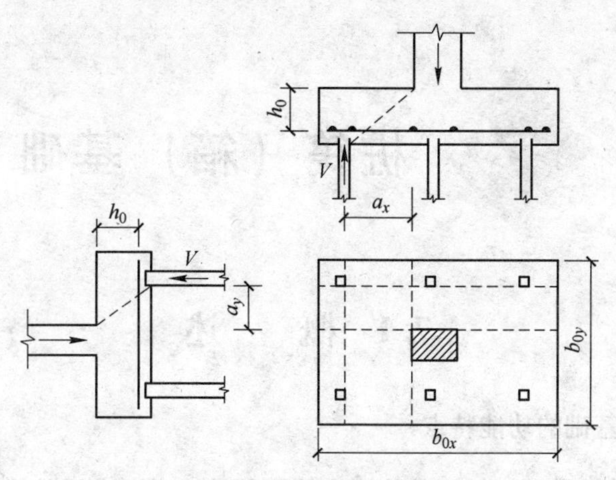

图 6.6.8　承台斜截面受剪计算

当承台的混凝土强度等级低于柱或桩的混凝土强度等级时，尚应验算柱下或桩上承台的局部受压承载力。当进行承台的抗震验算时，应根据现行国家标准《建筑抗震设计规范》（GB 50011—2010）的规定对承台顶面的地震作用效应和承台的受弯、受冲切、受剪承载力进行抗震调整。

思考题

6-1　桩基础的类型有哪些？

6-2　单桩竖向荷载的传递机理是什么？

6-3　什么是桩的负摩阻力，影响桩负摩阻力发挥的因素有哪些？

6-4　桩在竖向荷载作用下的破坏模式有哪些？

6-5　桩竖向承载力的确定方法有哪些？

6-6　什么是群桩效应，影响群桩效应发挥的因素有哪些？

6-7　如何进行群桩基础的承载力和沉降计算？

6-8　如何进行单桩水平承载力和变形计算？

6-9　桩基础设计内容有哪些，其设计步骤是什么？

7 桩筏（箱）基础

7.1 概　述

7.1.1 桩筏（箱）基础的功能特点

桩筏（箱）基础就是置于桩上的筏形或箱形基础。对于高层或超高层建筑而言，当筏（箱）形基础下天然地基承载力或沉降变形不能满足设计要求时，可采用桩加筏（箱）形基础，形成桩筏（箱）基础。桩筏（箱）基础的受力与变形状态既不同于天然地基上的筏形基础和箱形基础，也不同于单纯的桩基础，它是由桩箱与桩筏基础与桩以及地基土三者组成的、相互作用的一个受力共同体，共同承受上部结构传来的各种荷载。上部结构荷载的一部分通过桩传递到更深处的土体，另一部分则由箱基或筏基底板下的土体承受。由于桩筏（箱）基础结合了筏（箱）形与桩基础的共同优点，在高层建筑基础中应用广泛。下面对桩筏（箱）基础主要特点进行介绍。

（1）能够充分发挥地基承载力。箱形和筏形基础都是满堂基础，与独立柱基、条形基础或十字交叉梁基础等相比较，基础底面积大，能够更好地发挥地基的承载力。同时，由于筏（箱）底板下桩基础的存在，还能够将荷载传递至地基深部，能够充分利用埋深较大的地基土承载能力。

（2）有效控制地基不均匀沉降。作为高层建筑的基础，箱形或筏形基础的埋深较大，基础本身所占的体积很大，挖去的土方重量往往大于箱形和筏形基础本身的重量，使之成为一种补偿基础，相应的基底附加压力值也会减小。所以在同样的上部结构荷载的情况下，箱形或筏形基础的沉降量本身就会比其他类型的基础小，当再结合桩形成桩筏（箱）基础时，就进一步控制了地基的整体沉降或者不均匀沉降。

（3）具有良好的抗震性能力。实际调查资料表明，箱形和筏形基础在地震中表现出了良好的抗震性能。其不仅沉降小，而且还能在轻度的地震液化保持整体性；而且桩基的存在加强了软弱地基，减小了沉降，并减轻了地基土液化引起的震害。

（4）可充分利用地下空间。箱形或筏形基础能够很好地对地下空间进行利用。许多高层建筑的地下，存在地铁车站或地下商场，筏形基础就适用于这类高层建筑；对于多层地下室，箱形基础就具有更明显的优势。将地下空间建设与桩筏（箱）基础结合起来，能够节省城市建设的总费用。

7.1.2 桩筏（箱）基础的应用条件

高层建筑与一般建筑一样，往往可采用多种基础方案。是否采用桩筏（箱）基础，应是多种基础方案进行比较的结果。影响方案选择的因素主要有：

（1）上部结构特性。上部结构形式不同，对基础的要求也不同。对地基不均匀沉降非常敏感的结构，需选择整体刚度大，调整不均匀沉降能力强的基础，例如桩筏（箱）基础。

（2）地基土质条件。当土质较好、地基承载力较高时，首先应考虑天然地基方案，例如，北京的高层建筑，天然地基上的箱基应用较多。上海地区的软土层厚度大、承载力低，对于高度在40m以下的建筑，采用箱形基础是可行的。对于更高层的建筑，天然地基承载力就难以满足，可考虑采用桩筏（箱）基础。

（3）建筑功能要求。有些建筑有人防、地下车库和设备层的要求，如地质条件许可，采用筏（箱）形基础一举两得，既满足了使用要求，又满足了基础的技术要求。

（4）抗震要求。在抗震设防区，抗震要求是选择基础方案必须考虑的因素。桩筏（箱）基础的抗震性能比较好，可供高中建筑物选用。

（5）其他因素。工程所在地区的环境、基础造价、材料和施工条件以及工期等均会对基础方案的选择产生影响。

7.2 桩筏（箱）基础的设计原则与构造要求

7.2.1 桩筏（箱）基础的设计原则

7.2.1.1 总体设计原则

由于桩筏（箱）基础工作性状复杂性以及客观上存在的地基-桩-筏（箱）-上部结构的共同作用，使得桩筏（箱）基础的设计过程中，不仅应遵循一般桩基础和筏（箱）形基础的设计原则，还应注意其本身的特殊性。

为确保建筑物的安全和正常使用，桩筏、桩箱基础设计时，必需满足以下三方面的原则：

（1）基底总荷载不超过桩基承载力与桩间土容许分担荷载的总和；

（2）地基计算变形量小于建筑物容许变形值；

（3）满足水平荷载作用下建筑物抗倾覆和抗滑移稳定性要求。

这三个要求也是高层建筑基础设计的基本要求，对于重要程度和使用年限不同的建筑物可分别对待。

对于桩箱基础，由于其箱基具有较大的结构刚度，一般按墙下板受冲切承载力计算确定板厚，按构造要求配筋即可满足设计要求。而桩筏基础，由于其底板和地下室结构刚度有限，其在上部结构荷载作用下的整体和局部弯曲所产生的内力，特别是弯矩的影响不可忽视。限于目前的设计计算水平，桩筏基础的桩顶反力、桩土荷载分担以及筏板内力的计算等还不够规范，设计单位需根据自已的设计经验和计算能力，参照地基规范和桩基规范对桩基及承台的设计要求来进行桩筏基础的设计。

7.2.1.2 桩的布设原则

对于桩筏或桩箱基础中桩而言，其布置应符合下列原则：

（1）桩群承载力的合力作用点宜与结构竖向永久荷载合力作用点相重合。

（2）同一结构单元应避免同时采用摩擦桩和端承桩。

（3）桩的中心距应符合现行行业标准《建筑桩基技术规范》（JGJ 94—2008）的相关规定。

（4）宜根据上部结构体系、荷载分布情况以及基础整体变形特征，将桩集中在上部结构主要竖向构件（柱、墙和筒）下面，桩的数量宜与上部荷载的大小和分布相对应。

（5）对框架—核心筒结构宜通过调整桩径、桩长或桩距等措施，加强核心筒外缘 1 倍底板厚度范围以内的支承刚度。以减小基础差异沉降和基础整体弯矩。

（6）有抗震设防要求的框架-剪力墙结构，对位于基础边缘的剪力墙，当考虑其两端应力集中影响时，宜适当增加墙端下的布桩量；当桩端为非岩石持力层时，宜将地震作用产生的弯矩乘以 0.8 的降低系数。

7.2.2 桩筏（箱）基础的构造要求

箱基底板一般为等厚度平板；筏板分为平板式和梁板式两种类型，应根据土质及布桩情况、上部结构体系、柱距、荷载大小以及施工条件选定。

（1）当箱形基础的底板和筏板仅按局部弯矩计算时，其配筋除应满足局部弯曲的计算要求外，箱基底板和筏板顶部跨中钢筋应全部连通，箱基底板和筏基的底部支座钢筋应分别有 1/4 和 1/3 贯通全跨，上下贯通钢筋的配筋率均不应小于 0.15%。

（2）底板的平面尺寸，应根据布桩情况、上部结构布置以及对地基分担荷载的要求等因素确定。底板边缘至外排桩桩中心的距离不宜小于桩的直径或边长，且边缘挑出部分的宽度不应小于 150mm。

（3）基础底板的厚度应满足整体刚度及防水要求，桩布置在墙下或基础梁下的基础板，其厚度不得小于 300mm，且不宜小于板跨的 1/20；满堂布桩的平板式筏基和箱基底板的板厚应满足受冲切承载力的要求。

（4）梁板式筏基，基础梁的宽度除满足剪压比、抗剪承载力外，尚应验算其局部受压承载力。基础梁与地下室地层柱、剪力墙的连接构造尺寸如图 7.2.1 和图 7.2.2 所示。

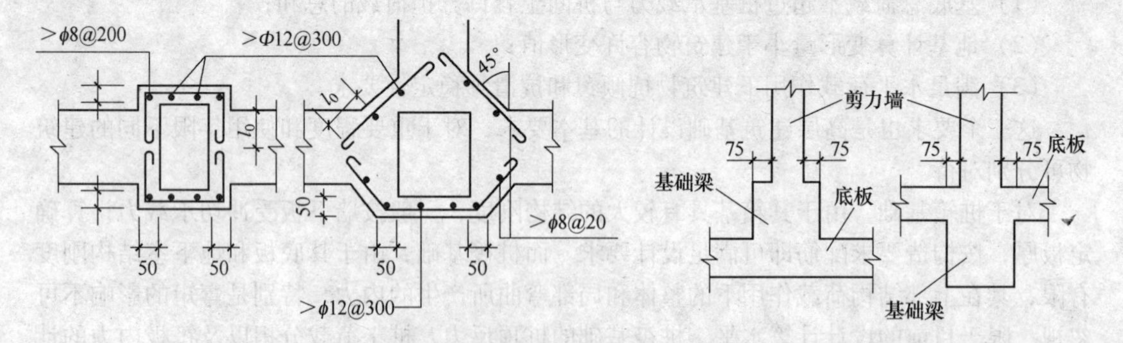

图 7.2.1 筏形基础梁与上部结构柱的连接平面　　图 7.2.2 筏形基础梁与上部剪力墙的连接剖面

（5）桩上筏形与箱形基础的混凝土强度等级不应低于 C30；垫层混凝土强度等级不应低于 C10，垫层厚度不应小于 70mm。

（6）当基础板的混凝土强度等级低于柱或桩的混凝土强度等级时，应验算柱下或桩上基础板的局部受压承载力。基础板的厚度除应满足承载力计算要求外，其厚度与最大双向板格的短边净跨之比不应小于 1/14，且不应小于 400mm；梁板式筏基的板厚不应小于 500mm；当筏板厚度大于 2000mm 时，宜在板厚中间设置直径不小于 12mm、间距不大于 300mm 的双向钢筋网。

（7）桩与箱基或筏基的连接应符合下列规定：桩顶嵌入箱基或筏基底板内的长度，对于大直径桩，不宜小于 100mm；对于中小直径的桩不宜小于 50mm；桩的纵向钢筋锚入箱基或筏基底板内的长度不宜小于钢筋直径的 35 倍，对于抗拔桩基不应小于钢筋直径的 45 倍。

7.3 桩筏（箱）基础内力的计算

7.3.1 不考虑共同作用的简化计算方法

以桩筏基础上的高层框架结构为例，来说明不考虑上部结构共同作用的简化计算方法。这一计算方法是沿框架地层柱脚切断，将上部结构视为柱底固端约束的独立结构，用结构力学方法求出外荷载作用下的结构内力和柱底反力；然后将求出的柱底固端力作用于基础，假定外荷载全部由桩承担，由外荷载和单桩承载力确定桩数，再按材料力学要求或构造要求确定承台基础尺寸和配筋。

内力计算的刚性板法即属于不考虑共同作用的计算方法。按截条多跨连续梁法，计算时从纵横两个方向分别截取跨中到跨中或跨中到板边的板带，将板带简化为以板下的桩作为支座的多跨连续梁，以板带上的墙、柱脚荷载作为连续梁的荷载，按结构力学法近似计算各板带的内力。

这种计算方法不考虑板底地基土对荷载的分担作用，认为上部结构荷载全部由桩来承担且各桩分配的荷载相等；同时也不考虑各接触点的变形协调。因而，该方法仅满足了总荷载与总反力的静力平衡条件，未能考虑上部结构与基础的连接点、基底及桩身以上介质接触点的位移连续条件。

该方法存在以下几方面问题：

（1）桩筏基础的桩顶反力并不是相等的，角桩、边桩大，内桩小，桩顶反力有很大的区别，这种差异将导致筏板的内力，尤其是板的弯矩增加。因此，刚性板法的计算结果是不安全的。

（2）刚性板法忽略了各板带之间的变形协调和内力，其计算结果是相当粗糙的，有时可能会导致严重的失真。

（3）刚性板法算得的是各板带的平均内力，不能反映内力沿板带宽度上的分布。

（4）刚性板法计算的内力没有计及筏板整体弯曲的影响。

7.3.2 基于有限差分法的桩筏（箱）基础内力计算

7.3.2.1 挠曲微分方程

板的挠曲微分方程为：

$$D\left(\frac{\partial^4 w}{\partial x^4} + 2\frac{\partial^4 w}{\partial x^2 \partial y^2} + \frac{\partial^4 w}{\partial y^4}\right) = q(x,\ y) - kw(x,\ y) \tag{7.3.1}$$

巴斯捷纳克双参数模型是在 Winkler 模型中增加了一个地基剪切模型 G_p，以考虑地基中横向联系和剪切效应，其表达式为：

$$p(x, y) = kw(x, y) - G_p \nabla^2 w(x, y) \tag{7.3.2}$$

$$\nabla^2 w(x, y) = \frac{\partial^2 w}{\partial x^2} + \frac{\partial^2 w}{\partial y^2}$$

将式（7.3.2）代入式（7.3.1）中，即可得到双参数地基筏板上的挠曲微分方程：

$$\nabla^4 w(x, y) = \frac{1}{D}[q(x, y) - kw(x, y) + G_p \nabla^2 w(x, y)] \tag{7.3.3}$$

式中 D——基础板的抗弯刚度，可按下式进行计算：

$$D = \frac{E_h h^3}{12(1 - \mu_h^2)}$$

筏板中任意点处沿 x 轴或 y 轴方向单位长度上的弯矩设计值可按下式计算：

$$\begin{cases} M_x = -D\left(\dfrac{\partial^2 w}{\partial x^2} + \mu_h \dfrac{\partial^2 w}{\partial y^2}\right) \\ M_y = -D\left(\dfrac{\partial^2 w}{\partial y^2} + \mu_h \dfrac{\partial^2 w}{\partial x^2}\right) \end{cases} \tag{7.3.4}$$

7.3.2.2 边界条件

当按双参数模型考虑矩形板自由端的边界条件时，必须考虑集中的板边反力 Q 和集中的板角反力 R，Q 和 R 是由于板边以外的土介质的变形引起的，并沿板的边界出现，可用下式近似表示：

$$\text{板边反力}\begin{cases} Q_b(y) = G_p\left[\alpha w_b + \left(\dfrac{\partial w}{\partial x}\right)_b - \dfrac{1}{2\alpha}\left(\dfrac{\partial^2 w}{\partial y^2}\right)_b\right] \\ Q_l(y) = G_p\left[\alpha w_l + \left(\dfrac{\partial w}{\partial y}\right)_l - \dfrac{1}{2\alpha}\left(\dfrac{\partial^2 w}{\partial x^2}\right)_l\right] \end{cases} \tag{7.3.5}$$

$$\text{板角反力 } R = \frac{3}{4} G_p w_c \tag{7.3.6}$$

式中，$\alpha = \sqrt{\dfrac{k}{G_p}}$，下标 b、l 表示板边；c 表示板角。

对于如图 7.3.1 所示对称荷载矩形基础板，在板边 $x=0$、$2l$ 和 $y=0$、$2b$ 处的自由边界条件为：

$$\begin{cases} M_x(0, y) = M_x(2l, y) = 0, \left(Q_x - \dfrac{\partial M_{xy}}{\partial y}\right)_{x=0, 2l} - Q_b = 0 \\ M_y(x, 0) = M_y(x, 2b) = 0, \left(Q_y - \dfrac{\partial M_{xy}}{\partial x}\right)_{y=0, 2b} - Q_l = 0 \end{cases} \tag{7.3.7}$$

板角处：

$$2M_{xy} - \frac{3}{4} G_p w_c = 0 \tag{7.3.8}$$

式中 M_{xy}——扭矩。

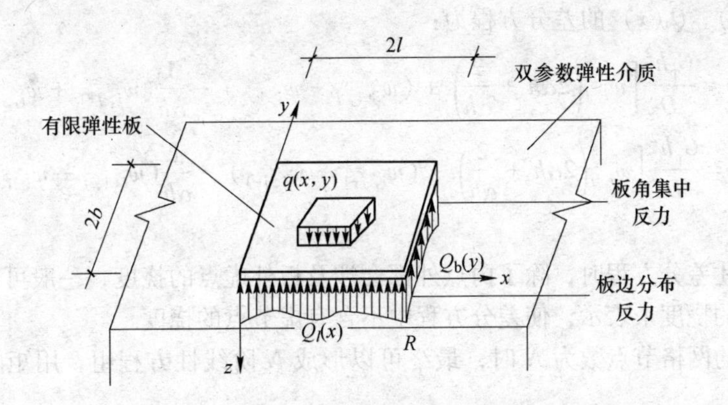

图 7.3.1 双参数地基上的弹性板

7.3.2.3 差分方程的建立

将基础板沿 x 和 y 两个方向划分成等间距的网格，将与地基接触的板简化为在网格结点处支撑在有限刚度为 k 的弹性支座上的板，由于引入了双参数，此时各弹簧之间可以传递剪应力。

$$h^4 \nabla^4 w = \beta(F - Kw) + \beta h^2 G_p \nabla^2 w \tag{7.3.9}$$

式中 F——节点竖向集中力，非节点上的荷载按静力等效原则分配到相邻节点上；

K——地基系数。

上式在任一节点 (i, j) 处的差分方程为：

$$(20 + 4\beta G_p + \beta K_{i,j}) - (8 + \beta G_p)(w_{i+1,j} + w_{i-1,j} + w_{i,j+1} + w_{i,j-1}) + 2(w_{i-1,j+1} + w_{i-1,j-1} + w_{i+1,j+1} + w_{i+1,j-1}) + (w_{i-2,j} + w_{i,j+2} + w_{i,j-2} + w_{i+1,j}) = \beta F_{i,j} \tag{7.3.10}$$

板中任一节点 (i, j) 上的弯矩差分方程为：

$$\begin{cases} (M_x)_{i,j} = -\dfrac{D}{l^2}[w_{i+1,j} + w_{i-1,j} - 2(1 + \mu_h)w_{i,j} + \mu_h(w_{i,j+1} + w_{i,j-1})] \\ (M_y)_{i,j} = -\dfrac{D}{l^2}[\mu_h(w_{i+1,j} + w_{i-1,j}) - 2(1 + \mu_h)w_{i,j} + (w_{i,j+1} + w_{i,j-1})] \end{cases} \tag{7.3.11}$$

板中任一节点 (i, j) 上的扭矩差分方程为：

$$(M_{xy})_{i,j} = (M_{yx})_{i,j} = -\frac{D}{4l^2}(1 - \mu_h)(w_{i+1,j+1} - w_{i-1,j+1} + w_{i-1,j-1} - w_{i+1,j-1}) \tag{7.3.12}$$

考虑扭矩影响的单位长度上的合成剪力的差分方程为：

$$\begin{cases} (V_x)_{i,j} = -\dfrac{D}{2l^3}[2(\mu_h - 3)(w_{i+1,j} - w_{i-1,j}) + (w_{i-2,j} - w_{i-2,j}) + \\ \qquad (2 - \mu_h)(w_{i+1,j+1} - w_{i-1,j+1} - w_{i-1,j-1} - w_{i+1,j-1})] \\ (V_y)_{i,j} = -\dfrac{D}{2l^3}[2(\mu_h - 3)(w_{i,j+1} - w_{i,j-1}) + (w_{i,j+2} - w_{i,j-2}) + \\ \qquad (2 - \mu_h)(w_{i+1,j+1} - w_{i-1,j+1} - w_{i-1,j-1} - w_{i+1,j-1})] \end{cases} \tag{7.3.13}$$

板边反力 $Q_b(y)$、$Q_l(x)$ 的差分方程为：

$$Q_b(y) = \frac{G_p h^2}{D}\left[w_{i,j}\left(2\alpha h + \frac{2}{\alpha h}\right) + (w_{i+1,j} - w_{i-1,j}) - \frac{1}{\alpha h}(w_{i,j+1} + w_{i,j-1})\right]$$

$$Q_l(x) = \frac{G_p h^2}{D}\left[w_{i,j}\left(2\alpha h + \frac{2}{\alpha h}\right) + (w_{i,j+1} - w_{i,j-1}) - \frac{1}{\alpha h}(w_{i+1,j} - w_{i-1,j})\right]$$

(7.3.14)

在建立上述差分方程时，除了内点外都会涉及板外虚点的挠度，一般可以根据边界条件用板上结点的挠度来表示，使差分方程中不含有虚节点的挠度。

当基础板的网格节点数为 N 时，最终可以形成 N 阶线性方程组，用矩阵形式可以表示为：

$$[A]\{w\} = \beta\{F\} \tag{7.3.15}$$

7.3.2.4 加桩分析

上述矩阵方程为未考虑桩的差分方程，对于桩筏基础需要在此基础上进行加桩分析。根据上述板的差分方程及实际桩的布置，设桩的刚度系数为 K'_i，加桩分析时将相应桩位处的 K'_i 叠加到差分系数矩阵中，即可求得桩筏基础的差分方程，并进一步求得筏板内力和桩顶反力。

一般桩的荷载-位移曲线（P-s 曲线）呈现明显的非线性性质，为反映桩筏基础的实际工作特性，分析中可以考虑采用试桩 P-s 曲线的双曲线模型来模拟桩筏基础中桩的非线性性质。

$$P_i = \frac{s_i}{a + bs_i} \tag{7.3.16}$$

令 $K'_i = \dfrac{1}{a + bs_i}$，则有：

$$P_i = K'_i s_i \tag{7.3.17}$$

式中，K'_i 即为相应于沉降 s_i 的单桩刚度系数，根据底板的网格划分及桩顶位置，可以建立桩的刚度矩阵 $[K']$，该矩阵的阶数为 N（N：底板网格总节点数），对于非节点上的桩，可将其刚度分配到四周的相邻节点上；对于无桩节点，将桩的刚度矩阵中相应的刚度系数定义为零，然后将桩的刚度矩阵 $[K']$ 直接叠加到底板矩阵中，即可得到桩筏基础的差分矩阵：

$$[K]\{w\} = \{Q\} \tag{7.3.18}$$

式中，$[K] = [A] + [K']$；$\{Q\} = \beta\{F\}$。

7.3.2.5 内力计算

式（7.3.18）中的系数矩阵 $[K]$ 为 $N \times N$ 阶非对称大型稀疏带状方阵，可选用全选主元高斯—约当（Gauss-Jordon）法求解。由于在考虑桩的非线性时，用 K'_i 代桩的刚度，而 K'_i 中含有未知的沉降 s_i，所以实际计算过程是一个迭代运算的过程，迭代求解的步骤为：

（1）利用差分方程求解各节点的位移 w；

（2）根据地基计算模型求解基底反力及桩顶反力；

（3）根据节点位移计算板边、板角的集中反力；

（4）根据内力差分计算公式计算底板内力；

（5）调整刚度矩阵，再迭代反复计算。

桩箱基础的内力及桩顶反力也可以按上述迭代法同样进行计算，计算时 D 为箱基的抗弯刚度。

用弹性板法计算时，桩顶刚度根据单桩的 $P\text{-}s$ 曲线确定，由于满堂群桩的群桩效应及桩端平面的附加应力叠加效应，使得中间桩产生沉降软化效应，角桩及边桩与中间桩的 $P\text{-}s$ 曲线存在一定的差异，一般可以考虑将单桩试桩曲线按一定比例折减来反映这种效应。

用差分法计算桩筏基础的内力及桩顶反力，概念比较明确，分析方法简单，但差分法难以处理比较复杂的边界条件，目前比较多地用于平面形状比较规则的等厚矩形筏板的计算。

7.3.3 基于有限单元法的桩筏（箱）基础内力计算

相对于有限差分法，桩筏（箱）基础的有限单元法在边界条件和计算对象等方面具有更好的灵活性。类似于有限差分法，桩筏（箱）基础的有限元分析也是在板的有限元分析的基础上，在刚度矩阵中加上桩的刚度，建立桩-土-筏（箱）板的整体刚度矩阵。

（1）基本方程。根据筏形基础的有限元方程，可以建立桩筏基础的有限元方程：

$$[K + \bar{K}_{sp} + K_b]\{U\} = \{Q\} + \{S_b\} \tag{7.3.19}$$

式中 K——基础刚度；

K_b——上部结构刚度；

$[\bar{K}_{sp}]$——桩土支撑体系的刚度矩阵；

S_b——上部结构对基础接触面边界节点的等效荷载。

如果不考虑上部的共同作用，仅考虑基础与地基的共同作用，则上述方程可以简化为：

$$[K + \bar{K}_{sp}]\{U\} = \{Q\} \tag{7.3.20}$$

求解上述方程，即可确定桩筏基础各单元的变形与应力，进一步确定各点的位移与内力。

（2）桩-土支撑体系的刚度矩阵。建立考虑基础-地基共同作用的有限元分析模型的关键点在于桩-土支撑体系刚度矩阵的建立，也是决定计算结果是否准确的控制因素。不仅与所选择的地基模型有关，还与群桩效应等因素有关，相互之间存在复杂的作用过程。当假定桩-土符合线弹性或理想弹塑性模型时，可以按以下方法建立桩土支撑体系的刚度矩阵。

在平面上将基底界面划分为若干个矩形单元，取各单元角点为节点，共有 m 个桩顶节点，n 个基底土节点，节点数为 $N=m+n$，桩与桩、桩与土、土与桩、土与土之间的相互作用按图 7.3.2 的模式确定。

通常，直接建立桩土共同作用的刚度矩阵比较困难，一般是建立桩土共同作用的柔度矩阵，通过逆矩阵的运算得到刚度矩阵。有限元方程为以下形式：

$$\{W\} = [\delta]\{R\} \tag{7.3.21}$$

式中 $\{W\}$——桩土支承体系的节点竖向位移向量；

$\{R\}$——相应节点的反力向量；

$\{\delta\}$ ——桩土支承体系的柔度矩阵，可以用分块矩阵表示：

$$[\delta]=\begin{bmatrix}\delta_{p} & \delta_{ps}\\ \delta_{sp} & \delta_{s}\end{bmatrix} \tag{7.3.22}$$

式中 δ_p——桩对桩（包括桩自身）的位移影响系数矩阵，可以用明德林公式积分求得；

δ_{sp}——桩对土的位移影响系数矩阵，用明德林公式求得；

δ_{ps}——土对桩的位移影响系数矩阵，根据位移互等定理，$\delta_{ps}=\delta_{sp}$；

δ_s——土对土的位移影响系数矩阵，一般用布辛奈斯克公式求解，当埋深与宽度比超过一定值时，可以用明德林公式计算。

对柔度矩阵求逆矩阵，即可得到桩土体系的支承刚度矩阵：

$$[\bar{K}_{sp}]=[\delta]^{-1},\ [\bar{K}_{sp}]=\begin{bmatrix}K_{p} & K_{ps}\\ K_{sp} & K_{s}\end{bmatrix} \tag{7.3.23}$$

将确定的桩土支承刚度 $[\bar{K}_{sp}]$ 代入有限元方程，即可计算桩筏基础的位移，并进一步计算内力及反力。

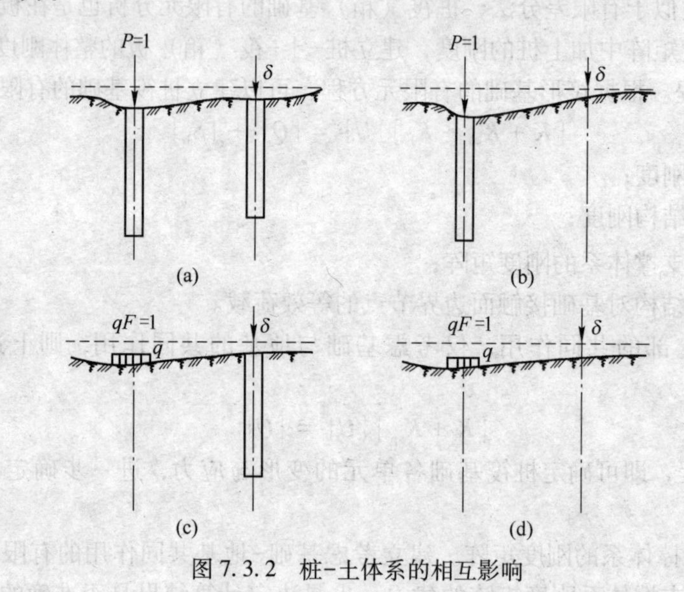

图 7.3.2 桩-土体系的相互影响

7.4 桩筏（箱）基础设计验算

桩筏（箱）基础必须按设计要求进行验算，下面对桩筏（箱）底板抗水平滑移验算、抗剪验算、底板抗冲切验算、局部受压验算进行介绍。

7.4.1 水平荷载验算

7.4.1.1 抗水平滑移验算

主要验算桩筏（箱）基础在水平荷载作用下底板的抗水平滑移的安全性。

A 桩筏基础

对于基础埋深较浅、外墙不能可靠地承受被动土压力的桩筏基础（见图 7.4.1），水

平总荷载设计值 H 将由桩全部承担：

$$KH \leqslant \sum_{i=1}^{n} R_{ui} \tag{7.4.1}$$

式中 R_{ui}——第 i 根桩能承受的桩顶水平荷载；

K——安全系数，一般取为3。

由于承台底与土可能脱开，筏底摩擦力可不予考虑。

B 桩箱基础

一般箱形基础的埋深都比较大，在桩周土不过于软弱的条件下，基础抗滑移承载力可以计入侧面被动土压力的作用，水平总荷载设计值由桩顶及箱形基础侧壁被动土压力的合力共同承担（见图7.4.2）：

$$KH \leqslant \sum_{i=1}^{n} R_{ui} + P \tag{7.4.2}$$

为安全起见，一般不考虑箱形基础两侧壁与土体之间的摩擦力。

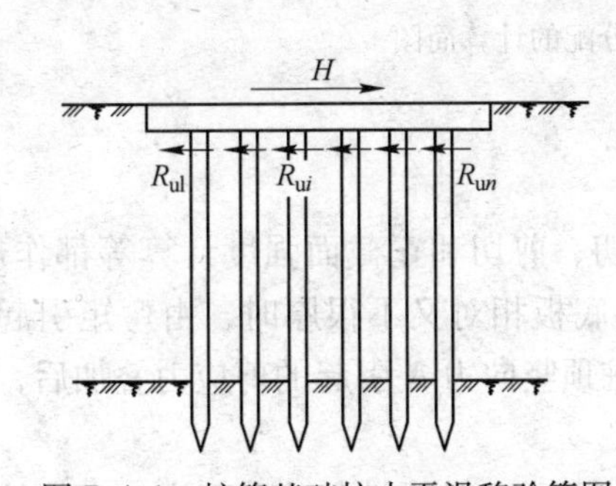

图7.4.1 桩筏基础抗水平滑移验算图

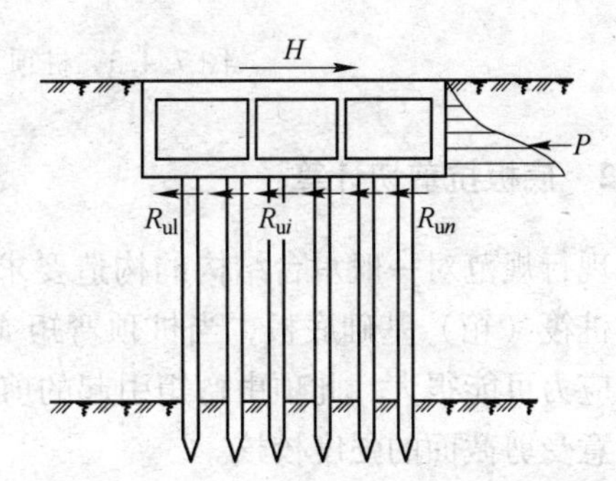

图7.4.2 桩箱基础抗水平滑移验算图

7.4.1.2 桩顶荷载分配

对于总的水平荷载和力矩的分配，常用简化方法进行荷载分配，假定底板的刚度远大于桩的刚度，在各单桩条件相同的情况下，每根桩承受的水平荷载相等。

桩顶水平荷载的分配主要有以下几种情况：

A 横向桩排

横向桩排对应于采用梁式承台的桩基，且水平力作用方向和力矩作用平面与桩排中心连线垂直，此时，各桩顶平均分配的水平力及力矩分别为：

$$H_i = H/n,\ M_i = M/n \tag{7.4.3}$$

B 纵向桩排

纵向桩排为梁式承台的另一种排列形式，对于桩顶刚接的情况，仍可以按上述平均分配的方法进行分配。若桩顶为铰接，总水平荷载按各桩平均分配计算，而力矩则转换为桩顶竖向荷载，按下式计算：

$$N_i = \frac{F + G}{n} \pm \frac{M_y x_i}{\sum x_i^2} \tag{7.4.4}$$

C 满堂布桩

对于桩筏（箱）基础，需分配的总水平为：$H' = KH - P$（为安全起见，无论 P 为多大，

H'必须大于 0.3H)。当底板平面内无扭矩作用（总水平力通过底板平面的形心）时，可沿水平力作用方向将基础分为若干纵向桩排，然后按上述排桩的方法再作进一步的分配。桩顶水平荷载分配的计算简图如图 7.4.3 所示。

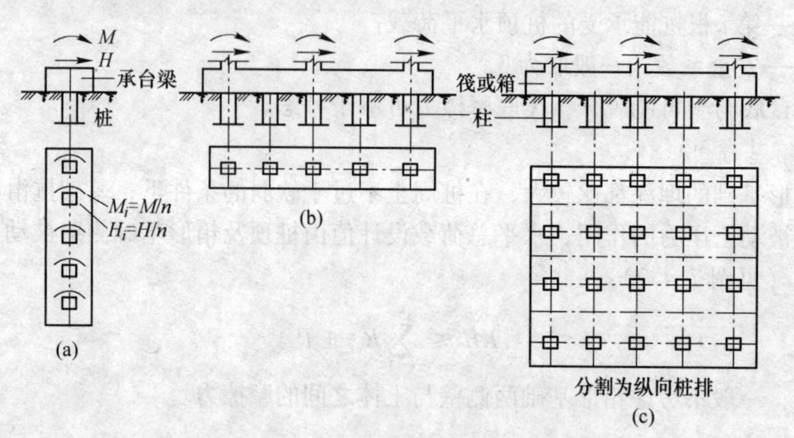

图 7.4.3 桩顶水平荷载分配的计算简图

7.4.2 底板抗剪切计算

现行规范对一般承台结构的构造要求、抗冲切、剪切和正截面强度计算等都作规定，对于桩筏（箱）基础底板，当桩顶弯矩 M 很大，底板相对又不很厚时，由弯矩引起的底板剪应力可能很大。此项由弯矩引起的剪应力与桩顶竖向力 N 引起的剪应力叠加后，应特别注意受剪截面的强度校核。

如图 7.4.4(a) 所示，底板的桩顶竖向力 N 作用下可能的斜向破裂面为一环绕柱的棱柱体面。这种破坏一般作为冲切剪力来考虑，面破坏面亦可假定为垂直于板面，其周长为 μ_m，每边距桩边线距离为心 $h_0/2$，h_0 为底板的有效厚度。剪应力 τ_1 沿图 7.4.4(a) 中截面Ⅰ和Ⅱ均布，如图 7.4.4(b) 所示。

$$\tau_1 = \frac{N}{u_m b_0} \tag{7.4.5}$$

桩顶弯矩 M 的一部分由图 7.4.4(a) 中截面Ⅱ以弯矩的形式作用于底板，另一部分 α_v、M 则由截面Ⅰ以剪应力的形式传给底板，剪应力在截面Ⅰ中心线上的分布如图 7.4.4(c) 所示，其大小为：

$$\tau_2(x) = \frac{\alpha_v M_x}{0.85 J_p} \tag{7.4.6}$$

$$\alpha_v = 1 - \frac{1}{1 + \frac{2}{3}\sqrt{\frac{c_1 + h_0}{c_2 + h_0}}} \tag{7.4.7}$$

式中 α_v——通过剪力传递的弯矩比例系数；

c_1，c_2——顺弯矩方向和垂直于弯矩方向的短边长度，如图 7.4.4 所示；

x——剪切面（截面Ⅰ）上计算点距剪切面中心的距离，其最大值记为 c；

J_p——剪切面对其形心的极惯性矩。

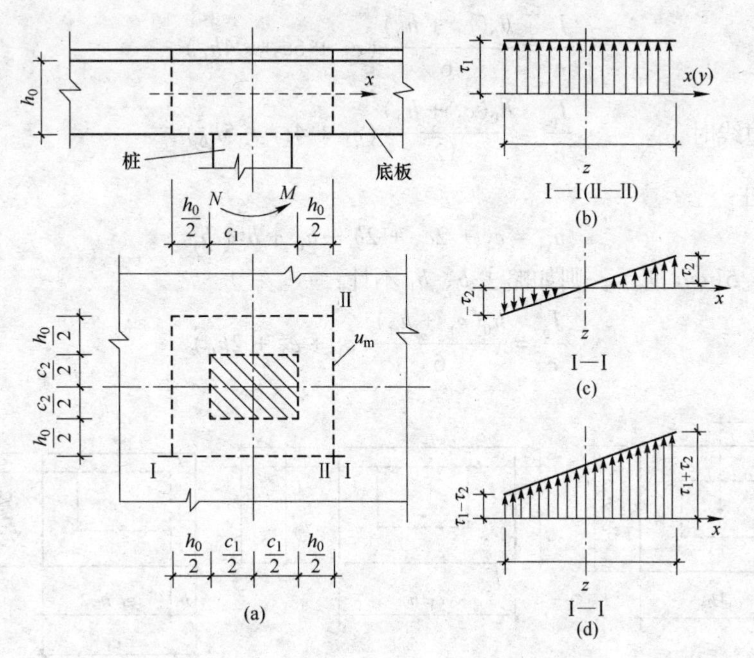

图 7.4.4 桩顶周围底板的剪切计算简图

（a）桩顶周围最危险剪切面示意；（b）竖向力引起的剪应力分布；（c）部分弯矩引起的剪应力；（d）剪应力叠加后的结果

$\tau_1(x)$ 的最大值为：

$$\tau_2 = \frac{\alpha_v M_c}{0.85 J_p} \tag{7.4.8}$$

于是，截面Ⅰ上中心轴处剪应力为（见图 7.4.4（d））

$$\tau(x) = \tau_1 + \tau_2(x) \tag{7.4.9}$$

其最大值为

$$\tau_{max} = \tau_1 + \tau_2$$

极惯性矩 J_p 和周长 u_m 的计算，对于中间桩、边桩和角桩，分别按以下公式进行：

（1）中间桩：

$$u_m = 2c_1 + 2c_2 + 4h_0 \tag{7.4.10}$$

$$J_p = J_x + J_y = 2\left[\frac{h_0(c_1 + h_0)^3}{12} + \frac{(c_1 + h_0)h_0^3}{12} + h_0(c_2 + h_0)\left(\frac{c_1 + h_0}{2}\right)^2\right] \tag{7.4.11}$$

$$c = \frac{1}{2}(c_1 + h_0) \tag{7.4.12}$$

对于大多数不太厚的筏基，第二项对 J_p 的影响较小。如忽略，则

$$\frac{J_p}{c} = \frac{h_0(c_1 + h_0)}{3}(c_1 + 3c_2 + 4h_0) \tag{7.4.13}$$

（2）边桩：

根据图 7.4.5(b)，有

$$u_m = c_1 + 2c_2 + 2b + 1.5h_0 \tag{7.4.14}$$

如略去 b 值不计，则力矩作用面平行于外边线时：

$$\frac{J_p}{c}=\frac{h_0(c_1+h_0)}{6}(c_1+6c_2+4h_0) \tag{7.4.15}$$

垂直于边线时

$$\frac{J_p}{c}=\frac{h_0(c_1+h_0)}{12}(c_1+4c_2+5h_0) \tag{7.4.16}$$

（3）角桩：

$$u_m=c_1+2c_2+2b+h_0+b+b_1 \tag{7.4.17}$$

如图 7.4.5(c) 所示，则如略去 b、b_1 不计：

$$\frac{J_p}{c}=\frac{h_0(c_1+h_0)}{6}(c_1+c_2+2h_0) \tag{7.4.18}$$

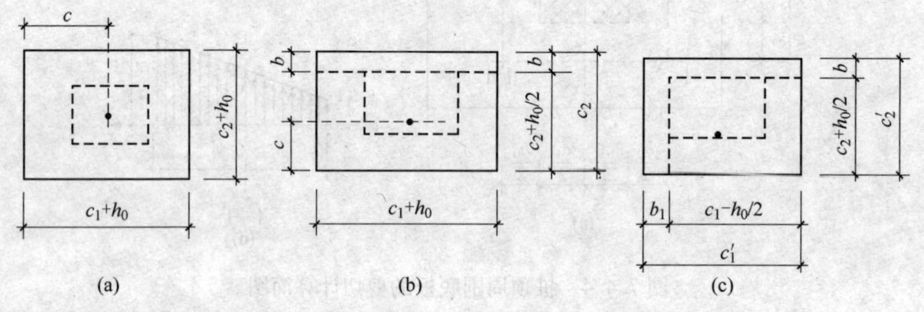

图 7.4.5 中间桩、边桩和角桩的计算简图
（a）中间桩；（b）边桩；（c）角桩

7.4.3 底板抗冲切计算

平板式桩筏基础的底板抗冲切计算主要是板上结构柱和板下桩对底板的冲切计算。墙和板下桩对底板的冲切计算应符合下列要求：冲切破坏锥体应采用自墙边至相应桩顶边缘连线所构成的截锥体，锥体斜面与底板底面的夹角不小于 45°（见图 7.4.6）。

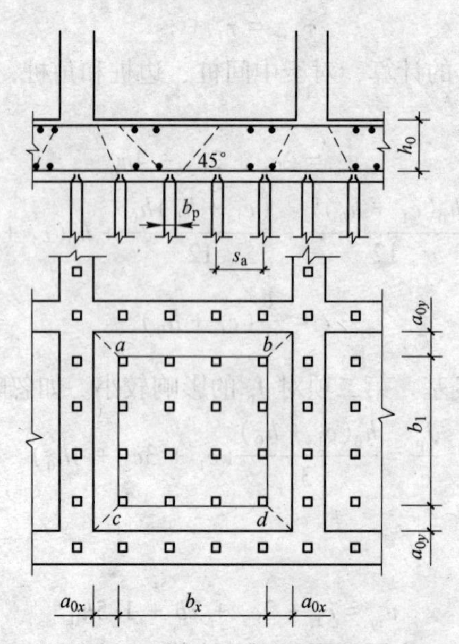

图 7.4.6 墙和柱下桩对底边的冲切计算

对于柱（墙）根部受弯矩较大的情况，应考虑其根部弯矩在冲切锥面上产生的附加剪力验算底板受柱（墙）的冲切承载力。

当柱荷载较大，等厚底板的受冲切承载力不能满足要求时，可在地板上面增设柱墩或地板下局部增加厚度来提高底板的受冲切承载力。

7.4.4 局部受压验算

对于柱（墙）下柱基，当板的混凝土强度等级低于柱（墙）的强度等级时，应按下式验算板的局部受压承载力：

$$F_l = 1.5\beta f_c A_{ln} \tag{7.4.19}$$

$$\beta = \sqrt{\frac{A_b}{A_l}} \tag{7.4.20}$$

式中 F_l——局部受压面上作用的局部荷载或局部压力设计值；

β——混凝土局部受压时的强度提高系数；

A_l——混凝土局部受压面积；

A_{ln}——混凝土局部受压净面积；

A_b——局部受压时的计算底面积，可根据局部受压面积与计算底面积同心、对称的原则确定，一般的情况可按图 7.4.7 取用。

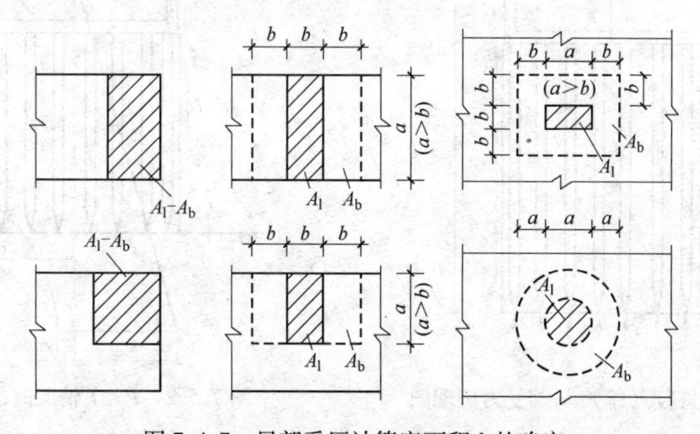

图 7.4.7 局部受压计算底面积 b 的确定

7.5 桩筏（箱）基础的沉降计算

在高层建筑基础的分析和设计中必然涉及到变形计算的基础，高层建筑的基础变形往往在控制中起着决定性的作用。目前对于高层建筑地基沉降的计算有较大的误差，有时由于计算的沉降量过大，导致高层建筑的天然地基，不恰当的使用桩基础，地基设计过于保守，造成浪费。因此，适当的高层建筑地基沉降法是提高设计水平很重要的一种方法。

7.5.1 沉降计算的简易理论法

7.5.1.1 基本原理

桩筏（箱）基础沉降与桩箱和桩筏基础的受力机理及其变化规律有着密切的关系，因此本节首先根据高层建筑桩筏（箱）基础的受力机理及外荷载的大小，分析判断采用何种沉降计算模式，随后给出相应计算模式的沉降计算公式来预估不同桩长的高层建筑桩筏（箱）基础的沉降。图 7.5.1 表示桩筏（箱）基础的受力机理图。图中 D 为筏（箱）基础的埋深，L 为桩的长度。在外力 P 作用下，桩筏（箱）基础要沉降，必须克服该筏（箱）基础沿着长、宽周边深度方向土体的抵抗力，设这个单位抵抗力为 z，则总抗剪力 T 为：

$$T = U\int_0^L \tau_z \mathrm{d}z \tag{7.5.1}$$

式中　U——筏（箱）基础平面的周长。

高层建筑桩筏（箱）基础沉降计算简易理论法的基本原理是首先比较外荷载 P 和总抗剪力 T 的大小，分析它们的变形机理，最后给出两种桩筏（箱）基础沉降计算的分析模式，下面分别加以介绍。

A　复合地基模式（$P \leqslant T$）

如果外荷载 P 小于或等于总抗剪力 T（见图 7.5.2），群桩桩长范围外的周围土体同样具备抵抗外荷载的能力，使桩箱基础的沉降受到约束。这时可认为桩的设置是对桩长范围土体的加固，与箱（筏）基础下的土体一起形成复合地基。

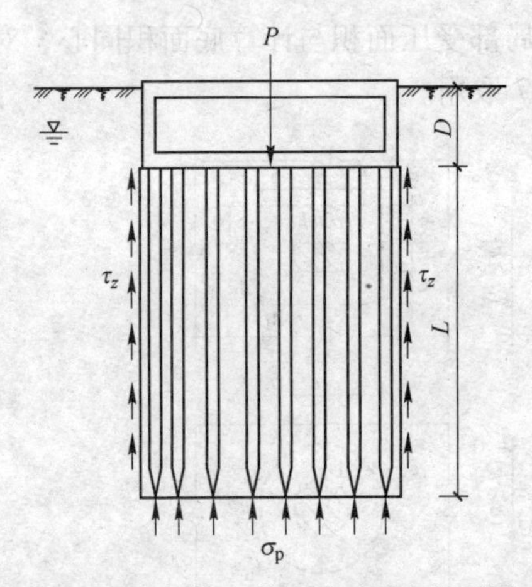

图 7.5.1　桩筏（箱）基础受力机理图

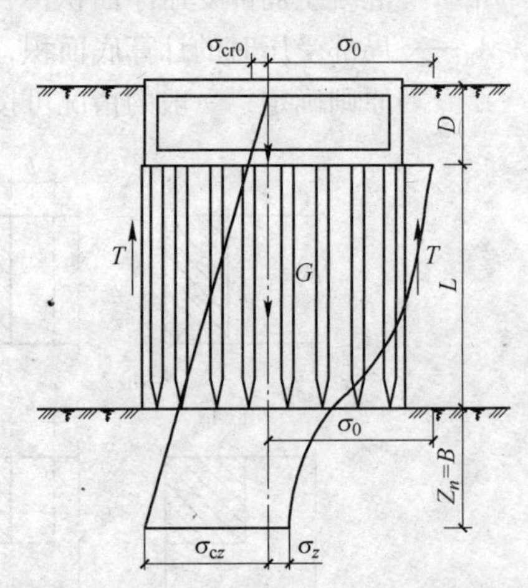

图 7.5.2　$P \leqslant T$ 情况时的计算模式

事实上，当 $P \leqslant T$ 时，群桩桩长范围外的周围土体和桩间土是一个整体，外荷载 P 并没有破坏这个整体，群桩范围外的周围土体同样具有抵抗外荷载的能力，使桩筏（箱）基础沉降量受到约束。因此，当 $P \leqslant T$ 时，把桩的插入视作对桩长范围内土体的加固，与筏（箱）基础下的土体一起形成复合地基，用这种分析模式来探讨桩筏（箱）基础的沉降计算方法才是合理的。由于桩的存在，桩间土的变形必须与桩的压缩变形协调，桩的设置使桩长范围内土体变形大大减小，即桩长范围内土体的压缩量可用桩的缩短代替，所以在 $P \leqslant T$ 情况，把桩筏（箱）基础的最终沉降分成两部分

$$s = s_p + s_s \tag{7.5.2}$$

式中　s_p——桩的压缩量；

　　　s_s——桩尖平面下土的压缩量。

下面分别叙述桩的压缩量 s_p 和桩尖平面下土的压缩量 s_s 的计算。

a 桩的压缩量 s_p 的计算

单桩静载荷试验结果表明，沿桩长的压应力分布为：当荷载等于桩的允许承载力时，压应力分布接近三角形分布；当荷载等于桩的极限荷载时，压应力分布接近矩形（见图7.5.3）。下面分别介绍这两种压应力分布情况下桩的压缩量。

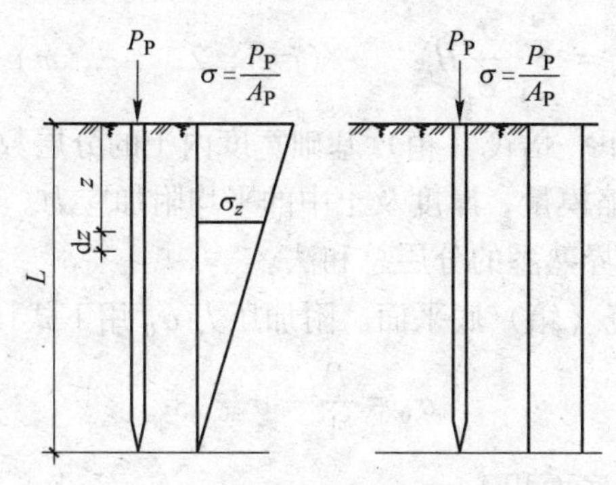

图 7.5.3 $P \leqslant T$ 情况时的计算模式

（1）沿桩长压应力为三角形分布时，桩的压缩量 s_p^a 计算。根据胡克定律，中微段桩的压缩量 ds_p 为

$$ds_p = \frac{\sigma_z}{E_p}dz \tag{7.5.3}$$

沿桩长压应力为线性分布，故有

$$\frac{\frac{P_P}{A_P}}{\sigma_z} = \frac{L}{L-z}$$

或

$$\sigma_z = \frac{P_P}{A_P} \cdot \frac{L-z}{L} \tag{7.5.4}$$

式中 σ_z——桩横截面上的压应力；

P_P——单桩的设计荷载；

A_P，L，E_p——桩的截面积、桩长及桩的弹性模量。

把式（7.5.3）代入式（7.5.4），并积分，有

$$S_p^a = \int_0^L \frac{P_P}{A_P} \cdot \frac{L-z}{LE_p}dz = \frac{P_P L}{2A_P E_P} \tag{7.5.5}$$

（2）沿桩长压应力为矩形分布时，桩的压缩量 s_p^b 计算。根据材料力学，有

$$s_p^b = \frac{P_P L}{A_P E_P} \tag{7.5.6}$$

显然，压应力为矩形分布时，桩的压缩量为三角形分布情况的2倍。

在 $P \leqslant T$ 的情况，桩长通常为40~50m的长桩和超长桩，这类桩当用桩的设计荷载来设计时，一般情况是沿桩长压应力分布为三角形分布，故 $s_p = s_p^a$ 比较适宜。

单桩的设计荷载 P_P 计算，按常规设计，外荷载 P 由群桩承担，认为桩间土不分担外荷载，此刻

$$P_{\mathrm{P}} = \frac{P}{n_{\mathrm{p}}} \tag{7.5.7}$$

b 土层压缩量 s_{s} 的计算

桩尖平面下土层的压缩量 s_{s} 采用下式计算

$$s_{\mathrm{s}} = \sum_{j=1}^{m} \frac{\overline{\sigma}_{zj}}{E_{zj}} H_j \qquad (j=1, 2, 3\cdots, m) \tag{7.5.8}$$

式中 M——桩尖平面下一倍筏（箱）基础宽度内土的分层数；

E_{sj}，H_j，$\overline{\sigma}_{zj}$——层土的压缩模量、厚度及土中的平均附加应力。

式（7.5.8）即是工程界熟悉的分层总和法。

附加压力作用平面为筏（箱）底平面。附加压力 σ_0 用下式计算

$$\sigma_0 = \frac{P}{A} - \sigma_{\mathrm{cr0}} \tag{7.5.9}$$

式中 A——筏（箱）基础底面积；

σ_{cr0}——在筏（箱）基础底面积处的自重应力（见图 7.5.2）。

附加应力计算用布西奈斯克解或明特林解，附加应力计算应考虑相邻荷载的影响。压缩层厚度取桩尖平面下一倍筏（箱）基础的宽度，压缩模量 E，采用地基土在自重应力至自重应力加附加应力时对应的模量。计算结果均不要乘以桩基沉降计算经验系数 φ_{s}。

B 等代实体深基础模式（$P>T$）

如果外荷载 P 大于总抗剪力 T，筏（箱）基础沿着长、宽周边深度方向的剪力抵抗不住外荷载的作用，使筏（箱）下四周土产生很大的切应变。此刻群桩桩长范围外的周围土体和群桩长度范围内的桩间土的整体性受到破坏，但仍有一定的联系。在这种状态下，采用等代实体深基础模式计算桩箱（筏）基础的最终沉降（见图 7.5.4），具体步骤如下：

（1）从底面起确定自重应力；

（2）从桩尖平面起算确定附加应力 σ_0，其值用式（7.5.10）表示：

$$\sigma_0 = \frac{P + G - T}{A} - \sigma_{\mathrm{cz0}} \tag{7.5.10}$$

式中 G——包括桩间土在内的群桩实体的重量；

T——筏（箱）基础沿着长、宽周边深度方向桩长范围的总抗剪力；

σ_{cz0}——在桩尖平面处的土自重应力；

A——筏（箱）基础底面积。

（3）桩筏（箱）基础的最终沉降量计算从桩尖平面算起，采用分层总和法，计算公式与式（7.4.6）相同。

（4）在使用式（7.4.6）时，压缩层厚度有别于 $P \leqslant T$ 的情况，对于软土地基，压缩层厚度自桩尖平面算起，算到附加应力等于土自重应力的 10%处为止。最终沉降计算结果同样不要乘以桩基沉降计算经验系数 φ_{s}

（5）地基土的压缩模量 E，的取法类似于 $P \leqslant T$ 的情况。

（6）附加应力的计算方法也类似于 $P \leqslant T$ 的情况，也应该考虑相邻荷载的影响。

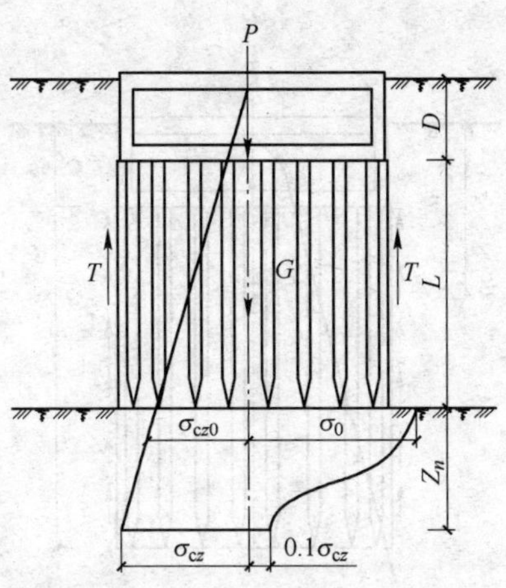

图 7.5.4 P>T 情况时的计算模式

7.5.1.2 总抗剪力 T 的计算

为了判断桩筏（箱）基础采用哪种计算最终沉降量的模式，关键问题是总抗剪力 T 如何计算。总抗剪力 T 是与土体抗剪强度有关的，土的抗剪强度为

$$\tau = \sigma \tan\varphi + c \tag{7.5.11}$$

式中 φ，c——内摩擦角和黏聚力；

σ——正应力。

图 7.5.5 表示抗剪强度与自重应力的关系，利用式（7.5.11）可得

$$\tau_z = \sigma_{cx}\tan\varphi + c = \sigma_{cy}\tan\varphi + c \tag{7.5.12}$$

式中 σ_{cx}，σ_{cy}——x、y 方向土的自重应力。

假定地基土为横向各向同性土，所以有

$$\sigma_{cx} = \sigma_{cy} = \sigma_{cz}k_0 \tag{7.5.13}$$

式中 k_0——土的静止侧压力系数。

为了计算方便，假定土的静止侧压力系数 $k_0=1$，则有

$$\sigma_{cx} = \sigma_{cy} = \sigma_{cz} \tag{7.5.14}$$

将式（7.5.14）代入式（7.5.12），则有

$$\tau_z = \sigma_{cz}\tan\varphi + c \tag{7.5.15}$$

对于分层土，式（7.5.15）可改写为

$$\tau_{zi} = \sigma_{czi}\tan\varphi_i + c_i$$

这样，总抗剪力 T 为：

$$T = U\sum_{i=1}^{n}\int_0^{h_i}\tau_{zi}\mathrm{d}z = U\sum_{i=1}^{n}\int_0^{h_i}(\sigma_{czi}\tan\varphi_i + c_i)\mathrm{d}z \tag{7.5.16}$$

对于各层土而言，σ_{czi}是线性分布的，这样，式（7.5.16）可简化为

$$T = U\sum_{i=1}^{n}(\bar{\sigma}_{czi}\tan\varphi_i + c_i)h_i \tag{7.5.17}$$

式中 U——筏（箱）基础平面的周长；

$\bar{\sigma}_{czi}$——筏（箱）基础底面到桩尖范围内第 i 层土的平均自重应力；

h_i——第 i 层土的厚度；

φ_i，c_i——第 i 层土的内摩擦角和黏聚力。

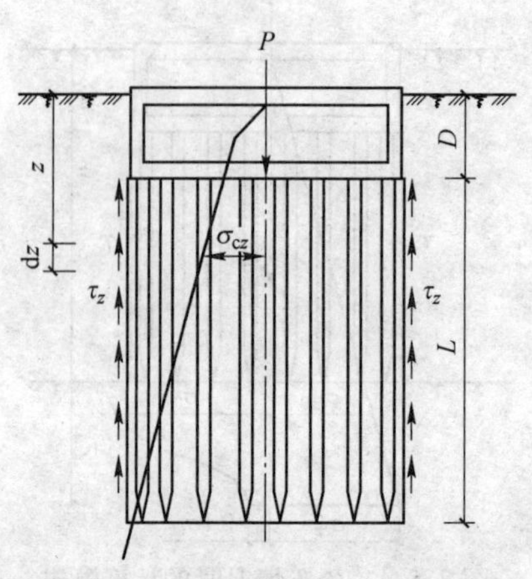

图 7.5.5　抗剪强度与自重应力的关系

式（7.5.17）就是筏（箱）基础沿着长、宽周边深度方向桩长范围内土体的总抗剪力 T 的计算公式。

［**例题 7-1**］某 30 层公寓，采用桩箱基础，基础平面尺寸为 27.95m×21.5m，箱形基础埋深 4.5m。钢筋混凝土桩尺寸为 0.5m×0.5m×54.6m，桩入土深度为 59m，共 108 根，桩材料弹性模量为 2.6×10^7kPa，箱底压力 506.5kPa，地下水埋深约 1m，群桩分担比 a = 0.89，地基土分层及主要指标见表 7.5.1，求该公寓的最终沉降量。

表 7.5.1　地基土分层及主要物理力学指标

序号	土层名称	层底深度/m	重度 γ/kN·m^{-3}	压缩模量 E_{s1-2}/MPa	压缩模量 E_s/MPa	φ/(°)	c/kPa
1	填土	1.2	16				
2	粉质黏土	2.7	18.2	4.1		13.6	13
3	淤质粉质黏土	8.2	17.8	3.6		19	7
4	淤质黏土	19.6	16.9	2		7.8	10
5a	淤质粉质黏土	22.4	18.3	4		20	6
5b		30.6	17.9	5.1		23.5	6
5c		35.4	17.7	4.2		20.5	7
5d		37.4	17.9	3.5		18.1	7
6	暗绿粉质黏土	38.7	19.9	8.4		17	26
7	砂质粉土	42.4	19.4	12.1		23	7
8a	灰黏土	54.4	17.6	4.15		18.6	12
8b	粉质黏土（夹砂）	66	18.9	5.16	12.76	17.5	12
8c	粉质黏土	71.3	19.8	6.76	18.51	18.2	15
9a	黏质粉土	73	19		25.7		
9b	细粉	74.6	20		38.38		
9c	粗砾砂	81.8	20.3		38.38		
10a	粉细砂	83	20.3		38.38		

解：（1）计算土自重应力及在桩长范围内土层顶底自重应力的平均值（见表7.5.2）。

表7.5.2　土自重应力及在桩长范围内土层顶底自重应力的平均值

层号	自箱底的深度 z/m	分层厚度 h_i/m^3	土的重度 $i/kN\cdot m^{-3}$	$\sum\gamma_i h_i$ /kPa	自重应力平均值/kPa	备注
1、2、3	0	4.5	16.0、18.2、17.8	16.0×1.0+6.0×0.2+8.2×1.5+7.8×1.8=43.5		基础埋深4.5m；地下水位-1.0m
3	3.7	3.7	17.8	43.5+7.8×3.7=72.4	58	
4	15.1	11.4	16.9	72.4+6.9×11.4=151.1	111.8	
5*a*	17.9	2.8	18.3	151.1+8.3×2.8=174.3	162.7	
5*b*	26.1	8.2	17.9	174.3+7.9×8.2=239.1	206.7	
5*c*	30.9	4.8	17.7	239.1+7.7×4.8=276.1	257.6	
5*d*	32.9	2	17.9	276.1+7.9×2.0=291.9	283.9	
6	34.2	1.3	19.9	291.9+9.9×1.3=304.8	298.3	
7	37.9	3.7	19.4	304.8+9.4×3.7=339.6	322.1	
8a	49.9	12	17.6	339.6+7.6×12.0=430.8	385.1	
8b	54.5	4.6	18.9	430.8+8.9×4.6=471.7	451.2	

（2）计算总抗剪力 T：

$$T = U\sum_{i=1}^{n}(\overline{\sigma}_{czi}\tan\varphi_i + c_i)h_i$$

$$= \left\{2\times(27.95+21.5)\times\begin{bmatrix}(58\tan19^\circ+7)\times3.7+(111.8\tan7.8^\circ+10)\times11.4+\\(162.7\tan20^\circ+6)\times8.2+(257.6\tan20.5^\circ+7)\times4.8+\\(283.9\tan18.1^\circ+7)\times2+(298.3\tan17^\circ+26)\times1.3+\\(322.1\tan23^\circ+7)\times3.7+(385.1\tan18.6^\circ+12)\times12+\\(451.2\tan17.5^\circ+12)\times4.6\end{bmatrix}\right\}$$

$$= 98.9\times(99.8+288.6+182.6+786.2+495.9+199.6+152.4+531.8+1699.2+709.6)$$

$$= 508910\text{kN}$$

（3）计算外力 P：

$$P = 506.5\times27.95\times21.5 = 304369\text{kN} < T = 508910\text{kN}$$

故采用第一种模式（复合地基模式），计算桩箱形基础的最终沉降量。

（4）箱底平面的附加压力 σ_0 计算：

$$\sigma_0 = 506.5 - 43.5 = 463\text{kPa}$$

（5）最终沉降量计算：

1）桩的压缩量 s_p 计算。因外力 P 远小于总抗剪力 T，所以采用三角形压应力分布来计算桩的缩短。

$$s_p = \frac{\dfrac{304369}{108}\times0.89\times(59-4.5)}{0.5\times0.5\times2.6\times10^7\times2}\times100 = 1.05\text{cm}$$

2）桩尖平面下土的压缩量 s_s 计算。压缩层下限为桩尖平面下一倍箱宽，所以要计算到（54.5+21.5）m=76m，见表7.5.3。

表7.5.3 桩尖平面下土层沉降 S_s 的计算

<table>
<tr><th>序号</th><th>自箱底平面往下算的深度 z/m</th><th>$\frac{2z}{B}$</th><th>α_i</th><th>α_{zj}/kPa</th><th>$\overline{\sigma}_{zj}$/kPa</th><th>E_{zj}/kPa</th><th>$s_j=\frac{\overline{\sigma}_{zj}}{E_{zj}}H_j$ (cm)</th></tr>
<tr><td>8a</td><td>54.5</td><td>5.1</td><td>0.00884</td><td>40.9</td><td rowspan="2">37.3</td><td rowspan="2">12760</td><td rowspan="2">2.04</td></tr>
<tr><td>8b</td><td>61.5</td><td>5.7</td><td>0.0728</td><td>33.7</td></tr>
<tr><td>8c</td><td>66.8</td><td>6.2</td><td>0.0617</td><td>28.6</td><td>31.1</td><td>18510</td><td>0.89</td></tr>
<tr><td>9a</td><td>68.5</td><td>6.4</td><td>0.0584</td><td>27.0</td><td rowspan="2">27.8</td><td rowspan="2">25700</td><td rowspan="2">0.18</td></tr>
<tr><td>9b</td><td>70.1</td><td>6.5</td><td>0.0562</td><td>26.0</td></tr>
<tr><td rowspan="2">9c</td><td rowspan="2">76.0</td><td rowspan="2">7.1</td><td rowspan="2">0.0468</td><td rowspan="2">21.7</td><td>26.5</td><td>38380</td><td>0.11</td></tr>
<tr><td>23.8</td><td>38380</td><td>0.36</td></tr>
</table>

可得，$s_s=3.58$cm，所以 $s=s_p+s_s=1.05+3.58=4.63$cm。

故这幢30层公寓的最终沉降量为4.63cm。

从［例题7-1］可知，在常规设计中，当桩长 $L>50$m 时，一般总抗剪力 T 明显大于外力 P，因此有时可略去总抗剪力 T 的计算。

［例题7-2］ 某20层高层住宅，采用桩箱基础，基础平面尺寸为28.2m×26.9m，钢筋混凝土方桩尺寸为0.45m×0.45m×8m。桩入土深度9.9m，共270根，箱底压力为240.7kPa，地下水埋深约1m，地基土层及其主要物理力学指标见表7.5.4，求最终沉降量。

表7.5.4 地基土分层及主要物理力学指标

序号	土层名称	层厚/m	层底深度/m	重度/kN·m^{-3}	压缩系数 α_{1-2}/kPa^{-1}	压缩模量 E_{1-2}/MPa	压缩模量 E_a/MPa	黏聚力 c/kPa	内摩擦角 φ/(°)
0	填土	1	1	18.9					
1	褐黄色粉质黏土	2	3	18.8	0.00037	4.92		17	17
2	褐灰-灰黏质粉土	4.5	7.5	17.5	0.00043	4.81		16.7	25.17
3	灰色粉细砂	9	16.5	18.1	0.000135	13.18		0	26.5
4	灰粉质黏土	8.5	25	18	0.00046	4.378	E_{2-3}6.56	11.8	18.6
5	暗绿色黏土	4	29	20	0.000173	9.56	E_{2-3}13.1	28.7	16.17
6	褐黄色砂质粉土	13.5	42.5	18.3	0.00016	11.93	E_{3-4}21.4		
7	灰黏土	10.5	53	18.6	0.0003	7.67	E_{3-4}15		

解：（1）计算土的自重应力（见图7.5.6）：

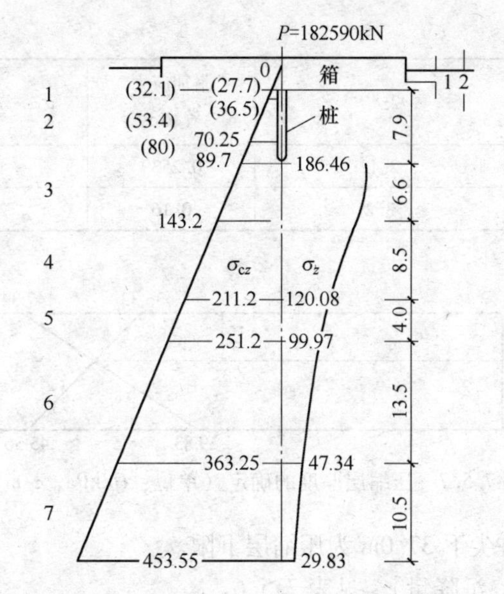

图 7.5.6 土中附加应力 σ_z 和自重应力 σ_{cz}分布图（单位：σ/kPa，z/m）

（2）计算总抗剪力 T：

$$T = U\sum_{i=1}^{n}(\overline{\sigma}_{czi}\tan\varphi_i + c_i)h_i$$

$$= (28.2 + 26.9) \times 2 \times [(32.1 \times \tan17° + 17) \times 1 + (53.4 \times \tan25.17° + 16.7) \times 4.5 + (80 \times \tan26.5° + 0) \times 2.4]$$

$$= (28.2 + 26.9) \times 2 \times (26.8 + 188.1 + 95.7)$$

$$= 34228.12\text{kN}$$

（3）计算外力 P：

$$P = 240.7 \times 28.2 \times 26.9 = 182590.21\text{kN} > T$$

所以采用实体深基础进行桩箱形基础最终沉降量计算。

（4）桩尖平面处的附加压力 σ_0 计算：

$$\sigma_0 = \frac{P + G - T}{A} - \sigma_{ci0}$$

$$= \left[\frac{182590.21 + 28.2 \times 26.9 \times 7.9 \times (20 - 9.8) - 34228.12}{28.2 \times 26.9} - 89.7\right]$$

$$= 186.46\text{kPa}$$

（5）压缩层厚度计算。先按表 7.5.5 计算桩尖下深度 z 处的 σ_z 和 $0.1\sigma_{cz}$ 值（附加应力系数可查地基规范中有关表格），并画图 7.5.7。

表 7.5.5 压缩层厚度的计算

序号	自桩尖往下算的深度 z/m	$2z/B$	附加应力系数 α_1	$\sigma_z = \alpha_1\sigma_0$ /kPa	$0.1\sigma_{cz}$/kPa
4	25.0−9.9=15.1	2×（15.1/26.9）= 1.12	0.644	120.08	21.12
5	19.1	1.42	0.5147	99.97	25.12

续表 7.5.5

序号	自桩尖往下算的深度 z/m	$2z/B$	附加应力系数 α_1	$\sigma_z = \alpha_1\sigma_0$ /kPa	$0.1\sigma_{cz}$/kPa
6	32.6	2.42	0.2539	47.34	36.33
7	43.1	3.2	0.16	29.83	45.36

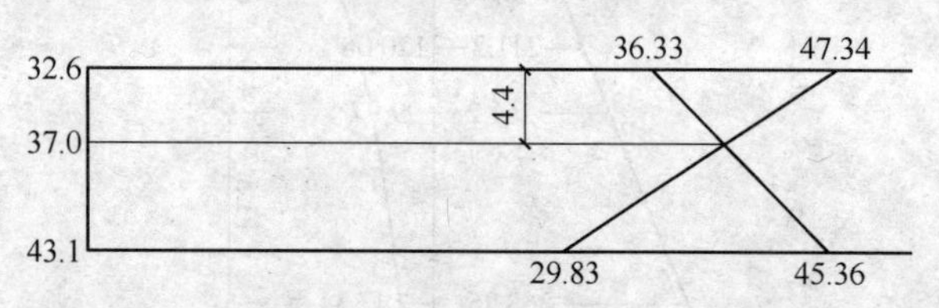

图 7.5.7 压缩层厚度的确定（单位：Q/kPa，z/m）

从图 7.5.7 可知，桩尖下 37.0m 为压缩层下限。

（6）沉降计算（最终沉降量），见表 7.5.6。

表 7.5.6 沉降结果的计算

序号	自桩尖往下算的深度 z/m	$2z/B$	沉降系数 δ_i	$\delta_i - \delta_{i-1}$	压缩模量 E_{si}/MPa	$(\delta_i - \delta_{i-1})/E_{si}$
3	6.6	0.49	0.2389	0.2389	13.18	0.01813
4	15.1	1.12	0.489	0.2501	6.56	0.03813
5	19.1	1.42	0.5759	0.0869	13.1	0.00663
6	32.6	2.42	0.7594	0.1835	21.4	0.00857
7	37	2.75	0.7968	0.0374	15	0.00249

$$s = 2690 \times 186.46 \times 10^{-3} \times 0.0740 = 37.1\text{cm}$$

所以这幢 20 层高层住宅的最终沉降为 37.1cm。

7.5.2 简易理论法的修正

高层建筑桩筏（箱）基础沉降计算的简易理论法，当总抗剪力 T 小于外荷载 P 时的计算方法忽略了桩长范围内的变形，为此，当 $P>T$ 时，对高层建筑桩筏（箱）基础计算的简易理论法进行了修正。

总的沉降：

$$s = s_s + s_p \tag{7.5.18}$$

式中，桩的压缩量 s_p 为

$$s_p = \frac{a\left(\dfrac{P}{n_p}\right)L}{A_p E_p} \tag{7.5.19}$$

式中的符号意义同前。

桩尖平面下土的压缩量 s_p 的计算同第一节中 $P>T$ 情况，附加压力从桩端算起。这样，修改后的高层建筑桩筏（箱）基础沉降计算的简易理论法能得知桩数和沉降的关系，但在计算中，桩数必须满足

$$n_p > \begin{cases} n_{p1} = \dfrac{P}{P_u} \\ n_{p2} = \dfrac{P}{P_b} \end{cases} \tag{7.5.20}$$

式中 P_u——桩的极限承载力；

P_b——桩材料的极限荷载；

n_p——设计最少桩数。

利用修改后的高层建筑桩筏（箱）基础沉降计算简易理论法可以分析高层建筑筏（箱）基础的荷载 P 和沉降的关系，桩数与沉降的关系，桩长变化与建筑物沉降的关系，下卧层压缩模量对沉降的影响，筏（箱）基础宽度 B 对建筑物沉降的影响，进而可以进行高层建筑桩筏（箱）基础的优化设计。

7.5.3 桩筏（箱）基础的荷载沉降曲线

利用修改后的高层建筑桩筏（箱）基础沉降计算简易理论法，可以得到高层建筑桩筏（箱）基础的荷载 P 与沉降 s 的关系，如图 7.5.8 和图 7.5.9 所示，分别为短桩和超长桩箱基础的两个实例的荷载与沉降关系图。

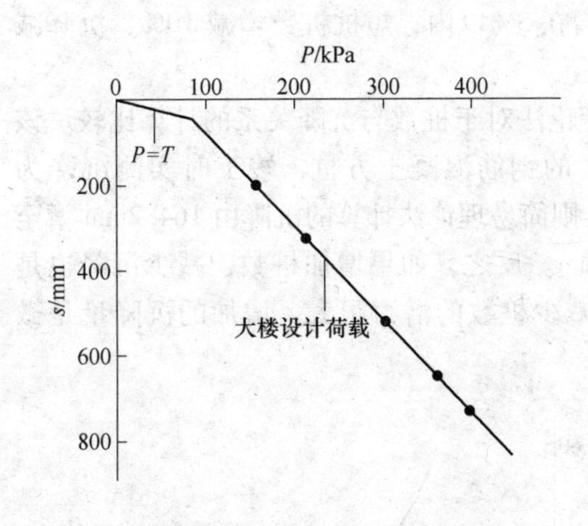

图 7.5.8 8m 短桩 P-s 曲线

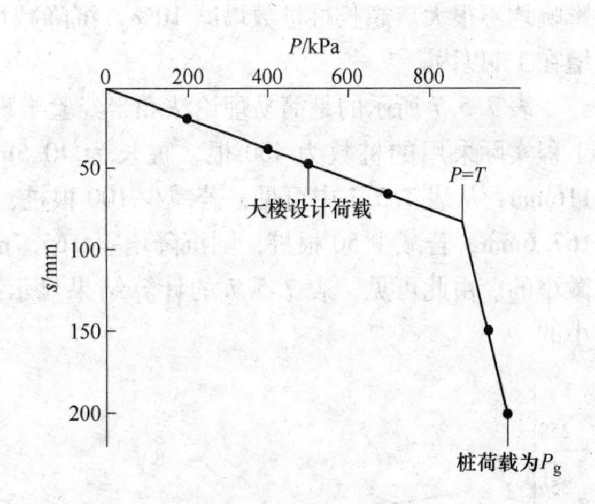

图 7.5.9 54.6m 超长桩 P-s 曲线

从图 7.5.8 可知，对于短桩，$P=T$ 时的荷载值远小于该高层的设计荷载，但该高层使用良好，沉降稍大，该高层近 6 年的实测沉降为 26.6cm，用双曲线法推算的最终沉降为 34.6cm，简易理论法计算的最终沉降为 35.4cm，可见该法是合宜的。从图 7.5.9 可知，对于超长桩，$P=T$ 时的荷载值远大于大楼的设计荷载，在大楼设计荷载 = 500kPa 时，该大楼正常使用，实测 3 年的沉降量为 2.93cm，推算的最终沉降为 3.7cm，简易理论法计算的最终沉降为 4.6cm。

比较这两幢大楼可以看到：在常规设计中，对于短桩、中长桩的高层建筑桩筏（箱）基础，$P>T$ 情况非常多，建成的高层建筑经过考验均正常。而对于超长桩高层建筑，设计外荷载 P 远比总抗剪力 T 小，沉降在 5cm 左右。若 $P=T$ 时，外荷载 $P=894$kPa，计算的最终沉降也仅为 8.4cm，这样的沉降量，工程上是允许的。当然，在实际应用时，要验算上部结构和筏（箱）基础底板的内力以及验算此刻的平均单桩荷载是否小于单桩极限承载力和单桩材料的强度极限。也可看到，当 $P=894$kPa 时，单桩的极限承载力与平均单桩荷载比值仍大于 1，但已不满足常规设计条件 $K=2$。这种用 $P=T$ 控制最终沉降值在允许范围内的设计方法称为变形控制设计理论。该方法已应用于上海九洲花园高层住宅楼的加层设计中，这两幢加一层的大楼已经竣工正常使用，并获得成功。

7.5.4 桩筏（箱）基础的桩数与沉降的关系

修正后的高层建筑桩筏（箱）基础沉降计算简易理论法能考虑桩数与沉降的关系，仍用上两例进行计算分析，在计算中保持总设计荷载不变，改变桩数以了解桩数对建筑物沉降的影响。桩数减少至单桩平均荷载达到单桩极限承载力为止。图 7.5.10 表示两例的桩数与建筑物沉降的关系。把这两条 n_p-s 曲线用直线拟合以了解桩数增减对不同桩长的建筑物沉降的影响，得到

$$\begin{cases}\text{短桩}\ s = 356.45 - 0.00542n_p \\ \text{超长桩}\ s = 64.07 - 0.168n_p\end{cases} \tag{7.5.21}$$

从图 7.5.10 和式（7.5.21）可见，超长桩的桩数增减对沉降的影响较短桩明显，但影响均不很大。超长桩桩数增减 10%，沉降减增在 3%以内；短桩桩数增减 10%，沉降减增在 1%以内。

表 7.5.7 所示的是简易理论法和半经验半理论法对于桩数与沉降关系的计算比较。该工程实际采用的桩数为 400 根，桩长为 40.5m 的钢筋混凝土方桩，竣工时实测沉降为 116mm，从表 7.5.7 中可见，若减少 100 根桩，则简易理论法计算的沉降由 164.2mm 增至 167.6mm，若减少 50 根桩，则沉降增至 165.7mm。反之，如果增加桩数，减少沉降也是微小的。由此可见，表 7.5.7 的计算结果显示减少桩数的潜力很大，增加的沉降量是微小的。

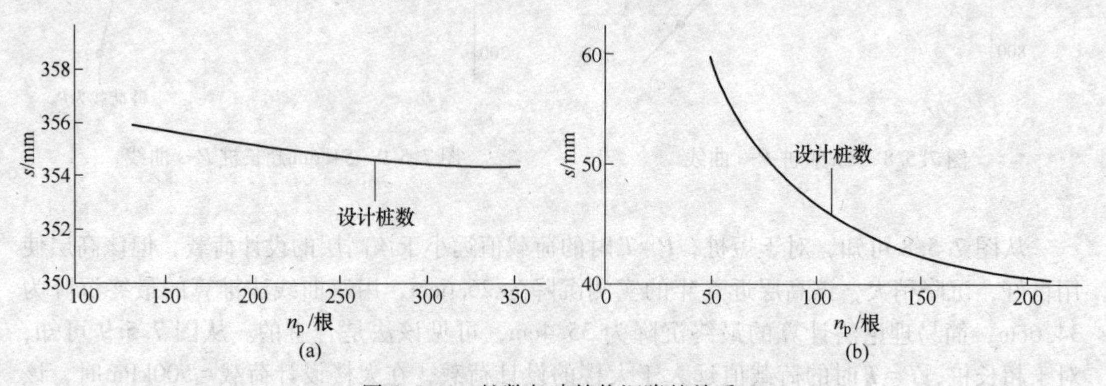

图 7.5.10 桩数与建筑物沉降的关系

（a）8m 短桩情况；（b）54.6m 超长桩情况

表 7.5.7　简易理论法与半经验半理论法的桩数与沉降的计算比较

桩数/根	500	450	400	350	300
简易理论法（最终沉降）/mm	162.2	163.1	164.2	165.7	167.6
$\Delta s/s/\%$	-1.2	-0.7	0	0.9	2.1
半经验半理论法（竣工时沉降）	128.1	128.8	130.2	131.5	132.1
$\Delta s/s/\%$	-1.6	-1.1	0	1	1.5
平均桩间距/桩径	3.3	3.5	3.7	4	4.3

思 考 题

7-1　桩筏（箱）基础的功能及适用条件是什么?

7-2　桩筏（箱）基础的设计原则有哪些?

7-3　桩筏（箱）基础内力简化计算方法有哪些?

7-4　桩筏（箱）基础沉降计算方法有哪些?

7-5　桩筏（箱）基础设计计算内容有哪些?

8 基坑工程

8.1 概　　述

8.1.1 基坑工程的概念及特点

地下建筑结构都是埋置在地下一定深度处，其施工不可避免地涉及大量的土方开挖。开挖的方法可以是暗挖，例如盾构法和顶管法，还可以是明挖，就是先从地面直接往下开挖到设计的深度，待地下建筑结构完成之后再回填土方或是在上面修建上部结构。明挖时为进行地下建筑物（包括构筑物）、上部建筑基础及地下室的施工所开挖的地面以下的空间称为基坑。

基坑开挖后会受到周围土水压力的作用，可能坍塌失稳，为保证基坑施工、主体地下结构的安全和周边环境不受损害而必须采取一定的支护结构、加固、降水和土方开挖与回填等工程，它们总称为基坑工程，包括勘察、设计、施工、监测等。基坑工程是一项综合性很强的岩土工程，既涉及土力学中典型的强度、稳定与变形问题，又涉及土与支护结构共同作用以及场地的工程地质、水文地质等问题，同时还与计算技术、测试技术、施工技术等密切相关。因此，基坑工程具有以下特点：

（1）基坑支护体系是临时结构，安全储备较小，具有较大的风险性。基坑工程施工过程中应进行监测，并应有应急措施。在施工过程中一旦出现险情，需要及时抢救。

（2）基坑工程具有很强的区域性。如软黏土地基、黄土地基等工程地质和水文地质条件不同的地基中基坑工程差异性很大。同一城市不同区域也有差异。基坑工程的支护体系设计与施工和土方开挖都要因地制宜，根据本地情况进行，外地的经验可以借鉴，但不能简单搬用。

（3）基坑工程具有很强的个性。基坑工程的支护体系设计、施工和土方开挖不仅与工程地质水文地质条件有关，还与基坑相邻建（构）筑物和地下管线的位置、抵御变形的能力、重要性，以及周围场地条件等有关。有时保护相邻建（构）筑物和市政设施的安全是基坑工程设计与施工的关键。这就决定了基坑工程具有很强的个性。因此，对基坑工程进行分类、对支护结构允许变形规定统一标准都是比较困难的。

（4）基坑工程综合性强。基坑工程不仅需要岩土工程知识，也需要结构工程知识，需要土力学理论、测试技术、计算技术及施工机械、施工技术的综合。

（5）基坑工程具有较强的时空效应。基坑的深度和平面形状对基坑支护体系的稳定性和变形有较大影响。在基坑支护体系设计中要注意基坑工程的空间效应。土体，特别是软黏土，具有较强的蠕变性，作用在支护结构上的土压力随时间变化。蠕变将使土体强度降低，土坡稳定性变小。所以对基坑工程的时间效应也必须给予充分的重视。

（6）基坑工程是系统工程。基坑工程主要包括支护体系设计和土方开挖两部分。土方开挖的施工组织是否合理将对支护体系是否成功具有重要作用。不合理的土方开挖、步骤和速度可能导致主体结构桩基变位、支护结构过大的变形，甚至引起支护体系失稳而导致破坏。同时在施工过程中，应加强监测，力求实行信息化施工。

（7）基坑工程具有环境效应。基坑开挖势必引起周围地基地下水位的变化和应力场的改变，导致周围地基土体的变形，对周围建（构）筑物和地下管线产生影响，严重的将危及其正常使用或安全。大量土方外运也将对交通和弃土点环境产生影响。

8.1.2 基坑支护结构的类型及适用条件

基坑工程中为维持基坑边坡稳定并控制其变形，保护地下主体结构施工和基坑周边环境的安全，对基坑采用的临时性支挡或加固基坑侧壁的承受荷载的结构称为基坑支护结构。根据工作机理的不同，支护结构可大致分为支挡式结构、重力式水泥土墙、土钉墙和简单放坡。支挡式结构包括排桩-锚杆结构、排桩-支撑结构、地下连续墙-锚杆结构、地下连续墙-支撑结构、悬臂式排桩或地下连续墙、双排桩结构等；土钉墙又分为单一土钉墙、预应力锚杆复合土钉墙、水泥土桩复合土钉墙、微型桩复合土钉墙等。

基坑支护结构选型时，应综合考虑下列因素按表 8.1.1 选用排桩、地下连续墙、水泥土墙、土钉墙、原状土放坡或采用上述形式的组合。

（1）基坑深度；

（2）土的性状及地下水条件；

（3）基坑周边环境对基坑变形的承受能力及支护结构一旦失效可能产生的后果；

（4）主体地下结构及其基础形式、基坑平面尺寸及形状；

（5）支护结构施工工艺的可行性；

（6）施工场地条件及施工季节；

（7）经济指标、环保性能和施工工期。

支护结构选型应考虑结构的空间效应和受力特点，要用有利支护结构材料受力性状的型式。

表 8.1.1 基坑支护结构选型表

<table>
<tr><th colspan="2" rowspan="2">结构类型</th><th colspan="3">适应条件</th></tr>
<tr><th>安全等级</th><th colspan="2">基坑深度、环境条件、土类和地下水</th></tr>
<tr><td rowspan="5">支挡式结构</td><td>锚拉式结构</td><td rowspan="5">一级
二级
三级</td><td>适用于较深的基坑</td><td rowspan="5">（1）排桩适用于可采用降水或截水帷幕的基坑；
（2）地下连续墙宜同时用作主体地下结构外墙，可同时用于截水；
（3）锚杆不宜用在软土层和高水位的碎石土、砂土层中；
（4）当邻近基坑有建筑物地下室、地下构筑物等，锚杆的有效锚固长度不足时，不应采用锚杆；
（5）当锚杆施工会造成基坑周边建（构）筑物的损害或违反城市地下空间规划等规定时，不应采用锚杆</td></tr>
<tr><td>支撑式结构</td><td>适用于较深的基坑</td></tr>
<tr><td>悬臂式结构</td><td>适用于较浅的基坑</td></tr>
<tr><td>双排桩</td><td>当锚拉式，支撑式和悬臂式结构不适用时，可考虑采用双排桩</td></tr>
<tr><td>支护结构与主体结构结合的逆作法</td><td>适用于基坑周边环境条件很复杂的深基坑</td></tr>
</table>

续表 8.1.1

结构类型		适应条件		
		安全等级	基坑深度、环境条件、土类和地下水	
土钉墙	单一土钉墙	二级 三级	适用于地下水位以上或经降水的非软土基坑，且基坑深度不宜大于 12m	当基坑潜在滑动面内有建筑物、重要地下管线时，不宜采用土钉墙
	预应力锚杆土钉墙		适用于地下水位以上或经降水的非软土基坑，且基坑深度不宜大于 15m	
	水泥土桩垂直复合土钉墙		用于非软土基坑时，基坑深度不宜大于 12m；用于淤泥质土基坑时，基坑深度不宜大于 6m；不宜用在高水位的碎石土、砂土、粉土层中	
	微型桩垂直复合土钉墙		适用于地下水位以上或经降水的基坑，用于非软土基坑时，基坑深度不宜大于 12m；用于淤泥质土基坑时，基坑深度不宜大于 6m	
重力式水泥土墙		二级 三级	适用于淤泥质土、淤泥基坑，且基坑深度不宜大于 7m	
放坡		三级	（1）施工场地应满足放坡条件； （2）可与上述支护结构形式结合	

注：1. 当基坑不同部位的周边环境条件、土层性状、基坑深度不同时，可在不同部位分别采用不同的支护形式；
2. 支护结构可采用上、下部位以不同结构类型组合的形式。

8.1.3 基坑支护工程设计原则及内容

基坑支护工程设计的基本原则是：

（1）在满足支护结构本身强度、稳定性和变形要求的同时，确保周围环境的安全；

（2）在保证安全可靠的前提下，设计方案应具有较好的技术经济和环境效应；

（3）为基坑支护工程施工和基础施工提供最大限度的施工方便，并保证施工安全。

基坑支护设计应规定其设计使用期限。基坑支护的设计使用期限不应小于一年。基坑支护设计时，应综合考虑基坑周边环境和地质条件的复杂程度、基坑深度等因素，按表 8.1.2 采用支护结构的安全等级和重要性系数。对同一基坑的不同部位，可采用不同的安全等级。

表 8.1.2 基坑侧壁安全等级及重要性系数

安全等级	破坏后果	γ_0
一级	支护结构破坏、土体失稳或过大变形对基坑周边环境及地下结构施工影响很严重	1.10

续表 8.1.2

安全等级	破坏后果	γ_0
二级	支护结构破坏、土体失稳或过大变形对基坑周边环境及地下结构施工影响一般	1.0
三级	支护结构破坏、土体失稳或过大变形对基坑周边环境及地下结构施工影响不严重	0.90

根据《建筑基坑支护技术规程》（JGJ 120—2012），基坑支护结构极限状态可分为承载力极限状态和正常使用极限状态。承载力极限状态对应于支护结构达到最大承载能力或土体失稳、过大变形导致支护结构或基坑周边环境破坏，正常使用极限状态对应于支护结构的变形已妨碍地下施工或影响基坑周边环境的正常使用功能。

根据承载能力极限状态和正常使用极限状态的设计要求，基坑支护应按下列规定进行计算和验算：

（1）基坑支护结构均应进行承载能力极限状态的计算，计算内容应包括：

1）根据基坑支护形式及其受力特点进行土体稳定性计算；

2）基坑支护结构的受压、受弯、受剪承载力计算；

3）当有锚杆或支撑时，应对其进行承载力计算和稳定性验算。

（2）对于安全等级为一级及对支护结构变形有限定的二级建筑基坑侧壁，尚应对基坑周边环境及支护结构变形进行验算。

（3）地下水控制计算和验算：

1）抗渗透稳定性验算；

2）基坑底突涌稳定性验算；

3）根据支护结构设计要求进行地下水位控制计算。

当场地内有地下水时，应根据场地及周边区域的工程地质条件、水文地质条件、周边环境情况和支护结构与基础型式等因素，确定地下水控制方法。当场地周边有地表水汇流、排泻或地下水管渗漏时，应对基坑采取保护措施。当有条件时，基坑应采用局部或全部放坡开挖，放坡坡度应满足其稳定性要求。

8.1.4 基坑水平荷载

基坑支护结构随着基坑的开挖，内侧出现临空，基坑外侧的土体向基坑内移动，对结构产生一定的压力，而基坑内部的土体则对结构起支撑作用，阻止结构的进一步变形。前者为主动土压力，后者为被动土压力（见图 8.1.1）。根据《建筑基坑支护技术规程》（JGJ 120—2012），土压力的计算一般情况采用郎肯土压力理论，在某些特殊情况下才采用库伦土压力理论。具体的计算按照水土合算与水土分算分别如下：

（1）对于地下水位以上或水土合算的土层：

$$p_{ak} = \sigma_{ak} K_{a,i} - 2c_i \sqrt{K_{a,i}} \tag{8.1.1}$$

$$K_{a,i} = \tan^2\left(45° - \frac{\varphi_i}{2}\right) \tag{8.1.2}$$

$$p_{pk} = \sigma_{pk} K_{p,i} + 2c_i \sqrt{K_{p,i}} \tag{8.1.3}$$

$$K_{p,i} = \tan^2\left(45° + \frac{\varphi_i}{2}\right) \tag{8.1.4}$$

式中 p_{ak}——支护结构外侧，第 i 层土中计算点的主动土压力强度标准值，kPa；当 $p_{ak}<0$ 时，应取 $p_{ak}=0$；

σ_{ak}，σ_{pk}——分别为支护结构外侧、内侧计算点的土中竖向应力标准值，kPa；

$K_{a,i}$，$K_{p,i}$——分别为第 i 层土的主动土压力系数、被动土压力系数；

c_i，φ_i——第 i 层土的黏聚力，kPa；内摩擦角，(°)；

p_{pk}——支护结构内侧，第 i 层土中计算点的被动土压力强度标准值，kPa。

（2）对于水土分算的土层：

$$p_{ak} = (\sigma_{ak} - u_a)K_{a,i} - 2c_i\sqrt{K_{a,i}} + u_a \tag{8.1.5}$$

$$p_{pk} = (\sigma_{pk} - u_p)K_{p,i} + 2c_i\sqrt{K_{p,i}} + u_p \tag{8.1.6}$$

式中 u_a，u_p——分别为支护结构外侧、内侧计算点的水压力，kPa。

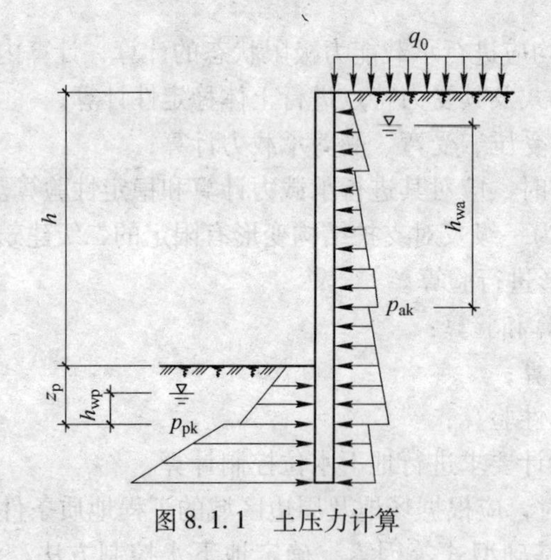

图 8.1.1 土压力计算

8.2 支挡式结构

支挡式结构指以挡土构件和锚杆或支撑为主要构件，或以挡土构件为主要构件的支护结构。挡土构件指设置在基坑侧壁并嵌入基坑底面的支护结构竖向构件。例如，支护桩、地下连续墙。支挡式结构包括悬臂式结构、锚拉式结构、内支撑式结构和双排桩结构等（见图 8.2.1）。

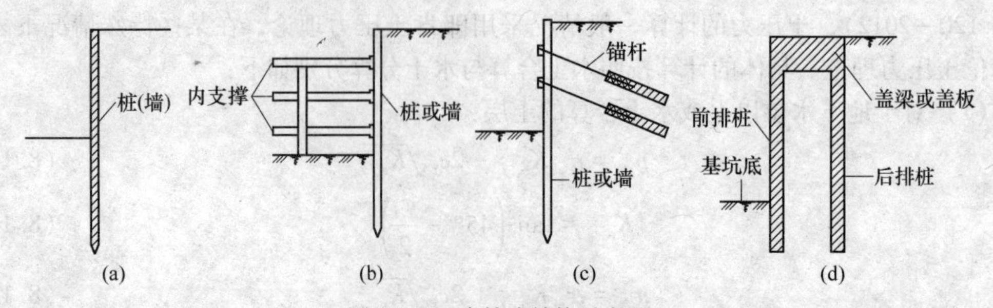

图 8.2.1 支挡式结构示意图

（a）悬臂式结构；（b）内支撑式结构；（c）锚拉式结构；（d）双排桩结构

8.2.1　结构分析与稳定性验算

8.2.1.1　结构分析

实际的支护结构一般都是空间结构，空间结构的分析方法复杂，通常需要在有经验时，才能建立出合理的空间结构模型。按空间结构分析时，应使结构的边界条件与实际情况足够接近，这需要设计人员有较强的结构设计经验和水平。当有条件时，一般希望根据受力状态的特点和结构构造，将实际结构分解为简单的平面结构进行分析。基于此，下面分别就各种支挡结构的具体形式与受力、变形特性展开结构分析。

锚拉式支挡结构，可将整个结构分解为挡土结构、锚拉结构（锚杆及腰梁、冠梁）分别进行分析；挡土结构宜采用平面杆系结构弹性支点法进行分析；作用在锚拉结构上的荷载应取挡土结构分析时得出的支点力。

支撑式支挡结构，可将整个结构分解为挡土结构、内支撑结构分别进行分析；挡土结构宜采用平面杆系结构弹性支点法进行分析；内支撑结构可按平面结构进行分析，挡土结构传至内支撑的荷载应取挡土结构分析时得出的支点力；对挡土结构和内支撑结构分别进行分析时，应考虑其相互之间的变形协调。

悬臂式支挡结构、双排桩支挡结构，宜采用平面杆系结构弹性支点法进行结构分析。

弹性支点法是目前较为常用的一种结构内力计算方法，是将支护结构视作竖向放置的弹性地基梁，基坑外侧土压力看成荷载，内侧土体与支撑（包括锚杆）看成弹性支座，如图 8.2.2 所示。

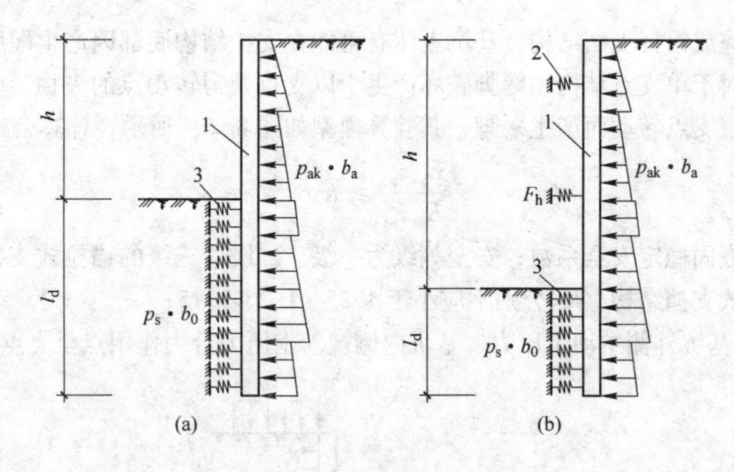

图 8.2.2　弹性支点法计算

（a）悬臂式支挡结构；（b）锚拉式支挡结构或支撑式支挡结构

1—挡土构件；2—由锚杆或支撑简化而成的弹性支座；3—计算土反力的弹性支座

8.2.1.2　稳定性验算

支挡式结构的稳定性验算包括嵌固深度验算、整体滑动稳定性验算和坑底隆起稳定性验算。

A　嵌固稳定性验算

对于悬臂式支挡结构，在水平荷载作用下，基坑土体有可能因嵌固深度不够而绕结构底端转动失稳，其验算模型如图 8.2.3 所示，计算公式如下：

$$\frac{E_{pk}z_{p1}}{E_{ak}z_{a1}} \geqslant K_{em} \tag{8.2.1}$$

式中 K_{em}——嵌固稳定安全系数；安全等级为一级、二级、三级的悬臂式支挡结构，K_{em} 分别不应小于 1.25、1.2、1.15；

E_{ak}，E_{pk}——基坑外侧主动土压力、基坑内侧被动土压力合力的标准值，kN；

z_{a1}，z_{p1}——基坑外侧主动土压力、基坑内侧被动土压力合力作用点至挡土构件底端的距离，m。

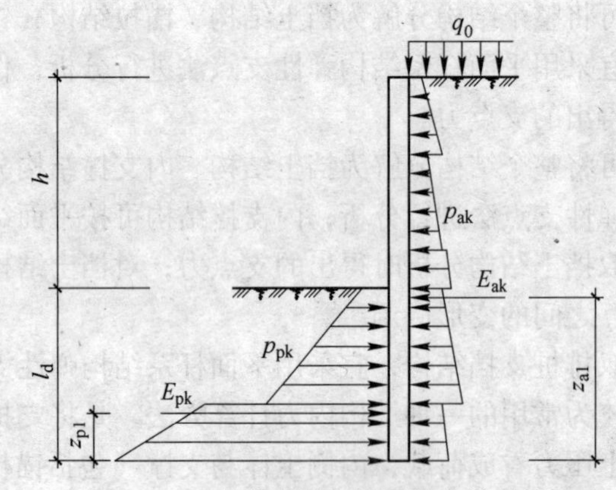

图 8.2.3 悬臂式结构嵌固稳定性验算

对于内支撑或锚杆支挡结构，基坑土体有可能在支护结构底部因产生踢脚破坏而出现不稳定现象。对于单支点结构，踢脚破坏产生于以支点处为转动点的失稳，多层支点结构则可能绕最下层支点转动而产生踢脚，其验算模型如图 8.2.4 所示，计算公式如下：

$$\frac{E_{pk}z_{p2}}{E_{ak}z_{a2}} \geqslant K_{e} \tag{8.2.2}$$

式中 K_e——嵌固稳定安全系数；安全等级为一级、二级、三级的锚拉式支挡结构和支撑式支挡结构，K_e 分别不应小于 1.25、1.2、1.15；

z_{a2}，z_{p2}——基坑外侧主动土压力、基坑内侧被动土压力合力作用点至支点的距离，m。

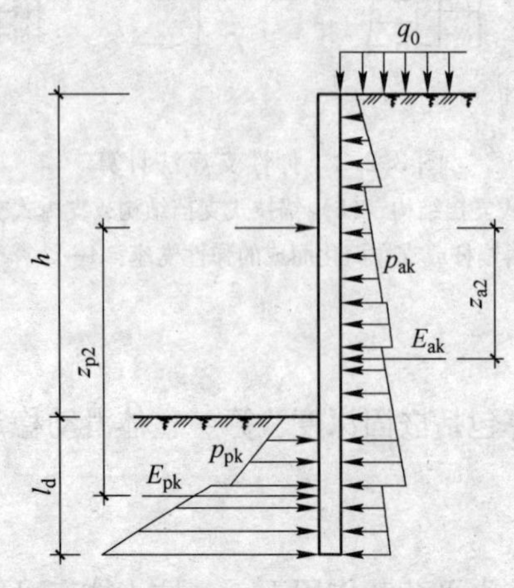

图 8.2.4 单支点锚拉式支挡结构和支撑式支挡结构的嵌固稳定性验算

B 基坑整体稳定性验算

基坑整体稳定性分析实际上是对支护结构的直立土坡进行稳定性分析，通过计算确定支护结构的嵌固深度，锚拉式、悬臂式和双排桩支挡结构应进行整体稳定性验算。计算采用圆弧滑动面简单条分法，按总应力法计算，稳定性系数需要满足：

$$\min\ \{K_{s,1},\ K_{s,2},\ \cdots,\ K_{s,i},\ \cdots\}\ \geqslant K_s \tag{8.2.3}$$

$$K_{s,\ i}=\frac{\sum\{c_j l_j+[(q_j b_j+\Delta G_j)\cos\theta_j-u_j l_j]\tan\varphi_j\}+\sum R'_{k,\ \mathrm{k}}[\cos(\theta_k+\alpha_k)+\psi_{\mathrm{v}}]/s_{x,\ k}}{\sum(q_j b_j+\Delta G_j)\sin\theta_j}$$

式中 K_s——圆弧滑动整体稳定安全系数；安全等级为一级、二级、三级的锚拉式支挡结构，K_s 分别不应小于1.35、1.3、1.25；

c_j，φ_j——第 j 土条滑弧面处土的黏聚力，kPa；内摩擦角，(°)；

b_j——第 j 土条的宽度，m；

θ_j——第 j 土条滑弧面中点处的法线与垂直面的夹角，(°)；

l_j——第 j 土条的滑弧段长度，m，取 $l_j=b_j/\cos\theta_j$；

q_j——作用在第 j 土条上的附加分布荷载标准值，kPa；

ΔG_j——第 j 土条的自重，kN，按天然重度计算；

u_j——第 j 土条在滑弧面上的孔隙水压力，kPa；

$R'_{k,\mathrm{k}}$——第 k 层锚杆对圆弧滑动体的极限拉力值，kN；

θ_k——滑弧面在第 k 层锚杆处的法线与垂直面的夹角，(°)；

α_k——第 k 层锚杆的倾角，(°)；

$s_{x,k}$——第 k 层锚杆的水平间距，m；

ψ_{v}——计算系数。

注：对悬臂式、双排桩支挡结构，采用公式（8.2.3）时，不考虑 $\sum R'_{k,\ \mathrm{k}}[\cos(\theta_j+\alpha_k)+\psi_{\mathrm{v}}]/s_{x,\ k}$ 项。

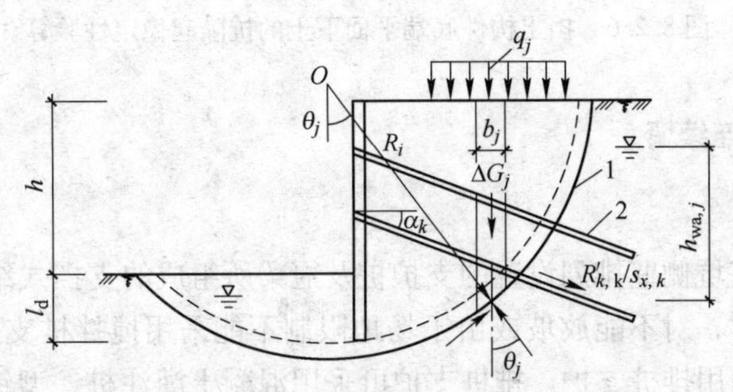

图8.2.5 圆弧滑动条分法整体稳定性验算

1—任意圆弧滑动面；2—锚杆

C 基坑底抗隆起稳定性验算

对深度较大的基坑，当嵌固深度较小、土的强度较低时，土体从挡土构件底端以下向基坑内隆起挤出是锚拉式支挡结构和支撑式支挡结构的一种破坏模式。这是一种土体丧失竖向平衡状态的破坏模式，由于锚杆和支撑只能对支护结构提供水平方向的平衡力，对隆起破坏不起作用，对特定基坑深度和土性，只能通过增加挡土构件嵌固深度来提高抗隆起稳定性。基坑抗隆起稳定的计算方法很多，目前的规范多采用的是地基极限承载力的Prandtl（普朗德尔）极限平衡理论公式，其计算模型（见图8.2.6）和公式如下：

$$\frac{\gamma_{m2}DN_q + cN_c}{\gamma_{m1}(h + D) + q_0} \geqslant K_b \tag{8.2.4}$$

$$N_q = \tan^2\left(45° + \frac{\varphi}{2}\right) e^{\pi\tan\varphi} \tag{8.2.5}$$

$$N_c = (N_q - 1)/\tan\varphi \tag{8.2.6}$$

式中　K_b——抗隆起安全系数；安全等级为一级、二级、三级的支护结构，K_b 分别不应小于1.8、1.6、1.4；

γ_{m1}——基坑外、基坑内挡土构件底面以上土层按厚度加权的平均重度，kN/m^3；

γ_{m2}——挡土构件底面以上土的重度，kN/m^3；

h，D——基坑深度（m）、挡土构件嵌固深度，m；

q_0——地面均布荷载，kPa；

N_c，N_q——承载力系数；

c，φ——挡土构件底面以下土的黏聚力（kPa）、内摩擦角，（°）。

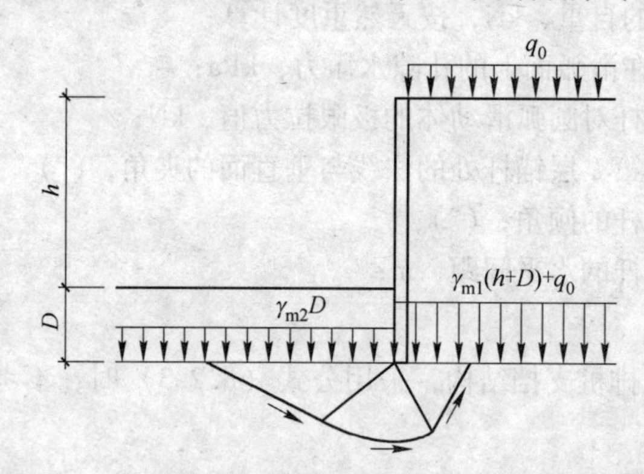

图8.2.6　挡土构件底端平面下土的抗隆起稳定性验算

8.2.2　排桩与地下连续墙

8.2.2.1　概述

排桩指的是沿基坑侧壁排列设置的支护桩及冠梁所组成的支挡式结构部件或悬臂式支挡结构。基坑开挖时，对不能放坡或由于场地限制不能采用搅拌桩支护，开挖深度在6~10m左右时，即可采用排桩支护。排桩支护可采用混凝土灌注桩、型钢桩、钢管桩、钢板桩、型钢水泥土搅拌桩等桩型。

按照桩的平面布置排桩支护结构可分为：

（1）柱列式排桩支护，当土质尚好、地下水位较低时，可利用土拱作用，以稀疏钻孔灌注桩或挖孔桩支挡土坡，如图8.2.7(a) 所示。

（2）连续排桩支护（见图8.2.7(b)），在软土中一般不能形成土拱，支挡桩应该连续密排，密排的钻孔桩可以互相搭接，或在桩身混凝土强度尚未形成时，在相邻桩之间做一根素混凝土树根桩把钻孔桩排连起来，如图8.2.7(c) 所示。也可以采用钢板桩、钢筋混凝土板桩，如图 8.2.7(d)、(e) 所示。

(3) 组合式排桩支护，在地下水位较高的软土地区，可采用钻孔灌注桩排桩与水泥土桩防渗墙组合的形式，如图 8.2.7(f) 所示。

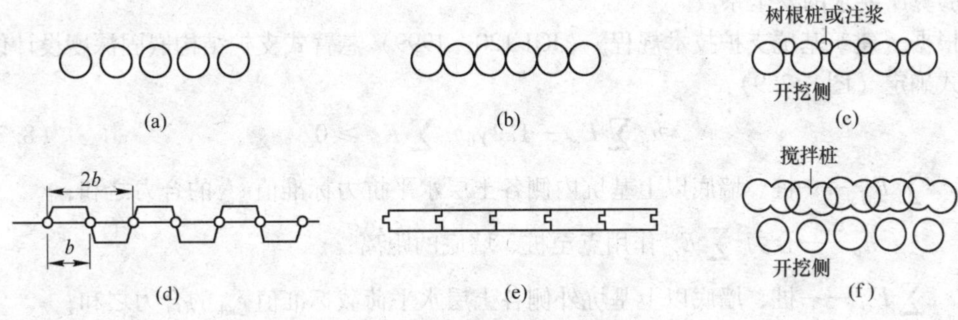

图 8.2.7　排桩支护的类型

按基坑开挖深度及支挡结构受力情况，排桩支护可分为以下三种：

(1) 无支撑（悬臂）支护结构：当基坑开挖深度不大，即可利用悬臂作用挡住墙后土体。

(2) 单支撑结构：当基坑开挖深度较大时，不能采用无支撑支护结构，可以在支护结构顶部附近设置一单支撑（或拉锚）。

(3) 多支撑结构：当基坑开挖深度较深时，可设置多道支撑，以减少挡墙的内力。

在地下挖一段狭长的深槽，在槽内吊放入钢筋笼，浇灌混凝土，筑成一段钢筋混凝土墙段，最后把这些墙段逐一连接起来形成一道连续的地下墙壁，这就是地下连续墙。地下连续墙技术起源于欧洲，它是根据打井和石油钻井所用膨润土泥浆护壁以及水下浇灌混凝土施工方法的应用而发展起来的，1950 年前后开始用于工程。

地下连续墙按成墙方式可分为桩排式、壁板式和组合式；按挖槽方式可大致分为抓斗式、冲击式和回转式；按墙的用途可分为临时挡土墙、用作主体结构一部分兼作临时挡土墙的地下连续墙、用作多边形基础兼作墙体的地下连续墙。

地下连续墙具有整体刚度大的特点和良好的止水防渗效果，适用于地下水位以下的软黏土和砂土等多种地层条件和复杂的施工环境，尤其是基坑底面以下有深层软土需将墙体插入很深的情况，因此在国内外的地下工程中得到广泛的应用。并且随着技术的发展和施工方法及机械的改进，地下连续墙发展到既是基坑施工时的挡土围护结构，又是拟建主体结构的侧墙，如支撑得当，且配合正确的施工方法和措施，可较好地控制软土地层的变形。

8.2.2.2　排桩、地下连续墙设计计算

排桩、地下连续墙结构的内力与变形计算是比较复杂的问题，其计算的合理模型应是考虑支护结构—土—支点三者共同作用的空间分析，但这样往往比较复杂，工程上为便于计算，采用分段平面问题计算，排桩计算宽度取桩中心距，地下连续墙由于其连续性取单位宽度。具体的计算内容和步骤如下。

A　嵌固深度计算

a　悬臂式支护结构

根据对悬臂式支护结构当 $c=0$、φ 为 5°~45°变化范围的各种极限状态进行计算，结果嵌固深度系数见图 8.2.8，从图可见在极限状态下要求嵌固深度大小的顺序依次是抗倾覆、抗滑移、整体稳定性、抗隆起，因此按抗倾覆要求确定嵌固深度，基本上都可以保证其他各种验算所要求的安全系数。

根据《建筑基坑支护技术规程》（JGJ 120—1999）悬臂式支护结构嵌固深度设计值 h_d 按下式确定（图 8.2.9）：

$$h_p \sum E_{pj} - 1.2\gamma_0 h_a \sum E_{ai} \geqslant 0 \tag{8.2.7}$$

式中 $\sum E_{pj}$ ——桩、墙底以上基坑内侧各土层水平抗力标准值 e_{pjk} 的合力之和；

h_p——合力 $\sum E_{pj}$ 作用点至桩、墙底的距离；

$\sum E_{ai}$ ——桩、墙底以上基坑外侧各土层水平荷载标准值 e_{aik} 的合力之和；

h_a——合力 $\sum E_{ai}$ 作用点至桩、墙底的距离。

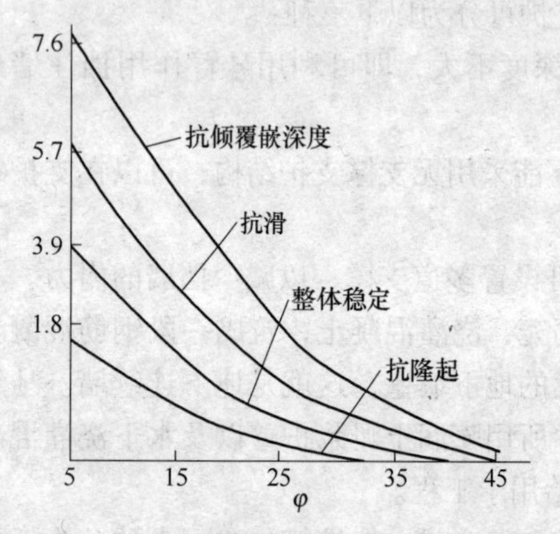

图 8.2.8 极限状态嵌固深度系数图

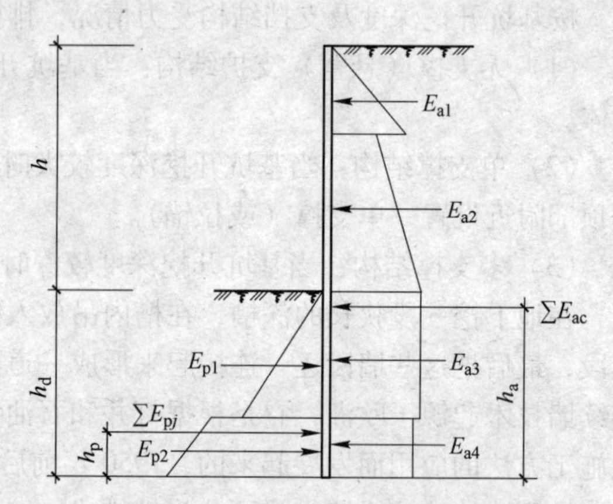

图 8.2.9 悬臂式支护结构嵌固深度计算简图

b 单层支点支护结构

对于单支点支护结构，由于结构的平衡是依靠支点及嵌固深度两者共同支持，必须具有足够深度以形成一定的反力保证结构稳定，可以采取传统的等值梁法来确定嵌固深度。根据分析，这样计算得到的嵌固深度值也大于整体稳定及抗隆起的要求。

嵌固深度设计值 h_d 可按下式确定（见图 8.2.10）

$$h_p \sum E_{pj} + T_{c1}(h_{T1} + h_d) - 1.2\gamma_0 h_a \sum E_{ai} \geqslant 0 \tag{8.2.8}$$

设基坑底面以下支护结构弯矩零点位置至基坑底面的距离为 h_{c1}，此处 $e_{a1k}=e_{p1k}$（见图 8.2.11），支点力 T_{c1} 可按下式计算

$$T_{c1} = \frac{h_{a1} \sum E_{ac} - h_{p1} \sum E_{pc}}{h_{T1} + h_{c1}} \tag{8.2.9}$$

式中 $\sum E_{ac}$ ——弯矩零点位置以上基坑外侧各土层水平荷载标准值的合力之和；

h_{a1}——合力 $\sum E_{ac}$ 作用点至设定弯矩零点的距离；

$\sum E_{pc}$ ——弯矩零点位置以上基坑内侧各土层水平抗力标准值的合力之和；

h_{pl}——合力 $\sum E_{pc}$ 作用点至设定弯矩零点的距离；

h_{T1}——支点至基坑底面的距离；

h_{c1}——基坑底面至设定弯矩零点位置的距离。

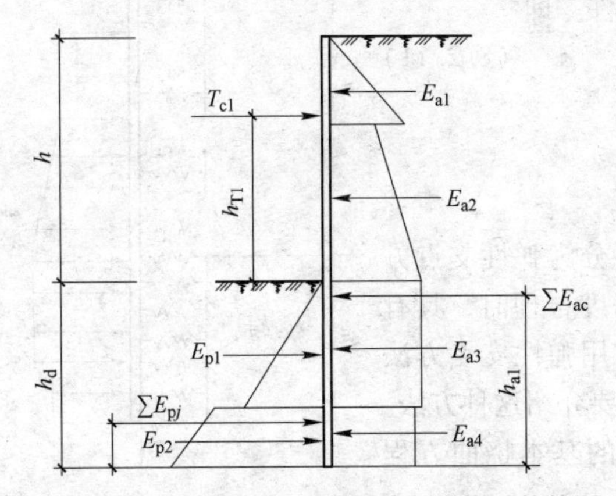

图 8.2.10　单层支点支护结构嵌固深度计算简图

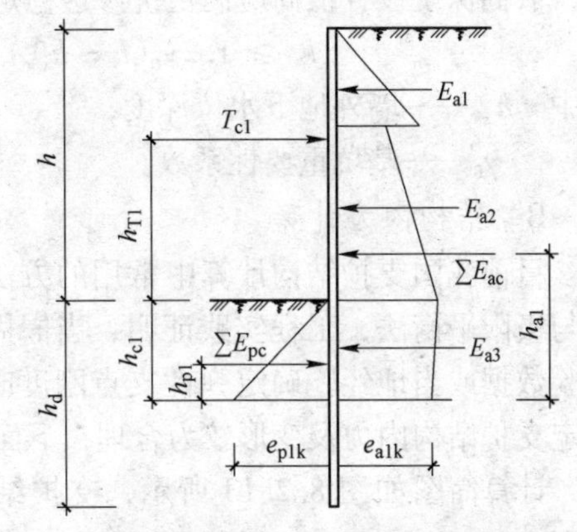

图 8.2.11　单层支点支护结构支点力计算简图

c　多层支点支护结构

多层支点的排桩、地下连续墙嵌固深度设计值 h_d 宜按圆弧滑动简单条分法确定（见图 8.2.12）。

$$\sum c_{ik} l_i + \sum (q_0 b_i + w_i)\cos\theta_i \tan\varphi_{ik} - \gamma_k \sum (q_0 b_i + w_i)\sin\theta_i \geqslant 0 \qquad (8.2.10)$$

式中　c_{ik}，φ_{ik}——最危险滑动面上第 i 土条滑动面上土的固结不排水（快）剪黏聚力、内摩擦角标准值；

l_i——第 i 土条的弧长；

b_i——第 i 土条的宽度；

γ_k——整体稳定分项系数，根据经验确定，当无经验时取 1.3；

w_i——作用于滑动面上第 i 土条的重量，按上覆土层的天然重度计算；

θ_i——第 i 土条弧线中点切线与水平线夹角。

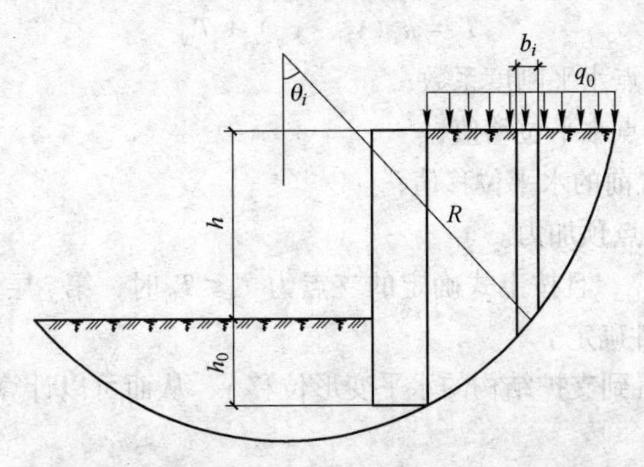

图 8.2.12　多支点支护结构嵌固深度计算简图

当按上述方法确定的悬臂式及单支点支护结构嵌固深度设计值 $h_d < 0.3h$ 时，宜取 h_d =

0.3h；多支点支护结构嵌固深度设计值小于0.2h时，宜取$h_d=0.2h$。

当基坑底为碎石土及砂土、基坑内排水且作用有渗透水压力时，侧向截水的排桩、地下连续墙除应满足上述规定外，嵌固深度设计值尚应满足抗渗透稳定条件。即

$$h_d \geq 1.2\gamma_0(h - h_{wa}) \tag{8.2.11}$$

式中　h_{wa}——墙外地下水位深度；

γ_0——基坑重要性系数。

B　结构内力计算

目前我国支护结构计算中常用的方法可分为弹性支点方法与极限平衡法，工程实践证明，当嵌固深度合理时，具有试验数据或当地经验确定弹性支点刚度时，用弹性支点方法确定支护结构内力及变形较为合理，下面主要介绍这种方法。

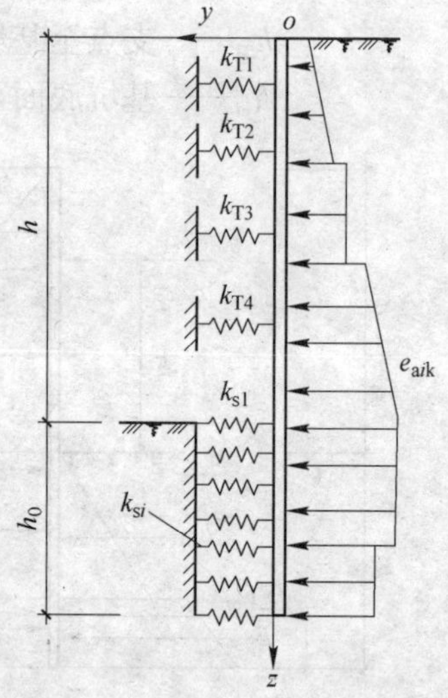

图8.2.13　弹性支点法计算简图

计算简图如图8.2.13所示，支护结构的基本挠曲方程如下：

$$\begin{cases} EI\dfrac{d^4y}{dz} - e_{aik}\cdot b_s = 0 & (0 \leq z \leq h_n) \\ EI\dfrac{d^4y}{dz} + mb_0(z-h_n)y - e_{aik}\cdot b_s = 0 & (z \geq h_n) \end{cases} \tag{8.2.12}$$

式中　m——地基土水平抗力系数的比例系数；

b_0——抗力计算宽度，地下连续墙和水泥土墙取单位宽度。排桩结构，方形桩，圆形桩$b_0=0.9\times(1.5d+0.5)$，计算宽度大于排桩间距时取排桩间距；

z——支护结构顶部至计算点的距离；

h_n——第n工况基坑开挖深度；

y——计算点水平变形；

b_s—荷载计算宽度，排桩可取桩中心距，地下连续墙和水泥土墙可取单位宽度。

支点处边界条件为：

$$T_j = k_{Tj}(y_j - y_{0j}) + T_{0j} \tag{8.2.13}$$

式中　k_{Tj}——第j层支点水平刚度系数；

y_j——第j层支点水平位移值；

y_{0j}——支点设置前的水平位移值；

T_{0j}——第j层支点预加力。

当支点有预加力T_{0j}，且按上式确定的支点力$T_j \leq T_{0j}$时，第j层支点力T_j应按该层支点位移为y_{0j}的边界条件确定。

解式（8.2.13）得到支护结构的水平变形位移y，从而可以计算结构任意截面的内力M和V。

（1）悬臂式支护结构弯矩计算值M_c及剪力计算值V_c可按下式计算（见图8.2.14(a)）：

$$M_c = h_{mz}\sum E_{mz} - h_{az}\sum E_{az} \tag{8.2.14}$$

$$V_c = \sum E_{mz} - \sum E_{az} \tag{8.2.15}$$

式中 $\sum E_{mz}$——计算截面以上基坑内侧各土层弹性抗力值 $mb_0(z-h_n)y$ 的合力之和；

h_{mz}——合力 $\sum E_{mz}$ 作用点至计算截面的距离；

$\sum E_{az}$——计算截面以上基坑外侧各土层水平荷载标准值 $e_{aik}b_s$ 的合力之和；

h_{az}——合力 $\sum E_{az}$ 作用点至计算截面的距离。

（2）支点支护结构弯矩计算值 M_c 及剪力计算值 V_c 可按下式计算（见图 8.2.14(b)）：

$$M_c = \sum T_j(h_j + h_c) + h_{mz}\sum E_{mz} - h_{az}\sum E_{az} \tag{8.2.16}$$

$$V_c = \sum T_j + \sum E_{mz} - \sum E_{az} \tag{8.2.17}$$

式中 h_j——支点力 T_j 至基坑底的距离；

h_c——基坑底面至计算截面的距离，当计算截面在基坑底面以上时取负值。

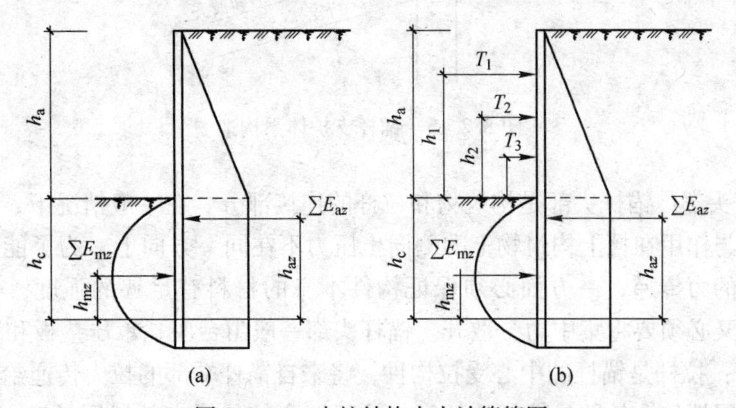

图 8.2.14 支护结构内力计算简图

C 截面承载力计算

排桩、地下连续墙及支撑体系混凝土结构的承载力应按下列规定计算：

（1）正截面受弯及斜截面受剪承载力计算以及纵向钢筋、箍筋的构造要求，应符合现行国家标准《混凝土结构设计规范》（GB 50010—2010）的有关规定。

（2）圆形截面正截面受弯承载力应按《建筑基坑支护技术规程》（JGJ 120—2012）附录 B 的规定计算。

（3）型钢、钢管、钢板支护桩的受弯、受剪承载力应按现行国家标准《钢结构设计规范》50017 的有关规定进行计算。

8.2.3 锚杆

8.2.3.1 锚杆构造及作用机理

锚杆是一种受拉杆件，它一端与工程结构物或挡土桩墙联结，另一端锚固在地基的土层或岩层中，以承受结构物的上托力、拉拔力、倾侧力或支护结构上的土压力、水压力。它利用地层的锚固力维持结构的稳定。

锚杆支护体系（见图 8. 2. 15）由挡土构筑物、腰梁及托架、锚杆三个部分组成。挡土构筑物包括各种钢板桩、各种类型的钢筋混凝土预制板桩、灌注桩、旋喷桩、挖孔桩、地下连续墙等竖向支护结构。腰梁可采用工字钢、槽钢形成的组成梁或用钢筋混凝土梁。腰梁放在托架上。托架（用钢材或钢筋混凝土）与挡土构筑物连接固定。钢筋混凝土腰梁可与桩的主筋连接或直接做成桩顶圈梁的结构。采用腰梁的目的是将作用在挡土构筑物上的土压力传递给锚杆，并使各桩的应力通过腰梁得到均匀分配。锚杆是受力杆件的总称，与构筑物共同作用。从力的传递机理来看，锚杆是由锚杆头部、拉杆及锚固体三个基本部分组成。

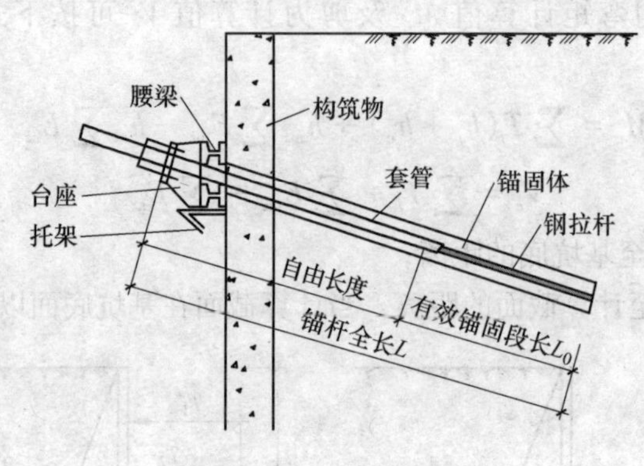

图 8. 2. 15　锚杆支护体系构造

（1）锚杆头部：锚杆头部是构筑物和拉杆的连接部分。在一般情况下，拉杆设置成倾斜向下，因此与作用在挡上构筑物上的侧向土压力不在同一方向上，为了能够牢固的将来自挡土构筑物的力传递，一方面必须保证构件本身的材料有足够的强度，构件能紧密固定，另一方面又必须要将集中力分散开。锚杆头部一般由台座、承压垫板和紧固器组成。

（2）拉杆：拉杆是锚杆的中心受拉构件，将来自锚杆端部的拉力传递给锚固体。从锚头部到锚固体尾端的全长即是拉杆的长度。拉杆的全长包括有效锚固长度（锚固体长度）和非锚固长度（自由长度）两个部分。

（3）锚固体：锚固体是拉杆尾端的锚固部分，将来自拉杆的力通过摩阻抵抗力或支承抵抗力传递给稳定的地层。锚固体能否足够保证挡土构筑物的稳定要求（承载能力与变形）是锚固技术成败的主要关键。

锚杆能锚固在土层中作为一种新型受拉杆件，主要是由于锚杆在土层中具有一定的抗拔力。当锚固段锚杆受力，首先通过拉杆与周边水泥砂浆的握裹作用将力传到砂浆中，然后通过砂浆传到周围土体。传递过程随着荷载增加，锚杆与水泥砂浆黏结力逐渐发展到锚杆下端，待锚固段内发挥最大黏结力时，就发生了土体的相对位移，随即发生土与锚杆的摩阻力，直到极限摩阻力。

总结起来，使用锚杆的优点有：

（1）能够提供开阔的施工空间，提高挖土和结构施工的效率和质量。锚杆施工机械及设备的作业空间不大，因此可为各种地形及场地所选用。

（2）用锚杆代替钢横撑作为侧壁支撑，不但可以大量节省钢材，减少土方开挖量，且能改善施工条件。

（3）锚杆的设计拉力可通过抗拔试验获得，因此可保证设计有足够的安全度。

(4) 锚标可采用预加拉力，以控制建筑物的变位。

8.2.3.2 锚杆计算

A 锚杆承载力验算

锚杆的极限抗拔承载力应符合下式要求：

$$\frac{R_k}{N_k} \geqslant K_t \tag{8.2.18}$$

式中 K_t——锚杆抗拔安全系数；

N_k——锚杆轴向拉力标准值，kN；

R_k——锚杆极限抗拔承载力标准值，kN。

锚杆的轴向拉力标准值 N_k 按下式计算：

$$N_k = \frac{F_h s}{b_a \cos\alpha} \tag{8.2.19}$$

式中 F_h——挡土构件计算宽度内的弹性支点水平反力，kN；

s——锚杆水平间距，m；

b_a——结构计算宽度，m；

α——锚杆倾角，(°)。

锚杆极限抗拔承载力标准值 R_k 应通过抗拔试验确定，也可按下式估算，但应按《建筑基坑支护技术规程》(JGJ 120—2012) 规定的抗拔试验进行验证：

$$R_k = \pi d \sum q_{sik} l_i \tag{8.2.20}$$

式中 d——锚杆的锚固体直径，m；

l_i——锚杆的锚固段在第 i 土层中的长度，m；

q_{sik}——锚固体与第 i 土层之间的极限黏结强度标准值，kPa，应根据工程经验并结合表 8.2.1 取值。

表 8.2.1 锚杆的极限黏结强度标准值

土的名称	土的状态或密实度	q_{sik}/kPa	
		一次常压注浆	二次压力注浆
填土		16~30	30~45
淤泥质土		16~20	20~30
黏性土	$I_L>1$	18~30	25~45
	$0.75<I_L\leqslant 1$	30~40	45~60
	$0.50<I_L\leqslant 0.75$	40~53	60~70
	$0.25<I_L\leqslant 0.50$	53~65	70~85
	$0<I_L\leqslant 0.25$	65~73	85~100
	$I_L\leqslant 0$	73~90	100~130
粉土	$e>0.90$	22~44	40~60
	$0.75\leqslant e\leqslant 0.90$	44~64	60~90
	$e<0.75$	64~100	80~130

续表 8.2.1

土的名称	土的状态或密实度	q_{sik}/kPa	
		一次常压注浆	二次压力注浆
粉细砂	稍密	22~42	40~70
	中密	42~63	75~110
	密实	63~85	90~130
中砂	稍密	54~74	70~100
	中密	74~90	100~130
	密实	90~120	130~170
粗砂	稍密	80~130	100~140
	中密	130~170	170~220
	密实	170~220	220~250
砾砂	中密、密实	190~260	240~290
风化岩	全风化	80~100	120~150
	强风化	150~200	200~260

B　锚杆几何尺寸的确定

锚杆杆体的截面面积根据杆体轴向受拉承载力计算确定如下：

$$A_p \geqslant N/f_{py} \tag{8.2.21}$$

式中　N——锚杆轴向拉力设计值，kN；

f_{py}——预应力钢筋抗拉强度设计值，kPa；当锚杆杆体采用普通钢筋时，取普通钢筋强度设计值f_y；

A_p——预应力钢筋的截面面积，m^2。

锚杆的自由段长度应按下式确定（图 8.2.16），且不应小于 5m。

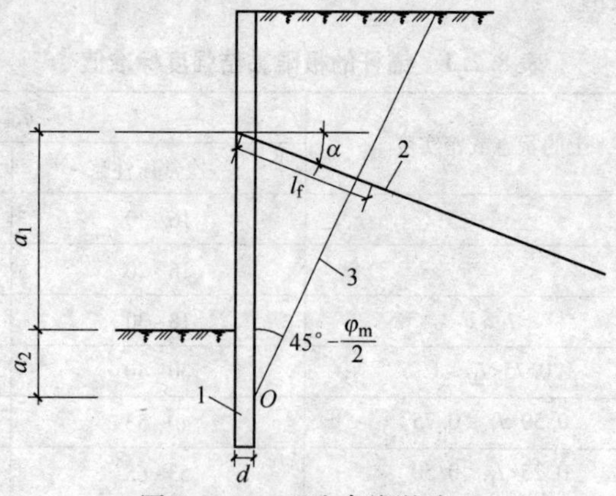

图 8.2.16　理论直线滑动面

1—挡土构件；2—锚杆；3—理论直线滑动面

$$l_f \geqslant \frac{(a_1 + a_2 - d\tan\alpha)\sin\left(45° - \frac{\varphi_m}{2}\right)}{\sin\left(45° + \frac{\varphi_m}{2} + \alpha\right)} + \frac{d}{\cos\alpha} + 1.5 \tag{8.2.22}$$

式中 l_f——锚杆自由段长度，m；

α——锚杆的倾角，(°)；

a_1——锚杆的锚头中点至基坑底面的距离，m；

a_2——基坑底面至挡土构件嵌固段上基坑外侧主动土压力强度与基坑内侧被动土压力强度等值点 O 的距离，m；对多层土地层，当存在多个等值点时应按其中最深处的等值点计算；

d——挡土构件的水平尺寸，m；

φ_m——O 点以上各土层按厚度加权的内摩擦角平均值，(°)。

8.2.4 内支撑结构

设置在基坑内的由钢筋混凝土或钢构件组成的用以支撑挡土构件的结构部件称为内支撑。支撑构件采用钢材、混凝土时，分别称为钢内支撑、混凝土内支撑。钢支撑，不仅具有自重轻、安装和拆除方便、施工速度快、可以重复利用等优点，而且安装后能立即发挥支撑作用，对减小由于时间效应而增加的基坑位移十分有效，因此，对形状规则的基坑常采用钢支撑。但钢支撑节点构件和安装相对复杂，需要具有一定的施工技术水平。混凝土支撑是在基坑内现浇而成的结构体系，布置形式和方式基本不受基坑平面形状的限制，具有刚度大、整体性好、施工技术相对简单等优点，所以，应用范围较广。但混凝土支撑需要较长的制作和养护时间，制作后不能立即发挥支撑作用，需要达到一定的强度后，才能进行其下的土方开挖。此外，拆除混凝土支撑工作量大，一般需要采用爆破方法拆除，支撑材料不能重复使用，从而产生大量的废弃混凝土垃圾需要处理。

仅从技术角度讲，支撑式支挡结构比锚拉式支挡结构适用范围要宽得多，但内支撑的设置给后期主体结构施工造成很大障碍，所以，当能用其他支护结构形式时，人们一般不愿意首选内支撑结构。锚拉式支挡结构可以给后期主体结构施工提供很大的便利，但有些条件下是不适合使用锚杆的。另外，锚杆长期留在地下，给相邻地域的使用和地下空间开发造成障碍，不符合保护环境和可持续发展的要求。一些国家在法律上禁止锚杆侵入红线之外的地下区域，我国目前绝大部分地方目前还没有这方面的限制，但可以预计很快就有类似的规定出台。

内支撑结构形式很多，从结构受力形式划分，可主要归纳为以下几类（见图8.2.17）：

(1) 水平对撑或斜撑，包括单杆、桁架、八字形支撑。

(2) 正交或斜交的平面杆系支撑。

(3) 环形杆系或板系支撑。

(4) 竖向斜撑。

每类内支撑形式又可根据具体情况有多种布置形式。一般来说，对面积不大、形状规则的基坑常采用水平对撑或斜撑；对面积较大或形状不规则的基坑有时需采用正交或斜交的平面杆系支撑；对圆形、方形及近似圆形的多边形的基坑，为能形成较大开挖空间，可采用环形杆系或环形板系支撑；对深度较浅、面积较大基坑，可采用竖向斜撑。但需注意，在设置斜撑基础、安装竖向斜撑前，无撑支护结构能够满足承载力、变形和整体稳定要求。对各类支撑形式，支撑结构的布置要重视支撑体系总体刚度的分布，避免突变，尽可能使水平力作用中心与支撑刚度中心保持一致。

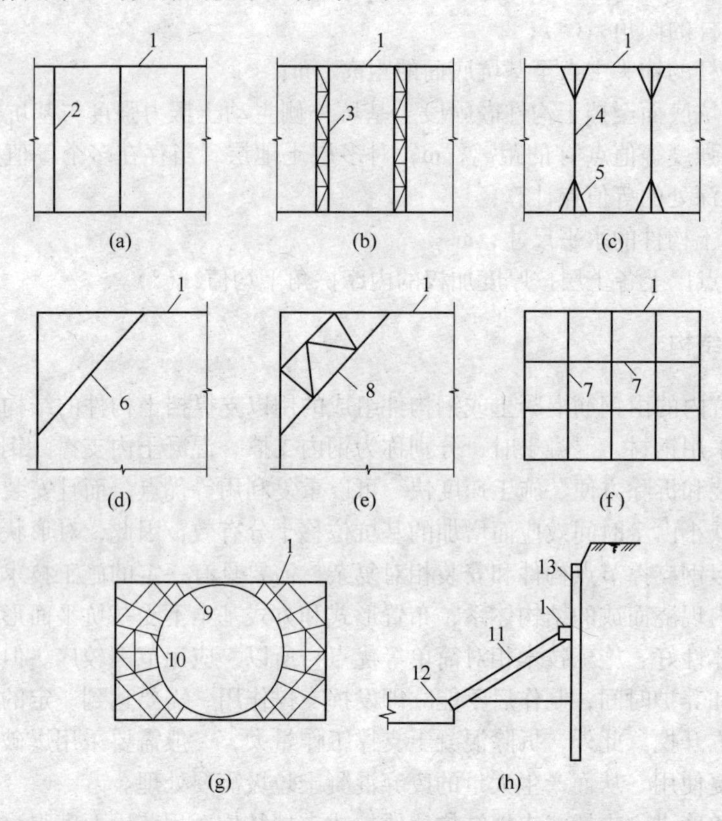

图 8.2.17 内支撑结构常用类型

（a）水平对撑（单杆）；（b）水平对撑（桁架）；（c）水平对撑（八字撑杆）；（d）水平斜撑（单杆）；（e）水平对撑（桁架）；（f）正交平面杆系支撑；（g）环形杆系支撑；（h）竖向斜撑

1—腰梁或冠梁；2—水平单杆支撑；3—水平桁架支撑；4—水平支撑主杆；5—八字撑杆；6—水平角撑；7—水平正交支撑；8—水平斜交支撑；9—环形支撑；10—支撑杆；11—竖向斜撑；12—竖向斜撑基础；13—挡土构件

内支撑结构宜采用超静定结构，对个别次要构件失效会引起结构整体破坏的部位设置冗余约束。内支撑结构分析和计算应符合下列原则：

（1）水平对撑与水平斜撑，应按偏心受压构件进行计算；支撑的轴向压力应取支撑间距内挡土构件的支点力之和；腰梁或冠梁应按以支撑为支座的多跨连续梁计算，计算跨度可取相邻支撑点的中心距。

（2）矩形平面形状的正交支撑，可分解为纵横两个方向的结构单元，并分别按偏心受压构件进行计算。

（3）不规则平面形状的平面杆系支撑、环形杆系或环形板系支撑，可按平面杆系结构采用平面有限元法进行计算；对环形支撑结构，计算时应考虑基坑不同方向上的荷载不均匀性；当基坑各边的土压力相差较大时，在简化为平面杆系时，尚应考虑基坑各边土压力的差异产生的土体被动变形的约束作用，此时，可在水平位移最小的角点设置水平约束支座，在基坑阳角处不宜设置支座。

（4）在竖向荷载作用下内支撑结构宜按空间框架计算，当作用在内支撑结构上的施工荷载较小时，可按连续梁计算，计算跨度可取相邻立柱的中心距。

（5）竖向斜撑应按偏心受压杆件进行计算。

（6）当有可靠经验时，宜采用三维结构分析方法，对支撑、腰梁与冠梁、挡土构件进行整体分析。

8.2.5 双排桩

双排桩结构可采用图 8.2.18 所示的平面刚架结构模型进行计算。

采用图 8.2.19 的结构模型时，作用在后排桩上的主动土压力按郎肯主动土压力理论计算。前、后排桩的桩间土体对桩侧的压力可按下式计算：

$$p'_s = k'_s \Delta v + p'_{s0} \tag{8.2.23}$$

式中 p'_s——前、后排桩间土体对桩侧的压力，kPa；可按作用在前、后排桩上的压力相等考虑；

k'_s——桩间土的水平刚度系数，kN/m^3；

Δv——前、后排桩水平位移的差值，m，当其相对位移减小时为正值；当其相对位移增加时，取 $\Delta v=0$；

p'_{s0}——前、后排桩间土体对桩侧的初始压力，kPa，按《建筑基坑支护技术规程》（JGJ 120—2012）第 4.12.4 条计算。

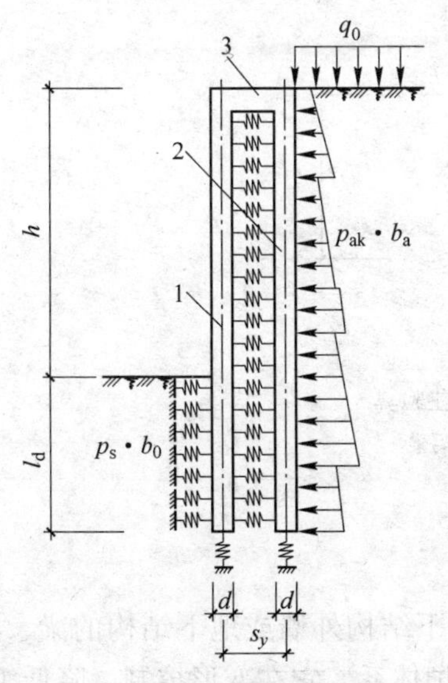

图 8.2.18 双排桩计算
1—前排桩；2—后排桩；3—刚架梁

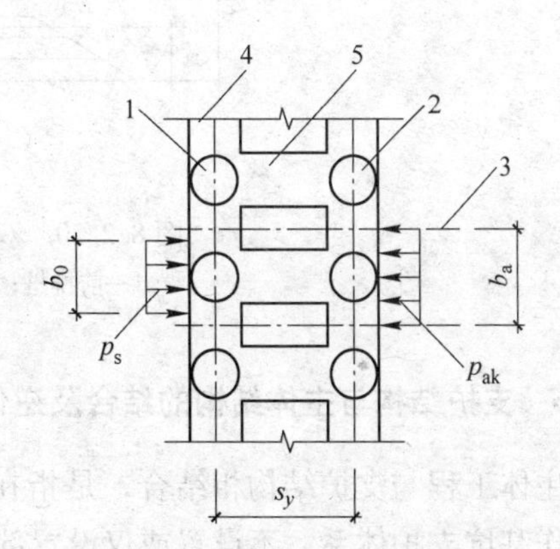

图 8.2.19 双排桩桩顶连梁布置
1—前排桩；2—后排桩；3—排桩对称中心线；4—桩顶冠梁；5—刚架梁

桩间土的水平刚度系数（k'_s）可按下式计算：

$$k'_s = \frac{E_s}{s_y - d} \tag{8.2.24}$$

式中 E_s——计算深度处，前、后排桩间土体的压缩模量，kPa，当为成层土时，应按计算点的深度分别取相应土层的压缩模量；

s_y——双排桩的排距，m；

d——桩的直径，m。

双排桩结构的嵌固稳定性应符合下式规定（见图 8.2.20）：

$$\frac{E_{pk}z_p + Gz_G}{E_{ak}z_a} \geqslant K_{em} \tag{8.2.25}$$

式中 K_{em}——嵌固稳定安全系数；安全等级为一级、二级、三级的支挡式结构，K_{em}分别不应小于 1.25、1.2、1.15；

E_{ak}，E_{pk}——基坑外侧主动土压力、基坑内侧被动土压力的标准值，kN；

z_a，z_p——分别为基坑外侧主动土压力、基坑内侧被动土压力的合力作用点至双排桩底端的距离，m；

G——排桩、桩顶连梁和桩间土的自重之和，kN；

z_G——双排桩、桩顶连梁和桩间土的重心至前排桩边缘的水平距离，m。

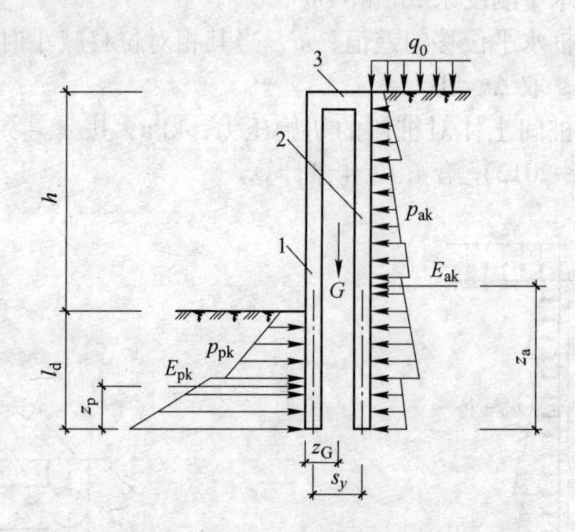

图 8.2.20 双排桩抗倾覆稳定性验算

1—前排桩；2—后排桩；3—刚架梁

8.2.6 支护结构与主体结构的结合及逆作法

主体工程与支护结构相结合，是指在施工期利用地下结构外墙或地下结构的梁、板、柱兼作基坑支护体系，不设置或仅设置部分临时基坑支护体系。它在变形控制、降低工程造价、可持续发展等方面具有诸多优点，是建设高层建筑多层地下室和其他多层地下结构的有效方法。将主体地下结构与支护结构相结合，其中蕴含巨大的社会、经济效益。支护结构与主体结构相结合的方式可采用以下几类：

（1）支护结构的地下连续墙与主体结构外墙相结合；

（2）支护结构的水平支撑与主体结构水平构件相结合；

（3）支护结构的竖向支撑与主体结构竖向构件相结合。

与主体结构相结合的地下连续墙在较深的基坑工程中较为普遍，地下连续墙与主体地下结构外墙相结合时，可采用单一墙、复合墙或叠合墙结构形式（见图 8.2.21）。

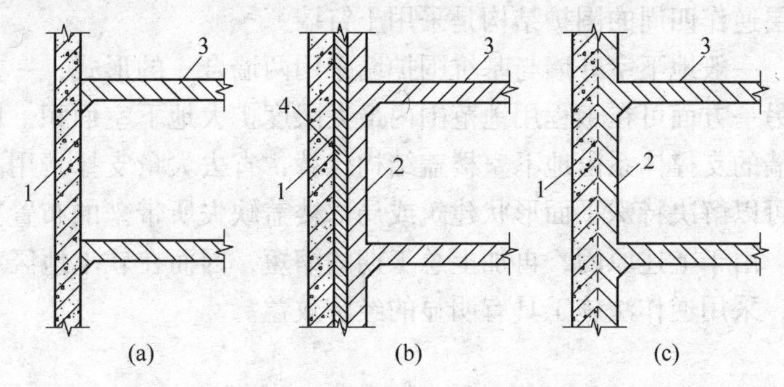

图 8.2.21 地下连续墙与地下结构外墙结合的形式

（a）单一墙；（b）复合墙；（c）叠合墙

1—地下连续墙；2—衬墙；3—楼盖；4—衬垫材料

（1）单一墙。地下连续墙应独立作为主体结构外墙，永久使用阶段应按地下连续墙承担全部外墙荷载进行设计。

（2）复合墙。地下连续墙应作为主体结构外墙的一部分，其内侧应设置混凝土衬墙；二者之间的结合面应按不承受剪力进行构造设计，永久使用阶段水平荷载作用下的墙体内力，宜按地下连续墙与衬墙的刚度比例进行分配。

（3）叠合墙。地下连续墙应作为主体结构外墙的一部分，其内侧应设置混凝土衬墙；二者之间的结合面应按承受剪力进行连接构造设计，永久使用阶段地下连续墙与衬墙应按整体考虑，外墙厚度应取地下连续墙与衬墙厚度之和。

通常情况下，采用单一墙时，基坑内部槽段接缝位置需设置钢筋混凝土壁柱，并留设隔潮层、设置砖衬墙。采用复合墙时，地下连续墙墙体内表面需进行凿毛处理，并留设剪力槽和插筋等预埋措施，确保与内衬结构墙之间剪力的可靠传递。复合墙和叠合墙在基坑开挖阶段，仅考虑地下连续墙作为基坑围护结构进行受力和变形计算；在正常使用阶段，可以考虑内衬钢筋混凝土墙体的复合或重合作用。

逆作法是利用主体工程地下结构作为基坑支护结构，并采取地下结构由上而下的设计施工方法。多层地下室的传统施工方法是“敞开式”，而“逆作法”是一种“封闭式”施工方法。其工艺原理是：先沿建筑物周围施工地下连续墙，在建筑物内按柱网轴线施工柱下支承桩，然后进行首层施工。完成后同时施工地上、地下结构。待地下室大底板完成后，再进行复合柱、复合墙的施工。

逆作法可设计为不同的围护结构支撑方式，分为全逆作法、半逆作法、部分逆作法等多种形式。

（1）全逆作法。利用地下各层钢筋混凝土肋形楼板对四周围护结构形成水平支撑。楼盖混凝土为整体浇筑，然后在其下掏土，通过楼盖中的预留孔洞向外运土并向下运入建筑材料。

（2）半逆作法。利用地下各层钢筋混凝土肋形楼板中先期浇筑的交叉格形肋梁，对围护结构形成框格式水平支撑，待土方开挖完成后再二次浇筑肋形楼板。

（3）部分逆作法。用基坑内四周暂时保留的局部土方对四周围护结构形成水平抵挡，抵消侧向压力所产生的一部分位移。

(4) 分层逆作法。此方法主要是针对四周围护结构，是采用分层逆作，不是先一次整体施工完成。分层逆作四周的围护结构是采用土钉墙。

采用逆作法，一般地下室外墙与基坑围护墙采用两墙合一的形式，一方面省去了单独设立的围护墙，另一方面可在工程用地范围内最大限度扩大地下室面积，增加有效使用面积。此外，围护墙的支撑体系由地下室楼盖结构代替，省去大量支撑费用。而且楼盖结构即支撑体系，还可以解决特殊平面形状建筑或局部楼盖缺失所带来的布置支撑的困难，并使受力更加合理。由于上述原因，再加上总工期的缩短，因而在软土地区对于具有多层地下室的高层建筑，采用逆作法施工具有明显的经济效益。

8.3 重力式水泥土墙支护结构

8.3.1 概述

重力式水泥土墙指的是由水泥土搅拌桩相互搭接形成的格栅状、壁状等形式的重力式结构。水泥土搅拌桩是采用机械钻进、喷浆（或喷粉）并强制与土搅拌而形成的柱状加固体，这种加固土体虽亦称为“桩”，但它与传统的钢筋混凝土桩及钢桩等刚性桩有着本质的区别，它属于柔性桩。由于水泥土的物理力学性能比原状土大大改善，用搅拌桩组合而成的墙体即可形成挡土结构。同时，又由于水泥土的渗透系数较小，一般接近或小于 10^{-7} cm/s，因此可兼作为止水帐幕。

水泥土搅拌桩的布置可采用密排布置，也可采用格栅式布置，一般以后者居多。密排布置通常用于局部加强处，如增设墙墩、拱形支护体等位置（见图 8.3.1）。

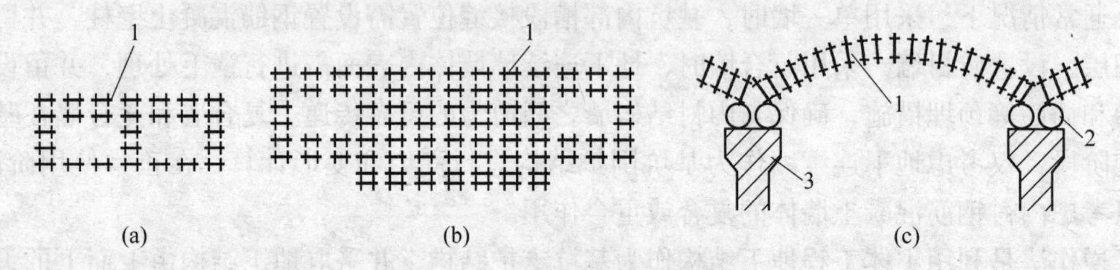

图 8.3.1 水泥土墙的平面形式

(a) 格栅式布置；(b) 局部加墩密排布置；(c) 拱形布置

1—搅拌桩；2—灌注桩；3—支撑

水泥土墙适用于素填土、淤泥质土、流塑及软塑状的黏土、粉土及粉砂性土等软土地基。当土中含高岭石、多水高岭石、蒙脱石等矿物时，加固效果更好；而含有伊利石、氯化物、水铝英石等矿物或有机质含量高、pH 值较低的黏性土加固效果较差。对于泥炭土、泥炭质土及有机质土或地下水具有侵蚀性时，应通过试验确定其适用性。

水泥土搅拌桩不适用于厚度较大的可塑及硬塑以上的软土、中密以上的砂土。此外，加固区地下如有大量条石、碎砖、混凝土块、木桩等障碍时，一般也不适用；如遇古井、洞穴之类地下物，则应先行处理后再作加固。

水泥土墙适用于 4~8m 深的基坑、基槽，应根据土质状况及现场条件选择确定。其加固深度一般为基坑开挖深度的 1.8~2.0 倍，有时考虑抗渗要求，采用局部加长形式。

水泥土搅拌桩施工中无振动、无噪声、污染少、挤土轻微，因此在闹市区内施工更显出优越性。但应注意，由于重力式支护结构被动区土压力的发挥有赖于支护结构的位移，因此当基坑周围场地较小，或临近有建筑、地下管线需要保护的情况，应注意控制支护结构的位移，使之不超过容许范围。

8.3.2　水泥土墙计算

按重力式设计的水泥土墙，其破坏形式包括以下几类：（1）墙整体倾覆；（2）墙整体滑移；（3）沿墙体以外土中某一滑动面的土体整体滑动；（4）墙下地基承载力不足而使墙体下沉并伴随基坑隆起；（5）墙身材料的应力超过抗拉、抗压或抗剪强度而使墙体断裂；（6）地下水渗流造成的土体渗透破坏。重力式水泥土墙的设计，墙的嵌固深度和墙的宽度是两个主要设计参数，土体整体滑动稳定性、基坑隆起稳定性与嵌固深度密切相关，而基本与墙宽无关。墙的倾覆稳定性、墙的滑移稳定性不仅与嵌固深度有关，而且与墙宽有关。有关资料的分析研究结果表明，一般情况下，当墙的嵌固深度满足整体稳定条件时，抗隆起条件也会满足。因此，常常是整体稳定性条件决定嵌固深度下限。采用按整体稳定条件确定的嵌固深度，再按墙的抗倾覆条件计算墙宽，此墙宽一般自然能够同时满足抗滑移条件。

8.3.2.1　整体稳定性验算

水泥土墙的整体稳定性计算采用圆弧滑动条分法进行（见图8.3.2），其稳定性应符合下式规定：

$$\frac{\sum\{c_jl_j+[(q_jb_j+\Delta G_j)\cos\theta_j-u_jl_j]\tan\varphi_j\}}{\sum(q_jb_j+\Delta G_j)\sin\theta_j}\geqslant K_s \tag{8.3.1}$$

式中　K_s——圆弧滑动稳定安全系数，其值不应小于1.3；

c_j，φ_j——第j土条滑弧面处土的黏聚力（kPa）、内摩擦角，（°）；

b_j——第j土条的宽度，m；

q_j——作用在第j土条上的附加分布荷载标准值，kPa；

ΔG_j——第j土条的自重（kN），按天然重度计算；分条时，水泥土墙可按土体考虑；

u_j——第j土条在滑弧面上的孔隙水压力，kPa；

θ_j——第j土条滑弧面中点处的法线与垂直面的夹角，（°）。

当墙底以下存在软弱下卧土层时，稳定性验算的滑动面中尚应包括由圆弧与软弱土层层面组成的复合滑动面。

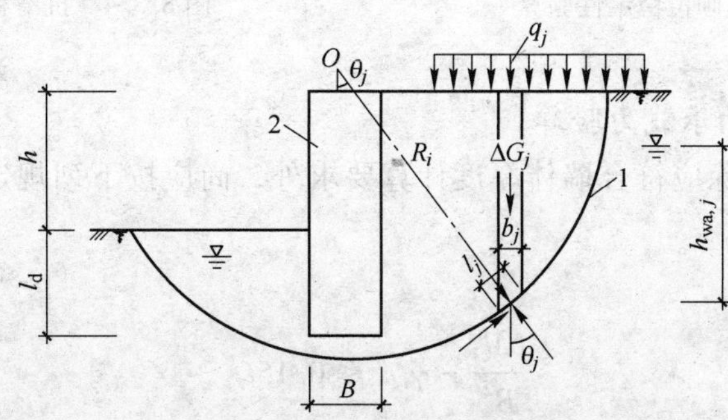

图8.3.2　整体滑动稳定性验算

8.3.2.2 抗倾覆稳定性验算

水泥土墙绕墙趾 O 的抗倾覆稳定性系数应符合下式规定（见图 8.3.3）：

$$\frac{E_{pk}a_p + (G - u_m B)a_G}{E_{ak}a_a} \geqslant K_{ov} \tag{8.3.2}$$

式中 K_{ov}——抗倾覆稳定安全系数，其值不应小于 1.3；

a_a——水泥土墙外侧主动土压力合力作用点至墙趾的竖向距离，m；

a_p——水泥土墙内侧被动土压力合力作用点至墙趾的竖向距离，m；

a_G——水泥土墙自重与墙底水压力合力作用点至墙趾的水平距离，m。

8.3.2.3 抗滑移稳定性验算

重力式水泥土墙的抗滑移稳定性应符合下式规定（见图 8.3.4）：

$$\frac{E_{pk} + (G - u_m B)\tan\varphi + cB}{E_{ak}} \geqslant K_{sl} \tag{8.3.3}$$

式中 K_{sl}——抗滑移稳定安全系数，其值不应小于 1.2；

E_{ak}，E_{pk}——作用在水泥土墙上的主动土压力、被动土压力标准值，kN/m；

G——水泥土墙的自重，kN/m；

u_m——水泥土墙底面上的水压力，kPa；

c，φ——水泥土墙底面下土层的黏聚力（kPa）、内摩擦角，(°)；

B——水泥土墙的底面宽度，m。

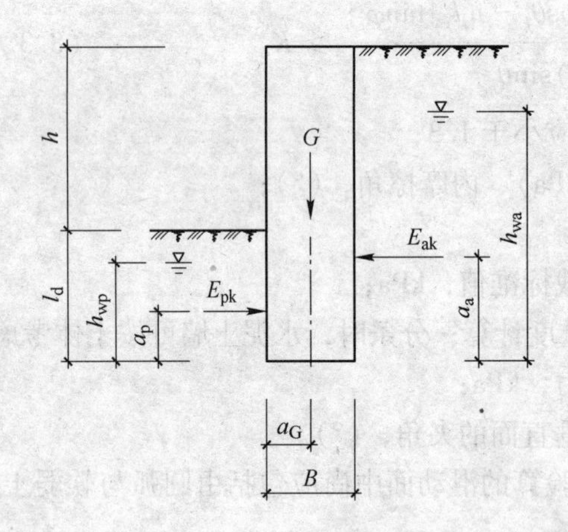

图 8.3.3 抗倾覆稳定性验算

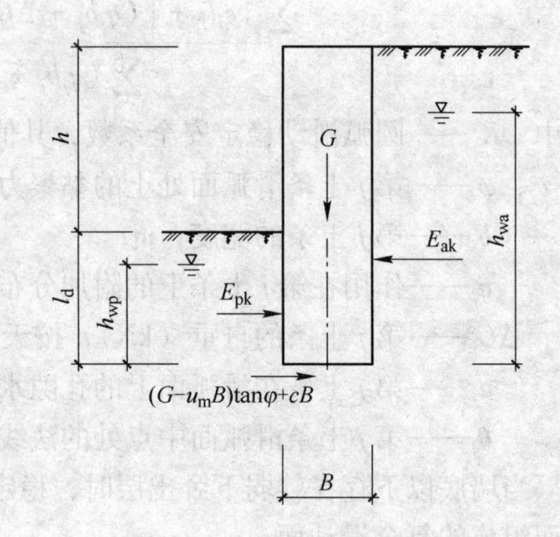

图 8.3.4 抗滑移稳定性验算

8.3.2.4 正截面承载力验算

墙体厚度设计值除应符合墙体厚度计算要求外，尚应按下列规定进行正截面承载力验算。

A 拉应力验算

$$\frac{6M_i}{B^2} - \gamma_{cs}z \leqslant 0.15f_{cs} \tag{8.3.4}$$

式中 M_i——水泥土墙验算截面的弯矩设计值，kN·m/m；

B——验算截面处水泥土墙的宽度，m；

γ_{cs}——水泥土墙的重度，kN/m^3；

z——验算截面至水泥土墙顶的垂直距离，m；

f_{cs}——水泥土开挖龄期时的轴心抗压强度设计值，kPa，应根据现场试验或工程经验确定。

B 压应力验算

$$\gamma_0\gamma_F\gamma_{cs}z + \frac{6M_i}{B^2} \leqslant f_{cs} \tag{8.3.5}$$

式中 γ_0——支护结构重要性系数；

γ_F——荷载综合分项系数，按规程规定选用。

C 剪应力验算

$$\frac{E_{aki} - \mu G_i - E_{pki}}{B} \leqslant \frac{1}{6}f_{cs} \tag{8.3.6}$$

式中 E_{aki}，E_{pki}——验算截面以上的主动土压力标准值、被动土压力标准值，kN/m；

G_i——验算截面以上的墙体自重，kN/m；

μ——墙体材料的抗剪断系数，取0.4~0.5。

8.3.2.5 基底地基承载力验算

水泥土墙是由土加固后形成的重力式挡墙，墙重虽有增加，但不是很明显，一般仅增加3%左右。因此，地基承载力一般能满足要求，不用进行验算。如果地基土质很差，例如厚层软土存在的情况，则需要进行地基承载力验算。

8.3.3 构造

（1）水泥土墙常布置成格栅形，以降低成本、工期。格栅形布置的水泥土墙应保证墙体的整体性，设计时一般按土的置换率控制，即水泥土面积与水泥土墙的总面积的比值。淤泥土的强度指标差，呈流塑状，要求的置换率也较大，淤泥质土次之。同时要求格栅的格子长宽比不宜大于2。

格栅形水泥土墙，应限值格栅内土体所占面积。格栅内土体对四周格栅的压力可按谷仓压力计算，使其压力控制在水泥土墙承受范围内。

（2）搅拌桩重力式水泥土墙靠桩与桩的搭接形成整体，桩施工应保证垂直度偏差要求，以满足搭接宽度要求。桩的搭接宽度不小于150mm，是最低要求。当搅拌桩较长时，应考虑施工时垂直度偏差问题，增加设计搭接宽度。

（3）水泥土标准养护龄期为90d，基坑工程一般不可能等到90d养护期后再开挖，故设计时以龄期28d的无侧限抗压强度为标准。一些试验资料表明，一般情况下，水泥土强度随龄期的增长规律为：7d的强度可达标准强度的30%~50%，30d的强度可达标准强度的60%~75%，90d的强度为180d强度的80%左右，180d以后水泥土强度仍在增长。

（4）为加强整体性，减少变形，水泥土墙顶需设置钢筋混凝土面板，面板不但可便利施工，同时可防止因雨水从墙顶渗入水泥土格栅。

8.4 土钉墙支护结构

8.4.1 概述

土钉墙指的是采用土钉加固的基坑侧壁土体与护面等组成的支护结构。从整体上看土钉墙有些类似于加筋土挡土墙，但又与加筋土挡土墙有所不同。首先，土钉是一种原位土加筋加固技术，土钉体的设置过程较大限度地减小了对土体的扰动；其次，从施工角度上讲，土钉墙是随着从上到下的土方开挖过程而将土钉体设置到土体中，可以与挖方同步施工。

土钉墙是由三个主要部分组成，即土钉体、土钉墙范围内的土体和面层。较常见的土钉体是由置入土体中的细长金属杆件（钢筋、钢管或角钢等）与外裹注浆层组成；面层一般采用喷射混凝土配钢筋网结构；原位土体是土钉墙支护体系中重要的组成部分。此外，根据具体地质、水文条件还可在墙体内设置一定数量的排水管并穿出面层作为排水系统。典型的土钉体及面层构造，如图 8.4.1(b) 所示。

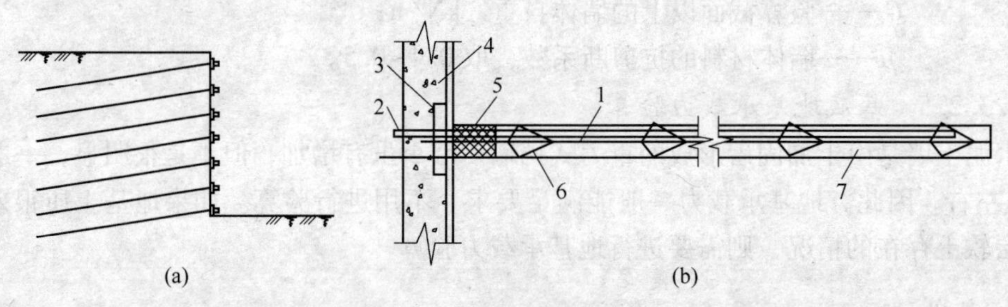

图 8.4.1 土钉设置及结构

1—土钉钢筋；2—土钉排气管；3—垫板；4—面层（配钢筋网）；
5—止浆塞；6—土钉钢筋对中支架；7—注浆体

土钉支护可适用于有一定胶结能力和密实程度的砂土、粉土、砾石土、素填土、较硬的黏性土以及风化层等。除非采用专门的措施和掌握专门的技术，在松散砂土（标准贯入击数 $N<10$ 或颗粒不均匀系数<2）、黏性土（塑性指数>20、液性指数>0.75、或无侧限抗压强度小于 50kPa）以及淤泥质土和淤泥中不宜采用。

土钉墙用作基坑开挖的边坡支护结构时，其墙体从上到下分层构筑，典型的施工步骤为：

(1) 基坑开挖一定深度；

(2) 在这一深度的作业面上设置一排土钉；

(3) 喷射混凝土面层；

(4) 继续向下开挖并重复上述步骤直至设计所需的基坑深度。

根据支护工程特殊需要，土钉支护也可以同其他支护型式结合扩展为土钉—桩、土钉—锚杆等复合支护。

土钉体的置入可采用先钻孔后插入土钉并注浆的方式，还可以将土钉直接击入土中并注浆。国外还开发了气动射击钉，是用高压气体作动力将土钉射人原位土体中，但这种射击钉的长度不可能很长。

一般土钉支护的结构设计与计算内容包括：

（1）确定土钉墙的平面和剖面尺寸及分段施工高度；

（2）根据工程类比和工程经验，初步确定土钉尺寸及布置方式；

（3）支护体系内部整体稳定性分析；

（4）土钉强度与抗拔力验算；

（5）支护体系外部整体稳定性分析；

（6）喷射混凝土面层设计及面层与土钉连接构造设计；

（7）必要时还应采用有限元分析方法对支护体系的内力与变形进行计算。

8.4.2 土钉支护结构参数

土钉墙支护结构参数包括土钉的长度、直径、间距、倾角以及支护面层厚度等。

（1）土钉长度。沿支护高度不同土钉的内力相差较大，一般为中部大、上部和底部小。因此，中部土钉起的作用大。但顶部土钉对限制支护结构水平位移非常重要，而底部土钉对抵抗基底滑动、倾覆或失稳有重要作用。另外，当支护结构临近极限状态时，底部土钉的作用会明显加强。如此将上下土钉取成等长，或顶部土钉稍长，底部土钉稍短是合适的。

一般对非饱和土，土钉长度 L 与开挖深度 H 之比取 $L/H=0.5\sim1.2$；密实砂土及干硬性黏土取小值。为减小变形，顶部土钉长度宜适当增加。非饱和土底部土钉长度可适当减小，但不宜小于 $0.5H$。对于饱和软土，由于土体抗剪能力很低，设计时取 L/H 值大于 1 为宜。

（2）土钉间距。土钉间距的大小影响土体的整体作用效果，目前尚不能给出有足够理论依据的定量指标，水平间距和垂直间距一般宜为 1.2~2.0m。垂直间距依上层及计算确定，且与开挖深度相对应交错排列，遇局部软弱土层间距可小于 1.0m。

（3）土钉筋材尺寸。土钉中采用的筋材有钢筋、角钢、钢管等。当采用钢筋时，一般为 $\phi18\sim32$mm，Ⅱ级以上螺纹钢筋；当采用角钢时，一般为 L5×50×50 角钢，当采用钢管时，一般为 $\phi50$ 钢管。钻孔直径宜为 70~120mm。

（4）土钉倾角。土钉与水平线的倾角称为土钉倾角，一般在 0°~20°之间，其值取决于注浆钻孔工艺与土体分层特点等多种因素。研究表明，倾角越小，支护的变形越小，但注浆质量较难控制；倾角越大，支护的变形越大，但有利于土钉插入下层较好土层，注浆质量也易于保证。

（5）注浆材料。采用水泥砂浆或素水泥浆，其强度等级不宜低于 M10。

（6）支护面层。临时性土钉支护的面层通常用 50~150mm 厚的钢筋网喷射混凝土钢筋网常用 $\phi6\sim8$mm 的Ⅰ级钢筋焊成 150~300mm 方格网片。永久性土钉墙支护面层厚度为 150~250mm，可设两层钢筋网，分两层喷成。

8.4.3 土钉抗拉承载力计算

单根土钉的抗拔承载力应符合下式规定：

$$\frac{R_{k,j}}{N_{k,j}} \geqslant K_t \tag{8.4.1}$$

式中　K_t——土钉抗拔安全系数；安全等级为二级、三级的土钉墙，K_t 分别不应小于 1.6、1.4；

$N_{k,j}$——第 j 层土钉的轴向拉力标准值，kN；

$R_{k,j}$——第 j 层土钉的极限抗拔承载力标准值，kN。

单根土钉的轴向拉力标准值可按下式计算：

$$N_{k,j} = \frac{1}{\cos\alpha_j}\zeta\eta_j p_{ak,j} s_{xj} s_{zj} \tag{8.4.2}$$

式中　$N_{k,j}$——第 j 层土钉的轴向拉力标准值，kN；

α_j——第 j 层土钉的倾角，(°)；

ζ——墙面倾斜时的主动土压力折减系数。

η_j——第 j 层土钉轴向拉力调整系数计算；

$p_{ak,j}$——第 j 层土钉处的主动土压力强度标准值，kPa；

s_{xj}——土钉的水平间距，m；

s_{zj}——土钉的垂直间距，m。

单根土钉的极限抗拔承载力应按下列规定确定：

安全等级为二级以上的土钉墙，单根土钉的极限抗拔承载力应通过抗拔试验确定，也可先按下式估算，但应通过土钉抗拔试验进行验证；安全等级为三级的土钉墙，可仅按公式（8.3.4）确定单根土钉的极限抗拔承载力

$$R_{k,j} = \pi d_j \sum q_{sik} l_i \tag{8.4.3}$$

式中　$R_{k,j}$——第 j 层土钉的极限抗拔承载力标准值，kN；

d_j——第 j 层土钉的锚固体直径，m，对成孔注浆土钉，按成孔直径计算，对打入钢管土钉，按钢管直径计算；

q_{sik}——第 j 层土钉在第 i 层土的极限粘结强度标准值，kPa，应由土钉抗拔试验确定，无试验数据时，可根据工程经验并结合表 8.4.1 取值；

l_i——第 j 层土钉在滑动面外第 i 土层中的长度，m；计算单根土钉极限抗拔承载力时，取图 8.4.2 所示的直线滑动面，直线滑动面与水平面的夹角取 $\frac{\beta + \varphi_m}{2}$。

表 8.4.1　土钉的极限粘结强度标准值

土的名称	土的状态	q_{sik}/kPa	
		成孔注浆土钉	打入钢管土钉
素填土		15~30	20~35
淤泥质土		10~20	15~25
黏性土	$0.75<I_L\leqslant1$	20~30	20~40
	$0.25<I_L\leqslant0.75$	30~45	40~55
	$0<I_L\leqslant0.25$	45~60	55~70
	$I_L\leqslant0$	60~70	70~80

续表 8.4.1

土的名称	土的状态	q_{sik}/kPa	
		成孔注浆土钉	打入钢管土钉
粉土		40~80	50~90
砂土	松散	35~50	50~65
	稍密	50~65	65~80
	中密	65~80	80~100
	密实	80~100	100~120

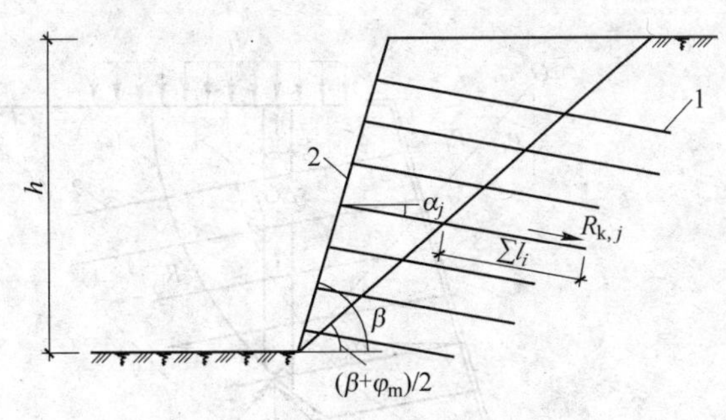

图 8.4.2 土钉抗拔承载力计算

1—土钉；2—喷射混凝土面层

8.4.4 土钉墙整体稳定性验算

土钉墙是随基坑分层开挖施作的，各个施工阶段的整体稳定性分析尤为重要。土钉墙应根据施工期间不同开挖深度及基坑底面以下可能滑动面采用圆弧滑动简单条分法（见图 8.4.3）按下式进行整体稳定性验算：

采用圆弧滑动条分法时，其整体稳定性应符合下列规定（见图 8.4.3）：

$$\min\{K_{s,1}, K_{s,2}, \cdots, K_{s,i}, \cdots\} \geqslant K_s \tag{8.4.4}$$

$$K_{s,i} = \frac{\sum [c_j l_j + (q_j b_j + \Delta G_j)\cos\theta_j \tan\varphi_j] + \sum R'_{k,k}[\cos(\theta_k + \alpha_k) + \psi_v]/s_{x,k}}{\sum (q_j l_j + \Delta G_j)\sin\theta_j} \tag{8.4.5}$$

式中 K_s——圆弧滑动整体稳定安全系数；安全等级为二级、三级的土钉墙，K_s 分别不应小于 1.3、1.25；

$K_{s,i}$——第 i 个滑动圆弧的抗滑力矩与滑动力矩的比值；抗滑力矩与滑动力矩之比的最小值宜通过搜索不同圆心及半径的所有潜在滑动圆弧确定；

c_j，φ_j——第 j 土条滑弧面处土的黏聚力（kPa）、内摩擦角，(°)；

b_j——第 j 土条的宽度，m；

q_j——作用在第 j 土条上的附加分布荷载标准值，kPa；

ΔG_j——第 j 土条的自重，kN，按天然重度计算；

θ_j——第 j 土条滑弧面中点处的法线与垂直面的夹角，(°)；

$R'_{k,k}$——第 k 层土钉或锚杆对圆弧滑动体的极限拉力值，kN，应取土钉或锚杆在滑动面以外的锚固体极限抗拔承载力标准值与杆体受拉承载力标准值（$f_{yk}A_s$ 或 $f_{ptk}A_p$）的较小值；

α_k——第 k 层土钉或锚杆的倾角，(°)；

θ_k——滑弧面在第 k 层土钉或锚杆处的法线与垂直面的夹角，(°)；

$s_{x,k}$——第 k 层土钉或锚杆的水平间距，m；

ψ_v——计算系数。

当基坑面以下存在软弱下卧土层时，整体稳定性验算滑动面中尚应包括由圆弧与软弱土层层面组成的复合滑动面。

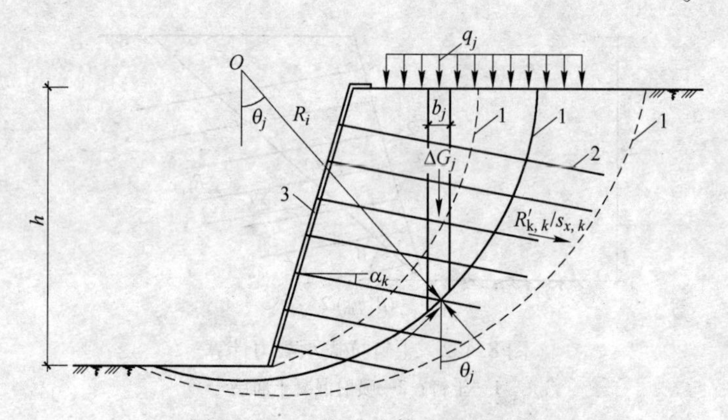

图 8.4.3 土钉墙整体稳定性验算

1—滑动面；2—土钉或锚杆；3—喷射混凝土面层

8.5 地下水控制

8.5.1 概述

为保证支护结构、基坑开挖、地下结构的正常施工，以及防止地下水变化对基坑周边环境产生影响，所采用的截水、降水、排水、回灌等措施统称为基坑地下水控制。合理确定控制地下水的方案是保证工程质量、加快工程进度、取得良好社会和经济效益的关键。通常应根据地质、环境和施工条件以及支护结构设计等因素综合考虑。

地下水控制方法包括截水、降水、集水明排，地下水回灌不作为独立的地下水控制方法，但可作为一种补充措施与其他方法一起使用。根据具体工程的特点，基坑工程可采用单一地下水控制方法，也可采用多种地下水控制方法相结合的形式。如悬挂式截水帷幕+坑内降水，基坑周边控制降深的降水+截水帷幕，截水或降水+回灌，部分基坑边截水+部分基坑边降水等。一般情况，降水或截水都要结合集水明排。

具体采用哪种地下水控制的方式是基坑周边环境条件的客观要求，基坑支护设计时应首先确定地下水控制方法，然后再根据选定的地下水控制方法，选择支护结构形式。地下水控制应符合国家和地方法规对地下水资源、区域环境的保护要求，符合基坑周边建筑物、市政设施保护的要求。当降水不会对基坑周边环境造成损害且国家和地方法规允许时，可优先考虑采用降水，否则应采用基坑截水。采用截水时，对支护结构的要求更高，增加排桩、地下连续墙、锚杆等的受力，需采取防止土的流砂、管涌、渗透破坏的措施。当坑底以下有承压水时，还要考虑坑底突涌问题。

8.5.2 集水明排法

集水明排法又称表面排水法，它是在基坑开挖过程中以及基础施工和养护期间，在基坑四周用排水沟、集水井、泄水管、输水管等组成的排水系统将地表水、渗漏水排泄至基坑外的方法。

集水明排的作用包括：(1) 收集外排坑底、坑壁渗出的地下水；(2) 收集外排降雨形成的基坑内、外地表水；(3) 收集外排降水井抽出的地下水。

集水明排法可单独使用，亦可与其他方法结合使用。单独使用时，降水深度不宜大于5m，否则在坑底容易产生软化、泥化，坡角出现渗砂、管涌，边坡塌陷，地面沉降等问题。与其他方法结合使用时，其主要功能就是收集基坑中和坑壁局部渗出的地下水和地面水。

排水沟的截面应根据设计流量确定，设计排水流量应符合下式规定：

$$Q \leqslant V/1.5 \tag{8.5.1}$$

式中 Q——排水沟的设计流量，m^3/d；

V——排水沟的排水能力，m^3/d。

集水明排法设备简单，费用低，一般土质条件均可使用。但当地基土为饱和粉细砂土等黏聚力较小的细粒土层时，由于抽水会引起流砂现象，造成基坑破坏和坍塌，因此，应避免采用集水明排法。

8.5.3 降水法

降水法主要是将带有滤管的降水工具沉降到基坑四周的土中，利用各种抽水工具，在不扰动土的结构条件下，将地下水抽出，降低基坑内外地下水位的方法。基坑降水可采用管井、真空井点、喷射井点等方法，并宜按表8.5.1的适用条件选用。

表8.5.1 各种降水方法的适用条件

方 法	土类	渗透系数/$m \cdot d^{-1}$	降水深度/m
管井	粉土、砂土、碎石土	0.1~200.0	不限
真空井点	黏性土、粉土、砂土	0.005~20.0	单级井点<6，多级井点<20
喷射井点	黏性土、粉土、砂土	0.005~20.0	<20

8.5.3.1 管井法

管井法降水就是在基坑周围安全距离外布置一定数量的管井，在井中放入潜水泵，地下水在重力作用下流入井内，被潜水泵吸走，从而降低地下水的一种方法。管井法降水以其经济性强、可控性好、排水量大、降水深、适应性强等优点，在降低地下水的施工措施中得到广泛的应用。一般管井由滤水管、底座、滤料和抽水设备组成（见图8.5.1）。

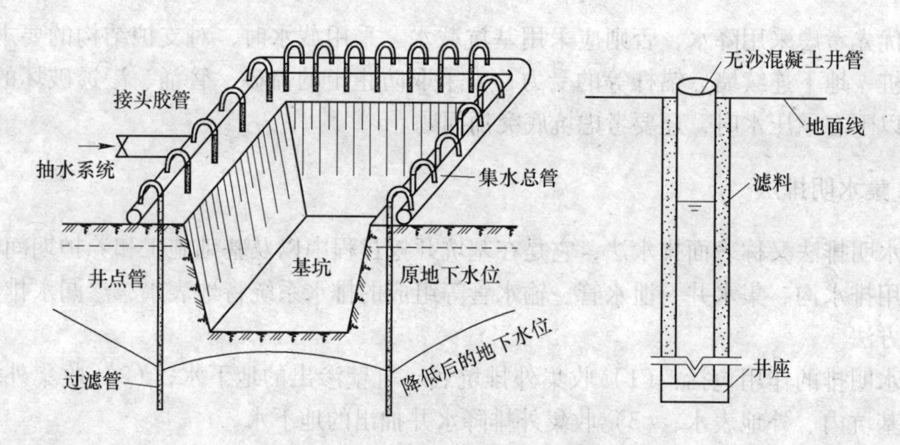

图 8.5.1 管井降水工作及结构示意图

管井法先根据总涌水量验算单根井管极限涌水量，再确定井的数量。井管由两部分组成，即井壁管和滤水管。井壁管可用直径 200~300mm 的铸铁管、无砂混凝土管、塑料管。滤水管可用钢筋焊接骨架，外包滤网（孔眼 1~2mm），长 2~3m，也可用实管打花孔，外缠铅丝做成，或者用无砂混凝土管。

根据已确定的管井数量沿基坑外围均匀设置管井。钻孔可用泥浆护壁套管法，也可用螺旋钻，但孔径应大于管井外径 150~250mm。将钻孔底部泥浆掏净，下沉管井，用集水总管将管井连接起来，并在孔壁与管井之间填 3~15mm 砾石作为过滤层。吸水管采用直径 50~100mm 胶皮管或钢管，其底端应在设计降水位的最低水位以下。

8.5.3.2　真空井点法

真空井点法降水是利用真空泵把井点管及储水箱内的空气吸走，形成一定的真空度（即负压），从而在井点管及周围土体间形成一定的压差，地下水由高压区向低压区方向流动，被压入至井点管内，经卧管至贮水箱，然后用抽水泵抽走，从而水位下降。

真空井点法根据降水能力的不同，可分为轻型真空井点法、两级或多级真空井点法。

轻型井点系统包括滤管、积水总管、连接管和抽水设备（见图 8.5.2），用连接管将井点管与积水总管和水泵连接，形成完整系统。抽水时，先打开真空泵抽出管路中的空气，使之形成真空，这时地下水和土中空气在真空吸力作用下被吸入集水箱，空气经真空泵排出，当集水管存水较多时，再开动离心泵抽水。

若要求降水深度较深（比如大于 6m），可采用两级或多级井点降水。

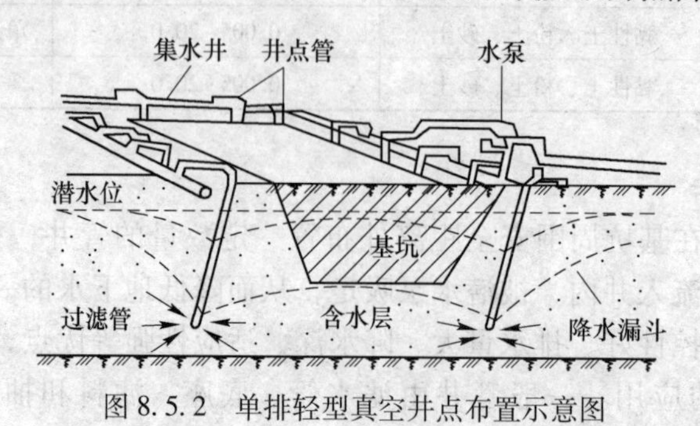

图 8.5.2　单排轻型真空井点布置示意图

8.5.3.3 喷射井点法

喷射井点降水是在井点管内部装设特制的喷射器，用高压水泵或空气压缩机通过井点管中的内管向喷射器输入高压水（喷水井点）或压缩空气（喷气井点）形成水气射流，将地下水经井点外管与内管之间的缝隙抽出排走。

喷射井点一般有喷水和喷气两种，井点系统由喷射器、高压水泵和管路组成。

喷射器结构形式有外接式和同心式两种（见图 8.5.3）。其工作原理是利用高速喷射液体的动能工作，由离心泵供给高压水流入喷嘴高速喷出，经混合室造成此处压力降低，形成负压和真空，则井内的水在大气压力作用下，由吸气管压入吸气室，吸入水和高速喷射流在混合室中相互混合，渗流将本身的动能的一部分传给被吸入的水，使吸入的水的动能增加，混合水流入扩散室，由于扩散室截面扩大，流速下降，大部分动能转化为压力，将水由扩散室送至高处。

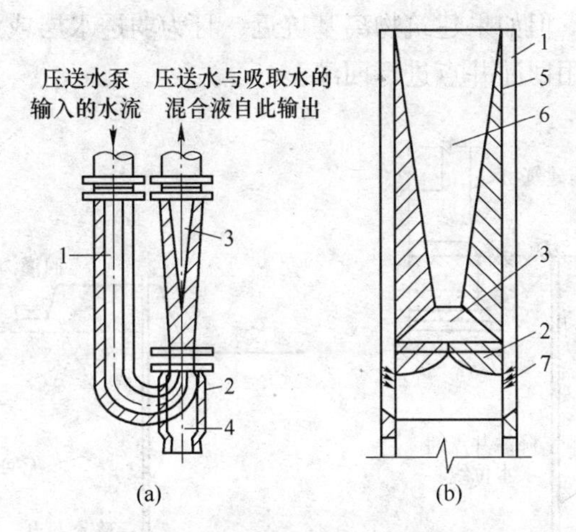

图 8.5.3 喷射井点构造原理图

（a）外接式；（b）同心式（喷嘴 ϕ6.5mm）

1—输水导管（亦可为同心式）；2—喷嘴；3—混合室（喉管）；

4—吸入管；5—内管；6—扩散室；7—工作水流

本方法设备较简单，排水深度大，可达到 8~20m，比多层轻型井点降水设备少，基坑土方开挖量少，施工快，费用低。适合于基坑开挖较深、降水深度为 8~20m、土渗透系数 0.1~50m/d 的填土、粉土、黏性土、砂土中使用。

8.5.4 截水与回灌

如果地下降水对基坑周围建（构）筑物和地下设施会带来不良影响时，可采用竖向截水帷幕或回灌的方法避免或减小该影响。

竖向截水帷幕通常采用水泥搅拌桩、旋喷桩等做成。其结构形式有两种：一种是当含水层较薄时，穿过含水层，插入隔水层中；另一种是当含水层较厚时，帷幕悬吊在透水层中。前者作为防渗计算时，只需计算通过防渗帷幕的水量，后者必须考虑绕过帷幕涌入基坑的水量。

截水帷幕的厚度应满足基坑防渗要求，截水帷幕的渗透系数宜小于 1.0×10^{-6}cm/s。

落地式竖向截水帷幕应插入下卧不透水层一定深度。

当地下水含水层渗透性较强、厚度较大时，可采用悬挂式竖向截水与坑内井点降水相结合或采用悬挂式竖向截水与水平封底相结合的方案。

截水帷幕施工方法和机具的选择应根据场地工程水文地质及施工条件等综合确定。

在基坑开挖与降水过程中，可采用回灌技术防止因周围建筑物基础局部下沉而影响建筑物的安全。回灌方式有两种：一种采用回灌井回灌（见图8.5.4），另一种采用回灌沟回灌（见图8.5.5）。其基本原理：在基坑降水的同时，向回灌井或沟中注入一定水量，形成一道阻渗水幕，使基坑降水的影响范围不超过回灌点的范围，阻止地下水向降水区流失，保持已有建筑物所在地的原有的地下水位，使土压力仍处于原有平衡状态，从而有效地防止降水的影响，使建筑物的沉降达到最低限度。

如果建筑物离基坑稍远，且为较均匀的透水层，中间无隔水层，则采用最简单的回灌沟的方法进行回灌较好。但如果建筑物离基坑近，且为弱透水层或透水层中间夹有弱透水层和隔水层时，则必须用回灌井点进行回灌。

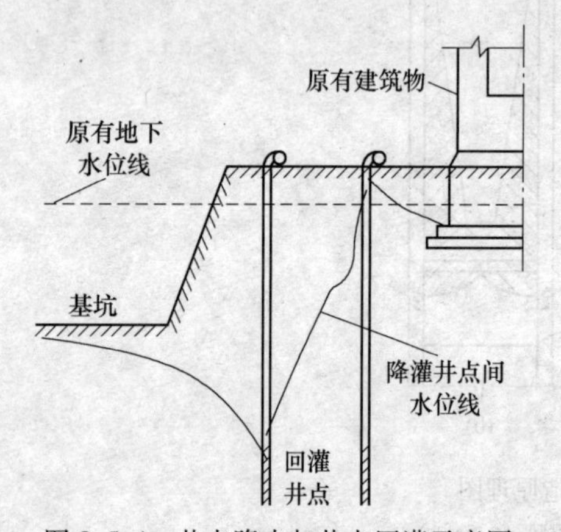

图8.5.4　井点降水与井点回灌示意图

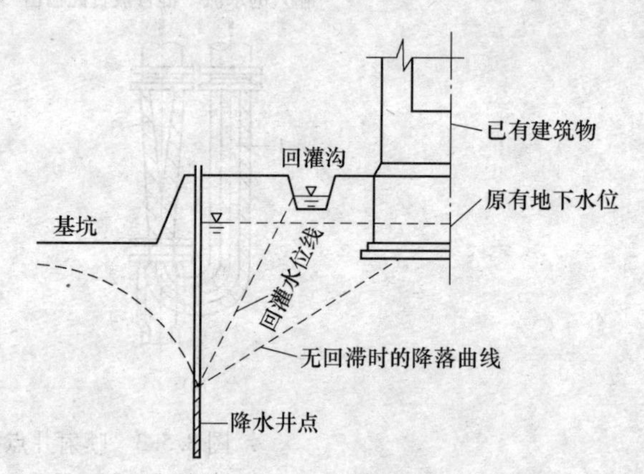

图8.5.5　井点降水与回灌沟回灌示意图

8.6　基坑现场监测与信息化施工

8.6.1　基坑现场监测

由于地质条件可能与设计采用的土的物理、力学参数不符，且基坑支护结构在施工期和使用期可能出现土层含水量、基坑周边荷载、施工条件等自然因素和人为因素的变化，通过基坑监测可以及时掌握支护结构受力和变形状态、基坑周边受保护对象变形状态是否在正常设计状态之内。当出现异常时，以便采取应急措施。基坑监测是预防不测、保证支护结构和周边环境安全的重要手段。大量工程实践表明，多数基坑工程事故是有征兆的。基坑工程施工和使用期间，及时发现异常现象和事故征兆并采取有效措施是防止事故发生的重要手段。当支护结构变形过大、变形不收敛、地面下沉、基坑出现失稳征兆等情况时，及时停止开挖并立即回填是防止事故发生和扩大的有效措施。因此，在深基坑施工过程中，只有对基坑支护结构、基坑周围的土体和相邻的建（构）筑物进行综合、系统的监测，才能对工程情况有全面的了解，确保工程顺利进行。

对深基坑施工过程进行综合监测的目的主要有：

（1）根据监测结果，发现安全隐患，防止工程和环境破坏事故的发生。

（2）利用监测结果指导现场施工，进行信息化反馈优化设计，使设计达到优质安全、经济合理、施工简便。

（3）将监测结果与理论预测值对比，用反分析法求得更准确的设计计算参数，修正理论公式，以指导下阶段的施工或其他工程的设计和施工。

基坑支护设计应根据支护结构类型和地下水控制方法，按表8.6.1选择基坑监测项目，并应根据支护结构构件、基坑周边环境的重要性及地质条件的复杂性确定监测点部位及数量。选用的监测项目及其监测部位应能够反映支护结构的安全状态和基坑周边环境受影响的程度。

表8.6.1 基坑监测项目选择表（JGJ 120—2012）

监测项目	支护结构的安全等级		
	一级	二级	三级
支护结构顶部水平位移	应测	应测	应测
基坑周边建（构）筑物、地下管线、道路沉降	应测	应测	应测
坑边地面沉降	应测	应测	宜测
支护结构深部水平位移	应测	应测	选测
锚杆拉力	应测	应测	选测
支撑轴力	应测	宜测	选测
挡土构件内力	应测	宜测	选测
支撑立柱沉降	应测	宜测	选测
支护结构沉降	应测	宜测	选测
地下水位	应测	应测	选测
土压力	宜测	选测	选测
孔隙水压力	宜测	选测	选测

注：表内各监测项目中，仅选择实际基坑支护形式所含有的内容。

因支护结构水平位移和基坑周边建筑物沉降能直观、快速反映支护结构的受力、变形状态及对环境的影响程度，安全等级为一级、二级的支护结构均必须对其进行监测，且监测应覆盖基坑开挖与支护结构使用期的全过程。

基坑现场监测应满足下列技术要求：

（1）观测工作必须是有计划的，应严格按照有关的技术文件（如监测任务书）执行。这类技术文件的内容，至少应该包括监测方法和使用的仪器、监测精度、测点的布置、观测周期等等。计划性是观测数据完整性的保证。

（2）监测数据必须是可靠的。数据的可靠性由测量仪器的精度、可靠性以及观测人员的素质来保证。

（3）观测必须是及时的。因为基坑开挖时一个动态的施工过程，只有保证及时的观测才能有利于发现隐患，及时采取措施。

（4）对于观测的项目，应按照工程具体情况预先设定预警值，预警值应包括变形值、内力值及其变化速率。当观测超过预警值的异常情况，要立即考虑采取补救措施。

（5）每个工程的基坑支护监测，应该有完整的观测记录，形象的图表、曲线和观测报告。

8.6.2 基坑信息化施工

基坑工程是一个涉及地质、水文、气象等条件及土力学、结构、施工组织和管理等学科各个方面的系统工程。在基坑开挖的过程中，土体性状和支护结构的受力状态都在不断变化，恰当地模拟这种变化是工程实践所需要的。但用传统的固定不变的计算模型和参数来描述不断变化的土体性状是不合适的。因此，必须根据现场监测信息，不断修改，优化设计，以便达到安全施工的目的。

信息化施工是应用系统工程于施工的一种现代施工管理办法，包括信息采集（监测）、反分析（即分析模型和计算参数反演）、正分析（预测）以及根据预测结果进行决策与控制等方面的内容，其原理如图 8.6.1 所示。

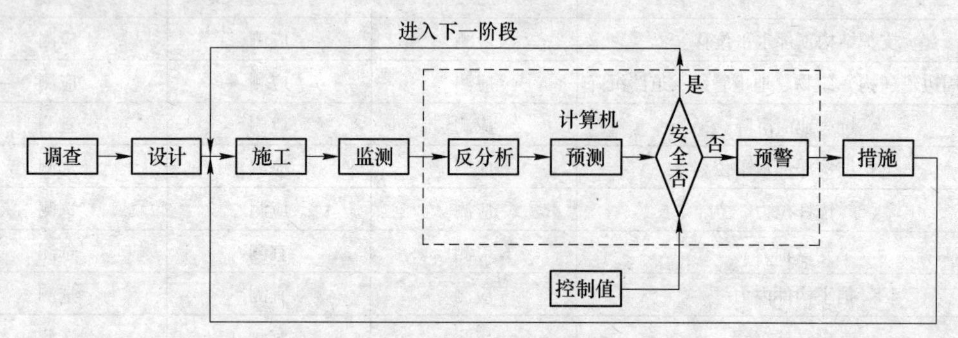

图 8.6.1 信息化施工原理框图

思 考 题

8-1 简述支护结构类型及其适用范围。

8-2 简述基坑支护结构设计的原则。

8-3 基坑水平荷载是如何确定的？

8-4 说明排桩、地下连续墙结构的内力与变形简化计算的内容和步骤。

8-5 简述水泥土墙设计计算的内容。

8-6 简述土钉支护的施工步骤。

8-7 比较锚杆支护体系和土钉墙的区别。

参考文献

[1] 中华人民共和国国家标准. 建筑地基基础设计规范（GB 50007—2011）[S]. 北京：中国建筑工业出版社，2011.
[2] 中华人民共和国国家标准. 建筑抗震设计规范（GB 50011—2010）[S]. 北京：中国建筑工业出版社，2010.
[3] 中华人民共和国国家标准. 混凝土结构设计规范（GB 50010—2010）[S]. 北京：中国建筑工业出版社，2010.
[4] 中华人民共和国国家标准. 建筑结构荷载规范（GB 50009—2012）[S]. 北京：中国建筑工业出版社，2012.
[5] 中华人民共和国国家标准. 混凝土结构耐久性设计规范（GB/T 50476—2008）[S]. 北京：中国建筑工业出版社，2008.
[6] 中华人民共和国国家标准. 工程结构可靠性设计统一标准（GB 50153—2008）[S]. 北京：中国建筑工业出版社，2008.
[7] 中华人民共和国行业标准. 高层建筑筏形与箱形基础技术规范（JGJ 6—2011）[S]. 北京：中国建筑工业出版社，2011.
[8] 中华人民共和国行业标准. 建筑桩基技术规范（JGJ 94—2008）[S]. 北京：中国建筑工业出版社，2008.
[9] 中华人民共和国行业标准. 建筑桩基检测技术规范（JGJ 106—2014）[S]. 北京：中国建筑工业出版社，2014.
[10] 中华人民共和国行业标准. 建筑基坑支护技术规程（JGJ 120—2012）[S]. 北京：中国建筑工业出版社，2012.
[11] 曾凡生，王敏，杨翠如，等. 高楼钢结构体系与工程实例 [M]. 北京：机械工业出版社，2015.
[12] 方鄂华. 高层建筑钢筋混凝土结构概念设计（第 2 版）[M]. 北京：机械工业出版社，2014.
[13] 吕西林. 复杂高层建筑结构抗震理论与应用（第 2 版）[M]. 北京：科学出版社，2015.
[14] 史佩栋，高大钊，桂业琨. 高层建筑基础工程手册 [M]. 北京：中国建筑工业出版社，2000.
[15] 钱力航. 高层建筑箱形与筏型基础的设计计算 [M]. 北京：中国建筑工业出版社，2003.
[16] 宰金珉，宰金璋. 高层建筑基础分析与设计 [M]. 北京：中国建筑工业出版社，1993.
[17] 桩基工程手册编委会. 桩基工程手册 [M]. 北京：中国建筑工业出版社，1995.
[18] 龚晓南. 桩基工程手册（第 2 版）[M]. 北京：中国建筑工业出版社，2016.
[19] 刘金砺，高文生，邱明兵. 建筑桩基技术规范应用手册 [M]. 北京：中国建筑工业出版社，2010.
[20] 高大钊. 土力学与基础工程 [M]. 北京：中国建筑工业出版社，1999.
[21] 朱合华. 地下建筑结构（第二版）[M]. 北京：中国建筑工业出版社，2010.
[22] 沈珠江. 理论土力学 [M]. 北京：中国水利水电出版社，2000.
[23] 郑颖人，孔亮. 岩土塑性力学 [M]. 北京：中国建筑工业出版社，2010.
[24] 黄义，何芳社. 弹性地基上的梁板壳 [M]. 北京：科学出版社，2005.
[25] 赵明华. 土力学与基础工程（第 3 版）[M]. 武汉：武汉理工大学出版社，2011.
[26] 李广信. 高等土力学（第 2 版）[M]. 北京：清华大学出版社，2006.
[27] 华南理工大学，东南大学，浙江大学，湖南大学. 地基及基础（第 3 版）[M]. 北京：中国建筑工业出版社，1997.
[28] 袁聚云，李镜培，楼晓明，等. 基础工程设计原理 [M]. 上海：同济大学出版社，2001.
[29] 袁聚云，梁发云，曾朝杰，等. 高层建筑基础分析与设计 [M]. 北京：机械工业出版社，2011.
[30] 滕延京，黄熙龄，王曙光，等. 建筑地基基础设计规范理解与应用 [M]. 北京：中国建筑工业出

版社，2012.
[31] 朱炳寅，娄宇，杨琦．地基基础设计方法及实例［M］. 北京：中国建筑工业出版社，2012.
[32] 刘国彬，王卫东．基坑工程手册［M］. 北京：中国建筑工业出版社，2009.
[33] 王卫东，王建华．深基坑支护结构与主体结构相结合的设计、方法与实例［M］. 北京：中国建筑工业出版社，2007.
[34] 张季容，朱向荣．简明建筑基础计算与设计手册［M］. 北京：中国建筑工业出版社，1999.
[35] 门玉明，王启耀，刘妮娜．地下建筑结构［M］. 北京：人民交通出版社，2007.
[36] 周景星，王洪瑾，等．基础工程［M］. 北京：清华大学出版社，1996.